Innovations- und Technologiemanagement
Herausgegeben von : H. Birkhofer, H. Geschka und F. Kramer (†)

Springer-Verlag Berlin Heidelberg GmbH

Helmut Sabisch • Claus Tintelnot

Integriertes Benchmarking

für Produkte und Produktentwicklungsprozesse

Mit 100 Abbildungen

 Springer

Professor Dr. rer. oec. habil. Helmut Sabisch
Technische Universität Dresden
Fakultät Wirtschaftswissenschaften
Helmholtzstraße 10
01062 Dresden

Dr. rer. pol. Dipl.-Wirtsch.-Ing. Claus Tintelnot
Südfeldstraße 9
32602 Vlotho

ISBN 978-3-642-63868-8

Die deutsche Bibliothek - CIP Einheitsaufnahme
Sabisch, Helmut:
Integriertes Benchmarking für Produkte und Produktentwicklungsprozesse / Helmut Sabisch ; Claus Tintelnot.-Berlin ; Heidelberg ; New York ; Barcelona ; Budapest ; Hong Kong ; London ; Mailand ; Paris Santa Clara ; Singapur ; Tokio:
Springer, 1997
    (Innovations- und Technologiemanagement)
    Zugl.: Dresden, techn. Univ., Diss. C. Tintelnot, 1997
    ISBN 978-3-642-63868-8   ISBN 978-3-642-59148-8 (eBook)
    DOI 10.1007/978-3-642-59148-8

Dieses Werk ist urheberrechtlich geschützt. Die dadurch begründeten Rechte, insbesondere die der Übersetzung, des Nachdrucks, des Vortrags, der Entnahme von Abbildungen und Tabellen, der Funksendung, der Mikroverfilmung oder Vervielfältigung auf anderen Wegen und der Speicherung in Datenverarbeitungsanlagen, bleiben, auch bei nur auszugsweiser Verwertung, vorbehalten. Eine Verfielfältigung dieses Werkes oder von Teilen dieses Werkes ist auch im Einzelfall nur in den Grenzen der gesetzlichen Bestimmungen des Urheberrechtsgesetzes der Bundesrepublik Deutschland vom 9. September 1965 in der jeweils geltenden Fassung zulässig. Sie ist grundsätzlich vergütungspflichtig. Zuwiderhandlungen unterliegen den Strafbestimmungen des Urheberrechtsgesetzes.

© Springer-Verlag Berlin Heidelberg 1997
Softcover reprint of the hardcover 1st edition 1997

Die Wiedergabe von Gebrauchsnamen, Handelsnamen, Warenbezeichnungen usw. in diesem Buch berechtigt auch ohne besondere Kennzeichnung nicht zu der Annahme, daß solche Namen im Sinne der Warenzeichen- und Markenschutz-Gesetzgebung als frei zu betrachten wären und daher von jedermann benutzt werden dürften.

Sollte in diesem Werk direkt oder indirekt auf Gesetze, Vorschriften oder Richtlinien (z.B. DIN, VDI, VDE) Bezug genommen oder aus ihnen zitiert worden sein, so kann der Verlag keine Gewähr für die Richtigkeit, oder Aktualität übernehmen. Es empfiehlt sich, gegebenenfalls für die eigenen Arbeiten die vollständigen Vorschriften oder Richtlinien in der jeweils gültigen Fassung hinzuzuziehen.

Satz: Reproduktionsfertige Vorlage der Autoren
Umschlaggestaltung: de'blik, Berlin

SPIN: 10081341   60/3020 - 5 4 3 2 1 0

Vorwort

Benchmarking ist eine Management- und Lernmethode, mit deren Hilfe Unternehmen sich an Referenzleistungen innerhalb und außerhalb der eigenen Branche messen, um daraus notwendige Verbesserungen der eigenen Leistungen abzuleiten und durchzuführen In amerikanischen Unternehmen wird Benchmarking bereits seit Anfang der 80er Jahre in immer breiterem Umfange und mit wachsendem Erfolg eingesetzt. Seit Ende der 80er Jahre findet diese Methode zunehmend Anwendung in europäischen und asiatischen Unternehmen.

Benchmarking ist eine Methode zur systematischen Erschließung von Leistungsreserven, deren Einsatz in allen Aufgabenbereichen und bei allen Leistungsprozessen des Unternehmens möglich ist. Seinen Ursprung und die bisher größte Anwendungshäufigkeit hat Benchmarking bei der Effizienzsteigerung von Produktions- und Logistikprozessen. Demgegenüber liegen im Bereich von Forschung und Entwicklung noch wenig theoretische Ansätze und praktische Erfahrungen zum Benchmarking vor. Die Verfasser wollen mit der Publikation einen Beitrag dazu leisten, diese Lücke zu schließen und weitere Untersuchungen anzuregen.

Für Unternehmen, die das Ziel verfolgen, Wettbewerbsvorteile durch Produktinnovationen zu erzielen, gehört die Produktentwicklung zum Kernbereich der unternehmerischen Tätigkeit. Dabei gilt es, neuartige Produktlösungen zu entwickeln und den dazu erforderlichen Produktentwicklungsprozeß zu optimieren. Unternehmen orientieren sich in der Regel an den Bestleistungen ihrer Konkurrenten. Um die Wettbewerber zu übertreffen, sind jedoch darüber hinausgehende innovative Lösungen erforderlich. Oft werden die dazu gesuchten Lösungsansätze und Referenzlösungen bereits außerhalb der eigenen Branche verwendet. Das branchenübergreifende, generische Benchmarking ermöglicht es, ein breites Spektrum von Lösungsalternativen für Produkte zu nutzen sowie gleichzeitig den Produktentwicklungsprozeß effizienter zu gestalten und die Kreativität der Entwickler zu unterstützen.

Das in diesem Buch vorgestellte Integrierte Benchmarking ist ein umfassender Benchmarking-Ansatz, der Produkte, Entwicklungsprozesse, Organisationsstrukturen und Unternehmensstrategien einer abgestimmten Optimierung unterzieht. Dazu werden systematische Leistungsvergleiche auf der Basis qualitativer und quantitativer Daten durchgeführt. Durch die intensive Analyse der so ermittelten besten Produkt- und Prozeßlösungsalternativen unterstützt Integriertes Benchmarking Lernprozesse im Unternehmen. Davon ausgehend haben die Verfasser folgenden Aufbau der Publikation gewählt:

- Dem Leser werden zunächst die Grundlagen des Benchmarking und seine Anwendung im Unternehmen vermittelt. Dies ist Anliegen des Kapitels 1, in dem angesichts der außerordentlich großen Zahl grundlegender Veröffentlichungen zum Thema Benchmarking bewußt auf eine breite Darstellung bekannten Wissens verzichtet wurde.
- Schwerpunkt der Publikation ist die systematische Darstellung der theoretischen Grundlagen des Integrierten Benchmarking für Produkte und Produkt-

entwicklungsprozesse (Kapitel 2) sowie dessen Anwendung bei der Produktentwicklung (Kapitel 3).

Die beiden abschließenden Kapitel sind praktischen Erfahrungen und Ergebnissen der Anwendung des Benchmarking in Forschung und Entwicklung gewidmet. In Kapitel 4 werden Ergebnisse aus Unternehmensbefragungen im deutschsprachigen Raum, in England und Japan vorgestellt. Fallstudien zum Benchmarking zweier Unternehmen in Kapitel 5 runden die Gesamtdarstellung ab und verdeutlichen den praktischen Nutzen des Benchmarking.

Die Publikation ist das Resultat jahrelanger Forschungsarbeiten zum Thema Benchmarking an der Professur für Innovationsmanagement und Technologiebewertung der Technischen Universität Dresden. Die Kapitel 2 bis 5 enthalten im wesentlichen Ergebnisse der Dissertationsschrift "Integriertes Benchmarking für Produkte und Produktentwicklungsprozesse". Die damit verbundene Promotion hat der Verfasser Claus Tintelnot Anfang 1997 an der Fakultät Wirtschaftswissenschaften der Technischen Universität Dresden abgeschlossen.

Das Buch richtet sich gleichermaßen an Führungskräfte und Mitarbeiter in technischen und betriebswirtschaftlichen Bereichen von Unternehmen und wissenschaftlichen Einrichtungen, deren Aufgaben mit der Produktentwicklung verknüpft sind. Außerdem sollen Studenten der Betriebswirtschaftslehre, des Wirtschaftsingenieurwesens und technischer Fachrichtungen angesprochen werden.

Zahlreichen Persönlichkeiten, die das Buchprojekt unterstützt haben, möchten die Verfasser danken. Dieser Dank gilt Herrn Dr. Hubertus Riedesel Frhr. zu Eisenbach und Frau Marianne Ozimkowski vom Springer-Verlag für die Förderung des Buchprojektes und die Projektbetreuung. Den Herren Prof. Dr. Herbert Birkhofer, Prof. Dr. Horst Geschka und Prof. Dr. Friedhelm Kramer sind die Verfasser für die Aufnahme der Publikation in die von ihnen herausgegebene Reihe "Marktorientiertes F&E-Management" zu Dank verpflichtet. Das Verdienst von Prof. Dr. Satoshi Yamashita von der Osaka Sangyo University ist es, die Interviews in japanischen Unternehmen ermöglicht und unterstützt zu haben.

Frau Dipl.-Kffr. Heide Kölpin und Frau Dipl.-Kffr. Katja Kruschat wirkten bei der Erhebung und Auswertung von Unternehmensdaten aus dem deutschsprachigen Raum mit. Frau Dipl.-Kffr. Martina Fritz führte Interviews in England und Herr Dipl.-Kfm. Dirk Meißner solche in Japan durch. Herr Dipl.-Ing. Jens Henke führte die Fallstudie für einen Hersteller von elektrischer Antriebstechnik durch. Herr cand. Wirtsch.-Ing. Udo Trenkler bearbeitete das abschließende Layout des Buches. Allen diesen Damen und Herren danken die Verfasser für ihre engagierte Mitwirkung.

Dresden, im März 1997   Helmut Sabisch   Claus Tintelnot

Inhaltsverzeichnis

1	Benchmarking als wettbewerbsorientierte Managementmethode im Unternehmen	11
1.1	Inhalt des Benchmarking	11
1.1.1	Begriff des Benchmarking	11
1.1.2	Ziele des Benchmarking	16
1.1.3	Entwicklungsstufen des Benchmarking	19
1.2	Basiselemente des Benchmarking	20
1.2.1	Gegenstand des Benchmarking	20
1.2.2	Vergleichs- und Bewertungskriterien	23
1.2.3	Referenzobjekte	25
1.2.4	Bewertungsmethoden	26
1.3	Prozeß des Benchmarking	28
1.3.1	Gesamtablauf des Benchmarking-Prozesses	28
1.3.2	Informationsbeschaffung und -verarbeitung	30
1.3.3	Projektplanung	32
1.3.4	Bewertung	34
1.3.5	Zielbestimmung der Verbesserung	39
1.3.6	Umsetzung der Benchmarking-Ergebnisse	40
1.4	Benchmarking im Kontext anderer Management-Methoden	41
1.5	Erfolgsfaktoren des Benchmarking	42
2	Grundlagen des Integrierten Benchmarking für Produkte und Produktentwicklungsprozesse	45
2.1	Benchmarking in Forschung und Entwicklung	45
2.1.1	Innovation als Gegenstand des Benchmarking	45
2.1.2	Spezifische Bedingungen und Aufgaben des Benchmarking in Forschung und Entwicklung	48
2.2	Konzept des Integrierten Benchmarking	56
2.2.1	Benchmarking für Produkte	56
2.2.2	Benchmarking für Produktentwicklungsprozesse	59
2.2.3	Integriertes Benchmarking für Produkte und Produktentwicklungsprozesse	66
2.2.3.1	Bestimmung des Integrierten Produktlebenszyklus zur Spezifizierung von lösungsabhängigen Prozessen	66
2.2.3.2	Gesamtablauf der Produktentwicklung mit Integriertem Benchmarking	72
2.2.3.3	Integriertes Benchmarking und Simultaneous Engineering	77
2.2.3.4	Integriertes Benchmarking und Concurrent Engineering mit externen Zulieferern und Dienstleistern	79

2.3	Informationsbedarf des Integrierten Benchmarking	82
2.4	Marktorientierte Produktziele als zentraler Gegenstand des Benchmarking für Produktentwicklungsprojekte	91
2.4.1	Marktorientiertes Zielsystem	91
2.4.2	Makrosegmentierung und zweidimensionale Mikrosegmentierung von Märkten zur Differenzierung zwischen Produkt- und Prozeß-Anforderungen	93
2.5	Modellierung und Simulation für Produkte und Prozesse	100
2.5.1	Bedeutung von Modellierung und Simulation im Integrierten Produktlebenszyklus	100
2.5.2	Modellierung und Simulation von Produkten	101
2.5.3	Modellierung und Simulation von Prozessen	104
3	Anwendung des Integrierten Benchmarking im Produktentwicklungsprozeß	109
3.1	Methodische Ideenfindung und Lösungssuche mit Benchmarking	109
3.1.1	Kreativitätstechniken und Benchmarking bei der Lösungs- und Ideenfindung	109
3.1.2	Analogien als Basis für generische Produkt- und Prozeßlösungen	116
3.1.3	Suche und Selektion von Bestlösungen auf der Basis selbst entwickelter und adaptierter Lösungsprinzipien für Produkte und Prozesse	124
3.2	Methodische Produktentwicklung mit Integriertem Benchmarking	126
3.2.1	Ziel der methodischen Produktentwicklung mit Integriertem Benchmarking	126
3.2.2	Abstraktion, Dekomposition und Rekombination zur Suche nach Bestlösungen	127
3.2.3	Morphologische Systemstruktur für das Integrierte Benchmarking von Produkten und Entwicklungsprozessen	133
3.2.4	Methodisches Entwickeln und Gestalten von Produkten und Produktentwicklungsprozessen	135
3.2.4.1	Projektspezifikation als Grundlage der methodischen Produktentwicklung	135
3.2.4.2	Prozeß des methodischen Entwickelns und Konstruierens mit Benchmarking	143
3.3	Bewertung im Produktentwicklungsprozeß mit Benchmarking	147
3.3.1	Bewertungsebenen des Benchmarking	147
3.3.2	Ablauf von Bewertungsprozessen	149
3.3.3	Bewertung von Teil- und Gesamtlösungen	153

3.4	Controlling für Produktentwicklungsprojekte mit Benchmarking	161
3.4.1	Grundlagen des Projektcontrolling mit Benchmarking	161
3.4.2	Prozeßkostenrechnung für die Projektplanung mit Benchmarking	170
3.4.3	Target Costing für die Projektplanung mit Benchmarking	175
3.4.4	Ziele, Ressourcen und Leistungspotential des Unternehmens als Rahmenbedingungen für das Projektmanagement mit Benchmarking	177
3.5	Projektmanagement mit Integriertem Benchmarking	181
4	Empirische Studien zur Anwendung von Benchmarking in F&E	189
4.1	Untersuchungsdesign	189
4.2	Anwendung von F&E-Benchmarking in Deutschland, in Liechtenstein, in Österreich und in der Schweiz	193
4.2.1	Befragte Unternehmen und ihre Erfahrungen mit Benchmarking	193
4.2.2	Anwendung des Benchmarking und anderer Managementmethoden in F&E	199
4.2.3	Anwendung des Prozeß-Benchmarking	202
4.2.4	Anwendung des Produkt-Benchmarking	205
4.3	Anwendung von F&E-Benchmarking in England und Japan im Vergleich mit den deutschsprachigen Ländern	213
4.3.1	Managementmethoden und Managementaufgaben in F&E im internationalen Vergleich	213
4.3.2	Benchmarking-Objekte in F&E und in anderen Funktionsbereichen im internationalen Vergleich	217
4.3.3	F&E-Prozeß-Benchmarking im internationalen Vergleich	220
4.3.4	Produkt-Benchmarking im internationalen Vergleich	221
5	Fallstudien zur Anwendung des Benchmarking in Forschung und Entwicklung	227
5.1	Produkt-Benchmarking für ein "Design-for-Service-Konzept" bei der Volkswagen AG	227
5.1.1	Ausgangssituation und Aufgabenstellung	227
5.1.2	Auswahl von Referenzfahrzeugen und von repräsentativen Fahrzeugteilen	230
5.1.3	Ergebnisse der Studie am Beispiel eines Kotflügels	232
5.2	Produkt-Benchmarking für die Antriebstechnik von Elektrofahrzeugen	236
5.2.1	Ausgangssituation und Aufgabenstellung	236

5.2.2	Ablauf der Studie und Datenerhebung	239
5.2.3	Ergebnisse der Studie am Beispiel von Leistungsgewicht und Leistungsvolumen	241
6	Anhang	245
A1	- Benchmarking-Organisationen	245
	- Code of Conduct	248
A2	- Beteiligte Unternehmen	249
7	Abkürzungen	253
8	Bilder- und Tabellenverzeichnis	257
9	Quellenverzeichnis	265
10	Sachwortverzeichnis	297

1 Benchmarking als wettbewerbsorientierte Managementmethode im Unternehmen

1.1 Inhalt des Benchmarking

1.1.1 Begriff des Benchmarking

Um im wirtschaftlichen und technischen Wettbewerb bestehen und Vorteile erzielen zu können, müssen die Unternehmen ihre Leistungen ständig verbessern und gegenüber ihren Konkurrenten differenzieren. Voraussetzung dazu sind klare unternehmerische *Zielstellungen*, die von einer gründlichen Analyse der internen und externen Erfordernisse und Bedingungen ausgehen. Sie müssen darauf gerichtet sein, das im Unternehmen vorhandene Verbesserungspotential systematisch zu erschließen. Einen wesentlichen Einfluß hierauf haben die angewandten Methoden der Unternehmensführung und der Betriebswirtschaft, die in breiter Vielfalt zur Verfügung stehen. Neue Methoden und Instrumentarien werden entwickelt, um den wachsenden Anforderungen an die Unternehmenstätigkeit gerecht zu werden.

Seit Ende der 70er Jahre entstand in den USA - vor allem durch die Firma Xerox begründet - *Benchmarking* als eine neue, leistungsstarke Management-Methode zur Erringung von Wettbewerbsvorteilen. In Europa setzte seit Ende der 80er Jahre eine stärkere Verbreitung dieser Methode ein; speziell in Deutschland ist seit Anfang der 90er Jahre eine starke Zunahme der theoretischen Arbeiten und der praktischen Anwendung des Benchmarking festzustellen.

Der Begriff "benchmark" entstammt dem Vermessungswesen und bezeichnet dort eine "Vermessungsmarkierung", die "als Bezugspunkt ... Standard, an dem etwas gemessen oder beurteilt wird", benutzt wird (Camp 1994, S. 15). Benchmarking ist dementsprechend die Methode, Maßstäbe für die unternehmerische Tätigkeit zu setzen.

Unter den Bedingungen der sich weltweit beschleunigenden technologischen Entwicklung wird es für Unternehmen immer dringlicher, die eigenen Leistungen nicht nur am erreichten bzw. zu erwartenden Leistungsstand wichtiger Wettbewerber zu messen, sondern an den jeweiligen, im internationalen Maßstab gültigen *Bestleistungen* auszurichten. Auch genügt es oft nicht mehr, nur einzelne Leistungsparameter marginal zu verbessern, vielmehr sind revolutionäre und komplexe Veränderungen von Produkten, Prozessen oder Organisationsstrukturen Voraussetzung für die Erringung von Wettbewerbsvorteilen. Diese Erfordernisse bilden einen wesentlichen Ansatzpunkt des Benchmarking, das in seinen Zielen erheblich über bisher bekannte Methoden, wie die traditionelle Konkurrenzanalyse, das Total Quality Management oder das Reverse Engineering hinausgeht. In diesem Sinne kann auch das in dem japanischen Wort "dantotsu" zum Ausdruck kommende Bemühen, der "Beste der Besten" sein zu wollen, als eigentlicher Kern des Benchmarking angesehen werden (Camp 1994, S. 3).

In der Literatur existieren zahlreiche Definitionen des Benchmarking, die jedoch alle von dem gleichen theoretischen Ansatz - der Identifikation von Bestlösungen und der Orientierung an Bestlösungen - ausgehen. Dementsprechend ist **Benchmarking der ständige Prozeß des Strebens eines Unternehmens nach Verbesserung seiner Leistungen und nach Wettbewerbsvorteilen durch Orientierung an den jeweiligen Bestleistungen in der Branche oder an anderen Referenzleistungen.** Es beruht auf der systematischen Analyse und Bewertung der eigenen Leistungen im Vergleich zu

- den Leistungen der wichtigsten Wettbewerber am Markt,
- den Entwicklungstrends der betreffenden Branche bzw. der angewandten Technologie sowie
- den internationalen Bestlösungen bei der Erfüllung bestimmter Funktionen (Unternehmensaufgaben).

Benchmarking ist der *systematische Prozeß* der Identifikation von *Bestlösungen*, des *Vergleichs* der eigenen Leistungen mit den entsprechenden Bestleistungen und des *Lernens* von den besten Unternehmen. *Benchmarking ist die konsequente Orientierung von Unternehmen an Bestlösungen*. Diese Orientierung kann in zwei Richtungen gelten:

- Sie kann zum Ziel haben, die bisherigen Bestleistungen zu überbieten und selbst Bester (Branchenbester oder Klassenbester) zu werden.
- Die ermittelten Bestlösungen (und andere konkurrierende Lösungen) können als Anregung und Ausgangspunkt für die Verbesserung der eigenen Leistungen dienen, ohne selbst Bestleistungen erzielen zu können oder zu wollen.

Bestleistungen bzw. Bestlösungen im Sinne des Benchmarking sind dabei weit mehr als nur Bestleistungen der Wettbewerber. Sie werden ebenso durch die Leistungen von Zulieferern und anderen Partnern, durch Bestlösungen bei der Erfüllung von Funktionen, durch die technologischen Lösungsmöglichkeiten zu einem bestimmten Zeitpunkt sowie durch Forderungen, Wünsche und Ideen der Kunden bestimmt. Eine Übersicht dazu vermittelt Bild 1-1.

Benchmarking ist damit ein wichtiges Instrument für alle Unternehmen, die das Ziel verfolgen, ihre Produkte und Leistungsprozesse systematisch zu verbessern und selbst Bestlösungen auf bestimmten Gebieten zu realisieren. In besonderem Maße gilt dies für Unternehmen, die eine Strategie der Markt-, Qualitäts-, Technologie- oder Kostenführerschaft verfolgen. Aber auch für alle anderen Unternehmen bietet Benchmarking neue Erkenntnisse und Schlußfolgerungen zur Veränderung nicht rationeller Arbeitsweisen.

Ausgehend von der bisherigen Begriffsbestimmung ergeben sich die in Tabelle 1-1 dargestellten *Grundfunktionen des Benchmarking*, die zugleich mit der Beantwortung von Kernfragen bei der Anwendung dieser Methode im Unternehmen verbunden sind.

1 Benchmarking als wettbewerbsorientierte Managementmethode

Benchmarking als Instrument zur Erringung von Wettbewerbsvorteilen ist also weit mehr als eine abgegrenzte Arbeitsmethode. Es führt nicht nur zur Feststellung bestimmter Tatbestände (z. B. vorhandene Leistungslücken) und zu konkreten Schlußfolgerungen für die Leistungsverbesserung, sondern schließt auch die Implementierung der gewonnenen Erkenntnisse in die Unternehmenspraxis ein. Benchmarking ist deshalb zugleich

a) kreative *Bewertungsmethode* (einschließlich des *Vergleichs* als methodischer Kernprozeß),
b) Bestandteil einer auf ständige Verbesserung orientierten *Unternehmensphilosophie* (einschließlich der zu ihrer Verwirklichung notwendigen Kommunikation im Unternehmen und mit externen Partnern),
c) Ausgangspunkt eines *konkreten Innovationsprozesses* bezüglich der Umsetzung der Bewertungsergebnisse und
d) *ständiger Lernprozeß* für das Management und alle Mitarbeiter des Unternehmens (Lernen von führenden Konkurrenten und von den weltbesten Unternehmen bezüglich der Realisierung bestimmter Funktionen und Arbeitsprozesse).

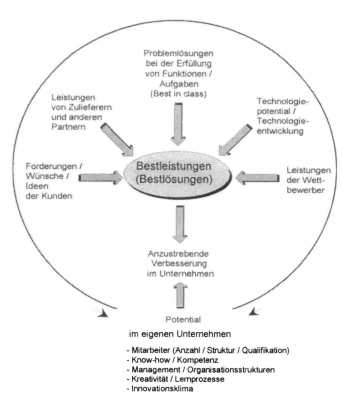

Bild 1-1: Bestlösungen als Ausgangspunkt des Benchmarking

Tabelle 1-1: Funktionen des Benchmarking

Funktion	Zu beantwortende Fragen
1. Meß- und Maßstabsfunktion	• Wo steht das Unternehmen im Vergleich mit der Konkurrenz und mit anderen Unternehmen? • Was sind die weltbesten Problemlösungen (im Sinne von Benchmarks und als objektiver Bewertungsmaßstab)? • Was werden in Zukunft die besten Problemlösungen sein?
2. Erkenntnisfunktion	• Was machen andere Unternehmen besser oder schlechter als das eigene Unternehmen? • Weshalb ist etwas besser oder schlechter, was sind die Ursachen dafür? • Was können wir von anderen übernehmen (bewährte Gesamtlösungen, Teillösungen, Methoden)? • Welche Anpassungen bewährter Vergleichslösungen sind möglich oder notwendig? • Wie können Bestlösungen oder andere Vergleichslösungen als Ausgangspunkt für eigene kreative Problemlösungen genutzt werden?
3. Zielfunktion	• Welche Veränderungen sind notwendig, um die Wettbewerbsposition des Unternehmens (möglichst dauerhaft) zu verbessern? • Welche Ziele (Gesamtziel, Teilziele) sind für die Verbesserung vorzugeben? Können und wollen wir selbst Branchen- bzw. Klassenbester werden? • Welche Voraussetzungen müssen geschaffen werden, um den Verbesserungsprozeß erfolgreich zu gestalten?
4. Implementierungsfunktion	• Welche Maßnahmen sind notwendig, um die geplanten Veränderungen zu realisieren? • Auf welchen Gebieten bestehen besonders günstige Bedingungen für die Verbesserung der Wettbewerbssituation?

Benchmarking ist unmittelbar mit den Konzepten des Lean Management und des Re-engineering verbunden, indem es Leistungsreserven in bisher nicht bekanntem Umfang erschließt und auf die Umgestaltung von Prozessen und Strukturen im Unternehmen setzt. Es ermöglicht damit zugleich die grundlegende Verbesserung der Wettbewerbsposition des Unternehmens im Markt.

Benchmarking wird in der Praxis nicht immer begrifflich klar abgegrenzt und unterliegt häufig starken Unterschätzungen oder Überschätzungen seiner Möglichkeiten. In Tabelle 1-2 sind typische Fehldeutungen des Benchmarking dargestellt. Aus der Umkehrung der getroffenen Aussagen lassen sich weitere Wesensmerkmale des Benchmarking ableiten.

Benchmarking ist *keine grundsätzlich neue* wissenschaftliche Methode. Seine Grundphilosophie und seine prinzipielle Vorgehensweise sind dem wissenschaftlichen Arbeiten immanent. Stets geht es in der Wissenschaft darum, ausgehend vom vorhandenen Wissensstand neue Erkenntnisse über Tatbestände, Zusammenhänge und Gesetzmäßigkeiten in Natur und Gesellschaft zu gewinnen. Dazu sind ständig die neuesten Entwicklungen zu verfolgen und zu analysieren. Im Zusammenhang damit sind "Bestlösungen" in den einzelnen Wissensgebieten zu identifizieren.

1 Benchmarking als wettbewerbsorientierte Managementmethode

Tabelle 1-2: Fehldeutungen des Benchmarking in der Praxis

- Benchmarking bedeutet Abkupfern von anderen.
- Benchmarking führt lediglich zu Imitationen, jedoch nicht zu echten Neuerungen.
- Benchmarking ist Industriespionage.
- Benchmarking orientiert sich an alten Lösungen und nicht an neuen, künftigen Entwicklungen.
- Benchmarking behindert die eigene Kreativität beim Beschreiten neuer Lösungswege.
- Benchmarking ist nur für jene Unternehmen wichtig, die selbst Branchen- oder Klassenbester werden wollen.
- Benchmarking kann nur in leistungsstarken Großunternehmen mit entsprechenden personellen, organisatorischen und finanziellen Bedingungen betrieben werden.
- Benchmarking beschränkt sich auf einen einfachen Prozeß der Sammlung und Verdichtung von Informationen.
- Benchmarking enthält nichts Neues, sondern ist nur "alter Wein in neuen Schläuchen".
- Benchmarking ist ein Universalinstrument, mit dessen Hilfe sich alle Probleme im Unternehmen lösen lassen.
- Benchmarking ist ohne gründliche Analyse und Prognose und ohne professionelles Vorgehen anzuwenden.
- Benchmarking ist eine vorübergehende Modeerscheinung, die bald durch andere Methoden verdrängt wird.

In der *Wettbewerbsanalyse* ist es seit langem üblich, die Produkte und die Arbeitsweisen von Wettbewerbern einer definierten Branche gegenüberzustellen, um daraus die Wettbewerbsstellung des eigenen Unternehmens zu bestimmen.

Benchmarking kann auch als eine Weiterentwicklung des traditionellen *Betriebsvergleichs* aufgefaßt werden. Im Gegensatz zum Betriebsvergleich, der den systematischen Vergleich monetärer betrieblicher Kennzahlen zum Gegenstand hat, handelt es sich beim Benchmarking jedoch überwiegend um nichtmonetäre Vergleichsgrößen. Häufig sind weiterhin auch verbale Einschätzungen von Zuständen und Abläufen notwendig. Einen Vergleich zwischen Betriebsvergleich und Prozeß-Benchmarking enthält Tabelle 1-3.

Neu sind beim Benchmarking das *systematische Vorgehen* in Verbindung mit der *Konsequenz und Komplexität* bei der Anwendung dieses Vergleichs bei der Unternehmensführung. In diesem Sinne ist Benchmarking zu einer unentbehrlichen und leistungsstarken Managementmethode für alle Unternehmen, vor allem für Unternehmen in einer verschärften Wettbewerbssituation und mit starker Technologieorientierung geworden.

Bisher standen vor allem Prozesse - bedingt durch den Zwang zur Rationalisierung und zur Restrukturierung in Unternehmen - sowie Produkte im Mittelpunkt des Benchmarking. Diese Anwendungsgebiete dürfen jedoch nicht isoliert von der Organisation oder von der Strategiebildung betrachtet werden. Insofern ist für modernes Benchmarking und seine weitere Entwicklung die *Integration* anderer methodischer Ansätze des Lernens von Bestlösungen typisch.

Tabelle 1-3: Vergleich zwischen traditionellem Betriebsvergleich u. Prozeß-Benchmarking

Kriterium	Traditioneller Betriebsvergleich	Prozeß-Benchmarking
Zielsetzung	• durch monetäre Größen bestimmt • Aufdecken von Stärken und Schwächen sowie Ursachenforschung • Veränderungen auf operativer Ebene • Rationalisierung in bestehenden Funktionsbereichen • externer Vergleich, aber weitere Verfahrensweise intern orientiert • oft Ausrichtung an Branchenwerten	• neben monetären auch nichtmonetäre Größen • Aufdecken von Stärken und Schwächen sowie Ursachenforschung • eher strategisch bedeutsame Veränderungen • Entdeckung und Umsetzung innovativer Prozesse • umfassende Marktorientierung • konsequente Ausrichtung an Bestleistungen
Vergleichsobjekt	• Betriebe oder Betriebsteile • vor allem auf Funktionsbereiche gerichtet	• Betriebe oder Betriebsteile • auf interne Prozesse gerichtet
Vergleichshorizont	• maximal branchenbezogen • branchenbezogene oder darüberhinausgehende Vergleiche nur mittels hoch aggregierter Kennzahlen	• verbreitet branchenübergreifend • detaillierte Analyse insbesondere bei branchenübergreifenden Vergleichen
Instrumentarium/ Vorgehensweise	• Kennzahlen, rechnerische Zusammenhänge des Rechnungswesens • neuerdings auch moderne statistische Verfahren (wie z. B. Clusteranalyse)	• Kennzahlen, rechnerische Zusammenhänge des Rechnungswesens • moderne statistische Verfahren (wie z. B. Clusteranalyse) methodisch hervorragend geeignet • Instrumente der qualitativen Analyse
Vergleichsebene (-merkmale)	• in der Regel monetäre Zahlen (i. w. kardinale) • nur sehr begrenzt nichtmonetäre Größen (insbes. Umschlagshäufigkeiten, Produktivitäten, technische Parameter)	• monetäre Zahlen (i. w. kardinale) • nichtmonetäre Größen stehen gleichberechtigt neben monetären Größen • große Bedeutung von Beschaffenheitsmerkmalen

Quelle: Lamla: Prozeßbenchmarking. München: Vahlen, 1995, S. 54 f.

1.1.2 Ziele des Benchmarking

Benchmarking zielt darauf ab, im Verbund mit anderen Management-Methoden Voraussetzungen für die Identifizierung und Realisierung von Wettbewerbsvorteilen eines Unternehmens im Markt zu schaffen. Wesentliche Schritte und notwendige Bedingungen für das Benchmarking-Verständnis sind nach Camp (Camp 1994, S. 4/5):
- das Verstehen der eigenen Geschäftsprozesse (Stärken und Schwächen),

1 Benchmarking als wettbewerbsorientierte Managementmethode

- die Kenntnis der führenden Unternehmen in der Branche und ihrer Methoden sowie der jeweiligen Bestlösungen im Weltmaßstab,
- das Übernehmen und Anpassen von Bestlösungen sowie das Lernen von führenden Unternehmen und von der Konkurrenz,
- die Gewinnung von Überlegenheit gegenüber den Wettbewerbern durch die Gestaltung von neuen Bestlösungen im eigenen Unternehmen.

Die Ermittlung von Bestlösungen und Bestleistungen ist nicht Selbstzweck, sondern Mittel zur Veränderung. *Benchmarking hat stets die Verbesserung von Leistungen zum Ziel.* Dabei kann es sich um zwei Klassen von Veränderungen handeln:
- *evolutionäre Verbesserungen*, das sind ständige, kleine Verbesserungen einzelner Parameter unter Beibehaltung des gleichen Grundprinzips (z. B. Weiterentwicklung von Produkten oder Verfahren);
- *revolutionäre Verbesserungen* (Quantensprünge), das bedeutet eine völlig neuartige Problemlösung, den Übergang zu einem neuen Lösungsprinzip (z. B. Neuentwicklung von Produkten und Verfahren).

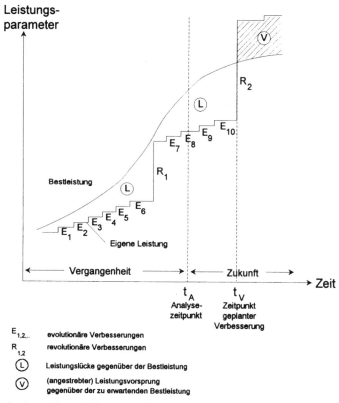

Bild 1-2: Evolutionäre und revolutionäre Verbesserungen in Verbindung mit Benchmarking

In Bild 1-2 sind beide Möglichkeiten der Leistungsverbessserung in Verbindung mit dem Benchmarking dargestellt. *Benchmarking hat als Schwerpunkt revolutionäre Veränderungen zum Ziel.* Jedoch auch evolutionäre Verbesserungen können das Ergebnis von Benchmarking sein.

Durch systematisches Benchmarking lassen sich in allen Unternehmen bedeutende Verbesserungen hinsichtlich des Kundennutzens von Produkten, der Produkt- und Prozeßqualität, der Produktivität und Effizienz von Leistungsprozessen, des Zeitmanagements und des Kostenaufwandes erzielen. Erfahrungen aus der Beratungspraxis besagen, daß das durch Benchmarking erschließbare Verbesserungspotential größer ist als das bei allen anderen Methoden (Karlöf/Östblom 1994, S. 1 f.).

Im einzelnen geht es vor allem um folgende *Wirkungen (Effekte)* des Benchmarking im Unternehmen:
- Konsequente Orientierung des Unternehmens an den Markterfordernissen, insbesondere an den Kundenbedürfnissen und an den Wettbewerbsbedingungen,
- Aufzeigen von Einflußfaktoren auf die Effektivität und Effizienz,
- Aufdecken von Schwachstellen und Rationalisierungsschwerpunkten,
- Erhöhung der Transparenz von Prozeßabläufen,
- Erhöhung der Flexibilität des Unternehmens bezüglich seiner Anpassung an veränderte Markterfordernisse und technologische Entwicklungen,
- Identifizierung von Verbesserungsmöglichkeiten im Unternehmen,
- Initiieren, Vorbereiten und Unterstützen von Innovationsprozessen,
- Vorbereitung von Revitalisierungs- bzw. Re-engineeringprozessen,
- Unterstützung von Qualitätsmanagementsystemen,
- Verbesserung der Frühaufklärung über relevante externe Entwicklungen (vgl. Meyer 1996, S. 99 ff.),
- Unterstützung des permanenten Lernens im Unternehmen und der Herausbildung "lernender Organisationen".

Benchmarking zielt auf die Durchsetzung *ständiger Lernprozesse* im Unternehmen ab. Es ist verbunden mit einem systematischen und kontinuierlichen Prozeß des Lernens, des Lernens durch den Vergleich mit anderen - mit führenden Konkurrenten, aber auch mit den bezüglich bestimmter Funktionen führenden Unternehmen anderer Branchen - und des Lernens durch Identifikation und Analyse von Bestlösungen. In diesem Sinne kann von einem Übergang vom Benchmarking zum *Benchlearning* gesprochen werden (Karlöf/Östblom 1994, S. 193 ff). Dazu sollte Benchmarking unmittelbar mit dem Programm der Führungskräfteentwicklung und der betrieblichen Weiterbildung verknüpft werden. Benchlearning führt zu einer "Neuausrichtung der Unternehmenskultur auf Lernfähigkeit und Leistungsverbesserung" (Karlöf/Östblom, S. 200).

Benchmarking verkörpert zugleich einen *kreativen Lernprozeß*. Es bedeutet nicht einfaches Kopieren, sondern verbindet die Orientierung an Bestlösungen mit dem Gewinnen neuer Erkenntnisse und mit dem Finden neuer Problemlösungen.

1 Benchmarking als wettbewerbsorientierte Managementmethode

Benchmarking *fördert die Kreativität* durch:
- Anregung zur Weiterentwicklung vorhandener Lösungen,
- Abwandeln/Umwandeln von Lösungen,
- Kopplung von Teillösungen,
- Strukturierung des Denkens,
- Konfrontation mit andersartigen Lösungen
  (Übergang zu völlig anderen, kontroversen Lösungen),
- Aufzeigen/Finden von Analogien und
- Analyse von Zusammenhängen und Ursachen
  (Warum ist etwas besser oder anders?).

1.1.3 Entwicklungsstufen des Benchmarking

Die Entwicklung des Benchmarking als systematische Management-Methode wird im allgemeinen der US-amerikanischen Firma Xerox Corporation zugeschrieben. Xerox begann 1979 ein mit "competitive benchmarking" bezeichnetes Programm zur Analyse seiner Produkte auf der Grundlage des Vergleichs mit konkurrierenden Kopiergeräten. Verglichen wurden vor allem die Leistungsmerkmale, der Funktionsumfang und die Herstellungskosten der einzelnen Geräte. Dazu wurden die Produkte in ihre Komponenten und Einzelteile zerlegt und analysiert (Camp 1994, S. 7/8). Ab 1981 wurde Benchmarking als Management-Methode im gesamten Unternehmen Xerox übernommen und war eine der drei Komponenten, mit der das strategische Ziel erreicht werden sollte, Marktführer durch Qualitätsprodukte zu sein (Camp 1994, S. 8).

Der Vergleich von Produktmerkmalen stand und steht im allgemeinen auch in anderen Unternehmen am Anfang des Benchmarking. Die Bedingungen zur erfolgreichen Anwendung dieser Methode sind hier hinsichtlich der verfügbaren Informationen, der Vergleichbarkeit der Objekte und des Ableitens klarer Veränderungsempfehlungen am günstigsten.

Als ein Vorläufer des Produkt-Benchmarking muß auch der seit Anfang der 70er Jahre in der damaligen DDR entwickelte "Weltstandsvergleich" für neue Erzeugnisse und für Exportprodukte angesehen werden. Diese Methode wurde vor allem bei der Erarbeitung von Pflichtenheftzielen für die Entwicklung neuer Produkte und Verfahren eingesetzt. Eine umfassende Nutzung der methodischen Vorteile des internationalen Vergleichs wurde jedoch durch die Integration in das System der zentralistischen Planwirtschaft beschränkt.

Neue, höhere inhaltliche und methodische Anforderungen an das Benchmarking entstehen durch den Vergleich von Prozessen (Prozeß-Benchmarking) sowie durch den Vergleich branchenfremder Unternehmen bei der Erfüllung bestimmter Funktionen (funktionales Benchmarking bzw. generic Benchmarking). Damit können jedoch auch neue Leistungspotentiale erschlossen werden. So übernahm die Xerox Corporation Anfang der achtziger Jahre eine Reihe wertvoller Anregungen zur Verbesserung ihrer Vertriebsmethoden aus der Untersuchung der Lager- und

Vertriebsprozesse bei der Firma L. L. Bean, einem Versandunternehmen für Sportartikel, Boote und Fischereiausrüstungen (Watson 1993, S. 165 ff.).

Nach Watson lassen sich fünf Entwicklungsgenerationen des Benchmarking unterscheiden: Reverse Engineering, wettbewerbsorientiertes, prozeßorientiertes, strategisches und globales Benchmarking (Watson 1993, S. 24 ff.). Eine zusammenfassende Darstellung dazu enthält Tabelle 1-4. Strategisches und globales Benchmarking sind noch im Anfangsstadium ihrer Entwicklung und sind in besonderem Maße mit der Gestaltung organisatorischer Lernprozesse verbunden. Daraus wird zugleich deutlich, daß es sich beim Benchmarking nicht um eine vorübergehende "Modeerscheinung" handelt, sondern daß diese Methode auch künftig von wesentlicher Bedeutung für die Wettbewerbsfähigkeit von Unternehmen sein wird und ein erhebliches Entwicklungspotential in sich birgt.

Tabelle 1-4: Entwicklungsgenerationen des Benchmarking

Generation	Bezeichnung	Bemerkungen
1. Generation	Reverse Engineering	Analyse von Wettbewerbsprodukten
2. Generation	Wettbewerbs-orientiertes Benchmarking	Produkt- und Prozeßvergleich mit Wettbewerbern, 1976 bis 1986 bei XEROX systematisch entwickelt und verfeinert
3. Generation	Prozeßorientiertes Benchmarking	Prozeßvergleiche auf der Basis von Analogien zwischen den Geschäftsabläufen von Unternehmen, 1982 bis 1988 in Verbindung mit zunehmender Qualitätsorientierung herausgebildet
4. Generation	Strategisches Benchmarking	Veränderung des gesamten Unternehmens und nicht nur einzelner Abläufe (insbesondere in Verbindung mit Geschäftsallianzen)
5. Generation	Globales Benchmarking	Umfassende Anwendung des Benchmarking zur "Überbrückung der Unterschiede internationaler Handels-, Kultur- und Geschäftsabläufe"

1.2 Basiselemente des Benchmarking

1.2.1 Gegenstand des Benchmarking

Bei der Durchführung von Benchmarking-Studien ist von folgenden vier Grundfragen auszugehen:
1. Was soll verglichen, bewertet und verbessert werden (was ist Gegenstand bzw. Objekt des Benchmarking)?

1 Benchmarking als wettbewerbsorientierte Managementmethode

2. Mit Hilfe welcher Kriterien (Parameter) werden die Benchmarking-Objekte hinreichend vollständig und genau bewertet?
3. Welche Referenzobjekte werden in den Vergleich einbezogen?
4. Welche Bewertungsmethoden kommen zur Anwendung?

Von der Beantwortung dieser Fragen werden der Charakter und der konkrete Inhalt des Benchmarking-Prozesses wesentlich geprägt. Es handelt sich in diesem Sinne um Basiselemente, deren Verknüpfung in Bild 1-3 dargestellt ist.

Zunächst gilt es, den *Gegenstand des Benchmarking* im Unternehmen klar zu bestimmen. Hierbei ist von den Kernproblemen des Unternehmens bei der Verbesserung seiner Wettbewerbsfähigkeit auszugehen. Dabei kann es sich prinzipiell um Produkte, im Unternehmen ablaufende Prozesse, Organisationsstrukturen oder Strategien des Unternehmens handeln. Da Benchmarking mit einem nicht unerheblichen Aufwand verbunden ist, wird es im allgemeinen nicht möglich sein, eine Vielzahl unterschiedlicher Objekte gleichzeitig zu analysieren. Es empfiehlt sich daher die sorgfältige Auswahl jener Objekte, bei denen eine Veränderung am dringlichsten für die Erhöhung der Wettbewerbsfähigkeit erscheint. Je genauer diese Einschätzung vorgenommen wird, um so höher ist der Erfolg des Benchmarking für das Unternehmen.

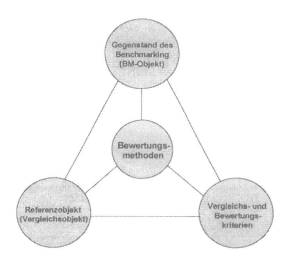

Bild 1-3: Basiselemente des Benchmarking

Die *Art des Benchmarking-Objektes* hat wesentlichen Einfluß auf den spezifischen Inhalt des Benchmarking und auf dessen konkreten Ablauf. Es lassen sich die in Tabelle 1-5 dargestellten Arten des Benchmarking unterscheiden.
Wie bereits in Abschnitt 1.1.3 hervorgehoben, steht *Produkt-Benchmarking* häufig am Anfang der Benchmarking-Aktivitäten eines Unternehmens, da es am engsten mit der traditionellen Wettbewerbsanalyse verwandt ist und da die Umsetzung der

Analyseergebnisse bei der Neuentwicklung von Erzeugnissen und Dienstleistungen relativ einfach ist. Im Mittelpunkt des Produkt-Benchmarking stehen vor allem der Vergleich und die Bewertung der für die Kundenzufriedenheit und für den Unternehmenserfolg relevanten Produktmerkmale sowie die Identifikation des bezüglich aller oder einzelner Merkmale besten Produktes.

Tabelle 1-5: Arten des Benchmarking nach dessen Gegenstand

Arten des Benchmarking	Gegenstand (Objekt) des Benchmarking	Bemerkungen
Produkt-Benchmarking	Produkte • Hardware • Software • Dienstleistungen	Komplexität der Bewertung hängt von Produktstruktur, Systemcharakter, Produkttechnologie und anderen Faktoren ab
Prozeß-Benchmarking	Prozesse • Geschäftsprozesse des Unternehmens • Technologische Prozesse • Dienstleistungsprozesse • Organisationsprozesse • Arbeitsprozesse differenziert nach - Gesamtprozessen - Teilprozessen - Verrichtungen (Aktivitäten)	Komplexität der Bewertung hängt unter anderem von Prozeßart, Prozeßstruktur, Prozeßtechnologie (bei technologischen Prozessen) ab: Untersuchung von Abläufen nach Zeitdauer, Kosten- und Kapazitätsaufwand, Vernetzung von Teilprozessen
Organisations-Benchmarking	Organisationsstrukturen und -modelle Projektstrukturen	Insbesondere für Aufbauorganisation (Ablauforganisation nach Prozeß-Benchmarking)
Strategie-Benchmarking	Strategien des Unternehmens	Vergleichbarkeit der strategischen Ziele beeinflußt Art und Umfang der Wertung

Prozeß-Benchmarking untersucht demgegenüber den Ablauf von Prozessen (Gesamtprozessen, Teilprozessen, Verrichtungen) im Unternehmen und seine Veränderungsmöglichkeiten. Es geht von der Aufstellung detaillierter Prozeßmodelle aus und bietet durch die konsequente Prozeßorientierung erhebliche Vorteile für die Rationalisierung der betrieblichen Leistungsprozesse. Unterschiede der prozeßorientierten gegenüber der traditionellen funktionsorientierten Sichtweise werden aus Tabelle 1-6 sichtbar. Prozeß-Benchmarking ist deshalb bei vielen Unternehmen, die bereits über gute methodische Erfahrungen verfügen, die am häufigsten angewandte Benchmarking-Art. Besondere Vorteile mit Ausschöpfung der höchsten Verbesserungspotentiale ergeben sich bei der Anwendung des Prozeß-Benchmarking über die Branchengrenzen hinaus (generisches Benchmarking - vgl. Abschnitt 1.2.3).

Organisations-Benchmarking und *Strategie-Benchmarking* werden bisher noch selten in der Praxis angewandt. Hier existieren noch erhebliche Verbesserungspotentiale in den Unternehmen.

1 Benchmarking als wettbewerbsorientierte Managementmethode

Tabelle 1-6: Unterschiede funktionsorientierter und prozeßorientierter Sichtweise für das Benchmarking

Funktionsorientierte Sichtweise	Prozeßorientierte Sichtweise
Merkmale der traditionellen funktionalen Aufbauorganisation; Beispiele für Funktionen	Grundsätzliche Merkmale und Bestandteile eines Prozesses; Beispiele für definierte Prozesse
Darstellung in Organigrammen	Darstellung in Flußdiagrammen
Monetäre, funktionsbezogene Kennzahlen	Prozeßorientierte Kennzahlen
Leistungsbeurteilung / Messung von Mitarbeitern	Leistungsbeurteilung / Messung von Prozessen
Nachträgliche Fehlerkorrektur bei bestehenden und nicht veränderten Prozessen	Permanente Reduktion der Prozeßvarianz und Einführung neuer Prozesse
Mitarbeiter als Problemursachen, Suche nach besseren Mitarbeitern	Mangelnde Prozeßfähigkeit als Problemursachen, Suche nach besserem Prozeß
Aufgaben- und stellenbezogenes Fachwissen	Zweckorientierter Einsatz des Wissens im Hinblick auf vor- und nachgelagerte Prozeßschritte
Orientierung an vertikal und funktional geprägter Hierarchie	Orientierung an horizontal verlaufenden Prozessen und Kundenorientierung

Quelle: Lamla: Prozeßbenchmarking. München, Vahlen, 1995, S. 141

1.2.2 Vergleichs- und Bewertungskriterien

Die beim Benchmarking verwendeten Vergleichs- und Bewertungskriterien hängen vom Gegenstand und von der Komplexität der Analyse ab. Sie stellen sowohl monetäre als auch nichtmonetäre Größen dar. Nach ihrem Inhalt können folgende Gruppen von Kennzahlen (Aussagen) unterschieden werden:

a) Kennzahlen des *Kundennutzens* und der *Qualität*
   Sie spielen insbesondere beim Produkt-Benchmarking eine herausragende Rolle, kommen jedoch auch beim Prozeß-Benchmarking zur Anwendung.
   Dazu zählen u. a.
   - Leistungskennzahlen
   - Zuverlässigkeit, Fehlerfreiheit, Lebensdauer
   - Kennzahlen der Standardisierung
b) Kennzahlen des *Ressourcenaufwands*
   - Spezifischer Materialverbrauch
   - Spezifischer Energieverbrauch
   - Einsatz an Personal (z. B. für Produktionsanlage, Maschinen, Gesamt- und Teilprozesse)
c) Kosten und Preise
   - Selbstkosten und Preise je Produkteinheit
   - Prozeßkosten
   - Projektkosten
   - Kostenanteile / Kostenstrukturen

- Kosten- und Preisentwicklung
- Anteil des FuE-Aufwands am Umsatz
d) Kennzahlen des *Kosten- bzw. Preis-Leistungsverhältnisses*
e) *Zeitangaben*
    - Time to Market
    - Dauer der Forschung und Entwicklung
    - Zeit bis zur Rentabilität neuer Erzeugnisse (Break-even-time)
    - Dauer von Prozeß- bzw. Projektphasen
    - Lieferzeit
    - Durchlaufzeit
    - Transportzeit
    - Liegezeit, Rüstzeit, Reparaturzeit
    - Maschinenlaufzeit, Maschinenstillstandszeit
f) *Produktivität*
    - Ausstoß in Mengeneinheiten je Zeiteinheit
    - Jahresumsatz je Mitarbeiter
    - Umsatz je Entwickler
g) *Wirtschaftlichkeit / Effizienz*
    - Rentabilität
    - Amortisationsdauer von Investitionen bzw. Projekten
    - Kapitalwert von Investitionen
h) *Umweltverträglichkeit*
    - Schadstoffemissionen
    - Anfall von Abfallstoffen
    - Geräuschemission
    - Grad der Mehrfachnutzung und Wiederverwendung
i) *Mengen-Kennzahlen*
    - Anzahl von Bauelementen / Modulen / Teilen / Varianten
    - Anzahl von Kunden / Lieferanten / Aufträgen
    - Anzahl von Prozeßschritten
    - Anzahl von Projekten
j) *Umsatz-Kennzahlen*
    - Umsatz (gesamt)
    - Umsatz mit neuen Erzeugnissen
k) Kennzahlen des *Wachstums* bzw. der *Verringerung*
    - Steigerung des Umsatzes (je Jahr)
    - Steigerung der Produktivität
    - Erhöhung der Qualität
    - Senkung der Kosten
    - Verringerung der Fehlerhäufigkeit
l) *Anteilskennzahlen*
    - Anteil von neuen Erzeugnissen am Umsatz
    - Beitrag neuer Erzeugnisse an der Gewinnerwirtschaftung
    - Anteil qualitativ hochwertiger Produkte am Umsatz
    - Altersstruktur von Produktprogrammen

- Kapazitätsauslastung
m) *Qualitative (verbale) Aussagen*
   - Verbale Aussagen zur Qualität, Kundenzufriedenheit
   - Aussagen zur industriellen Formgestaltung
   - Aussagen zur Einbindung der Mitarbeiter, Mitarbeiterzufriedenheit

Die Vielfalt der hier dargestellten Gruppen von Vergleichs- und Bewertungskriterien und die angeführten Beispiele machen deutlich, welche Breite Benchmarking-Studien aufweisen können. Um den damit verbundenen Aufwand einzuschränken, ist deshalb eine Auswahl der für die Analyse und für die Veränderung wichtigsten Kennzahlen notwendig.

1.2.3 Referenzobjekte

Ein weiteres Grundelement des Benchmarking sind die in den Vergleich einbezogenen Referenzobjekte. Ihre Auswahl bestimmt maßgeblich das Niveau der zu ermittelnden Bestlösung. Es lassen sich die in Tabelle 1-7 dargestellten Referenzklassen des Benchmarking unterscheiden.

Tabelle 1-7: Referenzklassen des Benchmarking

Referenzklasse	Referenzobjekte	Zielstellung	Bemerkungen
Internes Benchmarking	Filialen, Geschäftsbereiche des eigenen Unternehmens	Leistungsverbesserung im Unternehmen	-relativ günstige Bedingungen des Vergleichs -begrenztes Verbesserungspotential
Externes Benchmarking			
Branchenbezogenes Benchmarking	- Wettbewerber - andere Unternehmen der Branche (Zulieferer, anderes Leistungsprogramm)	- Erringung von Wettbewerbsvorteilen - Führerschaft in der Branche	-enge Verbindung zur Wettbewerbsanalyse -ständige Analyse der Branchenentwicklung (Markt, Technologie,...)
Branchenübergreifendes Benchmarking (funktionsbezogenes BM, Generic BM)	Unternehmen mit Bestlösungen für eine bestimmte Funktionserfüllung (best in class)	- Erringung von Wettbewerbsvorteilen - Erzielen von Bestlösungen	-Ermittlung von Analogien, spezifische Anpassung für Unternehmen -umfangreichstes Verbesserungspotential

Häufig stellt *internes Benchmarking* den ersten Schritt der Benchmarking-Aktivitäten eines Unternehmens dar. Besonders große, international tätige Konzerne verfügen in der Regel über vielfältige Möglichkeiten eines internen Vergleichs, z. B. zwischen Werken oder Filialen in verschiedenen Ländern und Regionen. Die höchste Entwicklungsstufe mit dem größten Verbesserungspotential verkörpert das *branchenübergreifende, funktionsbezogene* bzw. *generische Benchmarking*, mit dessen Hilfe Bestlösungen bei der Realisierung ausgewählter Funktionen (Aufgaben) ermittelt werden. Es ist vor allem Voraussetzung dafür, mit dem Unternehmen selbst die Position eines "Best in Class" zu erlangen. Den Zusammenhang zwischen Referenzmaßstab, Verbesserungspotential des Benchmarking und Aufwand verdeutlicht Bild 1-4.

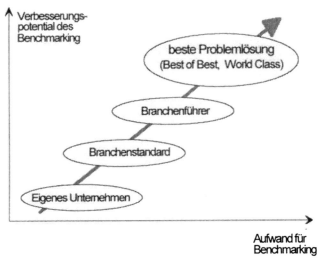

Bild 1-4: Zusammenhang zwischen Vergleichsmaßstab, Verbesserungspotential und Aufwand für das Benchmarking

1.2.4 Bewertungsmethoden

Benchmarking erfordert die Anwendung spezifischer Bewertungsmethoden. Deshalb ist es notwendig, zunächst auf die Ziele und den Inhalt der Bewertung einzugehen.

Bewertung im allgemeinsten Sinne ist die *Beurteilung des Grades der Zielerfüllung* für ein bestimmtes Bewertungsobjekt. Sie ist notwendig, um optimale Entscheidungen für die Tätigkeit des Unternehmens zu treffen. Dabei geht es stets um die bestmögliche Erfüllung unternehmensrelevanter wirtschaftlicher, technischer, ökologischer und sozialer Ziele. Hieraus wird bereits ersichtlich, daß es sich in aller Regel um ein mehrdimensionales Problem handelt.

Bewertung erfordert damit
- die exakte Ermittlung des "Iststandes" für das betreffende Objekt,
- die Festlegung anspruchsvoller und realistischer Zielstellungen, die es im Unternehmen zu erreichen gilt und die sich aus den strategischen Orientierungen sowie aus externen Anforderungen und Normen ableiten sowie
- den Vergleich von Soll- und Istzustand auf der Grundlage eines eindeutigen Bewertungsmaßstabes und mit Hilfe geeigneter Bewertungsmethoden.

1 Benchmarking als wettbewerbsorientierte Managementmethode

Bewertung beim Benchmarking beinhaltet die Gegenüberstellung des eigenen Produktes, Prozesses oder anderen Bewertungsobjekts mit geeigneten, vergleichbaren Referenzobjekten aus der Branche oder über die Branche hinaus, die Ermittlung der jeweiligen Bestlösungen und die davon ausgehende Einschätzung des erreichten Entwicklungsstandes.

Für die Bewertung steht eine Vielzahl von Methoden zur Verfügung. Ihre allgemeine Klassifizierung zeigt Bild 1-5. Im Benchmarking-Prozeß kommen auf Grund der Komplexität der Bewertungsobjekte sowohl eindimensionale als auch mehrdimensionale und qualitative Verfahren zur Anwendung.

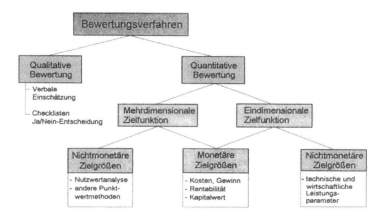

Bild 1-5: Bewertungsverfahren

Benchmarking erfordert die Anwendung quantitativer wie auch qualitativer Bewertungskriterien. Während quantitative Größen eindeutig gemessen und in Zahlen ausgedrückt werden können, sind qualitative Größen nicht objektiv meßbar. Die Beurteilung qualitativer Kriterien ist auf zweierlei Wegen möglich:
a) über die Messung von Hilfsgrößen, so z. B.
   - die Komplexität eines Produkts durch die Anzahl der Teile, die Anzahl von Produkt-Funktionen, die Zahl der Bearbeitungsstufen oder
   - die Kundenzufriedenheit durch den Anteil der Wiederkäufer, die Anzahl von Kaufempfehlungen an andere, die Erfüllung der Nutzenserwartungen, die Benutzerfreundlichkeit oder die Reklamationsquote;
b) durch subjektive Einschätzung von
   - Einzelpersonen (Expertenbefragung) oder
   - einer repräsentativen Gruppe von Personen (z. B. Kundenbefragungen).

Die subjektiven Werturteile können durch Zuordnen von Bewertungszahlen (z. B. Noten) quantifiziert werden. Eine Verknüpfung quantitativer und qualitativer Bewertungskriterien kann durch mehrdimensionale Bewertungsverfahren erfolgen.

Zentraler methodischer Bestandteil der Bewertung ist der *Vergleich* von Objekten mit unterschiedlichen Leistungsausprägungen. Um jedoch vergleichen zu können, müssen bestimmte methodische Bedingungen bezüglich der Vergleichbarkeit der Objekte erfüllt sein, was in der Praxis des Benchmarking oftmals nicht von vornherein gegeben ist. In diesen Fällen muß die Vergleichbarkeit durch bestimmte Umrechnungen hergestellt werden. Sicherung der Vergleichbarkeit bedeutet jedoch nicht absolute Deckungsgleichheit der Vergleichsobjekte. Da Benchmarks in erster Linie den Charakter von Orientierungsgrößen besitzen, wäre "der Versuch einer 100%igen Genauigkeit im eigenen Ist-Status und im Vergleich mit anderen...der Tod jedes Benchmarkingprozesses" (Meyer 1996, S. 14).

1.3 Prozeß des Benchmarking

1.3.1 Gesamtablauf des Benchmarking-Prozesses

Die Durchführung von Benchmarking-Studien und die Implementierung ihrer Ergebnisse in die Unternehmenstätigkeit verkörpern einen komplexen und anspruchsvollen Arbeitsprozeß. Er umfaßt sowohl eine Reihe von Informationsprozessen, Analysetätigkeiten, Planungs- und Kontrollaktivitäten als auch Entscheidungen im Management und die Gestaltung von konkreten Veränderungen im Unternehmen. In den zahlreichen Publikationen zum Benchmarking werden dazu unterschiedliche Phasen bzw. Arbeitsstufen des Ablaufs von Benchmarking-Prozessen dargestellt (vgl. u. a. Camp 1994, S. 49 ff.; Karlöf/Östblom 1994, S. 86 ff.; Leibfried/McNair 1993, S. 52 ff.; Meyer 1996, S. 13, S. 36 u. S. 89 ff.; Watson 1993, S. 82 ff.; Zairi/Leonard 1994, S. 189 ff.). Trotz aller Unterschiede in der Differenziertheit der Herangehensweise und in der Bezeichnung der Prozeßstufen läßt sich jedoch eine weitgehende Ähnlichkeit des Prozeßablaufs feststellen.

Aufbauend auf der Grundmethodik von Problemlösungsprozessen empfiehlt sich beim Benchmarking das systematische Vorgehen nach den in Bild 1-6 dargestellten 10 Arbeitsschritten (Arbeitsstufen), die wiederum nach 4 Phasen zusammengefaßt werden können. Mit diesem Ablauf wird eine logische Schrittfolge und eine hinreichende Operationalisierung der zu lösenden Aufgaben gewährleistet.

Der gesamte Prozeß des Benchmarking ist mit außerordentlich umfangreichen und anspruchsvollen Aufgaben der *Informationsbeschaffung und Informationsverarbeitung* verbunden. Diese bestimmen maßgeblich Niveau und Erfolg der Benchmarking-Aktivitäten. Informationsbeschaffung und -verarbeitung werden deshalb im vorliegenden Prozeßmodell als *Basisschritt 0* bezeichnet.

Benchmarking verkörpert einen *kontinuierlichen Arbeitsprozeß*, der nicht mit einer abschließenden Bearbeitungsstufe beendet ist. Aus der kontinuierlichen Weiterentwicklung und der Anpassung an neue Aufgabenstellungen (Stufe 9) kann sich ein neuer Benchmarking-Zyklus ergeben, der auf einer höheren Erkenntnisebene beginnt, indem er auf den bisher im Unternehmen mit Benchmarking gewonnenen Ergebnissen und Erfahrungen aufbaut. Dieser Entwicklungsprozeß wird in Bild 1-7 verdeutlicht und beruht auf dem Lernzyklus von Deming (vgl. Deming 1993, S. 180 f.).

1 Benchmarking als wettbewerbsorientierte Managementmethode 29

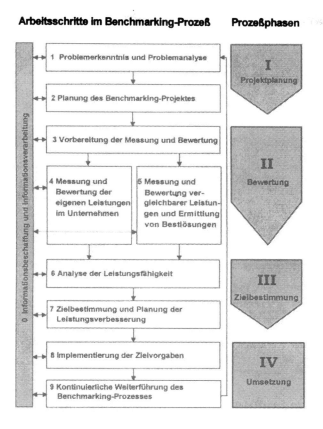

Bild 1-6: Benchmarking-Prozeß als Ablaufmodell

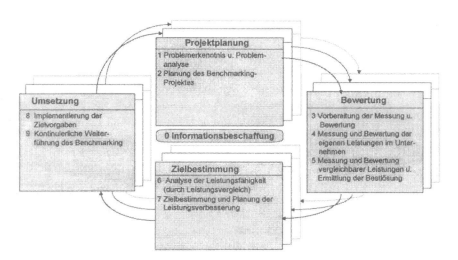

Bild 1-7: "Schraubendarstellung" des Benchmarking-Prozesses, der sich durch kontinuierliches Lernen an neue Ziele anpaßt

1.3.2 Informationsbeschaffung und -verarbeitung

Benchmarking ist ein komplexer und kontinuierlicher Prozeß der Informationsbeschaffung und -verarbeitung. Ständig werden für die einzelnen Arbeitsprozesse des Benchmarking neue Informationen zu den festgelegten Bewertungskriterien und zu deren Zusammenhängen mit der Entwicklung des Unternehmens gesammelt, selektiert, verdichtet und in neue Informationen mit höherem Erkenntnisgehalt umgewandelt. Diese Aufgaben müssen deshalb sehr sorgfältig vollzogen werden. Es empfiehlt sich, dazu einen Plan der Informationsbeschaffung aufzustellen, der mit dem Informationssystem des Unternehmens abgestimmt ist. Dabei sollten Synergiebeziehungen soweit wie möglich genutzt werden, um den in der Regel nicht unerheblichen Aufwand für die Informationstätigkeit zu reduzieren und eine hohe Qualität und Aktualität der Informationen zu gewährleisten.

An Benchmarking-Daten werden hohe *qualitative Anforderungen* gestellt. Sie betreffen vor allem:
- die hinreichende Genauigkeit, Sicherheit und Nachprüfbarkeit der Daten,
- die Vergleichbarkeit der Daten unterschiedlicher Vergleichsobjekte
 (insbesondere bezüglich Funktion, Leistungsfähigkeit und
 Erhebungszeitpunkt),
- die Aktualität der Angaben
 (bezogen auf einen einheitlichen Vergleichszeitpunkt),
- die Komplexität der Bewertungsobjekte
 (unter Berücksichtigung der Einheit von hard facts und soft facts),
- die Vertraulichkeit und teilweise Anonymität bestimmter Daten
 (insbesondere bei einem Datenaustausch zwischen Benchmarking-Partnern).

Um diesen Anforderungen zu entsprechen, müssen eine Vielzahl von internen und externen *Informationsquellen* erschlossen und systematisch genutzt werden. Dabei kann es sich sowohl um Primärinformationen als auch Sekundärinformationen handeln. *Primärinformationen* sind solche Daten, die eigens für die betreffende Benchmarking-Aufgabe erhoben werden, wie z. B. spezielle Benchmarking-Befragungen von Kunden, Zulieferern bzw. Abnehmern oder Informationen, die zwischen Benchmarking-Partnern planmäßig ausgetauscht werden. *Sekundärinformationen* liegen bereits in internen oder externen Quellen vor und brauchen nur für den Benchmarking-Prozeß aufbereitet zu werden. Im allgemeinen empfiehlt es sich, zunächst mit einer gründlichen Sekundärerhebung zu beginnen. In vielen Fällen wird es jedoch unumgänglich sein, auch benchmarkingspezifische Primärerhebungen durchzuführen, um den dargestellten quantitativen und qualitativen Forderungen an die Daten gerecht zu werden.

Die wichtigsten Informationsquellen für das Benchmarking sind in Tabelle 1-8 dargestellt. Aus der Vielfalt der Quellen wird der hohe Anspruch an die Informationstätigkeit sichtbar.

1 Benchmarking als wettbewerbsorientierte Managementmethode

Tabelle 1-8: Informationsquellen für Benchmarking

Art der Quelle	Beispiele für Informationsquellen
unternehmensinterne Informationen	• Betriebsstatistiken, Bilanzdaten, Daten aus Buchhaltung und Kostenrechnung • FuE-Berichte, FuE-Projektdaten • Marktstudien, Messe- und Konferenzberichte • Service-Informationen, insbesondere aus Kundenkontakten und Vergleichen mit Wettbewerbsprodukten in der Anwendung • Qualitätsanalysen, Qualitätskontrollen, Prüfberichte • Informationen aus dem betrieblichen Vorschlagswesen
öffentlich zugängliche Informationen	• amtliche Statistiken und Veröffentlichungen • Informationen aus öffentlichen Einrichtungen (Industrieverbände, IHK, Technologiezentren) • technische und wirtschaftliche Fachveröffentlichungen (Fachzeitschriften, Fachbücher, Veröffentlichungen wissenschaftlicher Institute, Dissertationen, Diplomarbeiten) • Firmenschriften, Werbematerialien, Produktinformationen • Unterlagen von Messen und Konferenzen • Normen (DIN-Normen, ISO-Normen, US-Normen, andere nationale Normen) • Patente (nationale und internationale Patente) • Wettbewerbsauszeichnungen von Unternehmen und Produkten (z. B. Marketing-Preise, Qualitätspreise, Designpreise, Benchmarking-Preise) • Datenbankabfragen (derzeit über 5.000 Online-Datenbanken im Internet) • Produkte mit ihren Dokumentationen und Gebrauchshinweisen
Informationen externer Unternehmenspartner, die nicht ohne Zustimmung oder Mithilfe Dritter genutzt werden können	• Informationen aus persönlichen Kontakten von Mitgliedern der Geschäftsleitung oder von Mitarbeitern mit anderen Firmen • vertrauliche Kundeninformationen (Endverbraucher, Anwender) • Informationen von Zulieferern bzw. Kooperationspartnern • Informationen von Handelspartnern • Interne Informationen aus anderen Unternehmen (insbesondere bei branchenübergreifenden Benchmarking-Studien) • Informationen aus gemeinsamen Benchmarking-Projekten • Informationen von Beratungsunternehmen und Fachexperten • Informationen aus Studien/Untersuchungsberichten von Forschungsinstituten, Universitäten oder anderer Unternehmen

Die Ermittlung der dargestellten Informationen für das Benchmarking kann auf zwei Wegen (bezüglich der Verantwortung für die Informationstätigkeit) erfolgen:

- durch das betreffende Unternehmen (wobei unterschiedliche interne Stellen in den Beschaffungs- und Auswertungsprozeß eingebunden sein können) oder
- gemeinsam mit anderen Unternehmen, Forschungsinstituten oder anderen Einrichtungen (Benchmarking-Partner).

Die Gewinnung von Benchmarking-Partnern ermöglicht eine effiziente Arbeitsteilung bei der Informationstätigkeit und sichert in der Regel eine hohe Qualität der Analyseergebnisse bei niedrigerem Aufwand für jeden Partner. Partnerschaftliches Benchmarking ist deshalb eine ideale Konstellation, die von allen Unternehmen angestrebt werden sollte. Dies setzt jedoch die Bereitschaft voraus, sich gegenseitig alle erforderlichen Informationen bereitzustellen und voneinander zu lernen. Das gelingt im allgemeinen am besten bei Partnerschaften von Unternehmen, die nicht in direkter Konkurrenz zueinander stehen und die generisches Benchmarking betreiben. Aber auch zwischen den Wettbewerbern einer Branche können Benchmarking-Partnerschaften zum gegenseitigen Vorteil aufgebaut werden. Dies ist möglich, solange dabei keine Kartellabsprachen getroffen werden.

Benchmarking-Partnerschaften funktionieren in der Regel am besten, wenn eine annähernd symmetrische Verteilung der Informationen zwischen den Partnern vorliegt. Starke asymmetrische Informationsprofile hingegen schränken das gemeinsame Interesse an der Zusammenarbeit ein.

Beim partnerschaftlichen Benchmarking müssen bestimmte ethische Grundregeln eingehalten werden, die im *Benchmarking-Verhaltenskodex* (Code of Conduct) enthalten sind. Dieser Kodex wurde vom "International Benchmarking Clearinghouse" des "American Productivity & Quality Center and Strategic Planning Institute Council on Benchmarking" entwickelt und enthält folgende Prinzipien (Watson 1993, S. 215 ff., vgl. englische Originalfassung in Anhang A1):

- Prinzip der Rechtmäßigkeit,
- Austauschprinzip,
- Vertrauensprinzip,
- Nutzungsprinzip,
- Prinzip des unmittelbaren Kontakts,
- Prinzip des Kontakts zu Dritten,
- Vorbereitungsprinzip,
- Vollständigkeitsprinzip,
- Handlungs- und Verständnisprinzip.

1.3.3 Projektplanung

Die erste Phase des Benchmarking umfaßt die Vorbereitung und Planung eines Benchmarking-Projekts, beginnend mit der Problemerkenntnis und Problemanalyse.

Arbeitsschritt 1: **Problemerkenntnis und Problemanalyse**
Ausgangspunkt des Benchmarking ist in jedem Falle die Erkenntnis und Analyse von Problemen im Unternehmen. Je höher das allgemeine Niveau von Problemlösungsprozessen im Unternehmen entwickelt ist, desto günstigere Bedingungen bestehen auch für das Benchmarking. Im besonderen betrifft dies

- die ständige Ermittlung und Analyse von Kundenproblemen,

- die Analyse und Prognose der Marktentwicklung sowie der technologischen Entwicklung,
- die Analyse und Prognose der Nachfrageentwicklung für die Produkte und Leistungen des Unternehmens,
- die Entwicklung von Frühwarnsystemen bezüglich entstehender Gefahren, aber auch Chancen für das Unternehmen.

Um die Benchmarking-Aktivitäten des Unternehmens auf die wichtigsten Verbesserungsaufgaben konzentrieren zu können, ist es notwendig, die für die Entwicklung des Unternehmens entscheidenden *Kernprobleme* zu identifizieren und detailliert zu beschreiben.

Durch die Problemanalyse sind der Istzustand sowie die Widersprüche und Konflikte zu charakterisieren, die es auf dem Weg zum Erreichen des Sollzustandes zu überwinden gilt. Daraus sind erste Zielstellungen zur Veränderung der Situation und Lösung des Problems abzuleiten. Auf dieser Grundlage lassen sich bereits Ansatzpunkte für das Benchmarking formulieren. Je gründlicher die Formulierung des Problems ist, desto gezielter läßt sich Benchmarking auch für die Veränderung der jeweiligen Situation einsetzen. Wenn z. B. die Problemanalyse ergibt, daß bei einem bestimmten Produkt das Design Hauptansatzpunkt für notwendige Veränderungen ist, dann wird ein Produkt-Benchmarking allein nicht zu den gewünschten Ergebnissen führen, und es ist ein spezieller Design-Vergleich zu empfehlen.

Arbeitsschritt 2: **Planung des Benchmarking-Projekts**
Im zweiten Arbeitsschritt geht es um die Planung des Benchmarking-Prozesses und um die Schaffung der dafür notwendigen organisatorischen Bedingungen. Es sind vor allem folgende Aufgaben zu erfüllen:

- Festlegung des Benchmarking-Objektes
  (Produkt, Prozeß, Organisationsstruktur, Strategie)
- Festlegung der Ziele, Meßkriterien und Maßstäbe für das Benchmarking
- Bestimmung des Projektverantwortlichen und des Projektteams
- Planung des Projektablaufs nach inhaltlichen Aufgaben
- Zeit- und Aufwandsplanung
- Bestimmung der Mitwirkungsaufgaben für die Bereiche des Unternehmens
- Festlegung der Aufgaben zur Beschaffung der erforderlichen Informationen (intern, extern)
- Gewinnung von Benchmarking-Partnern

Hat die vorangegangene Problemanalyse ergeben, daß mehrere Kernprobleme einer Lösung bedürfen, so sind bei eingeschränkten Bearbeitungskapazitäten Prioritäten für die betreffenden Benchmarking-Projekte festzulegen.

Eine besondere Bedeutung kommt der *Gewinnung von Benchmarking-Partnern* zu. Sie muß rechtzeitig erfolgen, um die erforderlichen Informationen für die Analyse zu erhalten. Eine Möglichkeit, Partnerschaften langfristig aufzubauen bzw. Referenzunternehmen zu finden, sind *Benchmarking-Organisationen* (Clearinghouses), die ihre Mitgliedsunternehmen bei diesen Aufgaben unterstützen. Sie erleichtern die Überwindung von Vertrauensbarrieren und die Zusammenführung gleicher Interessen. Als neutraler Vermittler können ebenfalls Universitäten oder Unternehmensberater eingeschaltet werden. Eine Übersicht über derzeit bestehende oder im Aufbau befindliche Benchmarking-Organisationen vermittelt Anhang A1.

Benchmarking-Organisationen bieten ihren Mitgliedern gegen Entrichtung einer entsprechenden Jahresgebühr eine Reihe wichtiger Dienste an, die Benchmarking-Aktivitäten unterstützen. Tabelle 1-9 gibt dazu einen Überblick.

Tabelle 1-9: Überblick über Dienste, die Benchmarking-Organisationen ihren Mitgliedsunternehmen anbieten

Netzwerk-service	Suche, Vermittlung und Klassifizierung von Benchmarking-Partnern
	Bildung von Gruppen mit gleichen Benchmarking-Interessen
	Moderation der Interessengruppen im 4- bis 8-Wochentakt in den Mitgliedsunternehmen (Arbeitskreise)
	Ständig ansprechbares Expertenzentrum
Informations-dienste	Beratungsdienste und Fallstudien
	Beratung zur Einhaltung einer Benchmarking-Ethik
	Bibliothek, Datenbank und Informationssuche
Kommunika-tionsdienste	Rundschreiben
	Benchmarking-Bibliothek
	Handbücher
	Jahresversammlungen
Ausbildung	Benchmarking-Seminare u. -Studienreisen
	Anleitung zur Durchführung von Benchmarking-Workshops
	Projekt Manager Workshops
	Workshops für die Geschäftsprozeßanalyse
	Qualitätsmanagement Workshops
	Workshops zur Prozeßkostenrechnung
	Business Process Re-engineering Workshops

Quelle: in Anlehnung an die Dienstleistungen des Benchmarking Centre Limited in Bucks/England und des American Productivity & Quality Center in Houston Texas/USA

1.3.4 Bewertung

In der zweiten Phase enthält das Benchmarking umfangreiche und anspruchsvolle Bewertungsaufgaben, um die jeweiligen Bestlösungen zu ermitteln und sie den eigenen Leistungen gegenüberzustellen. Darin eingeschlossen ist die *Messung* der Bewertungskriterien für das Objekt im eigenen Unternehmen sowie für die in den Vergleich einbezogenen Referenzobjekte. Unter Messung wird dabei die Zuordnung der Ausprägung eines Merkmals (Kriteriums) anhand eines Vergleichsmaßstabes verstanden.

1 Benchmarking als wettbewerbsorientierte Managementmethode 35

Arbeitsschritt 3: **Vorbereitung der Messung und Bewertung**
Die Messung der Vergleichskriterien und die Bewertung der einzelnen Vergleichsobjekte erfordern eine gründliche Vorbereitung. Hierzu zählen:

a) *Auswahl der Vergleichsobjekte*, d. h. der Referenzobjekte, die mit der eigenen Leistung verglichen werden sollen
Beim branchenbezogenen, wettbewerbsorientierten Benchmarking ist zu sichern, daß sowohl die führenden Konkurrenten (Marktführer, Technologieführer, Kostenführer) als auch jene Unternehmen, die für einzelne Bewertungskriterien Bestlösungen aufweisen (z. B. höchste Zuverlässigkeit eines Erzeugnisses, beste Umweltverträglichkeit, minimales Gewicht) in den Vergleich einbezogen werden.
Beim branchenübergreifenden, generischen Benchmarking sind Bestlösungen für die einzelnen Funktionen (Aktivitäten) in den Vergleich einzubeziehen. Dazu sind Firmen mit Bestleistungen auf den entsprechenden Gebieten (z. B. Logistikprozesse, Konstruktionsprozesse, Mitarbeiterbeteiligung) zu ermitteln.

b) *Auswahl der Bewertungskriterien*
Die in den Vergleich einzubeziehenden Bewertungskriterien (Vergleichskriterien) sind auf der Grundlage der Problemanalyse auszuwählen. Es müssen vor allem jene Merkmale des Benchmarking-Objekts berücksichtigt werden, bei denen eine Veränderung dringend erforderlich ist, um die anstehenden Kernprobleme zu lösen.
Hinsichtlich der Anzahl der zu berücksichtigenden Kriterien sind zwei entgegengesetzte Tendenzen zu berücksichtigen:
- Der notwendigen Komplexität der Bewertung kann um so besser entsprochen werden, je mehr Kriterien in die Bewertung einbezogen werden.
- Andererseits steigt mit zunehmender Kriterienzahl die Tendenz der Nivellierung bei einer komplexen (mehrdimensionalen) Bewertung der Objekte (d. h., das Einzelkriterium hat mit wachsender Kriterienzahl einen abnehmenden Einfluß auf das Ergebnis der Gesamtbewertung).

Vergleiche bei einer Vielzahl von Investitionsgütern und technischen Gebrauchsgütern haben gezeigt, daß für diese Objekte eine optimale Aussage bei einer Kriterienanzahl von 15 bis 20 erwartet werden kann. Unterhalb dieser Größenordnung ist die Komplexität der Bewertung in Frage gestellt, bei einer größeren Kriterienzahl wird der Einfluß einzelner Kriterien auf die Gesamteinschätzung des Objekts vernachlässigbar gering.

c) *Sicherung* (bzw. Herstellung) der *Vergleichbarkeit der Objekte*
Die Vergleichbarkeit bezieht sich insbesondere auf
- einen hinreichend definierten bzw. begrenzten Leistungsumfang der zu vergleichenden Objekte (z. B. Anlagen oder Maschinen mit einer bestimmten Ausstoßmenge oder Geräte einer definierten Leistungsklasse) sowie auf
- einen einheitlichen Vergleichszeitpunkt bzw. einen kohärenten Vergleichszeitraum (veraltete Daten sind unbedingt aus dem Vergleich auszuschließen!).

Ist die Vergleichbarkeit der verschiedenen Objekte nicht gegeben, so ist eine Umrechnung auf einen einheitlichen Leistungsumfang (mit Hilfe von Degressionsexponenten) bzw. einen gleichen Zeitpunkt (z.b. mit Hilfe von Preissteigerungskoeffizienten) vorzunehmen.

Arbeitsschritt 4: **Messung und Bewertung der eigenen Leistungen im Unternehmen**
Die Messung und Analyse der eigenen Leistungen ist Grundlage für den Vergleich mit anderen Unternehmen und Bestlösungen. Sie stellt in vielen Fällen den umfangreichsten Teil des Benchmarking dar, wenn bisher für die betreffenden Produkte bzw. Leistungen keine gesonderten Analysen vorliegen. Nur durch eine gründliche Eigenanalyse lassen sich die notwendigen Reserven für eine Leistungsverbesserung im Unternehmen erschließen.
Für eine objektive Bewertung der eigenen Leistungen ist ein Vergleich mit den Leistungen der Wettbewerber in der Branche sowie mit analogen Problemlösungen über die Branche hinaus unerläßlich.

Arbeitsschritt 5: **Messung und Bewertung vergleichbarer Leistungen und Ermittlung von Bestlösungen**
Dieser Arbeitsschritt nimmt eine zentrale Stellung im Benchmarking-Prozeß ein. Seine wichtigsten Ergebnisse sind:
- die Messung und Analyse der Leistungen wichtiger Wettbewerber,
- die Analyse der Leistungen von Spitzenunternehmen außerhalb der Branche bezüglich der Erfüllung bestimmter Funktionen,
- die Ermittlung von Bestlösungen innerhalb und außerhalb der Branche.

Bestlösungen sind inhaltlicher Kernpunkt des gesamten Benchmarking-Verständnisses. Ihre Ermittlung, Auswertung sowie Übertragung oder Anpassung für das eigene Unternehmen sollten deshalb besonders sorgfältig vorgenommen werden. Bestlösungen im Sinne des Benchmarking beziehen sich auf
- einzelne Bewertungskriterien
  (z. B. detaillierte Gebrauchswertparameter eines Produkts),
- Gesamtobjekte
  (Zusammenfassung der Einzelbewertungen für die Kriterien eines Bewertungsobjekts),
- einzelne Funktionen (Prozesse, Verrichtungen) von Unternehmen
  (beim generischen Benchmarking).

Die ermittelten Bestlösungen und andere relevante Merkmalsausprägungen können in einer Übersicht analog Bild 1-8 zusammengestellt werden. Für eine besonders anschauliche Vermittlung der Ergebnisse des Benchmarking empfiehlt sich die Polarkoordinatendarstellung entsprechend Bild 1-9.

1 Benchmarking als wettbewerbsorientierte Managementmethode

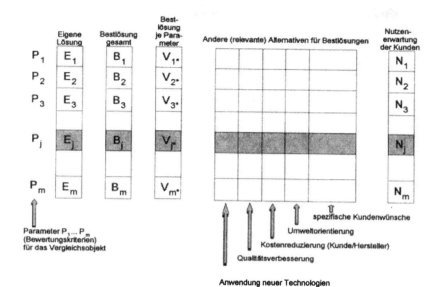

Bild 1-8: Bestlösungen als Ausgangspunkt neuer Problemlösungen

Eine komplexe, zusammenfassende Gesamtbewertung von Benchmarking-Objekten, bei der alle Bewertungskriterien Berücksichtigung finden, kann mit Hilfe der *mehrdimensionalen Bewertung* vorgenommen werden. Dazu sind die Werte der Einzelkriterien in dimensionslose Bewertungszahlen zu transformieren, die dann - unter Berücksichtigung ihrer Wichtung - zu einer Gesamtbewertungszahl (Nutzwert) addiert werden. Der Ablauf der mehrdimensionalen Bewertung vollzieht sich in folgenden Schritten:

- Zusammenstellen einer Ausgangstabelle des Vergleichs mit den dimensionierten Werten a_{ik} für jeden Parameter (Vergleichskriterium) $P_{i\,(i=1,2,...m)}$ und für jedes Vergleichsobjekt $V_{k\,(k=1,2,...n)}$.
- Ermittlung der Bestwerte a_i^* für jeden Parameter $P_{i\,(i=1,2,...m)}$
- Bewertung der Vergleichsobjekte hinsichtlich der Zielerfüllung bezüglich der einzelnen Vergleichsparameter mit Hilfe dimensionsloser Bewertungszahlen b_{ik}. Dabei erhält man

$$b_{ik} = \frac{a_{ik}}{a_i^*}$$
für eine anzustrebende Maximierung von P_i
(z. B. Leistungskennzahlen, Zuverlässigkeit)

$$b_{ik} = \frac{a_i^*}{a_{ik}}$$
für eine anzustrebende Minimierung von P_i
(z. B. Material- und Energieverbrauch, Kosten)

Komplexe Bewertung der Vergleichsobjekte durch Bildung gewichteter dimensionsloser Bewertungszahlen c_{ik} und deren Addition zu komplexen Bewertungskennzahlen C_k für die einzelnen Bewertungsobjekte $V_{k\,(k=1,2,...n)}$.

$$C_k = \sum_{i=1}^{m} c_{ik} = \sum_{i=1}^{m} b_{ik} \cdot w_i$$

w_i Wichtungszahl für Parameter $P_{i\,(i=1,2,...m)}$

$$\sum_{i=1}^{m} w_i = 1 \; (bzw.\,100\%)$$

Als Ergebnis der mehrdimensionalen Bewertung wird das insgesamt beste Vergleichsobjekt ausgewählt (z. B. bestes Erzeugnis). In der Regel wird jedoch das Bestobjekt nicht in allen Einzelparametern die Bestlösung verkörpern. Deshalb empfiehlt es sich, neben der Gesamtbewertung eine detaillierte Einzelbewertung für alle relevanten Bewertungskriterien durchzuführen (vgl. dazu Bild 1-8).

Zu den *Vorteilen* der mehrdimensionalen Bewertung zählen die Möglichkeit einer komplexen, einheitlichen Gesamtaussage über ein Bewertungsobjekt sowie die Einfachheit und breite Anwendbarkeit des Verfahrens. Als *nachteilig* sind die Subjektivität bei der Wichtung der Bewertungsfaktoren sowie die "Vermischung" unterschiedlicher Sachverhalte (z. B. technische, wirtschaftliche, ökologische Kriterien) anzusehen.

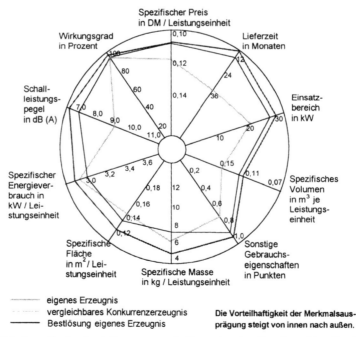

Bild 1-9: Polarkoordinatendarstellung von mehrdimensionalen Benchmarking-Ergebnissen am Beispiel eines Erzeugnisses der Klimatechnik

1.3.5 Zielbestimmung der Verbesserung

Ausgehend von der gründlichen Analyse der eigenen Leistungen und den Leistungen anderer Unternehmen sowie von den ermittelten Bestlösungen sind die Ziele für die Leistungsverbesserung im Unternehmen festzulegen. Dies erfordert auch die Einschätzung der zu erwartenden Veränderungen in der Branche und im weiteren Umfeld des Unternehmens.

Arbeitsschritt 6: **Analyse und Vorausschau der Leistungsentwicklung**
Bestlösungen sind ebenso wie andere Leistungen keine statischen Größen, sondern haben *dynamischen Charakter*. Sie unterliegen in Abhängigkeit von einer Vielzahl von Einflußfaktoren ständigen Veränderungen, die es möglichst real einzuschätzen gilt, um anspruchsvolle Ziele für die eigene Leistungsverbesserung festzulegen. Das heißt, die geplante Leistungsverbesserung kann sich nicht an den Bestlösungen von heute orientieren, sondern muß berücksichtigen, wie diese sich in Zukunft entwickeln werden.

Inhalt dieses Arbeitsschrittes sind deshalb:
- die Aufstellung von Zeitreihen für die bisherige Leistungsentwicklung (nach wichtigen Leistungsparametern),
- die Ermittlung von Einflußfaktoren auf die Leistungsentwicklung,
- die Aufdeckung von Entwicklungstrends und Gesetzmäßigkeiten für wichtige Leistungsparameter (Markttrends, Technologietrends),
- die Vorausschau der künftigen Entwicklung des Leistungsstandes (bezogen auf wichtige Leistungsparameter),
- die Ermittlung von Leistungslücken bzw. Wettbewerbsvorteilen des eigenen Unternehmens bezüglich der ermittelten Bestlösungen oder Referenzlösungen,
- die Analyse der Ursachen für auftretende Leistungslücken,
- eine auf das Benchmarking-Objekt bezogene Stärken-/Schwächen-Analyse des eigenen Unternehmens.

Inhaltlich und methodisch anspruchsvollster Teil des Arbeitsschrittes 6 ist die *Vorausschau der Leistungsentwicklung*. Sie muß sich auf geeignete Prognoseverfahren stützen, um zu verläßlichen Aussagen mit einer hinreichenden Eintrittswahrscheinlichkeit zu gelangen. Dazu empfiehlt sich die Kombination verschiedener Methoden. Als solche kommen in Betracht:
- Trendextrapolation auf der Grundlage einer geeigneten Trendfunktion,
- Korrelations- und Regressionsrechnung,
- Experteneinschätzungen (möglichst in mehreren Befragungsrunden),
- Szenario-Modelle,
- Analogiebetrachtungen zu vergleichbaren Entwicklungen anderer Objekte.

In der bisherigen Praxis des Benchmarking wird der Vorausschau der Leistungsentwicklung unter Anwendung von Prognosemethoden häufig nicht die gebührende Aufmerksamkeit geschenkt. Benchmarking als dynamisches Instrument kann jedoch auf diese anspruchsvollen und teilweise sehr aufwendigen Untersuchungen nicht verzichten, ohne Qualitätseinbußen hinzunehmen.

Arbeitsschritt 7: **Zielbestimmung und Planung der Leistungsverbesserung**
Ausgehend von den bisherigen Arbeitsergebnissen sind im Arbeitsschritt 7 konkrete Ziele für die Leistungsverbesserung vorzuschlagen und vom Management festzulegen. Dazu ist eine Bewertung der alternativen Wege zur Leistungsverbesserung und eine kritische Auseinandersetzung mit den Ergebnissen der Benchmarking-Studie durch das Management erforderlich.

Die ermittelten Zielstellungen für die Leistungsverbesserung können darauf gerichtet sein,
- die Wettbewerbsfähigkeit des Unternehmens zu erhöhen,
- Wettbewerbsvorteile gegenüber der Konkurrenz zu erringen oder
- selbst der Beste in der Branche bzw. Klasse (Funktion) zu werden.

Um die Mitarbeiter des Unternehmens zu motivieren, müssen die Zielstellungen anspruchsvoll, aber auch realistisch sein. Die Zielerfüllung kann nicht durch schematische Übernahme von Bestlösungen oder anderen Konkurrenzlösungen entstehen, sondern erfordert stets deren kreative Anpassung an das eigene Unternehmen und dessen spezifische Bedingungen. Insofern bedeutet Benchmarking auch immer einen Lernprozeß für das Unternehmen (Lernen von anderen, Lernen vom Besten).

1.3.6 Umsetzung der Benchmarking-Ergebnisse

Benchmarking erfordert die konsequente Umsetzung seiner Ergebnisse in die Unternehmenspraxis und steht damit am Beginn eines spezifischen Innovationsprozesses. Dazu zählen sowohl die Implementierung der in Arbeitsschritt 7 ermittelten Zielvorgaben als auch die kontinuierliche Weiterführung des Benchmarking.

Arbeitsschritt 8: **Implementierung der Zielvorgaben**
Notwendiger Bestandteil des Benchmarking-Prozesses ist die Implementierung der Zielvorgaben für die Leistungsverbesserung. Den damit verbundenen Aufgaben sollte besondere Aufmerksamkeit geschenkt werden. Voraussetzung für eine höchstmögliche Leistungsverbesserung ist die Einbeziehung aller Beteiligten. Zweckmäßig ist die Erarbeitung eines Implementierungsplanes mit Festlegung von Pilotprojekten, Aufgaben zur Schulung der betreffenden Mitarbeiter und zum Testen der Ergebnisse einschließlich effizienter Kontrollen des Projektfortschritts.

Voraussetzungen für eine erfolgreiche Implementierung sind:
- der Wille zur wirklichen Veränderung gewohnter Arbeitsweisen bei allen Beteiligten (beginnend beim Management),
- die Akzeptanz der beschlossenen Zielstellungen bei allen Mitarbeitern,
- die Anwendung kreativer Arbeitsweisen zur Umsetzung von Bestlösungen,

1 Benchmarking als wettbewerbsorientierte Managementmethode

- die Beseitigung von Implementierungsbarrieren
  (z. B. keine Hierarchien beim Verändern zulassen) sowie
- die Anwendung eines effizienten Projektmanagements für die Durchsetzung der Innovation.

Arbeitsschritt 9: **Kontinuierliche Weiterführung des Benchmarking**
Mit der erfolgreichen Implementierung der Zielvorgaben ist der Benchmarking-Prozeß nicht abgeschlossen. Vielmehr ist eine kontinuierliche Weiterführung der Untersuchungen notwendig, um die erstellten Analysen fortzuschreiben bzw. zu erweitern, um Benchmarks zu aktualisieren und die Erfüllung der gestellten Ziele zu kontrollieren. Erst unter diesen Bedingungen lassen sich dauerhafte Lerneffekte erzielen, und das Verbesserungspotential des Benchmarking kann optimal ausgeschöpft werden.

1.4 Benchmarking im Kontext anderer Management-Methoden

Benchmarking ist eine der modernen, von den Unternehmen häufig angewandten Management-Methoden. Es will und kann die anderen Methoden und Arbeitsinstrumente des Management nicht ersetzen, stellt jedoch eine wichtige Ergänzung und Bereicherung derselben dar. Als Instrumentarium, bei dem die Fragen im Vordergrund stehen, welche Ziele erreicht werden sollen und welche Wege dazu beschritten werden müssen, kann Benchmarking in andere Management-Methoden integriert werden. Das kann z. B. beim Qualitäts-, Kosten- und Zeitmanagement geschehen. Auf der anderen Seite ergeben sich aus Management-Methoden, wie z. B. dem Target Costing oder dem Total Quality Management (TQM) wichtige Bezugspunkte und Ziele für das Benchmarking.

Eine hohe *Qualität* der Produkte zur bestmöglichen Erfüllung der Kundenanforderungen ist nur durch kontinuierliches Messen und Kontrollieren der einzelnen Gebrauchswertparameter und durch deren Vergleich mit Normen und internationalen Bestlösungen zu gewährleisten. In diesem Sinne nutzt *TQM* die Ergebnisse des Benchmarking für die Festlegung der Qualitätsziele. *QFD* (Quality Function Deployment) ist eine Methode, um Kundenforderungen (als Benchmarks) in technische Produktparameter umzusetzen.

F&E-Controlling ist ein wichtiges Aufgabengebiet zur Planung und Kontrolle der Kosten und des Zeitaufwands in Forschung und Entwicklung und liefert sowohl interne als auch externe Vergleichsdaten für das Benchmarking. *Target Costing* dient der Ermittlung der Zielkosten für die Produktentwicklung, die sich an der "best practice" von Benchmarking-Partnern orientieren. Demgegenüber liefert die *Prozeßkostenrechnung* Aussagen für das prozeßorientierte Benchmarking. Ein Hauptproblem ist dabei die Aufgliederung der Prozesse in überschaubare und abgrenzbare Prozeßabschnitte (Aktivitäten, Verrichtungen), die eine Umlegung der

Gemeinkosten der betroffenen Kostenstellen auf den Prozeß zulassen. Die *Plankostenrechnung* dient der Wirtschaftlichkeitskontrolle von Prozessen auf Teil- oder Vollkostenbasis. Das Lifecycle-Costing läßt sich mit Benchmarking bei der Analyse des Integrierten Produktlebenszyklus verbinden.

Zeitmanagement im Innovationsprozeß ist auf eine Verkürzung der Forschungs- und Entwicklungsdauer sowie der "time to market" ausgerichtet. Neben der frühzeitigen Kommunikation aller an der Innovation beteiligten Partner und der Teamarbeit kommt dabei dem *Simultaneous Engineering*, der simultanen Entwicklung von Produkten und Fertigungsmitteln sowie der gleichzeitigen Bearbeitung einzelner Teilprozesse der Entwicklung, besondere Bedeutung zu. Prozeßbezogenes Benchmarking kann dazu wichtige Vergleichsdaten liefern. In gleicher Weise kann durch das Benchmarking das *Projektmanagement* für die effiziente Realisierung von Innovationsprozessen unterstützt werden.

Die Konzepte des *Lean Management* und des *Business Process Re-engineering* sind ohne Benchmarking-Informationen praktisch kaum realisierbar. Business Process Re-engineering zielt auf die radikale Neugestaltung der Unternehmensabläufe unter Konzentration auf wenige Schlüsselprozesse ab und baut unmittelbar auf einer Benchmarking-Analyse der besten Unternehmen auf. Demgegenüber enthält *Kaizen* das Konzept der kontinuierlichen Verbesserung in kleinen Schritten innerhalb vorhandener Strukturen. Als ein "eigenständiger europäischer Weg" zwischen amerikanischem Business Process Re-engineering und japanischem Kaizen wird das evolutionäre Re-engineering gesehen (Servatius 1994, S. 11).

Unmittelbare Verbindung besteht zwischen Benchmarking und der *Wettbewerbsanalyse* als Teil der Marktforschung des Unternehmens. Wettbewerbsanalysen sind zumeist auf die vom Unternehmen am Markt angebotenen Produkte bezogen und - ebenso wie *Technologieanalysen* - Voraussetzung bzw. Bestandteil des Benchmarking.

1.5 Erfolgsfaktoren des Benchmarking

Wie die bisherigen Ausführungen gezeigt haben, ermöglicht die Anwendung des Benchmarking eine wesentliche Verbesserung der Leistungsfähigkeit von Unternehmen. In welchem Umfange das Verbesserungspotential des Benchmarking tatsächlich ausgeschöpft werden kann, hängt jedoch von einer Reihe unternehmensspezifischer Einflußfaktoren ab. Dazu zählen sowohl strategische als auch taktische und operative Faktoren. Ebenso kann zwischen "harten" und "weichen" Einflußfaktoren auf den Erfolg unterschieden werden (Karlöf/Östblom 1993, S. 83).

Im Vordergrund der weiteren Betrachtungen sollen vor allem *Kriterien der intensiven Nutzung* des Benchmarking und des dafür einsetzbaren Unternehmenspotentials stehen. Daneben spielen selbstverständlich auch extensive Faktoren, wie z.B. die vom Unternehmen einsetzbaren finanziellen Ressourcen oder die Anzahl und Qualifikation der verfügbaren Mitarbeiter eine wichtige Rolle. Letztere

1 Benchmarking als wettbewerbsorientierte Managementmethode 43

Bedingungen können insbesondere dazu führen, daß kleinere Unternehmen Benchmarking-Studien oftmals nicht im gleichen Umfang und nicht mit der gleichen Tiefgründigkeit wie große Unternehmen realisieren können. In um so stärkerem Maße sollten deshalb die im folgenden dargestellten Erfolgsfaktoren genutzt werden.

Erfolgreiches Benchmarking wird im Unternehmen durch die im folgenden dargestellten Kriterien *(Erfolgsfaktoren)* unterstützt. Dabei handelt es sich vor allem um Erfahrungen bei der Realisierung von Benchmarking-Projekten in Unternehmen und nicht um empirische Befragungsergebnisse (vgl. auch Camp 1994, S. 43 ff.; Zairi/Leonard 1994, S. 189 ff.; Karlöf/Östblom 1993, S. 83 ff.; Pieske 1995, S. 67; Körschges 1996, S. 27).

- *Einbeziehung aller Mitarbeiter*
  Benchmarking ist eine Angelegenheit des gesamten Unternehmens. Deshalb sind alle Mitarbeiter der betroffenen Bereiche des Unternehmens mit ihrem Know-how und mit ihren kreativen Fähigkeiten in Benchmarking-Studien einzubeziehen. Benchmarking und betriebliches Vorschlagswesen stehen in einem unmittelbaren Zusammenhang.
- *Einbeziehung des Managements*
  Der Erfolg des Benchmarking hängt wesentlich von der Mitwirkung und Unterstützung des Managements, darunter auch des Top-Managements, ab. Die Mitglieder des Managements wirken nicht nur als Machtpromotoren, sondern auch als Know-how-Träger und prägen durch ihre Entscheidungen und ihre Vorbildwirkung maßgeblich das "Veränderungsklima" im Unternehmen.
- *Durchsetzung der Grundphilosophie des Benchmarking*
  Das Verbesserungspotential des Benchmarking kann nur dann voll ausgeschöpft werden, wenn die Grundphilosophie der Methode von allen Beteiligten akzeptiert wird. Dazu gehören insbesondere die Bereitschaft zu ständigen Veränderungen im Unternehmen, die Bereitschaft und Fähigkeit, von anderen Unternehmen zu lernen und einen offenen Informationsaustausch mit anderen zu entwickeln. Dazu gehört ebenso die Erkenntnis, daß sich Bestleistungen wie auch Konkurrenzleistungen insgesamt ständig verändern und in ihrer Dynamik erfaßt werden müssen.
  Benchmarking muß als ein kreatives Arbeitsinstrument begriffen werden, das die schöpferische Arbeit der Mitarbeiter unterstützt und lenkt. Es ist unvereinbar mit bürokratischen Arbeitsweisen und mit der formalen Übernahme oder Nachahmung anderer Leistungen.
- *Verständnis der eigenen Arbeitsabläufe*
  Das Verstehen der eigenen Prozesse und Arbeitsabläufe ist Voraussetzung für die richtige Auswahl der Bewertungskriterien und für den Vergleich mit Referenzobjekten (Camp 1994, S. 47). Benchmarking beginnt damit immer mit einer gründlichen und selbstkritischen Eigenanalyse.

- *Konzentration auf Schwerpunkte*
  Die Fokussierung der unternehmerischen Benchmarking-Aktivitäten auf die für die Unternehmensentwicklung wichtigsten Kernprobleme ist notwendig, um die verfügbaren Ressourcen mit höchstmöglicher Effektivität einsetzen zu können. Dies bezieht sich sowohl auf die Auswahl der Benchmarking-Objekte als auch auf die Untersuchung der wichtigsten Vergleichsparameter (führende Konkurrenten bzw. "Best in Class"-Unternehmen).
- *Effizientes Projektmanagement*
  Benchmarking-Aktivitäten sind durch ein spezifisches Projektmanagement zu führen. Dies schließt eine klare Projektabgrenzung, die Festlegung von eindeutigen Verantwortlichkeiten, die Definition von Meilensteinen sowie die Planung des Zeitablaufs und des Mitteleinsatzes ein. Es empfiehlt sich das Vorgehen nach einem unternehmensspezifischen Prozeßmodell auf der Grundlage der behandelten allgemeinen Arbeitsschritte.
- *Integration in die Unternehmenstätigkeit*
  Benchmarking darf nicht neben den übrigen Unternehmensaktivitäten ablaufen, sondern ist in solche Grundprozesse wie Planung, Controlling oder Berichtswesen zu integrieren. Dazu empfiehlt es sich, Benchmarking durch Eingliederung in einen dieser Bereiche fest zu institutionalisieren, um eine kontinuierliche Anwendung und Verbesserung zu sichern (Meyer 1996, S. 25).
- *Zusammenwirken mit anderen Management-Methoden*
  Benchmarking ist eine von vielen Management-Methoden und kann deshalb nicht isoliert von anderen Methoden realisiert werden. Sein zielgerichtetes Zusammenwirken mit anderen Management-Methoden ist nicht nur Voraussetzung für die Akzeptanz beim Management und bei den Mitarbeitern, sondern erhöht die Erfolgsaussichten. Durch Kombination verschiedener Methoden oder deren Bestandteile kann der Aufwand positiv beeinflußt werden.

2 Grundlagen des Integrierten Benchmarking für Produkte und Produktentwicklungsprozesse

2.1 Benchmarking in Forschung und Entwicklung

2.1.1 Innovationen als Gegenstand des Benchmarking

Benchmarking als Instrument der konsequenten Orientierung eines Unternehmens an den relevanten Bestlösungen ist nicht auf die Verbesserung vorhandener Produkte, Prozesse und Organisationsstrukturen beschränkt, sondern dient ebenso der Hervorbringung neuer Problemlösungen. Indem bereits bei der Ideenfindung, Konzipierung und Planung von Neuerungen die vorhandenen bzw. zu erwartenden Bestleistungen als Maßstab gewählt werden, können die größtmöglichen Verbesserungspotentiale erschlossen werden. Benchmarking besitzt somit besondere Bedeutung für das Innovationsmanagement.

Innovation ist die Durchsetzung neuer technischer, wirtschaftlicher, organisatorischer oder sozialer Problemlösungen im Unternehmen. Sie ist darauf gerichtet, Unternehmensziele auf neuartige Weise zu erfüllen, um im sich verschärfenden globalen Wettbewerb bestehen zu können. Innovationen entstehen durch komplexe Prozesse, die von der Ideengewinnung über die Forschung und Entwicklung bis zur Produktions- und Markteinführung reichen. Sie schließen die erfolgreiche praktische Anwendung neuer Problemlösungen ein und sind am erreichten Neuheitsgrad zu messen. Insofern setzt Innovationstätigkeit die genaue Kenntnis des Leistungsstandes des eigenen Unternehmens sowie der wichtigsten Wettbewerber voraus. Je besser diese Voraussetzung erfüllt wird, um so wirkungsvoller kann der Vorstoß in Neuland sein.

Innovationen setzen sich nicht von selbst durch, sondern erfordern ein professionelles Innovationsmanagement. *Innovationsmanagement* umfaßt einen *Komplex strategischer, taktischer und operativer Aufgaben zur Planung, Organisation und Kontrolle von Innovationsprozessen* sowie zur Schaffung der dazu erforderlichen internen Bedingungen sowie zur Nutzung der vorhandenen externen Rahmenbedingungen. Seine Spezifik besteht vor allem darin, daß es sich bei den zu gestaltenden Prozessen nicht um Routineaufgaben, sondern um neuartige Aktivitäten mit Unsicherheiten und Risiken handelt. Dies erfordert den Einsatz neuer, leistungsfähiger Führungsinstrumente. Eines davon ist Benchmarking, das Streben nach Verbesserungen impliziert und das dazu entscheidende Ansatzpunkte liefert.

Benchmarking als Instrument des Innovationsmanagements dient vor allem zur
- Ableitung und Begründung wettbewerbsorientierter Zielstellungen für die Innovation (im Stadium der Ausarbeitung von Pflichtenheften),
- Auswahl der bezüglich der angestrebten Wettbewerbsvorteile günstigsten Variante der Produkt- bzw. Verfahrensentwicklung,

Vermittlung von Anregungen für die kreative Entwicklungstätigkeit (Erfindungstätigkeit) und Unterstützung der systematischen Entwicklungstätigkeit, Motivation von Forschungs- und Entwicklungsteams zu höchstmöglichen Leistungen und zur Erzielung von Wettbewerbsvorteilen.

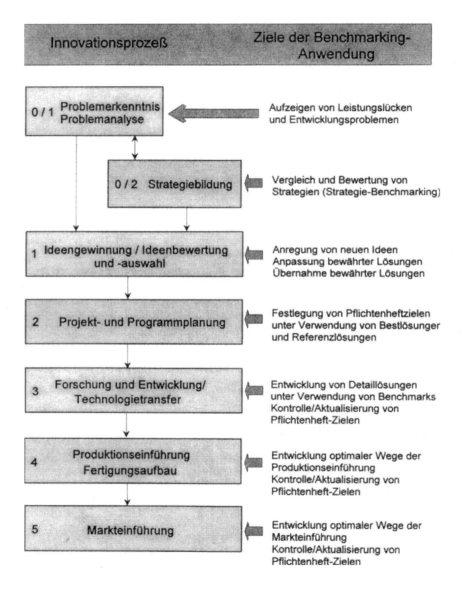

Bild 2-1: Anwendung des Benchmarking im Innovationsmanagement

2 Grundlagen des Integrierten Benchmarking

Bild 2-1 zeigt die Anwendung des Benchmarking im Innovationsmanagement, differenziert nach den einzelnen Stufen des Innovationsprozesses. Die Anwendung des Benchmarking ist keine einmalige Aufgabe, sondern sie durchdringt den gesamten Innovationsprozeß von der Ideenfindung bis zur Markteinführung. Dies erfordert

- eine ständige Aktualisierung und Präzisierung der für die Ausarbeitung des Pflichtenheftes ermittelten Benchmarks entsprechend der sich ständig verändernden Markt- und Technologiesituation,
- die Anpassung des methodischen Instrumentariums an den Fortschritt des Innovationsprozesses (Anwendung für die spezifischen Bewertungs- und Entscheidungssituationen in den einzelnen Prozeßstufen) sowie
- die Integration von Benchmarking und Entwicklungstätigkeit.

Benchmarking ist somit als prozeßintegriertes und dynamisches Management-Instrument zu gestalten. Von entscheidender Bedeutung ist weiterhin, daß es nicht als Methode zum einfachen Kopieren bereits vorhandener Lösungen aufgefaßt wird, sondern die Kreativität der Forscher und Entwickler unterstützt und beflügelt.

Tabelle 2-1: Typische Benchmarking-Kriterien für Innovationen

Kriterienkomplex	Einzelkriterien (Kenngrößen)
Kundennutzen für neue Produkte	- Leistungskennzahlen - Zuverlässigkeit / Fehlerfreiheit - Niveau der Formgestaltung - Umweltverträglichkeit
Kosten	- Herstellungskosten je Produktionseinheit - Forschungs- und Enwicklungskosten für Projekte - Anteil der F&E-Kosten am Umsatz - Kostenstrukturen
Zeit	- Time to Market - Zeitdauer bis zur Rentabilität neuer Erzeugnisse - Entwicklungsdauer neuer Erzeugnisse und Verfahren - Dauer von Teilprozessen - Zeitaufwandsstrukturen
Produktivität und Effizienz	- Anzahl neuer Produkte je Entwickler und Jahr - Anteil neuer Produkte am Gesamtumsatz - Anzahl Patente je Entwickler und Jahr (Patentergiebigkeit) - Häufigkeit der Projekteinstellung bzw. -veränderung
Aufwands- und Verbrauchskennzahlen	- spezifischer Materialverbrauch - spezifischer Energieverbrauch - Schadstoffemission
Flexibilität	- Anpassungsfähigkeit an veränderte Aufgabenstellungen - Anpassungsgeschwindigkeit

In Tabelle 2-1 sind typische Kenngrößen für das Benchmarking bei Innovationen zusammengestellt. Sie sind sowohl quantitativer (Kennzahlen) als auch qualitativer Natur (verbale Aussagen und Wertungen). Ihre Ermittlung, Analyse und Auswertung liefert entscheidende Ansatzpunkte für die Verbesserung der Ergebnisse und des Prozeßablaufs von Innovationen und zählt in der Regel zu den Aufgaben des Forschungs- und Entwicklungscontrolling.

2.1.2 Spezifische Bedingungen und Aufgaben des Benchmarking in Forschung und Entwicklung

Entscheidenden Einfluß auf das technische Niveau und den wirtschaftlichen Erfolg von Innovationen hat die Forschungs- und Entwicklungstätigkeit des Unternehmens. In diesem Bereich ist es deshalb besonders wichtig, Benchmarking als ständiges Führungs- und Arbeitsinstrument einzusetzen. Dabei gelten die im Kapitel 1 dargestellten allgemeinen Aufgaben und Merkmale des Benchmarking uneingeschränkt. Gleichzeitig sind spezifische Anwendungsbedingungen zu beachten, die aus dem Charakter von Forschungs- und Entwicklungsprozessen resultieren. Gegenstand (Zielobjekte) des Benchmarking in Forschung und Entwicklung sind:

- neue oder verbesserte (weiterentwickelte) Produkte (Produkt-Benchmarking),
- neue oder verbesserte (weiterentwickelte) technologische Prozesse und Verfahren,
- Einsatz neuer Technologien im Unternehmen,
- Ablauf von FuE-Prozessen (Prozeß-Benchmarking),
- vorhandene und neue Organisationsstrukturen in Forschung und Entwicklung (Organisations-Benchmarking), darunter insbesondere
  - Projektorganisation,
  - organisatorische Einbindung von Forschung und Entwicklung in die Unternehmensstruktur,
- Innovations-, Technologie- sowie FuE-Strategien des Unternehmens (Strategie-Benchmarking).

Die dargestellten Zielobjekte werden durch jeweils spezifische Parameter (Kennziffern oder qualitative Merkmale) charakterisiert. Zwischen ihnen bestehen enge Wechselbeziehungen, die es bei Benchmarking-Studien im FuE-Bereich zu berücksichtigen gilt. In besonderem Maße trifft dies für die Integration von Produkt- und Entwicklungsprozeß-Benchmarking zu, die im Mittelpunkt der weiteren Ausführungen stehen wird.

Die Anwendungsmöglichkeit des Benchmarking in Forschung und Entwicklung wird maßgeblich durch die *Strukturierbarkeit* der zu lösenden Probleme und der dazu angewandten F&E-Prozesse bestimmt. Je leichter strukturierbar die einzelnen Prozesse sind, desto einfacher ist das Messen, Vergleichen und Bewerten, um so höher sind die Implementierungschancen für das Benchmarking. Forschungs- und Entwicklungsaufgaben zeichnen sich gegenüber anderen Anwendungsgebieten des Benchmarking durch einen geringeren Grad der Strukturierbarkeit aus, da sie in der Regel einen hohen Neuheitsgrad und einen geringen Grad der Wiederholbarkeit aufweisen. Die einzelnen F&E-Prozesse sind wiederum in unterschiedlichem Maße strukturierbar, wie Bild 2-2 verdeutlicht. Die Strukturierbarkeit nimmt von der Grundlagenforschung über die angewandte Forschung bis zur systematischen Produkt- und Verfahrensentwicklung zu. Dementsprechend steigen auch die Möglichkeiten für die Anwendung des Benchmarking. Einen ähnlichen Einfluß auf die Benchmarking-Implementierung hat der Grad der Zielbestimmung der F&E-Prozesse. Je genauer die Ziele fixiert werden können, um so günstigere Bedingungen ergeben sich für das Benchmarking.

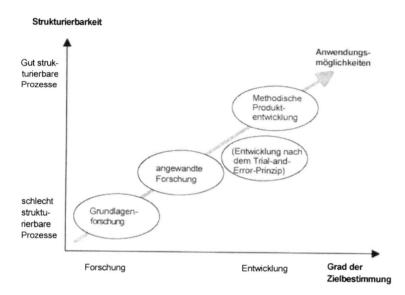

Bild 2-2: Anwendungsmöglichkeiten für das Benchmarking in Abhängigkeit von der Strukturierbarkeit und vom Grad der Zielbestimmung von F&E-Prozessen

Im Bereich der *Grundlagenforschung* besitzt Benchmarking kaum eine Implementierungschance. Die Ziele sind bezüglich ihrer praktischen Anwendbarkeit nicht präzise vorgegeben, da allgemeingültige Erkenntnisse erwartet werden. Der Forscher hat einen hohen Freiheitsgrad und geht zwangsläufig weitgehend unstrukturiert vor, so daß seine Arbeitsschritte schwer zu messen, zu vergleichen und zu planen sind. Bei *anwendungsbezogener Forschung*, die bereits auf eine bestimmte Anwendung ihrer Ergebnisse abzielt, ist Benchmarking teilweise möglich. Der Forscher hat dann einen geringeren Freiheitsgrad. Sein Vorgehen muß dokumentiert werden können. Daß es Bestrebungen gibt, auch Abläufe in der Forschung zu bewerten, zeigt eine Benchmarking-Studie der Universität Brighton, welche die Forschungstätigkeiten von europäischen Forschungsinstituten vergleicht (Rush/ Hobday/Bessant 1995, S. 17). Diese Benchmarking-Studie bezieht sich aber ausschließlich auf globale, hoch aggregierte Daten, wie etwa auf die Gesamtzahl der

Mitarbeiter oder das Forschungsbudget der Institute. Forschungsabläufe wurden nicht untersucht.

Der *Entwicklungsprozeß* nach dem "Trial-and-Error-Prinzip" kann ebenfalls nicht mit Benchmarking verglichen und bewertet werden. Das "Trial-and-Error-Prinzip" kann nach Ehrlenspiel allerdings auch zielgerichtet bei der Suche nach Teillösungen eingesetzt werden (Ehrlenspiel 1995, S. 73 ff.). Das gilt dann, wenn es systematisch in ein TOTE-Schema (Regelkreis) eingebunden wird. Das setzt allerdings bereits ein strukturiertes Vorgehen voraus. Der klassische Entwickler oder Erfinder wählt mögliche Lösungen aus und eliminiert nicht praktikable Lösungsprinzipien durch Versuche. Sein Vorgehen ist durch Zufälle geprägt und schwer vorhersehbar.

Bei der *methodischen Produktentwicklung* hält der Entwickler eine feste Reihenfolge von Entwicklungsschritten ein. Er hat stets eine Innovation vor Augen. Der Entwicklungsprozeß kann gemessen, bewertet und verglichen werden. Die Ziele des Entwicklungsprojektes sind möglichst genau vorgegeben. Beim Benchmarking ist die Strukturierbarkeit der Benchmarking-Objekte eine notwendige Voraussetzung, um Referenzlösungen zu finden. Dabei muß gesichert werden, daß der Grad der Strukturierung von F&E-Prozessen die Kreativität von Forschern und Entwicklern positiv beeinflußt. Kreativität darf nicht durch unverhältnismäßige Bürokratie beschränkt werden.

Tabelle 2-2: Einteilung von Entwicklungsproblemen

Ziele Mittel (Ressourcen)	eindeutig vorgegeben	nicht eindeutig vorgegeben
	Aufgabentyp	**Zielproblem**
bekannt	Einfache Entwicklungsaufgabe (z. B. Weiterentwicklung, Varianten- oder Anpassungsentwicklung, Baureihenentwicklung)	(z. B. Umgestaltung bisheriger Produkte oder Prozesse für neue Anwendungsgebiete und Marktsegmente)
	Mittelproblem	**Ziel- und Mittelproblem**
nicht bekannt	Neuartige Entwicklungsaufgabe mit klarer Zielvorgabe, aber unklarem Lösungsweg	Entwicklungsaufgabe ohne klare Zielvorgabe und ohne Lösungsweg

Quelle: in Anlehnung an Ehrlenspiel: Integrierte Produktentwicklung. München: Hanser, 1995, S. 53

Sehr wesentlich wird die Anwendung des Benchmarking dadurch bestimmt, in welchem Umfange die Ziele und Mittel einer Entwicklungsaufgabe vorgegeben sind. Danach können die in Tabelle 2-2 dargestellten vier Grundtypen von Entwicklungsproblemen unterschieden werden (Ehrlenspiel 1995, S. 53). Die günstigsten Einsatzmöglichkeiten für das Benchmarking ergeben sich bei einem klar begrenzten Lösungsraum für den Entwickler. Insbesondere beim *Aufgabentyp* können Vergleiche sowohl bezüglich der Ziele als auch hinsichtlich der einzusetzenden Ressourcen durchgeführt werden. Demgegenüber werden die Anwendungsmöglichkeiten des Benchmarking in dem Maße erschwert, in dem sich die Grenzen des Lösungsraumes verwischen. Dennoch sind auch hier prinzipielle Aussagen durch Benchmarking-Studien möglich. Der Vergleich kann sich dann nicht auf eindeutig abgegrenzte Objekte beschränken, sondern muß auf die Betrachtung eines Spektrums von möglichen Aufgaben und Ergebnissen ausgerichtet sein. Typische Objekte derartig "erweiterter" Vergleiche können z. B. Einsatzfelder für neue Produkte, Anwendungsmöglichkeiten neuer Technologien oder die Bestimmung optimaler Produktionssortimente sein. Dementsprechend liegen die Bewertungsergebnisse nicht in Gestalt konkreter Kennzahlen vor, sondern es werden durch die vergleichenden Untersuchungen vor allem Ideen für neue Entwicklungsprojekte oder Anregungen für die laufende Entwicklungstätigkeit ausgelöst.

Spezifische Bedingungen für das Benchmarking in Forschung und Entwicklung sind vor allem:

1. *Neuheit der Forschungs- und Entwicklungsergebnisse*
Die zu bewertenden Ergebnisse der Forschungs- und Entwicklungstätigkeit zeichnen sich durch einen unterschiedlichen Neuheitsgrad aus. Je höher der Neuheitsgrad ist, desto seltener können direkt vergleichbare Referenzen herangezogen werden. Dies gilt besonders für das F&E-Produkt-Benchmarking. Leichter ist es in der Regel, Vergleichslösungen für Teilsysteme (z. B. Produktkomponenten, Module) zu finden. Auf dieser Ebene können Unternehmen außerhalb des Kreises der Konkurrenten für einen Wissensaustausch gewonnen werden. Referenzquellen für Produktlösungen sind häufig auch Quellen für F&E-Prozeßlösungen.

Bei vollständiger Neuentwicklung oder beim Aufgreifen eines neuen, bisher im Unternehmen nicht vertretenen Forschungsproblems existiert häufig kein Vorläuferprojekt, auf dessen Analyse zurückgegriffen werden kann. In diesen Fällen kommt der Auswertung externer Erfahrungen eine besondere Rolle zu.

2. *Unbestimmtheit und Risikocharakter der Daten*
Aus der Neuheit der Forschungs- und Entwicklungsergebnisse resultiert zugleich die prinzipielle Unbestimmtheit der für das Benchmarking verwendeten Daten (z. B. geplante Entwicklungszeit, Produktkosten). Sie ist um so stärker ausgeprägt, je höher der Neuheitsgrad und das wirtschaftliche Risiko der Innovation ist. Es empfiehlt sich deshalb, den Vergleich von neuen Produkten und Prozessen durch eine Wahrscheinlichkeitsanalyse für die verwendeten Daten zu ergänzen.

3. *Dynamischer Charakter der Bewertung*
Benchmarking in Forschung und Entwicklung muß dynamischen Charakter haben, um mit sich ändernden F&E-Aufgaben und F&E-Prozessen schritthalten zu können. Deshalb müssen Ziele und Kriterien zukunftsorientiert ausgerichtet werden und bereits dem Standard für die "best-practice" der Zukunft

entsprechen. Das ist bei der Neuproduktentwicklung einfacher möglich als beim Re-engineering von bereits implementierten Geschäftsprozessen.

Bild 2-3 zeigt, wie die Veränderung einer Bestleistung prognostiziert und bei der Festlegung der eigenen Leistungsziele berücksichtigt werden kann.

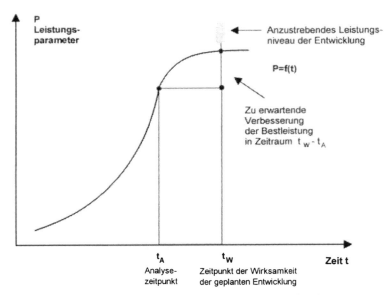

Bild 2-3: Erwartete Entwicklung der Bestleistung als Orientierung für eigene Leistungsziele

4. *Kreativität der Forschungs- und Entwicklungsarbeit*
Forschungs- und Entwicklungsprozesse sind durch eine kreative Arbeitsweise gekennzeichnet. Benchmarking darf deshalb die Kreativität des Entwicklers oder Forschers nicht behindern, sondern muß sie gezielt fördern. Dazu ist es notwendig, daß neben der Vorgabe unerläßlicher Restriktionen (z. B. Preisobergrenzen, Zielkosten oder Qualitätsmaßstäbe aus Markterfordernissen) vor allem auch Anregungen und Ansatzpunkte für die Ideenfindung vermittelt werden. Diesem Aspekt wird in den zumeist von Kennzahlen dominierten Vergleichen oft nicht ausreichend entsprochen. Einerseits muß eine nüchterne Analyse der Benchmarking-Objekte mit Hilfe von Kennzahlen und qualitativen Merkmalsausprägungen durchgeführt werden. Andererseits sollten aus der anschaulichen Analyse von Referenzobjekten Informationen und Wissen gewonnen und kreativ verarbeitet werden.

5. *Vertraulichkeit und Geheimnisschutz vieler Angaben aus F&E*
Forschung und Entwicklung sind von hoher strategischer Bedeutung für die Wettbewerbsfähigkeit der Unternehmen. Im F&E-Bereich beziehungsweise beim Ablauf von F&E-Prozessen müssen Geheimhaltung und Vertraulichkeit

besonders gewährleistet sein, wenn man gegenüber der Konkurrenz Wettbewerbsvorteile behalten oder ausbauen will. Viele Unternehmen haben die Sorge, daß sie durch Benchmarking einen vermeintlichen Know-how-Vorsprung gegenüber der Konkurrenz verlieren könnten. Partnerschaftliches F&E-Benchmarking wird deshalb von etwa einem Drittel der befragten Unternehmen (vgl. Kapitel 4) als problematisch angesehen. Chancen, die im generischen Benchmarking (Benchmarking mit branchenfremden Unternehmen) für Produkte und Prozesse liegen, sind von vielen Unternehmen noch nicht erkannt worden.

6. *Beschränkte Verfügbarkeit und Meßbarkeit der Daten*
Im Bereich von Forschung und Entwicklung sind oftmals keine hinreichend genauen und eindeutig meßbaren Daten verfügbar, insbesondere was die Vergleichsdaten aus anderen Unternehmen anbelangt. Das schließt die Nützlichkeit der Anwendung von F&E-Benchmarking aber nicht prinzipiell aus. Vielmehr können durch qualitative Aussagen und zusammenfassende, komplexe Bewertungsgrößen (z. B. Kundenzufriedenheit oder Flexibilität) wichtige Ansatzpunkte für die Verbesserung von F&E-Prozessen gewonnen werden.

Eine entscheidende Voraussetzung für die Verfügbarkeit von Benchmarking-Daten ist das Vorhandensein eines leistungsfähigen F&E-Controllings. Hier müssen alle F&E-spezifischen Daten für das gesamte Unternehmen, für die bearbeiteten oder abgeschlossenen Projekte sowie für die Produkte und Verfahren ermittelt werden.

In den Stufen des Entwicklungsprozesses hat Benchmarking eine unterschiedliche Funktion. Dies wird aus Bild 2-4 am Beispiel der Entwicklungsschritte für Neuprodukte (vgl. Pahl/Beitz 1993, S. 81 ff.; Ehrlenspiel 1995, S. 274) deutlich. Wichtige wirtschaftliche und technische Forderungen zur Sicherung der Wettbewerbsfähigkeit (Erfüllung der Markterfordernisse, Erzielen von komparativen Konkurrenzvorteilen durch bestimmte Produktmerkmale) müssen bereits in der Anforderungsliste und im Pflichtenheft berücksichtigt werden.

Bei der Anwendung des Benchmarking in Forschung und Entwicklung können in Abhängigkeit vom angestrebten Erfolgshorizont die in Bild 2-5 dargestellten Planungsebenen unterschieden werden. *Strategisches Benchmarking* ist langfristig orientiert und dient der Planung von Forschungs- und Vorentwicklungsaufgaben sowie der Vorbereitung neuer Erzeugnis- und Verfahrensgenerationen oder neuer Prozeßabläufe in Forschung und Entwicklung. Es unterstützt unmittelbar die langfristige Planung von Forschung und Entwicklung. Dazu werden vor allem generische Vergleiche mit Produkten, Verfahren und F&E-Prozessen in Referenzunternehmen durchgeführt. In der Regel gibt es keine bereits vorhandenen Objekte für eine Eigenanalyse (internes Benchmarking).

Taktisches Benchmarking ist auf die Neuentwicklung von Produkten und Verfahren in der Planungs- und Konzipierungsphase sowie auf die Umgestaltung von F&E-Prozeßabläufen ausgerichtet. Es kann bereits auf mehr oder weniger ausgeprägte Erfahrungen im Unternehmen zurückgreifen. Vergleiche mit Konkurrenzunternehmen und generischen Referenzunternehmen sind sehr gut möglich.

Operatives Benchmarking baut auf den Ergebnissen des taktischen Benchmarking auf und zielt darauf ab, kurzfristig Erfolgspotentiale zu erschließen. Im Mittelpunkt steht die Unterstützung von Verbesserungen und Rationalisierungsaufgaben sowie von Entwurfs- und Optimierungsarbeiten bei der Produkt- und Verfahrensentwicklung. Voraussetzung dazu sind aussagefähige Vergleiche mit den einzelnen Teillösungen einer Entwicklung.

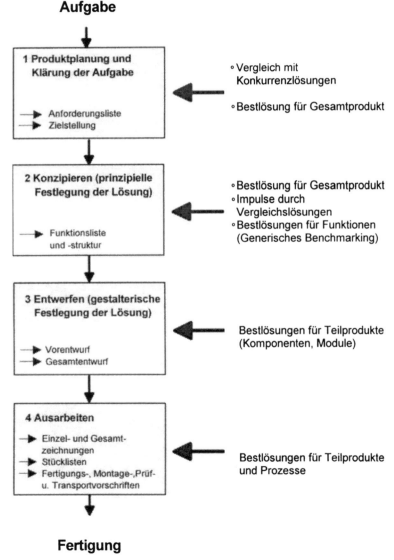

Bild 2-4: Anwendung des Benchmarking in den Stufen des Produktentwicklungsprozesses

2 Grundlagen des Integrierten Benchmarking

Benchmarking in Forschung und Entwicklung muß auf allen drei Planungsebenen zur Unterstützung und Befruchtung der kreativen Arbeit eingesetzt werden. In der Praxis überwiegt vielfach die taktische Ebene (insbesondere Festlegung von Pflichtenheftzielen), während dem strategischen und dem operativen Benchmarking nicht immer die gebührende Aufmerksamkeit geschenkt wird. Langfristige und dauerhafte Wettbewerbsvorteile können jedoch nur dann erzielt werden, wenn einerseits die strategische Planung und andererseits die unmittelbare Entwicklungsarbeit durch Benchmarking unterstützt werden.

Erfolgshorizont des Benchmarking

	Produkte / Verfahren	F&E-Prozesse
strategisch	Forschung, Vorentwicklung neue Produkt- und Verfahrensgenerationen (Planung und Konzipierung)	Neugestaltung von Prozeßabläufen
taktisch	neue Produkte und Verfahren (Planung und Konzipierung) Umgestaltung bestehender Produkte und Verfahren (Reverse Engineering)	Umgestaltung bestehender Prozesse (Reengineering)
operativ	neue Produkte und Verfahren (Entwerfen und Ausarbeiten) Weiterentwicklung, Anpassung, kontinuierliche Verbesserung	kontinuierliche Verbesserung/ Rationalisierung der F&E-Prozesse

Benchmarking-Objekt

Bild 2-5: Planungsebenen des Benchmarking in Forschung und Entwicklung

2.2 Konzept des Integrierten Benchmarking

2.2.1 Benchmarking für Produkte

Als Produkte von Herstellern oder Dienstleistern sollen im Sinne des Produkt-Benchmarking Hardware (materielle Güter), Software (immaterielle Güter wie Verfahrenskonzepte für den Anlagenbau, EDV-Software) oder Dienstleistungen bezeichnet werden. Bei Produktionsanlagen (Investitionsgüter) sind die Produktionsmaschinen (Hardware), die Software im Sinne von Verfahrensplänen (Ablauf- und Aufbauplanung von Produktionsanlagen durch Entwicklungsabteilungen oder Ingenieurbüros) oder die EDV-Software (Programme für kaufmännische oder technische Anwendungen) Benchmarking-Objekte (Produkte).

Dienstleistungsprodukte (Dichtl 1994, S. 260) wie Wartungs-, Instandhaltungs- oder Serviceleistungen können mit Prozeß-Benchmarking analysiert werden, da es sich hier um die Gestaltung von Abläufen handelt. Beim Produkt-Benchmarking sind die Korrelationen (Abhängigkeiten) zwischen Produkteigenschaften und Prozeßeigenschaften zu beachten. Reparaturen sind demnach Serviceleistungen, deren Ablauf (Dienstleistungsprozeß) von der Gestalt des zu reparierenden Produktes abhängt (vgl. die "Design for Service Studie" in Kapitel 5).

Dem Produkt-Benchmarking wird in der weitgehend prozeßorientierten Benchmarking-Theorie nicht genügend Beachtung geschenkt. In der Praxis wird der Stellenwert des Produkt-Benchmarking mindestens genauso hoch eingeschätzt wie die Bedeutung des Prozeß-Benchmarking (Krekeler 1995, S. 4). Das gilt besonders für den F&E-Bereich. Dort behaupten im deutschsprachigen Raum 50 % der befragten Unternehmen, Produkt-Benchmarking anzuwenden. Hingegen gaben nur 33,8 % der Unternehmen an, daß sie im Bereich der Produktentwicklung Prozeß-Benchmarking anwenden. Demgegenüber wird das Produkt-Benchmarking in England von 77% der befragten Unternehmen ebenso bedeutsam wie das Prozeß-Benchmarking eingestuft (vgl. Kapitel 4).

Produktvergleiche (Geräteanalysen) und Wettbewerbsanalysen sind in der funktionalen Unternehmensorganisation traditionell Aufgaben des Marketing und der Entwicklung. Dabei orientieren sich Unternehmen in der Regel an den Marktführern. Es ist zwischen Marktführern (Verkaufserfolg) und Technologieführern (Erfüllung von technischen Käuferanforderungen) zu differenzieren. Marktführer haben aus der Sicht von potentiellen Kunden nicht immer die technisch besten Produkte, da der Markterfolg nicht nur vom Produktnutzen, also den Anwendungseigenschaften oder dem Preis beeinflußt wird, sondern auch von der Distribution und von der Produktplazierung (Werbung und PR) abhängt. Die Produkte und Lösungsprinzipien von Markt- und Technologieführern sollten detailliert analysiert werden. Darüber hinaus bieten Produktfunktionen und technische Referenzleistungen aus generischen Quellen ein großes Reservoir an Benchmarking-Referenzen für Produktlösungen.

Die Orientierung an Wettbewerbern und Technologieführern ermöglicht es, aus deren Produktlösungen zu lernen (Shetty 1993, S. 39 ff.). Bei der Neuentwicklung (Engineering) oder der Produktverbesserung (Reverse-Engineering (Schewe 1993, S. 53 ff.)) können dadurch Änderungen in die Spezifikation der eigenen Produkte aufgenommen werden. Somit ist beim Produkt-Benchmarking wie auch bei allen anderen Arten des Benchmarking zu beachten, daß Benchmarking mehr als eine klassische Konkurrenzanalyse ist. Es geht nicht nur darum, die technischen Lösungen von Wettbewerbern zu analysieren. Um den Wettbewerb zu übertreffen, müssen bessere technische Lösungen entwickelt werden. Dafür braucht man Informationen über generische Technologien, die bezüglich der betrachteten Produktziele einen Leistungsvorsprung ermöglichen, wenn man sich nicht darauf beschränken möchte, Technologiefolger zu sein.

Produkte sind Leistungen von Unternehmen, die auf Märkten angeboten werden. Es kann folgende Einteilung vorgenommen werden:

Hardware (Physikalische Objekte)
Software   (Immaterielle Objekte)
- Verfahren, die Planungsgrundlage (Konzepte) für Hardware sind, so z.B. Pläne für Hardware (physikalischer Aufbau) und für Prozesse (Ablauf von Prozessen in Maschinen und Anlagen) zur Stoffumwandlung und Stoffumformung.
- EDV-Software, die als Endprodukt dem Nutzen eines Anwenders dient oder zur Planung, Steuerung und Kontrolle von Hardware oder Managementprozessen eingesetzt wird.
Dienstleistungen
- Gewährleistungs- und Serviceprozesse, die der Ausführung von Garantieleistungen und der Instandhaltung von Hardware oder Software dienen
- Servicedienstleistungen (den Produktverkauf begleitende Dienstleistungen), die mit dem Verkauf von Hardware oder Software verknüpft sind, die aber nicht Gewährleistungs- oder Instandhaltungsprozesse sind (ein Beispiel ist das Angebot eines Mietwagens zum Abtransport der gekauften Ware)
- eigenständige, reine Dienstleistungen (Serviceprozesse), die nicht mit dem Verkauf von Hardware verknüpft sind (als Beispiel kann die Aufbewahrung von Wertpapieren oder Edelmetallen in Bankdepots angeführt werden)

Das Produktprogramm (Angebot) wird durch die aktuelle Nachfrage des Marktes (Demand Pull) und durch die Potentialfaktoren des Unternehmens bestimmt. Potentialfaktoren sind das Personal, die Maschinen und Anlagen, die Finanzierungsressourcen (Finanzierungsmöglichkeiten), die Technologien (Wissen über Technologien) und die Informationen (auch Benchmarking-Informationen). Die Potentialfaktoren stehen den Unternehmen als Hilfsmittel zur Leistungserstellung zur Verfügung. Dadurch wird der Technology Push bestimmt, den das Unternehmen auf bestehende Märkte ausüben kann oder mit dem es neue Märkte schaffen kann (Hamel/Prahalad 1994, S. 83 f.). Die Entstehung neuer Märkte ist ein Prozeß, in dem sich neue Kundenanforderungen herausbilden und durch den alte Märkte an Bedeutung verlieren (Substitutionseffekte). Dabei kann von der Zerstörung (Nolan/Croson 1995, S. 29 ff.) von Märkten ein "kreativer Prozeß der Wandlung" für das Unternehmen ausgehen. Dieser kontinuierliche Lern- und Anpassungsprozeß (Nonaka 1993, 41 ff.) sollte durch eine Anpassung der Unternehmensstrategie Rückwirkungen auf die Ablauforganisation (Prozesse) und die Aufbauorganisation des Unternehmens sowie auf die Projekte haben. Auch hier wird die enge Verbindung von Produkt- und Prozeß-Benchmarking deutlich, wenn Benchmarking den dynamischen Prozeß der Marktanpassung unterstützen soll. Der Marktveränderungsprozeß bedingt, daß Produkt-Benchmarks zeitabhängige Größen sind. Es ist die Aufgabe des Produkt-Benchmarking, Zielvorgaben Z für die Produktentwicklung im Pflichtenheft festzulegen und die Ergebnisse der Produktentwicklung mit Bewertungskriterien K_p (t) an den Benchmarks interner und externer Referenzen zu messen.

Bild 2-6 zeigt den anforderungsorientierten und den technischen Maßstab des Produkt-Benchmarking. Die künftig zu erwartenden Kundenforderungen sind Ziel jeder Produktentwicklung. Die Ziele (Pflichten) können in Relation zu den derzeitigen technischen Möglichkeiten gesetzt werden. Bild 2-6 ist eine eindimensionale Darstellung der Produktbewertung mit einem dynamischen Kriterium K_p (t). Im gewählten Beispiel hat die vom Kunden geforderte Merkmalsausprägung (Pflicht) einen Wert von $z = 5$. Falls eine Produktlösung Eigenschaften $k_p(t) > 5$ oder $k_p(t) < 5$ aufweist, erfüllt es die Kundenanforderung nicht und bietet dem potentiellen Kunden keinen ausreichenden Nutzen. Dabei muß das Produkt den Kundenanforderungen während des geplanten Integrierten Produktlebenszyklus entsprechen.

Die Übererfüllung eines Kriteriums ist ein over-engineering. Eine solche Übererfüllung kann sich genauso negativ auf den Kundennutzen auswirken wie eine Schlecht- oder Nichterfüllung. Ein Fernsehgerät, das besonders für Senioren geeignet ist, soll beispielsweise laut Pflichtenheft genau $Z = 5$ Bedienungsfunktionen aufweisen. Ein Gerät, welches $k_p = 9$ Funktionen hat, ist eine Fehlkonstruktion hinsichtlich des angepeilten Zielmarktes. Das Gerät erfüllt das Pflichtenheft nicht, obwohl es dem Technologiestandard (Technologie-Benchmark) b_{pnbest}-technologie (t) entspricht. Da Bedienungsanleitungen häufig unzureichend sind, haben auch junge Menschen Probleme, zusätzliche Gerätefunktionen zu verstehen. Einem älteren Menschen können die zusätzlichen Funktionen den Zugriff auf die von ihm benötigten Kernfunktionen verwehren (Weißmantel/Biermann/Müller-Ditsche 1994, S. 110 ff.).

Das Produkt-Benchmarking kann sich demnach nicht ausschließlich am absoluten Maßstab orientieren, der von generischen Technologieführern und Wettbewerbern vorgegeben wird, sondern es muß sich nach den derzeitigen und zukünftigen Kundenwünschen richten. Es muß eine technische Lösung gefunden werden, mit der sich die geforderten $z = 5$ Bedienungsfunktionen realisieren lassen. Für ein Gerät mit $z = 5$ Bedienungsfunktionen gibt es bessere und schlechtere Lösungen, zwischen denen durch weitere Kriterien differenziert werden muß. Aus allen dafür denkbaren und realisierbaren Lösungen ist ein relatives best-engineering $(b_{pnbest}$-real$)$ auszuwählen. Die Hauptaufgaben des Produkt-Benchmarking bestehen darin, den Produktentwicklern einen marktorientierten Optimierungsmaßstab zu geben und externes Know-how zu akquirieren.

2 Grundlagen des Integrierten Benchmarking

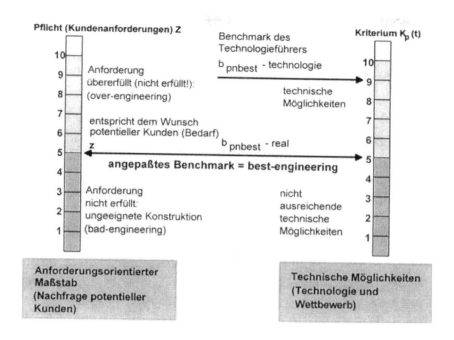

Bild 2-6: Maßstab des Produkt-Benchmarking

2.2.2 Benchmarking für Produktentwicklungsprozesse

Prozeß-Benchmarking ist derzeit die am meisten diskutierte Form des Benchmarking. Schon Kosiol (Schmidt/Chmielewicz 1967, S. 33) definiert die Ablauforganisation "als Strukturierung des sich raumzeitlich abspielenden Arbeitsprozesses im Unternehmen". Unter einem Prozeß können somit alle Leistungsprozesse des Unternehmens verstanden werden. Dabei entsprechen die Prozesse den Abläufen (der Ablauforganisation) in der klassischen Organisationslehre, wie sie unter anderem auch von Ulrich und Fluri (Ulrich/Fluri 1992, S. 173 f.) beschrieben worden sind. Hammer und Champy (Hammer/Champy 1994, S. 71 ff.) haben das Konzept einer prozeßorientierten Unternehmenskonzeption weiterentwickelt. In einem Unternehmen sollte es keine Prozesse geben, die nicht direkt oder indirekt für dessen Geschäftstätigkeit und der Erfüllung der Unternehmensziele notwendig sind. Dabei ist der übergeordnete Geschäftsprozeß die Prozeßkette von der Ermittlung eines Kundenproblems, über die Produktentwicklung und Produktion bis hin zum Verkauf des geforderten Produktes. Der Gesamtprozeß läßt sich in Teilprozesse aufgliedern, die dann unternehmensinterne Kunden- und Lieferantenbeziehungen beschreiben. Der Begriff des Geschäftsprozesses verdeutlicht, daß Prozesse sowohl außerhalb als auch innerhalb eines Unternehmens kundenorientiert sein müssen. Auch Produktentwicklungsprozesse sind demnach Teilprozesse des "Geschäftsprozesses" eines Unternehmens. Diese umfassende und einheitliche Prozeßdefinition ist notwendig, um ein interdisziplinäres, integriertes Benchmarking-Konzept zu verwirklichen.

Arbeitsabläufe können nach dem Prozeßkonzept in einzelne Funktionen (Verrichtungen oder Aktivitäten) (Ulrich/Fluri 1992, S. 173 f.) zerlegt werden. Wie in Bild 2-7 sind Gesamtprozesse als Prozeßkette darstellbar.

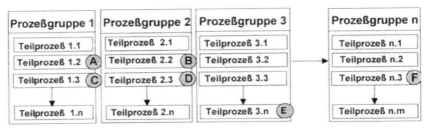

Bild 2-7: Prozeßketten, Prozeßgruppen und Teilprozesse (Verrichtungen, Aktivitäten) als Basis des Prozeß-Benchmarking

Prozesse und Verrichtungen sind Abläufe in Unternehmen, die zur Leistungserstellung dienen. Das bedeutet, daß die starre Reihenfolge von Teilprozessen (Verrichtungen, Aktivitäten) aufgehoben werden muß. So muß etwa die verrichtungsorientierte Reihenfolge an einem Fließband in Teamarbeit überführt werden. Ein Team sollte in der Lage sein, mehrere Verrichtungsarten zu beherrschen. Dadurch wird die Reihenfolge von Verrichtungen variabel gestaltet und dem jeweiligen Kundenauftrag angepaßt. Eine Prozeßgruppe kann aus unterschiedlichen Teilprozessen (Verrichtungen) bestehen. Gleichzeitig bedeutet das, daß die Teilprozeßverantwortung der Mitarbeiter zu einer Prozeßgruppenverantwortung wird. Jeder Mitarbeiter erhält eine höhere Verantwortung, da er Teamverantwortung für die gesamte Prozeßgruppe mitträgt und er mehrere Teilprozesse (Verrichtungen) beherrschen muß (job-enrichment). In der Produktionswirtschaft bezeichnet man diesen Fluß der Verrichtungen auch als *flow-shop* (Schneeweiß 1993, S. 11). Darüber hinaus hat jeder Mitarbeiter über eine *Kundenbeziehung* auf vorgelagerte Teilprozesse Einfluß und über eine *Lieferantenbeziehung* auch Verantwortung für nachgelagerte Teilprozesse.

Bild 2-7 verdeutlicht die Beziehung zwischen Prozeßgruppen und Teilprozessen. In Prozeßgruppen sind ähnliche Teilprozesse (Verrichtungen) zusammengefaßt. Prozesse müssen daher die Prozeßgruppen in jeweils angepaßter Reihenfolge durchlaufen. Prozeßgruppen müssen intern aber wiederum möglichst gleichartige Teilprozesse (Verrichtungen) enthalten, damit sie homogen sind und mit den Prozeßgruppen von Benchmarking-Partnern verglichen werden können. Prozeß-Benchmarking enthält, wenn eine morphologische Struktur wie in Bild 2-7 vorliegt, immer auch Verrichtungs-Benchmarking (Aktivitäts-Benchmarking). Gesamte Prozeßketten (Pielok 1994, S. 15) oder Prozeßgruppen lassen sich in der

2 Grundlagen des Integrierten Benchmarking

Regel nicht differenziert genug bewerten, um sie mit Referenzunternehmen vergleichen zu können. Daher muß der Gesamtprozeß in vergleichbare und morphologisch austauschbare Teilprozesse (Verrichtungen, Aktivitäten (Cooper, R. 1990, S. 210 ff.)) zerlegt werden.

Ein Hauptproblem des Prozeßmanagements ist, daß in vielen Unternehmen immer noch das Denken in Managementfunktionen vorherrscht (Burckhardt 1995, S. 522). Es erscheint einfach, in Managementfunktionen und abgegrenzten Aufgaben- und Verantwortungsbereichen wie Marketing, F&E, Vertrieb, Produktion, Instandhaltung oder Expedition zu denken. Mitarbeiter meinen dadurch, einen klar abgegrenzten Verantwortungs- und Tätigkeitsbereich zu haben. Prozesse sind jedoch funktionsübergreifend. Das heißt, eine Managementfunktion wie F&E ist nicht identisch mit einer Prozeßgruppe. Vielmehr durchläuft ein Prozeß die Prozeßgruppen, in denen Teilprozesse (Verrichtungen, Aktivitäten) durchgeführt werden. Somit muß ein Mitarbeiter aus dem Marketingbereich auch Verantwortung für den Prototypenbau (Produkttest) im Produktentwicklungsprozeß übernehmen. Dies verdeutlicht das Prozeßmodell in Bild 2-8. Zum Beispiel muß die Farbe eines Prototyps dem Marketingkonzept entsprechen, damit der Markttest repräsentative Ergebnisse liefert. Das Denken in herkömmlichen Managementfunktionen widerspricht der Prozeßorientierung von Benchmarking. Deshalb sollte man Benchmarking in F&E nie isoliert betrachten. Die Prozeß- und Verrichtungsschritte des Produktentwicklungsprozesses betreffen in der Regel viele Unternehmensbereiche und Funktionen.

Strukturierte Prozesse sind eine generelle Voraussetzung für den Erfolg des Benchmarking. In der Praxis läßt sich eine Organisationsänderung (Organisationsentwicklung (Kuhn 1990, S. 141)) von Abteilungs- zu Prozeßstrukturen nicht reibungslos durchführen. Das liegt auch daran, daß es zur Zeit noch keine eindeutig abgegrenzten Begriffe für funktionsübergreifende Prozesse gibt. Eine Abgrenzung und Bezeichnung der Prozesse anhand von Managementfunktionen spiegelt sich in den folgenden Begriffen wider:

- F&E-Prozesse
- Produktentwicklungsprozesse
- Konstruktionsprozesse
- Marketingprozesse
- Buchführungsprozesse
- Kostenrechnungsprozesse
- Personalakquisitions-/Personalentwicklungsprozesse
- Expeditions-/Versandprozesse
- Produktionsprozesse
- Vertriebsprozesse

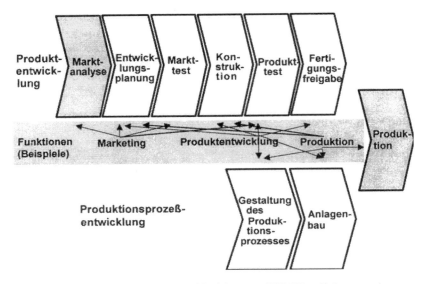

Beispiele für Managementfunktionen, die Verrichtungen (Aktivitäten, Teilprozesse) für die Prozeßschritte bei der Entwicklung neuer Produkte ausführen oder die daran beteiligt sein sollten.

Bild 2-8: Prozesse und Unternehmensfunktionen

Prozeßmanagement und Prozeßorganisationen orientieren sich bei klassischer Ausrichtung an den konventionellen Unternehmensfunktionen (Funktionalbereiche) (Österle 1995, S. 124) beziehungsweise an Abteilungen für Stabs- und Linienfunktionen. Eine funktionsübergreifende Betrachtung der Prozesse zur Erfüllung einer abteilungsübergreifenden Aufgabe ist dabei weitgehend ausgeschlossen. F&E-Prozesse können als separate Prozeßabläufe analysiert werden, wenn sie überwiegend innerhalb einer F&E-Abteilung oder innerhalb eines Projektes ablaufen.

Bild 2-9 berücksichtigt, daß die Benchmarks der "best-practice" durch die dynamische Veränderung von Wettbewerbsangeboten, Kundenanforderungen und externen Rahmenbedingungen ständig steigen. Prozeß-Benchmarks K_L (t) sind genauso wie Produkt-Benchmarks K_P (t) dynamische Größen. Benchmarks zu ermitteln und zukunftsorientierte Zielvorgaben festzulegen sind die Aufgaben des Prozeß-Benchmarking. Der alte Standard der "best-practice" b_{Inbest}-*real* soll durch das Setzen eines neuen Standards b_{Inbest}-*zukünftig* übertroffen werden (Morton 1994, S. 97 ff.; Kasul/Motwani, S. 30; Todd 1995, S. 137 f.).

Ebenso wie beim Produkt-Benchmarking ist die Vergleichbarkeit der Ziele und Rahmenbedingungen beim Prozeß-Benchmarking sehr wichtig. Falls ein Innovations- oder F&E-Prozeß auf die Entwicklung eines Produktes ausgerichtet ist, das in Kleinserienfertigung geplant ist, so herrschen andere Voraussetzungen als bei einer Großserie. Der Aufwand des Benchmarking muß stets in günstiger Relation zum Ertrag der erzielbaren Prozeßverbesserung stehen. Es muß vermieden

2 Grundlagen des Integrierten Benchmarking

werden, mit Kanonen auf Spatzen zu schießen. Das gleiche gilt für den Produktionsprozeß. In der Produktion amortisieren sich Investitionen nur dann, wenn die produzierten Stückzahlen bei der Benchmarking-Referenz vergleichbar sind. Vor einem Over-Investment muß gewarnt werden. Mit dem Prozeß-Benchmarking für die Prozeßneugestaltung oder das Re-engineering sollte daher immer eine Nutzen- und eine Risikoanalyse verknüpft sein. Es kann aber durchaus profitabel sein, Teilaspekte eines "best-practice"-Prozesses aus der Großserienherstellung auch bei einer Kleinserienherstellung einzuführen. Rentabilitätsaspekte dürfen aber niemals vernachlässigt werden, da Benchmarking nicht als Selbstzweck verstanden werden darf. Unternehmen stehen oft vor einer schwierigen Investitionsentscheidung. Entweder sie investieren in neue Produktionstechnik (Produktionsprozesse), um kurzfristige Rationalisierungserfolge zu erzielen, oder sie können die Mittel langfristig für die Entwicklung neuer Produkte binden. Alternativ dazu können auch opportune Kapitalanlageformen gewählt werden. Eine große Rolle spielt dabei, daß die Produktkosten schon zu einem großen Teil durch die Konstruktion festgelegt werden. Es existiert eine Hebelwirkung (Gerhard 1994, S. 13) für die Kosten nachfolgender Prozesse. Ein Produkt, das keinen montagegerechten Grundaufbau hat, läßt sich nur begrenzt kostengünstiger produzieren, indem man in neue Fertigungsverfahren investiert.

Das Benchmarking-Kriterium "Flexibilität" hat eine große Bedeutung für die Reduzierung des unternehmerischen Risikos und für den Einsatz von Risikokapital (Roberts 1991, S. 19; Möhrle 1989, S. 49; Bühner 1988, S. 1323 ff.). Prozesse müssen an zukünftige Anforderungen anpaßbar sein, damit sie als Module zu neuen Systemen kombiniert oder ergänzt werden können.

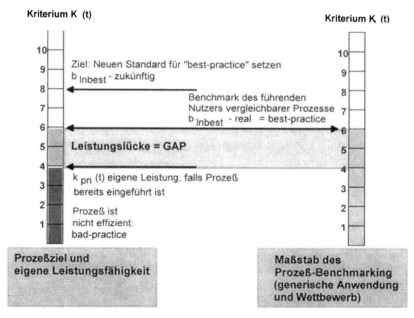

Bild 2-9: Maßstab des Prozeß-Benchmarking

Prozesse sollten zur Analyse und Bewertung in kleine und übersichtliche Teile (Subprozesse) zerlegt werden. Dabei muß allerdings der Aufwand der Zerlegung und die Genauigkeit des Benchmarking in einem sinnvollen Verhältnis zu den erreichbaren Verbesserungen stehen. Dann läßt sich ein Prozeß bezüglich seines Beitrages zum Kundennutzen (Basis der Leistungsbewertung), seiner Kosten, seines Zeitaufwandes und seiner Anpassungsfähigkeit bewerten.

Zerlegbarkeit und somit die Überschaubarkeit und Transparenz eines Prozesses sind notwendige Voraussetzungen dafür, daß die Eigenanalyse und der Vergleich mit Referenzprozessen mit angemessenem Aufwand erfolgen können. In den Ingenieurwissenschaften wird bei einer Analyse von Teilsystemen (Elementen) oft die FEM (finite element method) angewendet. Dadurch ist es möglich, abgegrenzte Elemente zu betrachten, um das Verhalten des Gesamtsystems beschreiben zu können (Rolstadas 1995, S. 158; Koller/Kastrup 1994, S. 20 ff.).

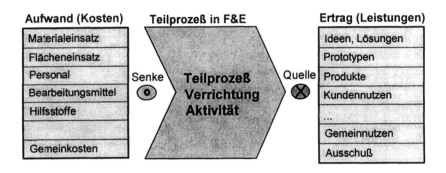

Bild 2-10: Leistungsbilanz von Teilprozessen in F&E

Ein Prozeß kann eine Kombination (Verkettung) sich verzweigender Teilprozesse sein. Teilprozesse (Verrichtungen; Aktivitäten) können, wenn sie homogen sind, in Prozeßgruppen zusammengefaßt werden. Für jeden Prozeßschritt läßt sich zumindest theoretisch eine Bilanz der Kosten (Aufwand) und Leistungen (Erträge) aufstellen. In Bild 2-10 ist der Aufwand (Senke; Input) dem Ertrag (Quelle; Output) von Teilprozessen gegenübergestellt. Sich anschließende Schritte stellen immer eine Senke (Senken) für die Quelle (Quellen) eines vorangegangenen oder mehrerer vorangegangener Schritte dar. Dadurch entsteht ein Netzwerk (Graph) (Mertins/Kempf/Siebert 1995, S. 225; Domschke/Drexl 1991, S. 58), das aus Parallel- und Reihenschaltungen von Teilprozessen besteht. Ein besonderes Bewertungsproblem stellen dabei die Gemeinkosten (Coenenberg/Fischer 1991, S. 31) und der Gemeinnutzen dar. Bei der Berechnung der *Prozeßkosten* muß eine differenzierende Vollkostenrechnung durchgeführt werden. Das gleiche gilt natürlich auch für den *Prozeßnutzen*. Eine differenzierte Vollnutzenrechnung ist notwendig, um den gesamten Nutzen eines F&E-Prozesses zu erfassen. So ist eine Lösungsidee, die als *Nebenprodukt (Ausschuß)* einem anderen Entwicklungsprozeß entstammt, in der heutigen Kostenrechnung ein nicht verbuchter *Gemeinnutzen*. Die Lösungsidee

2 Grundlagen des Integrierten Benchmarking

Die Lösungsidee erhöht aber den Nutzen eines weiteren Produktes des Unternehmens. Der Entwicklungsprozeß, dem die Idee entstammt, müßte von Kosten entlastet werden, oder es müßte ein entsprechender Ertrag in dessen Prozeßbilanz ausgewiesen werden. Entsprechende Gegenbuchungen müßten bei dem profitierenden Prozeßschritt durchgeführt werden. Gemeinnutzen eines F&E-Prozesses, der nicht zugeordnet werden kann, muß als *Ausschuß* verbucht werden. Er belastet die Ertragsseite des verursachenden Prozesses. Die Prozeßkostenrechnung ist mit der Kostenstellen- und der Kostenträgerrechnung verknüpft (vgl. Abschnitt 3.4.2). Eine Zuordnung der Gemeinkosten (Kostenart) und des Gemeinnutzens (Nutzenart) zu den Teilprozessen (Verrichtungen, Aktivitäten) ist ein zentrales Problem der Prozeßkostenrechnung.

Tabelle 2-3 zeigt Beispiele für Bewertungskriterien (Bewertungsfaktoren), die beim Benchmarking zum Vergleich von Prozessen herangezogen werden können (Witt 1991, S. 29 ff.; Watson 1994, S. 69). Ausgegangen wird dabei vom Aufwand (Input). Der Aufwand kann als Kosten- oder Zeitaufwand ermittelt werden, dem ein entsprechender Ertrag (Output) in Form von Kundennutzen gegenübergestellt wird. Kundennutzen läßt sich verkaufen und ist somit ertragswirksam.

Tabelle 2-3: Beispiel für eine Input- (Ertrag, Kundennutzen) versus Output-Bewertung (Aufwand, Kosten oder Zeit) von Prozessen

Beispiele für Aufwand:	Input: Aufwand		Output: Ertrag
	Kriterium: Kosten-Aufwand	Kriterium: Zeit-Aufwand	Kriterium: Ertrag (Kundennutzen, Qualität)
Material	Materialkosten	Verarbeitungsdauer	anforderungsgerechtes Material wird eingesetzt
Flächeneinsatz	Gebäudeabschreibungen und Betriebskosten	Nutzungsdauer pro 24 Stunden	geringer Flächenbedarf (etwa eine umweltgerechte Produktion durch geringen Flächenbedarf und daraus folgende Umweltzertifizierung der Produkte)
Bearbeitungsmittel	Maschinenkosten	Bearbeitungszeit, Rüstzeiten, MTBF (Meantime between failure), MTTR (Meantime to repair)	Verarbeitungsstandard ist hoch
F&E-Laboreinrichtungen	Gerätekosten	Entwicklungszeit	Labortechnik gewährleistet hohe Produktzuverlässigkeit

Bei der Verwendung von Prozeßmodellen sollte im Zusammenhang mit Benchmarking folgendes beachtet werden:
- Es ist zu untersuchen, ob die Prozesse von Referenzunternehmen anhand von Modellen vergleichbar sind, da die Prozesse und Aktivitäten möglicherweise unterschiedlich bezeichnet oder unterschiedlich abgegrenzt werden.
- Da Modelle grundsätzlich zur Vereinfachung zwingen, muß analysiert werden, ob die gewählten Modelle die Realität ausreichend detailliert abbilden können.
- Die Modelle müssen flexibel und mit vertretbarem Aufwand an sich ändernde Prozesse angepaßt werden können.
- Störgrößen, also nicht vorhersehbare Ereignisse, können in Prozeßmodellen kaum berücksichtigt werden, da dies nur mit aufwendigen Simulationen für alle denkbaren Störfälle möglich wäre.

Deshalb ist stets zu prüfen, ob der Aufwand für die Erstellung oder Wartung von Prozeßmodellen und die Pflege der erforderlichen Datenbestände durch den erzielbaren Nutzen gerechtfertigt wird. In Abschnitt 2.5 werden die Möglichkeiten der Prozeßmodellierung und Simulation genauer untersucht.

2.2.3 Integriertes Benchmarking für Produkte und Produktentwicklungsprozesse

2.2.3.1 Bestimmung des integrierten Produktlebenszyklus zur Spezifizierung von lösungsabhängigen Prozessen

Zunächst wird in diesem Abschnitt der Einfluß des Integrierten Produktlebenszyklus auf die Spezifizierung von übergeordneten Prozessen und von projektinternen Produktentwicklungsprozessen bei Unternehmen verdeutlicht. Anschließend wird der Gesamtablauf eines integrierten Benchmarking-Konzeptes dargestellt. Darauf baut die Kombination des Integrierten Benchmarking mit den Ansätzen des "Simultaneous Engineering" und des "Concurrent Engineering" auf.

Die methodische Projektplanung, Projektdurchführung und Projektkontrolle mit Integriertem Benchmarking beruht auf einer systematischen Projektspezifikation. Analog zu den Betrachtungen von Clayton (Clayton/Luchs 1994, S. 57) sollte in der Phase der Zieldefinition Strategie-Benchmarking dazu eingesetzt werden, das Gewinnpotential, die Produktivität, das Wachstumspotential und das Innovationspotential durch eine Chancen-/Risikoanalyse gegenüber Referenzprojekten oder opportunen Geschäften und Kapitalanlagen abzuschätzen. Dafür ist eine strategische Analyse des integrierten Produktlebenszyklus (Systemlebenszyklus) (Pahl/Beitz 1993, S. 26; Finkelstein, L./Finkelstein, A. C. W. o. J., S. 1 ff.; Hales 1993, S. 7; Ehrlenspiel 1995, S. 42)) erforderlich. Anhand des Analyseergebnisses sind die Anforderungen (Ziele) an die Projektorganisation, die Produktziele, die projektinternen Produktentwicklungsprozesse und die Hauptprozesse des Unternehmens zu spezifizieren. Dabei sollen an dieser Stelle solche Prozesse als Hauptprozesse verstanden werden, die nicht ausschließlich dem Ablauf eines Projektes zugeordnet werden können.

Bei Hauptprozessen handelt es sich zum Beispiel um Informationsprozesse, Produktionsprozesse, Logistikprozesse, Marketing- und Vertriebsprozesse, Serviceprozesse, Entsorgungs- und Recyclingprozesse oder Verwaltungsprozesse.

Wie Bild 2-11 verdeutlicht, werden durch den Systemlebenszyklus eines Produktes die Entwicklungs-, Fertigungs-, Vertriebs-, Nutzen-, Service- und End of Life-Prozesse innerhalb und außerhalb der Organisationsstruktur eines Unternehmens geprägt. Alle Prozesse, die außerhalb des direkten Einflußbereichs eines Unternehmens liegen, können in der Regel nur indirekt über die Eigenschaften der Produkte und Dienstleistungen beeinflußt werden. Aus der Sicht des klassischen Marketing wird meistens nur der Produktlebenszyklus (Entstehungszyklus und Marktzyklus) von Produkten betrachtet. Der Produktlebenszyklus kennzeichnet die Phase von der Entstehung eines Produktes bis zum Marktaustritt (Degeneration). Aus der Sicht des Kunden, für den der Nutzen eines Produktes maximiert werden soll, ist der Integrierte Produktlebenszyklus von größerer Bedeutung als der Produktlebenszyklus. Der Integrierte Produktlebenszyklus umfaßt alle Lebensphasen eines Produktes von dessen Planung bis zur Entsorgung oder zum Recycling und ist Gegenstand der Produktverantwortung eines Unternehmens (Pleschak/Sabisch 1996, S. 18). Ein kundenorientiertes Unternehmen richtet seine Produktentwicklungsstrategie und seinen Kundenservice auf den Integrierten Produktlebenszyklus aus.

Prozesse wie die Serviceprozesse eines Unternehmens hängen von der Dauer des integrierten Produktlebenszyklus ab. Die Kosten für den Ersatzteilservice (Ersatzteilproduktion und Lagerhaltung) nehmen nach dem Marktaustritt oder mit der Einführung einer neuen Produktgeneration zu. Die Herstellungsverfahren für Nachfolgeprodukte können andersartig sein. Ersatzteile für ein Vorläufermodell müssen in der Regel in kleinen Stückzahlen gefertigt werden. Der Aufwand ist hoch, da die Ersatzteile nach dem Marktaustritt nicht mehr dem aktuellen Produktionsprogramm entsprechen. Das läßt sich nicht unbedingt aus dem Marktpreis solcher Orginalteile ableiten. Aus der Sicht des Marketing kann es sinnvoll sein, den Ersatzteilpreis zu stützen, wenn er imagebildend ist.

Aus dem Integrierten Produktlebenszyklus ergeben sich die Ziele der Projektspezifikation für ein Produkt oder für eine Produktmodifikation. Die Projektspezifikation beschreibt das Produkt sowie die projektinternen Prozesse. Beim Aufstellen der Projektspezifikation sollten die Auswirkungen der zu treffenden Festlegungen auf die Hauptprozesse des Unternehmens berücksichtigt werden. Außerdem müssen sekundäre Folgen aus dem Ablauf des integrierten Produktlebenszyklus bedacht werden. Es handelt sich um Auswirkungen auf die natürlichen und gesellschaftlichen Umsysteme. Solche Folgen sollten durch eine angepaßte Produkt- oder Prozeßgestaltung berücksichtigt werden.

Innerhalb der Organisation des Unternehmens kann es A_n Entwicklungsprojekte geben. Die Projekte können eine eigenständige Aufbau- und Ablauforganisation haben, auch wenn Projektmitarbeiter gleichzeitig Linienaufgaben wahrnehmen müssen. Innerhalb dieser Projekte laufen Produktentwicklungsprozesse ab. Diese projektinternen Prozesse dienen direkt den Zielen des jeweiligen Projektes und indirekt den Zielen des Unternehmens. Strategische Planungs-, Durchführungs-

und Kontrollverrichtungen (Teilprozesse) in allen Hauptprozessen hängen von der Gestaltung der Produkte ab. Günstig gestaltete Produkte, bei denen davon abhängige Verwaltungsprozesse in der Planung berücksichtigt wurden, sind prozeßgerecht gestaltet und lassen sich mit geringem Aufwand realisieren und kontrollieren. Wenn ein Produkt oder eine Komponente zum Beispiel elektronisch registriert und identifiziert werden kann, wirkt sich das auf die Planungs-, Durchführungs- und Kontrollprozesse des gesamten Lebenszyklus aus. Man kann bei hauptprozeßgerechter Produktgestaltung auch von einem Produktdesign für die Managementprozesse beziehungsweise einem "Design for Management" sprechen.

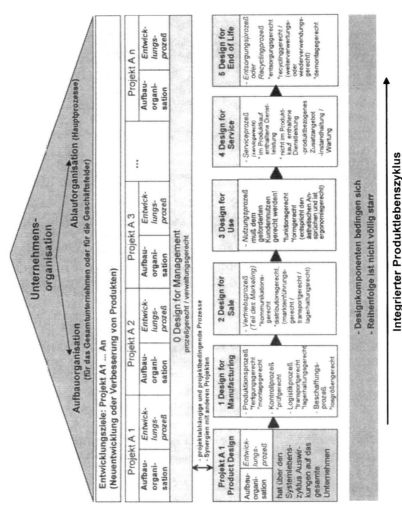

Bild 2-11: Bestandteile des integrierten Produktlebenszyklus

Vom Produktdesign hängen bis zu 70% der Material- und Fertigungskosten eines Produktes ab (VDI 2235 o. J., S. 3). Die Produktlösung bestimmt wesentliche Anteile der Materialkosten, der Maschinenkosten, der Personalkosten und der Gemeinkosten in der Fertigung. Wenn bei diesen Kostenarten Einsparungen vorgenommen werden sollen, wird auch der Ablauf des Produktionsprozesses für ein Produkt beeinflußt. Von der Produktgestaltung hängen unmittelbar oder mittelbar alle Hauptprozesse des Unternehmens und alle Teilprozesse des integrierten Lebenszyklus der Produkte ab.

Bild 2-11 zeigt die wesentlichen Komponenten des *"Design for...-Konzeptes"*, welches alle Auswirkungen der Produktgestaltung auf den Systemlebenszyklus berücksichtigt. Das Modell ist nicht detailliert genug, um alle gegenseitigen Einflüsse der beteiligten Prozesse zu erfassen. Außerdem ist in der Praxis die Reihenfolge der Prozesse im Systemlebenszyklus nicht völlig starr. Teilprozesse wie Wartung oder Verkauf können mehrfach ablaufen, und Teilprozesse können simultan verlaufen. Der hier verwendete Integrierte Produktlebenszyklus und das "Design for...-Konzept" beruhen auf 6 Phasen, die alle Einfluß auf die Produktentwicklung haben:

0 "Design for Management" ist ein Konzept, welches die management- und verwaltungsprozeßgerechte Produktgestaltung berücksichtigt.

1 "Design for Manufacturing" ist die produktionsgerechte (fertigungs- und montagegerechte), kontrollgerechte (prüfgerechte), logistikgerechte (lagerhaltungs- und transportgerechte) und beschaffungsgerechte (einkaufsgerechte) Produktgestaltung. Manufacturing ist ein Hauptprozeß, der im Unternehmen oder bei einem Zulieferer abläuft (Gienke/Kämpf 1994, S. 89 ff.).

2 "Design for Sale" für die kommunikations- und distributionsgerechte Produktgestaltung ist auf Prozesse ausgerichtet, die im Unternehmen, bei einem zwischengeschalteten Handelsunternehmen oder bei einer Werbeagentur ablaufen können. Bei Distributionsprozessen kann es sich etwa um Markteinführungsprozesse oder um Logistikprozesse handeln.

3 "Design for Use" muß dem geforderten Nutzenprozeß der potentiellen Kunden entsprechen. Es handelt sich um die Funktionsgerechtigkeit eines Produktes beziehungsweise um dessen Formgerechtigkeit (ästhetische Gestalt oder Ergonomiegerechtigkeit) (Seeger 1992, S. 43, S. 29). Der Nutzenprozeß liegt außerhalb des direkten Einflußbereichs eines Herstellers, der Zulieferer oder des Handels, da er beim Kunden abläuft. Der Produktnutzen bildet das Zentrum der Kundenfokussierung und sollte daher stets im Mittelpunkt der Optimierungsbestrebungen von prozeßabhängigem Produkt-Benchmarking stehen. Durch die Produktgestaltung hat der Hersteller einen entscheidenden Einfluß auf den Nutzenprozeß.

4 "Design for Service" betrifft die servicegerechte Konstruktion eines Produktes hinsichtlich der Serviceprozesse, die in Verbindung mit dessen Verkauf stehen

(Eichinger 1994, S. 292 ff.). Dabei kann es sich um Dienstleistungen handeln, die direkt beim Produktverkauf fällig werden und die Teil der vom Kunden bezahlten Leistung sind. Ein Beispiel für eine solche produktbegleitende Dienstleistung wäre die Zulassung eines Kraftfahrzeugs durch den Händler. Darüber hinaus gibt es nicht im Produktkauf enthaltene Zusatzleistungen, für die der Kunde einen zusätzlichen Preis entrichten muß. Ein Beispiel dafür wäre die Ratenfinanzierung eines Kraftfahrzeugs. Weitere Serviceleistungen, die nicht im Produktkauf enthalten sind und die als Folge der Produktnutzung auftreten, sind Instandhaltungs- und Wartungsprozesse.

Die Leistungen müssen entweder durch das Unternehmen, einen Servicedienstleister (z.B. einen Zwischenhändler) oder vom Kunden selbst ausgeführt werden können. Dazu kommen eventuell noch mit dem Produktkauf abgegoltene Garantieleistungen oder Leistungen, die als Kulanz des Herstellers einzustufen sind. Schäden, die Kulanzleistungen verursachen, sollten durch eine geeignete Gestaltung der Lösung vermieden werden.

5 "Design for End of Life" betrifft die Anpassung der Produktentwicklung an die Erfordernisse aller Prozesse, die mit der Entsorgung, der Weiterverwertung und Wiederverwendung (Recycling) der Produkte zusammenhängen (Steger 1991, S. 161). Die davon abhängenden Prozesse, etwa die zerstörungsfreie Demontage von Komponenten, müssen entweder durch das Unternehmen selbst, durch den Kunden oder durch externe Leistungsanbieter erbracht werden können.

Der Integrierte Produktlebenszyklus zeigt, daß Produkte während ihres "Lebens als technisches System" ständig als Kundennutzen erzeugende Objekte in Prozesse eingebunden sind oder durch Prozesse verändert werden. Wenn man eine integrierte Optimierung durch Benchmarking erreichen möchte, dann ist eine simultane Produkt- und Prozeßanalyse unbedingt notwendig. In der Praxis wird man Benchmarking-Studien auf die jeweiligen Schlüsselprobleme im Systemlebenszyklus ausrichten müssen. Die Gesamtzusammenhänge sollte man aber stets im Auge behalten. Die Fallstudie zum "Design for Service" (Otto 1996) in Kapitel 5 ist ein Beispiel dafür.

Nicht alle Prozesse des Integrierten Produktlebenszyklus lassen sich unmittelbar durch den Hersteller ausführen und kontrollieren, sie können nur mittelbar durch die Produkteigenschaften beeinflußt und bei der Produktplanung berücksichtigt werden. Wenn ein Konstrukteur eine Spezialschraube bei der Produktgestaltung verwendet, dann muß diese eventuell speziell angefertigt oder beschafft werden. Die Produktion muß auf Lagerhaltung, Transport und Montage der Schraube abgestimmt werden. Marketing und Vertrieb müssen dem Kunden den Nutzen der Schraube verdeutlichen. Die Verpackung darf sich durch die Position der Schraube nicht verteuern. Kinder des Kunden dürfen sich bei der Produktnutzung nicht an der Schraube verletzen. Die Schraube muß mit dem Produktdesign harmonieren. Im Servicefall muß eine Werkstatt über ein Spezialwerkzeug verfügen, um die Schraube lösen zu können. Die Schraube sollte aus einem Material gefertigt sein, das sich möglichst einfach demontieren und wiederverwerten läßt.

2 Grundlagen des Integrierten Benchmarking

Alle diese Faktoren müssen bei einem lösungsabhängigen Prozeß-Benchmarking, beziehungsweise einer prozeßabhängigen Produktgestaltung, bedacht werden.

Bild 2-12 zeigt die Verbindungen der Hauptprozesse H_m des Unternehmens mit den projektinternen Entwicklungsprozessen auf der jeweils niedrigsten Dekompositionsebene der Teilprozesse. Verbindungen (Schnittstellen) bestehen zwischen den Leistungsprozessen und somit zwischen den damit gekoppelten Input-Output-Beziehungen. Als niedrigste Dekompositionsebene soll jeweils das Niveau betrachtet werden, auf dem Input-Output-Beziehungen stattfinden. Die Beziehungen für den Leistungsaustausch zwischen Teilprozessen werden durch Synergiebeziehungen, Redundanzen, Produktabhängigkeiten und Korrelationen zwischen den Teilprozessen sowie interne Prozeßanalogien gekennzeichnet. Dabei haben nicht unbedingt alle Prozesse eine der beschriebenen Verbindungen oder Beziehungen untereinander. Die Analyse dieser Beziehungen und ihrer Auswirkungen muß in der Projektspezifikation berücksichtigt werden.

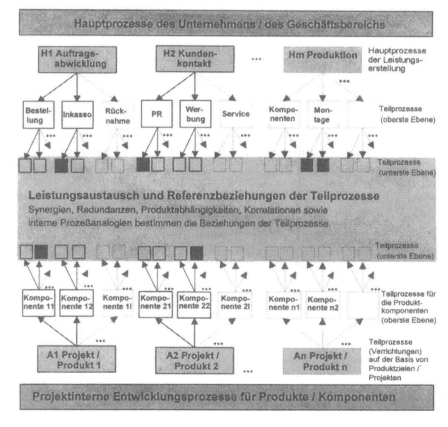

■ Ausgesuchte Teilprozesse, bei denen die größten Verbesserungspotentiale durch Prozeß-Benchmarking erwartet werden.

Bild 2-12: Beziehungen zwischen Hauptprozessen und projektinternen Prozessen

Es sollten Schlüsselprozesse bei den Teilprozessen der Hauptprozesse und bei den Teilprozessen der projektinternen Prozesse ermittelt werden, die die größten Verbesserungs- und Kosteneinsparungspotentiale versprechen. Auf solche Kern- und Treiberprozesse sollte man sich bei einer Benchmarking-Studie konzentrieren. Außerdem können gleichartige Teilprozesse eventuell mehrfach genutzt werden, um Synergieeffekte zu erzielen. Synergieeffekte hängen bei der Mehrfach- oder Parallelverwendung unter anderem von der räumlichen Anordnung (Ortsabhängigkeit der beteiligten Unternehmensressourcen) oder von der zeitlichen Kohärenz des Ablaufs gleichartiger Teilprozesse ab. Damit ist die Notwendigkeit eines gemeinsamen Start- und Endzeitpunktes von Prozessen gemeint.

2.2.3.2 Gesamtablauf der Produktentwicklung mit Integriertem Benchmarking

Bild 2-13 skizziert den Gesamtablauf der Produktentwicklung mit Integriertem Benchmarking. "Integriertes Benchmarking" ist eine umfassende Anwendung des Benchmarking im Produktentwicklungsprozeß, wenn man es zur Optimierung der Unternehmensstrategie (Marktstrategie), der Projekte, der Produkte und der Prozesse einsetzt. Insbesondere geht es dabei um die unmittelbare, objektbezogene Verbindung von Produkt- und Entwicklungsprozeß-Benchmarking. Bei der praktischen Implementierung wird man sich in der Regel auf Teilprobleme der Optimierung beschränken. Für jedes Projekt müssen die Bereiche der Produktentwicklung ausgewählt werden, in denen Benchmarking den größten Nutzen ermöglicht. Produkt-Benchmarking bildet in der Regel den Ausgangspunkt der Analyse, da die Produktentwicklungsprozesse sehr wesentlich von der Produktstrategie, von der Produktspezifikation und von den Lösungskonzepten der Produkte abhängen.

Der Gesamtablauf der Produktentwicklung mit Benchmarking muß durch eine kontinuierliche Informationsbeschaffung unterstützt werden. Dabei sollte stets beachtet werden, welcher Änderungsaufwand (Entwicklungsschleifen) durch die Berücksichtigung aktueller Informationen verursacht wird. Der Gesamtablauf der durch Benchmarking unterstützten Produktentwicklung besteht von der Ideenfindung bis zur Markteinführung aus sechs Phasen. Bei der ersten und zweiten Phase (der Ideenfindung und der Marktanalyse) ist der Kostenaufwand relativ gering (VDI 2235 o. J., S. 16). Von der dritten Phase an, in der durch die Projektheftarbeit die Projektziele festgelegt werden, steigt der Aufwand für Projektänderungen stark an. Deshalb gilt die Faustregel: Änderungen und Anpassungen der Ziele sollten so früh wie möglich und so wenig wie nötig erfolgen. Bild 2-13 verdeutlicht die sechs Phasen des Integrierten Benchmarking:

Phase 1: Jedes Forschungs- und Entwicklungsprojekt sollte mit den Visionen des Unternehmens harmonieren. Ohne Einbindung in die Unternehmensvision haben Entwicklungsprojekte keine ausreichende Zielorientierung. Als Ideenquelle dient das Fakten- und Methodenwissen der Mitarbeiter, welches durch Benchmarking mit Informationen über Bestleistungen und Bestlösungen angereichert wird. Als Ideenmotor dienen die Kreativität und Kreativitätstechniken, mit deren Hilfe durch strukturiertes Denken und Handeln Ideen generiert werden können. Bereits

2 Grundlagen des Integrierten Benchmarking

die Ideenfindung für neue Produkte sollte von möglichst konkreten Kundenforderungen und Wettbewerbsbedingungen ausgehen, um einen hohen Kundennutzen zu gewährleisten. Daneben ist zu prüfen, ob die verfügbaren Technologien zur Verwirklichung der Ideen ausreichen. Eine erste Bewertung und Vorauswahl der erfolgversprechendsten Vorschläge wird in der Regel zunächst von unternehmensinternen Experten (z. B. des Marketing oder des Controlling) vorgenommen. Generische Referenzinformationen sind bei der Ideenfindung und Bewertung von besonderer Bedeutung.

Phase 2: In dieser Phase ist eine differenzierte Marktanalyse notwendig, damit konkrete Ziele für die Produktentwicklung festgelegt werden können. Die Anforderungen potentieller Kunden sind zu ermitteln, und es ist eine Marktsegmentierung vorzunehmen. Auf dieser Basis kann das erfolgversprechendste Zielsegment ausgewählt werden. Es sollten alle Faktoren in Erwägung gezogen werden, die Einfluß auf den Integrierten Produktlebenszyklus haben. So sollte man gegebenenfalls Politiker, Interessengruppen, Verbraucherverbände, Dienstleister oder Entsorgungsunternehmen in die Analyse einbeziehen. Allerdings gilt der Grundsatz, daß man nur wirklich betroffene Personengruppen befragen sollte, um den Analyseaufwand zu begrenzen und den Zeitrahmen einzuhalten.

Neuartige Angebotsideen des eigenen Unternehmens auf der Grundlage der neuesten Technologien müssen durch die externe Bewertung potentieller Kunden deren Bedürfnissen angepaßt werden. Potentielle Kunden sind in der Regel allerdings nicht in der Lage, den zukünftigen Nutzen neuer Technologien oder neuer technischer Lösungen umfassend einzuschätzen und zu beurteilen.

Phase 3: Die Projektheftarbeit dient der Zielfestlegung. Es werden die Produktziele (Produkteigenschaften und Toleranzbereiche), der Projektaufbau und der Projektablauf fixiert. Die Planung des Projektaufbaus beginnt mit der Festlegung der Projektverantwortung und der Teambildung. Die Bedeutung des Projektes für die Unternehmensziele und für die zukünftige Gewinnentwicklung muß ermittelt werden. Risikoeinschätzung und Kostenplanung sind zu erstellen. Für diese Analysen sind Spezialkenntnisse erforderlich, über die in der Regel nur ein interdisziplinäres Projektteam verfügen wird. Allerdings muß eine externe Überprüfung (Kontrolle) der Risikoanalysen erfolgen. Ein Projektteam hat naturgemäß kein Interesse daran, daß ein Projekt gestoppt wird, für das es sich bereits eingesetzt hat.

Anschließend ist ein Zeitplan aufzustellen. Meilensteine sind festzulegen. Ein Schwerpunkt der Projektheftarbeit ist die Festlegung von Produktzielen, so daß sie den Forderungen und Wünschen der Zielkunden entsprechen. Produktziele sind anschließend in Teilziele für einzelne Produktkomponenten aufzugliedern. Auf der Basis der Produktziele lassen sich die Prozeßziele ableiten. Dabei müssen Ziele und Auswirkungen auf die Hauptprozesse des Unternehmens und auf die projektspezifischen Entwicklungsprozesse berücksichtigt werden. Für die Festlegung von Zielen werden Ergebnisse zukunftsbezogener Benchmarking-Studien benötigt. Diese Erkenntnisse müssen sicherstellen, daß Lösungen anvisiert werden, die komparative Wettbewerbsvorteile gegenüber Konkurrenten aufweisen.

Produktentwicklung mit Integriertem Benchmarking

1 Ideenfindung (harmoniert mit Unternehmensvision)
→ Neuproduktentwicklung
→ Produktverbesserung

Ideenquelle: - Wissen → Fakten- und Methodenwissen
  Benchmarking (Bestleistungen und Bestlösungen)
- Kreativität → Strukturiertes Denken und Handeln
- Vorauswahl der Ideen: → Lebenszyklus und Marktchance
  (intern durch die Mitarbeiter) → Referenzleistungen und -lösungen

2 Marktanalyse
- Marktsegmentierung
→ Potentielle Kunden
→ Potentielle Wettbewerber

Market Pull
- Kundenanforderungen ermitteln (extern durch potentielle Kunden)
Integrierten Lebenszyklus des Produktes detailliert bestimmen

Technology Push
- Kundenanforderungen ermitteln (extern durch potentielle Kunden)
→ Bewertung neuer Konzepte
→ Bewertung von Produkten der Wettbewerber (Benchmarking)

3 Projektheftarbeit
→ Festlegung der Projektziele
  1 Projektverantwortung / Teambildung
  2 Bedeutung für das Unternehmen
- Strategiefestlegung   3 Risikoeinschätzung u. Kostenplanung
- Projektaufbau   4 Zeitplanung (Meilensteine)

Gesamtziele → Produktziele → Forderungen, Wünsche
- Zielfestlegung in Referenz zu   Prozeßziele → Hauptprozesse
  Bestleistungen (Benchmarking)   Entwicklungsprozesse

Teilziele → Dekomposition (Teilprojekte)
Produktkomponenten   Teilprozesse der Entwicklung
(Teilziele und Schnittstellen)   (Teilprozeßziele und Schnittstellen)

4 Suche u. Bewertung von dominanten Prinzipien/Lösungen
Dekomposition möglich? → wenn nein, dann analog A1 / P1
nein
Teilkomponenten < ja / nein   Teilprozesse < ja / nein   ja
ja

5 Methodische Lösungssuche
Lösungssuche und Bewertung mit Benchmarkingunterstützung

  Systeme
  A1 A2 An   P1 P2 Pn   Teilsysteme
  generische Prinzipien
  Teillösungen (Variationen)
  Rekombination (Auswahl)
- Gesamtlösung
- Prototyp

6 Markttest (Bewertung), Produktion u. Markteinführung
(Simultaneous Engineering/ Produktionsprozeßentwicklung)

Seitenbeschriftungen:
- 0 Informationsbeschaffung und Informationsverarbeitung
- Entwicklungsschleifen (sollten vermieden werden)
- Spezifikationsänderungen - so früh wie möglich und so wenig wie nötig!

Bild 2-13: Gesamtablauf der Produktentwicklung mit Integriertem Benchmarking

2 Grundlagen des Integrierten Benchmarking

Phase 4: In dieser Phase erfolgt die Abstraktion, Dekomposition und Strukturierung der Aufgabenstellung. Um festzustellen, ob unabhängige Teilprobleme und Teilprozesse gebildet werden können, muß eine Systemanalyse erfolgen, damit die Aufgabenstruktur ermittelt werden kann. Dazu ist die Suche nach dominanten Problemstrukturen notwendig. Dabei sind zwei Aspekte zu berücksichtigen:

Erstens gibt es für ein spezielles Problem möglicherweise nur ein Lösungsprinzip oder sehr wenige Lösungsalternativen. Diese Alternativen üben eventuell einen dominanten Einfluß auf alle Teillösungen eines Produktkonzeptes aus, so daß sich das morphologische Prinzip überhaupt nicht oder nur sehr beschränkt anwenden läßt. Deshalb darf eine Gesamtsicht der Aufgabe und die Suche nach dominanten Lösungen nicht vernachlässigt werden. Eventuell müssen Teilbereiche der Aufgabenstellung, bei denen sich eine weitere Dekomposition vornehmen läßt, von den Teilen separiert werden, bei denen dominante Lösungen vorliegen. Liegt der Spezialfall vor, daß nur ein dominantes Lösungsprinzip für eine Aufgabe bekannt ist, dann kann in der fünften Phase der Produktentwicklung nur ein Ast (Lösungsweg) A_1 des methodischen Entwickelns verfolgt werden. Allerdings wären auch in diesem Fall Entwicklungsprozeßalternativen P_1 bis P_n möglich.

Wenn zum Beispiel ein besonders schnelles Lesegerät für einen optischen Speicher (CD-ROM) entwickelt werden soll, dann gibt es nach dem Stand der Technik (Technologie-Benchmark) vermutlich noch keine vom Markt akzeptierte Alternative zur Lasertechnik. Das optische Lesen von Daten ist somit ein dominantes Basisprinzip. Für Teilkomponenten des Gerätes können aber durchaus Lösungsalternativen bestehen.

Zweitens sollte die Objektivität der Problemlöser keinesfalls durch bekannte Lösungen beeinträchtigt werden. Deshalb ist es wichtig, dominante Lösungsprinzipien und Lösungen von Beginn an zu kennen und diese zunächst nur zu dokumentieren. Wenn die Abstraktion und Dekomposition des Problems möglich ist, dann sollte die Suche nach weiteren Alternativen im Rahmen des methodischen Entwickelns angewendet werden. Dabei sollte man sich nicht frühzeitig von dominanten Lösungsprinzipien einfangen lassen.

Ist eine Dekomposition der Aufgabenstellung möglich, kehrt man zur dritten Phase der Produktentwicklung zurück. Von den Produktzielen werden Teilziele für die Produktkomponenten abgeleitet, indem man eine Dekomposition in Teilprojekte vornimmt. Für die Teilkomponenten müssen sich unabhängige Lösungsprinzipien finden lassen. Die Teilziele sowie die Schnittstellen für das Zusammenwirken der Produktfunktionen und der Produktgestalt (Industrial Design) der Komponenten werden im Projektheft festgelegt. Für die Entwicklung jeder Teilkomponente sind Teilprozesse erforderlich, die von der Komponentenunterteilung abhängen und die simultan festgelegt werden müssen. Von den Anforderungen an die jeweilige Produktkomponente hängen der Zeitbedarf, der Kapazitätsbedarf und die Kosten ab, die von den entsprechenden Teilprozessen (Verrichtungen, Aktivitäten) verursacht werden. Es muß überprüft werden, ob die zu erwartenden Kosten durch das Projektbudget gedeckt werden können und ob der vorgegebene äußere Zeitrahmen eingehalten werden kann. Zwischen den Teilprozessen der Produktentwicklung sind Schnittstellenparameter für die Input-/Output-Beziehungen zu bestimmen. Dadurch wird der Leistungsaustausch zwischen den Teilprozessen geregelt. Produkt- und Prozeßziele sind im Projektheft in Referenz zu internen und externen Benchmarks festzulegen.

Phase 5: In dieser Phase wird die methodische Lösungssuche mit Integriertem Benchmarking zur Suche von Bestlösungen eingesetzt. Das gilt für die Lösungen der Teilkomponenten und für die Lösungen der Teilprozesse. Es handelt sich um einen kreativen Prozeß, bei dem generische Prinziplösungen für die Produktanforderungen und Prozeßanforderungen gesucht, bewertet und als Ausgangspunkt für eigene Problemlösungen gewählt werden. Von der abstrakten Prinziplösungsebene kann man durch Lösungsvariation und Lösungsanpassung zu Teillösungen gelangen. Aus der Rekombination, Bewertung und Auswahl von Teillösungen entsteht ein Lösungskonzept, welches die Grundlage für einen Prototyp (Funktionsmuster) sein kann.

Phase 6: Dieser Abschnitt dient der Bewertung der Gesamtlösung (Gesamtkonzept) oder eines Prototyps. Sie erfolgt meistens zunächst im Unternehmen. Nachdem man die notwendigen Verbesserungen an der Gesamtlösung vorgenommen hat, kann man durch einen Markttest das Urteil der potentiellen Kunden ermitteln. Je früher man über eine abschließende Konzeptbewertung verfügt, desto eher kann man die Produktionsprozeßentwicklung starten und die Markteinführung vorbereiten. Andernfalls muß das Projekt eventuell gestoppt werden. Zur weiteren Produktionsvorbereitung werden gegebenenfalls Fertigungsmuster und Nullserien hergestellt. Der Markterfolg eines Produktes (System) wird von der Anpassung der Produkteigenschaften an den geforderten Produktlebenszyklus bestimmt. Die Gesamtplanung und Integration des Benchmarking in der Produktentwicklung sollte deshalb immer auf der Analyse des Integrierten Produktlebenszyklus eines zu entwickelnden Produktes (Produktziel) und auf der Bestimmung von lösungsabhängigen Hauptprozessen und projektinternen Entwicklungsprozessen aufbauen. Nur dadurch können Unternehmen die Floprate von Produkten reduzieren und die Effizienz des Entwicklungspozesses optimieren.

Die Phasen 1 (Ideenfindung), 2 (Marktanalyse) und 3 (Projektheftarbeit und Projektplanung) werden in der Praxis nicht immer in Form eines organisatorisch abgegrenzten Projektes durchgeführt. Oft wird erst in den Phasen 4 und 5 (Lösungssuche bzw. Konstruktion) eine Projektorganisation gebildet, die im wesentlichen der technischen Problemlösung dient. Die Phasen 1 bis 3 sind häufig Teil der Hauptprozesse des Unternehmens, die durch Stabs- oder Linienstellen ausgeführt und kontrolliert werden. Das kann die Integration des Benchmarking sowie die Konsistenz der Planung, Durchführung und Kontrolle der Produktentwicklung erschweren. Eine erfolgreiche Zusammenarbeit von Kaufleuten und Technikern bereitet ebenfalls Schwierigkeiten, wenn keine dauerhafte Projektorganisation eingeführt wird.

2.2.3.3 Integriertes Benchmarking und Simultaneous Engineering

Simultaneous Engineering (Ley 1989, S. 43 ff.; Obata 1989, S. 221 ff.; Premauer 1989, S. 123 ff.; Witte 1989, S. 93 ff.) ist die zeitliche Integration von allen mit der Produktentwicklung und der Produktionsprozeßentwicklung verbundenen Aktivitäten.

Integriertes Benchmarking bedeutet die sachliche und zeitliche Koordination der Durchführung und Kontrolle aller Benchmarking-Aktivitäten durch eine abgestimmte Planung. Es setzt somit die simultane Planung der Optimierung sich bedingender Benchmarking-Objekte voraus. Wenn Benchmarking in der Produktentwicklung zu Erfolgen führen soll, dann müssen die Zielsetzungen von Simultaneous Engineering und von Concurrent Engineering integriert werden. Simultaneous und Concurrent Engineering müssen ihrerseits um das Konzept des Benchmarking erweitert werden.

Simultaneous Engineering ist im weiteren Sinne die zeitliche Koordination von allen mit der Produktentwicklung verbundenen Prozessen und die parallele Ausführung von Teilprozessen (Krottmaier 1995, S. 15). Im engeren Sinne (klassische Sichtweise) wird darunter die parallele Entwicklung des Produktes und der vom Produkt abhängigen Produktionsprozesse verstanden. Bei der Produktionsprozeßentwicklung steht die Entwicklung und Beschaffung der notwendigen Produktionsmittel im Mittelpunkt. Das bedeutet, daß die Entwicklung der Anlagen, der technischen Verfahren und der Steuerungssoftware im Vordergrund steht. Wird diese Sichtweise erweitert (Hammer/Champy 1995, S. 129 ff.; Eversheim 1989, S. 1 ff.), werden auch die organisatorischen Prozesse (Abläufe) dazugezählt. Die Managementprozesse bedingen wiederum die technischen Produktionsmittel. Die Produktionstechnik bestimmt ihrerseits aber auch die Prozeßabläufe.

Ziel des Simultaneous Engineering ist es, Innovationsprozesse zu beschleunigen und gleichzeitig die Effizienz der Entwicklungsprozesse zu verbessern (Geschka 1993, S. 80; Stalk 1989, S. 40 ff.). Da Integriertes Benchmarking eine koordinierte Planung der Produktion voraussetzt, kann eine Verkürzung der Entwicklungszeiten durch die parallele Durchführung und Kontrolle von Entwicklungs- und Produktionsprozessen erreicht werden.

Durch die kontinuierliche Veränderung der Marktanforderungen und das Entstehen neuer Schlüsseltechnologien sind kurze Innovationszeiten erforderlich, um möglichst flexibel auf neue oder individuelle Kundenwünsche reagieren zu können. Unternehmen mit begrenzten Produktentwicklungskapazitäten sind in besonderem Maße auf einen zügigen Projektdurchlauf angewiesen. Oft kann ein Folgeprojekt nicht gestartet werden, bevor die Markteinführung für das aktuelle Produktentwicklungsprojekt abgeschlossen ist. Die überlappende Entwicklung von Produkten zweier aufeinander folgender Produktgenerationen verursacht Risiken für die Konsistenz der Konstruktionsziele und für die Einhaltung der Zeitpläne. Die Produktentwickler könnten versucht sein, Anforderungen an das Folgeprojekt (Folgemodell) bereits beim aktuellen Projekt zu berücksichtigen. Dadurch wären Änderungen im Projektheft notwendig, die Entwicklungsschleifen verursachen, Meilensteine könnten versetzt werden, und die Markteinführung würde verzögert.

Dennoch sollten in jedem Unternehmen Marktchancen für Folgeprojekte frühzeitig erkannt werden. Durch Benchmarking gewonnene Erfahrungen sollten in Folgeprojekten zur weiteren Verbesserung von Produkten und Entwicklungsprozessen genutzt werden. Deshalb ist eine kontinuierliche Beteiligung erfahrener Mitarbeiter erstrebenswert. Das sollte aber nicht zu starren Projektstrukturen führen. Falls über einen längeren Zeitraum immer nur ein begrenzter Kreis von Mitarbeitern an Projekten beteiligt wird, besteht die Gefahr, daß von den Mitarbeitern keine neuen Impulse zur Generierung von Ideen ausgehen. Externe Benchmarking-Informationen werden dann gegebenenfalls seltener verwendet als interne Erfahrungswerte (vgl. Bild 4-12).

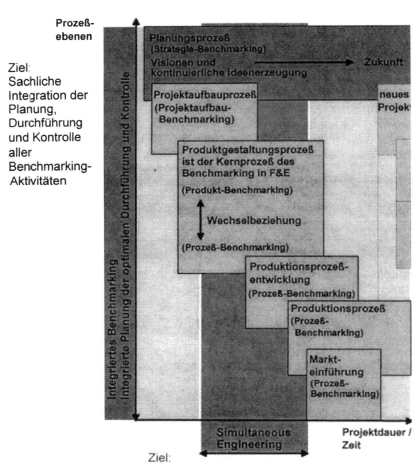

Bild 2-14: Integriertes Benchmarking und Simultaneous Engineering zur integrierten Optimierung der Benchmarking-Objekte und zur Verkürzung der Entwicklungszeiten

2 Grundlagen des Integrierten Benchmarking

2.2.3.4 Integriertes Benchmarking und Concurrent Engineering mit externen Zulieferern und Dienstleistern

Concurrent Engineering (Concurrent Design (Schmidt 1993, S. 145 ff.)) ist die totale Integration aller Tätigkeiten der Produktentwicklung.

"Concurrent engineering is a systematic approach to the integrated, concurrent design of products and their related processes, including manufacture and support. This approach is intended to cause the developers, from the outset, to consider all elements of the product life cycle [hier ist der Integrierte Produktlebenszyklus gemeint] from concept through disposal, including quality, cost, schedule and user requirements." (Syan 1994, S. 7)

Für das Concurrent Engineering wird eine integrierte Betrachtung der Unternehmensprozesse und des Integrierten Produktlebenszyklus der Produkte (Produktmodell) vorausgesetzt (Anderson 1994, S. 186). Dadurch werden die Einflüsse der Prozesse (Geschäftsvorgänge) des Unternehmens auf die Produkte und die Rückwirkung der Produktgestaltung auf die Unternehmensprozesse berücksichtigt (Syan/Chelsom 1994, S. 225; Dean/Susman 1989, S. 28 ff.). Das Konzept des "Concurrent Engineering" besteht darin, alle Vorgänge (Aktivitäten) eines Unternehmens zu integrieren, damit sie zusammenlaufen, also "concurrent" sind. Deshalb sollten die Vorgänge auch zeitlich kohärent sein, um das übergeordnete Ziel einer integrierten Produktentwicklung zu ermöglichen. Die gleichen Voraussetzungen müssen für ein integriertes Benchmarking erfüllt sein, wenn Produktentwicklungsprojekte optimiert werden sollen.

Das gilt besonders dann, wenn externe Dienstleister und Zulieferer die Ausführung der Produkte als Komponenten- oder Teilsystemlieferanten bedingen. Dadurch beeinflussen sich die Prozesse des Zulieferers und die Prozesse des Auftraggebers gegenseitig. Die Anwendung von Concurrent Engineering kann ebenso wie das Simultaneous Engineering zur Verkürzungen von Entwicklungszeiten beitragen. Die Konzepte des Concurrent und des Simultaneous Engineering bedingen und ergänzen sich.

Bild 2-15 zeigt die besonderen Koordinierungsaufgaben des Benchmarking, wenn Leistungen bei begrenzter Fertigungstiefe (Leistungstiefe) nicht vollständig vom Innovator erbracht werden. Fremdleistungen können von externen Zulieferern, Händlern oder Dienstleistern bezogen werden. In diesen Fällen muß gewährleistet sein, daß Benchmarking-Aktivitäten durch die Zuliefer- und Dienstleistungsbeziehungen unterstützt werden. Wenn es um den Einfluß des integrierten Produktlebenszyklus auf den Anforderungskatalog im Projektheft geht, muß in jedem Fall ein reibungsloser Informationsfluß zur Koordination unternehmensinterner und -externer Prozesse (Aktivitäten) gewährleistet sein. Deshalb müssen die Fremdleister so weit wie notwendig in den Prozeß der Spezifikationserstellung einbezogen werden. Ziele, Kriterien und Benchmarks sollten abgestimmt und ausgetauscht werden. Daraus ergibt sich, daß ein besonders gutes Vertrauensverhältnis zwischen Auftraggeber und Zulieferer beziehungsweise Dienstleister erforderlich ist.

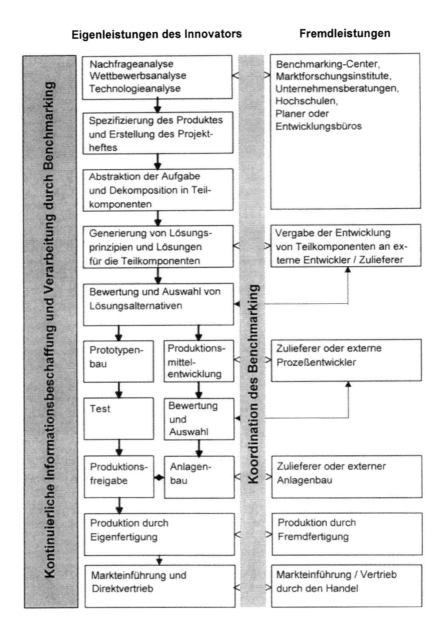

Bild 2-15: Integriertes Benchmarking und Concurrent Engineering in Kooperation mit externen Dienstleistern und Zulieferern

Wenn Unternehmen ihre Fertigungstiefe optimieren wollen, dann sind sie auf externe Zulieferer und Dienstleister angewiesen. Marktforschungsinstitute, Unternehmensberatungen oder Universitäten können bei der Informationsbeschaffung und bei Benchmarking-Studien beteiligt sein. Externe Zulieferer können Systemlieferanten sein, die Teilsysteme für Produkte (Gesamtsysteme) liefern. Teilsysteme oder Teilkomponenten können anhand einer abgestimmten Spezifikation, aber auch durch die Zulieferer entwickelt werden. Der Auftraggeber ist in diesem Fall daran interessiert, daß die Zulieferkomponenten über die vertragliche Vereinbarung hinaus dem Stand eines "*best-engineering*" genügen. Die Prozesse des Zulieferers müssen in vielen Fällen transparent sein und gegebenenfalls einer Qualitätszertifizierung nach DIN/ISO 9000 ff. genügen. Ob ein zertifiziertes Zulieferunternehmen wirklich einer "*best-practice*" im Sinne des Benchmarking genügt, das sollte jeder Zulieferer durch Prozeß-Benchmarking überprüfen und gegebenenfalls nachweisen.

Unter Praktikern ist umstritten, ob ein Auftraggeber seinem Zulieferer vorschreiben sollte, wie Prozesse zu gestalten und zu dokumentieren sind. Die Prozeßstrukturierung ist eine wichtige Voraussetzung für ein integriertes Benchmarking und für das methodische Konstruieren. Erfolgt die Prozeßstrukturierung überwiegend auf der Basis von Auflagen und Vorgaben, die der Auftraggeber dem Zulieferer erteilt, dann kann das einen erheblichen Bürokratismus verursachen. Der dadurch entstehende Abstimmungsaufwand (Transaktionskosten) ist nicht zu unterschätzen. Das kann die Kreativität und Flexibilität der Zulieferer einschränken und zu negativen Auswirkungen auf die Wettbewerbsfähigkeit des Auftraggebers führen. Zulieferunternehmen sind häufig kleinere und mittlere Unternehmen.

Monkhouse (Monkhouse 1995) beschreibt die besonderen Probleme, die für kleine und mittlere Unternehmen entstehen, wenn sie Benchmarking-Studien durchführen möchten. Die Ressourcen dieser Unternehmen lassen es oft nicht zu, daß spezielle Untersuchungen durchgeführt werden. Kleine und mittlere Unternehmen sind weit weniger in der Lage, Benchmarking formal und kennzahlenorientiert zu betreiben als Großunternehmen. Monkhouse zeigt aber auch die Chancen auf, die Benchmarking für kleine Unternehmen eröffnet, wenn es mit dem Ziel eingesetzt wird, alternative Problemlösungen zu veranschaulichen und daraus zu lernen. Eine Möglichkeit ist, daß Auftraggeber und Zulieferer gemeinsame Benchmarking-Studien durchführen. Weiterer Forschungsbedarf besteht darin, eine einfache und leicht zu implementierende Form des Integrierten Benchmarking zu entwickeln, die auch für kleine und mittlere Unternehmen anwendbar ist.

Am Ende des Produktentwicklungsprozesses muß gewährleistet sein, daß die Markteinführung gelingt. Wenn ein Unternehmen keinen eigenen Vertrieb für seine Produkte hat, ist es in diesem Fall auf eine enge Kooperation mit dem Handel angewiesen, da nur die unterste Handelsstufe direkten Kontakt zum Markt des Endverbrauchers oder Anwenders hat. Kennzahlen und Benchmarks, die dem Handel bekannt sind, sollten auch von der Produktentwicklung des Herstellers genutzt werden können.

2.3 Informationsbedarf des Integrierten Benchmarking

Kaufmännische und technische Entscheidungen hängen von den zur Verfügung stehenden externen und internen Informationen ab. Deshalb ist die Informationsbeschaffung in den meisten Fällen eine der schwierigsten und wichtigsten Aufgaben des Benchmarking und der Produktentwicklung (Guilmette/Reinhart 1984, S. 70; Pryor 1989, S. 31). In der Praxis werden die mit der Informationssuche verbundenen Probleme und Informationsbarrieren (Sheen 1992, S. 135) oft pauschal als Begründung dafür angeführt, daß die Informationssuche unterbleibt. Doch schon der Versuch, Informationsquellen zu erschließen, erzeugt Lerneffekte, da man sich mit dem entsprechenden Benchmarking-Objekt aus einer externen Sichtweise beschäftigen muß (Ashton 1995, S. 29 f.). Außerdem setzt die Suche nach Informationen immer eine Überwindung des "Not Invented Here Syndrom" voraus. Das ist eine Grundvoraussetzung für jedes Benchmarking.

Jede Benchmarking-Analyse innerhalb eines Produktentwicklungsprojektes hat einen speziellen Informationsbedarf. Der Informationsbedarf muß so abgegrenzt werden, daß er auf die Analyse der Kernprobleme zugeschnitten ist und daß die notwendigen Quellen verfügbar sind. Diese Aufgabe kann auch als Wissenslogistik (Lullies/Bollinger/Weltz 1993, S. 171; Sutton 1985, S. 125 ff.) bezeichnet werden. Die richtigen Quellen aufzuspüren und zu erschließen, erfordert Sachkenntnis und Erfahrung. Außerdem braucht man Kontakte zu Personen, die den Zugang zu Informationen durch eine "Gatekeeper-Position" (Hagen, v./Baaken 1987, S. 287) kontrollieren. Bei der Beschaffung generischer Informationen ist besonders interdisziplinäres Wissen, Denken, Lernen und Handeln und somit interdisziplinäre Kompetenz gefragt. Das erfordert ein interdisziplinäres Projektmanagement oder ein Knowledge Centre (Dror/Bnaya 1984, S. 81 ff.), in dem Experten unterschiedlicher Disziplinen zusammenarbeiten. Dadurch können das Problemlösungsverhalten und die davon abhängige Informationsbeschaffung integriert werden. Wissen muß kontinuierlich akquiriert werden, so daß das Informationsniveau der Projektmitarbeiter (Kaufleute und Ingenieure) ständig erhöht wird. Bei der Wissensakquisition handelt es sich um kognitive Prozesse (Silverman 1985, S. 152 f. und Bild 3-3).

Bild 2-16 zeigt die Grundbeziehungen des Informationsbedarfs in der Produktentwicklung und dessen Deckung durch Benchmarking. Der objektive Informationsbedarf (Nieschlag/Dichtl/Hörschgen 1991, S. 970) für ein Produktentwicklungsprojekt besteht in den Informationen, die man zur Entwicklung eines idealen Produktes mit Hilfe eines optimal angepaßten Entwicklungsprozesses und eines optimal strukturierten Projektaufbaus benötigt. In der Praxis ist der Zustand der vollständigen Information nicht erreichbar, da ideale Produktlösungen und ideale Prozesse nicht real existieren und man immer nur die beste bekannte Kompromißlösung wählen kann. Im günstigsten Falle sind die Informationen über Lösungskonzepte oder bereits implementierte Lösungen (Stand der Technik (Staudt/Bock/ Mühlemeyer 1990, S. 760)) zu akquirieren. Der Informationsbedarf hängt von den Zielen des Projektes und somit vom Innovationsbedarf (Geschka/Eggert-Kipfstuhl 1994, S. 116) ab.

2 Grundlagen des Integrierten Benchmarking

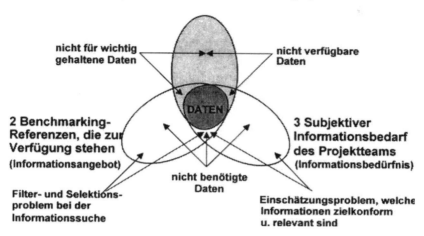

Bild 2-16: Informationsbedarf und Informationsbedarfsdeckung

1 Teile des objektiven Informationsbedarfs sind nicht verfügbar, weil im interessierenden Problemfeld weltweit noch kein Wissen existiert oder weil Know-how mit den vorhanden Projektbudget und den Ressourcen des Projektteams in der zur Verfügung stehenden Zeit nicht beschafft werden kann. Wären alle objektiv notwendigen Informationen vorhanden, um die Zielanforderungen erfüllen zu können, dann hätte man Informationen, die der Planung einer Ideallösung genügen würden. Ein weiterer Teil des objektiven Informationsbedarfs wird möglicherweise vom Projektteam nicht für wichtig gehalten. Das heißt, die Basisinformationen des Projektteams sind in diesem Fall zu gering, um den Informationsbedarf richtig einzuschätzen.

2 Das Informationsangebot umfaßt alle theoretisch zur Verfügung stehenden Benchmarking-Informationen (Referenzen). Das Personal hat oft keinen Zugang zu den entsprechenden Informationsquellen. Zum Beispiel kann es unmöglich sein, Wettbewerbs-Benchmarking für Entwicklungsprozesse zu betreiben. Das Filtern und Selektieren (Goldsmith/Flynn 1992, S. 42 ff.) der wirklich relevanten Informationen ist wichtig, um ein Over-engineering von Produkten zu verhindern oder einen Entwicklungsprozeß zu vermeiden, der nicht zielgerichtet ist.

3 Demgegenüber hat jedes Produktentwicklungsteam einen subjektiven Informationsbedarf (Informationsbedürfnis). Dies verursacht die Beschaffung und Verarbeitung einer größeren Datenmenge als die Informationen die wirklich relevant und notwendig sind. Um den Beschaffungsaufwand für die Benchmarking-Informationen zu optimieren, muß ein möglichst zielkonformer Datenbedarf festgelegt werden. Es besteht immer das Dilemma, daß ein Projektteam oder eine Benchmarking-Stabsstelle entweder sogenannte "Informations-" oder "Datenfriedhöfe" an-

legt oder daß akquirierbare Informationen nicht genutzt werden (Graf/Bürgi 1985, S. 160).

Durch Benchmarking können zwei Ziele verfolgt werden (vgl. dazu Kosten-Benchmarking versus funktionsübergreifendes Prozeß-Benchmarking bei Fitz-Enz 1992, S. 28). Benchmarking kann einerseits der formalen und systematischen Informationsbeschaffung dienen, die quantitative und qualitative Vergleiche von Benchmarking-Objekten ermöglicht. Diese Form des Benchmarking ist kennzahlenorientiert. Benchmarking kann andererseits die formlose Informationsbeschaffung unterstützen, welche den Blick der Mitarbeiter für Objekte und Vorgänge außerhalb des Unternehmens öffnet und schärft. Auf diese Weise soll die Kreativität der Mitarbeiter durch Förderung der Kommunikation angeregt werden. Lerneffekte sind in der Regel am effektivsten, wenn die am F&E-Prozeß des Unternehmens beteiligten Mitarbeiter Benchmarking-Untersuchungen selbst durchführen und externe Informationen selbst beschaffen (Langowitz/Rao 1995, S. 55 ff.; Allee 1995, S. 19).

Sheridan (Sheridan 1993, S. 34) bezweifelt, daß ein Einschalten von völlig selbständig operierenden Unternehmensberatern (externe Informationsbeschaffer) Lerneffekte genügend unterstützt. Andererseits sind Unternehmensberater, Benchmarking-Organisationen (vgl. Anhang A1) oder die Mitarbeiter von Hochschulen oder Forschungsinstituten häufig in der Lage, Informationen anonym zu beschaffen. Unternehmen würden dieselben Daten auf direktem Wege nicht erhalten. Anonyme Informationsbeschaffung bedeutet in diesem Fall, daß dem Auftraggeber nur die Ergebnisse einer Recherche aber nicht die Informationsquellen genannt werden. Dadurch ist den unternehmensinternen Mitarbeitern oft keine ausreichende Plausibilitätsprüfung der Daten möglich. Die Vergleichbarkeit der Daten ist somit nicht immer gesichert. Eine Prüfung durch erfahrene Mitarbeiter im Unternehmen ist besonders bei technischen Informationen unabdingbar. Außerdem sind die unmittelbaren Lerneffekte bei externer Beschaffung geringer, und die direkt am Projekt beteiligten Mitarbeiter akzeptieren die Ergebnisse möglicherweise nicht.

Die meisten Projekte benötigen im Bereich der Produktoptimierung aber grundsätzlich ein Wettbewerbs-Benchmarking (Konkurrenzanalyse), das in der Praxis nicht partnerschaftlich durchgeführt werden kann. Simon (Simon 1988, S. 466) ermittelte, daß nur *46%* einer Stichprobe von *N = 156* Unternehmen permanente und systematische Konkurrenzforschung betreiben. Informationen über generische und analoge Produktlösungen sind zwar ebenso wichtig, aber sie sind weitgehend wertlos, wenn die Lösungen des direkten Wettbewerbs unbekannt sind.

Bild 2-17 zeigt die Schritte des Integrierten Benchmarking, für die Referenzinformationen zur Verfügung stehen müssen. Es gibt keine Patentlösung dafür, welche Informationsquellen oder Informationssysteme man benötigt und wie sie akquiriert werden können (Brenner/Österle 1994, S. 47 f.). Jede Informationssuche ist projektabhängig:

2 Grundlagen des Integrierten Benchmarking

1. Bei der Suche nach Produktideen ist die Offenheit der Mitarbeiter für unternehmensinterne und -externe Impulse besonders wichtig. Die Ideenfindung ist ein kreativer Prozeß, der auf der systematischen Anwendung von Wissen und auf Intuitionen beruht. Deshalb besteht Informationsbedarf. Es ist zunächst "best-engineering" als Anregung für Innovationen gefragt. Diese Informationen können Kundenforderungen, Wettbewerbsangebote oder generische, technische Anwendungen beschreiben (Prescott 1988, S. 32). Aus diesen Benchmarking-Informationen lassen sich Zielsetzungen ableiten.

Bild 2-17: Informationsbedarf des Integrierten Benchmarking

2. Um die Ziele bewerten zu können, muß man Referenzinformationen über die Forderungen und Wünsche der potentiellen Kunden hinsichtlich der Eigenschaften des Zielproduktes haben. Außerdem muß man bewerten, ob das Projekt- und Prozeßpotential des Unternehmens hinsichtlich des geforderten Entwicklungsprozesses ausreicht.

3. Um die Ziele für Produkte oder Prozesse in einem Projektheft (Pflichtenheft) festlegen zu können, müssen die Aufgaben mit Hilfe von Referenzen für technische Bestlösungen und organisatorische Bestleistungen (Projektmanagement) spezifiziert werden.

4. Bei der Umsetzung der Ziele mit Hilfe von technischen Lösungsprinzipien, technischen Lösungen für die Teilkomponenten des Produktes und von organisatorischen Lösungen für die Teilprozesse der Entwicklung braucht man Informationen über Referenzlösungen. Diese können zur Anregung der Kreativität und zur Modifikation bekannter Bestlösungen genutzt werden.

5. Um die Lösungen für die Teilkomponenten bewerten zu können, benötigt man Informationen über Benchmarking-Referenzen, um Bewertungskriterien daraus ableiten zu können. Dabei müssen die Bewertungskriterien zu einer Differenzierung zwischen alternativen Lösungen verwendet werden. Die Bewertung von Lösungsalternativen setzt eine Erfüllung der Projektspezifikation voraus.

6. Punkt fünf gilt auch für die Bewertung der Gesamtlösungen für Produkte und Prozesse. Die Information, die man für das simultane Benchmarking der Produktkomponenten und Teilprozesse benötigt, wird durch die Wahl der Produktlösungen beeinflußt.

Zur Vorbereitung und während des Ablaufs von Forschungs- und Entwicklungsprozessen sind analog Tabelle 2-4 kontinuierlich Informationen durch Marktanalysen (Angebot und Nachfrage) und durch Technologieanalysen einzuholen:

1 Nachfrageanalysen (Bedarfsanalysen) dienen dazu, die Chancen und Risiken eines neuen Produktes bezüglich der potentiellen Kundennachfrage einschätzen zu können und von den potentiellen Kunden zu lernen. Dabei ist das Lead-User beziehungsweise das Lead-Customer Konzept von v. Hippel (van Hippel 1988, S. 11 ff.; Nagel 1993, S. 14) ein möglicher Ansatz für das Benchmarking.

2 Wettbewerbsanalysen (Angebotsanalysen) geben Aufschluß über die Stärken, Schwächen und Marktanteile von Mitbewerbern im untersuchten Marktsegment. Die Analyse von Wettbewerbern kann Produktideen (Anregungen), technische Lösungsprinzipien für Produkte, organisatorische Lösungsprinzipien für Prozesse sowie fertige Lösungen für Produkte und für Prozesse liefern (Harkleroad 1992, S. 26 ff.; Singleton-Green 1992, S. 40; MacGonagle 1994, S. 16 f.).

2 Grundlagen des Integrierten Benchmarking

Objekte Analysen	Produkt-Ideen (Anregungen)	Technische Lösungsprinzipien	Produkte (Lösungen)	Prozesse
1 Nachfrageanalyse (Analyse potentieller Kunden / Bedarfsanalyse)	Anforderungen potentieller Kunden	Lead-User (Lead-Customer) Inventionen	Lead-User Innovationen	Lernen von potentiellen Kunden
2 Angebotsanalyse (Wettbewerbsanalyse)	Imitation von Ideen (Lizenzen oder ungenutzte Patente)	Imitation fremder Prinzipien und Inspiration für eigene Prinzipien	Imitation fremder Produkte und Inspiration für eigene Produkte	Lernen von Wettbewerbern
3 Technologieanalyse (generische Technologiequellen und Managementprozeßanwender)	abgeleitete Ideen aus F&E-Ergebnis (Prinzip)	Adaption von Prinzipien	Imitation fremder Prinzipien als Inspiration oder Basis für eigene Produkte	Einführung fremder Prinzipien als Inspiration oder Basis für eigene Prozesse

Tabelle 2-4: Benchmarking-Informations-Matrix

3 Technologieanalysen können technische Anregungen für Produktideen liefern und technische Lösungsprinzipien oder technische Lösungen für Produkte aufzeigen. Außerdem können Technologieanalysen generische Lösungen für Abläufe liefern, aus denen sich die Neugestaltung von Prozessen (Managementprozessen) ableiten läßt (Henry 1992, S. 20; Richert 1995, S. 283 f.). Eine Technologieanalyse kann aber auch ergeben, daß die geforderte Produktspezifikation anhand des gegenwärtigen technischen "State of the Art" nicht realisierbar ist. Dadurch können Fehlinvestitionen vermieden werden.

Tabelle 2-4 zeigt ferner die Herkunft und Verwendung von Informationen aus den Bereichen Nachfrage, Angebot und Technologie (einschließlich Managementpraktiken). Das Bild verdeutlicht, daß Benchmarking mehr als die Imitation von Lösungen sein kann (Main 1992, S. 86). Der Technologietransfer (Bredemeier/Vattes 1982, S. 360; Comer 1980, S. 63 ff.) zwischen Unternehmen auf der einen Seite und öffentlichen Einrichtungen wie Universitäten oder Forschungsinstituten auf der anderen Seite ist eine wichtige Informationsquelle für das Produkt-Benchmarking. Bei der technologischen Kooperation von Unternehmen muß unterschieden werden, ob es sich um das Gründen eines Gemeinschaftsunternehmens (Joint Venture), um das gemeinschaftliche Nutzen von Technologien und von technischem Know-how (Kooperation (Bruce 1995, S. 33 ff.)) oder um die einseitige Akquisition von Wissen handelt. Dabei kann es sich um den Zukauf von externem Know-how in Form von Lizenzen handeln. Eine Sonderform der externen Informationsbeschaffung ist die Bildung strategischer Unternehmensallianzen im Bereich der Forschung und Entwicklung (Yoshino/Rangan 1995, S. 130 f.). Auch die Patentanalyse ist ein Instrument, welches zur Suche nach Benchmarking-Referenzen (Technologie-Benchmarking) eingesetzt wird (Liebert 1995).

Informations-quellen	Produktideen (Anregungen)	Technische Lösungsprinzipien	Produkte (Lösungen)	Produktentwicklungs-prozesse
Nachfrage-analyse (potentielle Kunden)	- Kundenbefragung - Praktische Analyse d. Kundenanwendungen - Analyse von Kundenprodukten - Händlerbefragungen - Kontakte zu Kunden - Öffentliche Statistiken - Veröffentlichungen von Verbraucher-verbänden - Marktforschungs-institute - Tages- und Fachzei-tungen/-zeitschriften - Datenbanken / Netze - Delphistudien - Szenarien	- Kundenbefragung - Praktische Analyse der Kunden-anwendungen (Lead-User-Invention) - Praktische Analyse von Käuferprodukten (Lead-User-Innovation) - Händlerbefragungen - Kontakte zu Kunden - Datenbanken / Netze - Fachzeitschriften	- Kundenbefragung - Praktische Analyse der Kundenprodukte (Lead-User-Innovation) - Händlerbefragungen - Kontakte zu Kunden - Öffentliche Statistiken - Veröffentlichungen von Verbraucher-verbänden / Industrieverbänden - Marktforschungs-institute - Tages- und Fachzei-tungen / -zeitschriften - Datenbanken / Netze	- Benchmarking-Wettbewerbe oder Quality Awards - Benchmarking-Organisationen - Berater - Käuferbefragung - Kundenprojekte / Kundenbeobachtung - Praktische Analyse von Kundenprozes-sen / Projekten
Angebots-analyse (Wettbewerb)	- Konkurrenzbefragung - Käuferbefragung - Prospekte - Lizenzen u. Patente - Zuliefer- / Beschaf-fungsmärkte (Messen und Ausstellungen) - Geräteanalyse u. Gebrauchsanweisungen - Öffentliche Statistiken - Marktforschungs-institute / Berater - Datenbanken / Netze - Tages- und Fachzei-tungen / Zeitschriften - Handelskammern - Industrieverbände / Auslandsrepräsen-tanten	- Konkurrenzbefragung - Käuferbefragung - Prospekte - Lizenzen u. Patente - Messen / Ausstellungen - Geräteanalyse u. Gebrauchsanweisungen - Datenbanken / Netze - Fachzeitschriften - Zuliefer- / Beschaf-fungsmärkte (Messen und Ausstellungen) - Erfindermessen	- Konkurrenzbefragung - Käuferbefragung - Prospekte - Lizenzen u. Patente - Zuliefer- / Beschaf-fungsmärkte (Messen und Ausstellungen) - Geräteanalyse u. Gebrauchsanweisungen - Öffentliche Statistiken - Marktforschungs-institute / Berater - Datenbanken / Netze - Tages- und Fachzei-tungen/Zeitschriften - Handelskammern - Industrieverbände / Auslandsrepräsentanten	- Benchmarking-Wettbewerbe oder Quality Awards - Benchmarking-Organisationen - Berater - Konkurrenz-befragung / Vorstandstreffen - Konkurrenzprojekte / Konkurrenz-beobachtung - Praktische Analyse von Konkurrenzpro-zessen / Projekten
Technologie-analyse (generische Technologie- und Prinzip-angebote)	- Analoge Technologien (Fremde Gebiete) - Ähnliche Technologien (anderer Maßstab) - Lizenzen u. Patente - Richtlinien, Normen u. Gesetze - Expertenbefragung - Expertensysteme - Konstruktionskataloge - Datenbanken / Netze - Universitäten, Forschungsinstitute u. Technologiezentren - Organisationen: Fraunhofer, DFG, ... - Ministerien / Politik - Planer und Berater - Fachbücher - Fachzeitungen/ Zeitschriften - Eigener Konzern - Preise und Auszeichnungen - Delphistudien - Szenarien	- Mathematische Modelle - Physikalische Gesetze - Chemische Gesetze - Biologische Gesetze - Technische Datenblätter - Lizenzen u. Patente - Expertenbefragung - Expertensysteme - Erfindermessen - Konstruktionskataloge - Datenbanken / Netze - Universitäten, Forschungsinstitute u. Technologiezentren - Planer / Planungsbüros - Analoge Technologien (Fremde Gebiete) - Ähnliche Technologien (anderer Maßstab) - Organisationen: Fraunhofer, DFG, ... - Fachbücher - Fachzeitschriften - Eigener Konzern	Inspiration für Produkte: - Mathematische Modelle - Physikalische Gesetze - Chemische Gesetze - Biologische Gesetze - Technische Datenblätter - Lizenzen u. Patente - Expertenbefragung - Expertensysteme - Erfindermessen - Konstruktionskataloge - Datenbanken / Netze - Universitäten, Forschungsinstitute u. Technologiezentren - Planer / Planungsbüros - Analoge Technologien (Fremde Gebiete) - Ähnliche Technologien (anderer Maßstab) - Organisationen: Fraunhofer, DFG, ... - Fachzeitschriften - Eigener Konzern	- Benchmarking-Wettbewerbe oder Quality Awards - Benchmarking-Organisationen - Analoge / generische Prozesse (Fremde Gebiete) - Ähnliche Prozesse (anderer Maßstab) - Prozeßmodelle und Prozeßsimulation (Softwaretools) - Berater - Expertenbefragung - Datenbanken / Netze - Universitäten, Forschungsinstitute u. Technologiezentren - Organisationen: Fraunhofer, DFG, ... - Ministerien / Politik - Planer und Berater - Fachbücher - Fachzeitungen/ Zeitschriften - Eigener Konzern

Tabelle 2-5: Beispiele für Informationsquellen des Integrierten Benchmarking

2 Grundlagen des Integrierten Benchmarking

Tabelle 2-5 zeigt Beispiele für Informationsquellen, die für die Matrixfelder zur Verfügung stehen. Es ist nicht möglich, eine vollzählige Auflistung aller Informationsquellen vorzunehmen, da der Informationsbedarf alle Gebiete der Wissenschaft und der Praxis aus den Umsystemen eines Unternehmens umfassen kann. Eine sehr umfangreiche, internationale Sammlung von Informationsquellen findet man bei Fuld (Fuld 1995).

Tabelle 2-6 liefert Beispiele für Verfahren zur Informationsgewinnung und Verarbeitung, um die Ausprägungen von Benchmarking-Kriterien zu gewinnen. Bewertungskriterien für die Benchmarking-Objekte können durch den Markt- und die Technologieanwendungen, technisch, wirtschaftlich (betriebswirtschaftlicher Nutzen), organisatorisch, rechtlich, politisch, gesellschaftlich, ökologisch und ökonomisch (volkswirtschaftlich) bestimmt sein. Damit die aufgeführten Verfahren verwendet werden können, müssen Informationen aus den entsprechenden Referenzquellen verfügbar sein. Beispiele für Referenzquellen sind in Tabelle 2-5 zu finden. Ausprägungen von Benchmarking-Kriterien können zum Beispiel das Ergebnis einer Kapitalwertberechnung, ein technisch-physikalischer Parameter, eine Gleichgewichtsbedingung in einer chemischen Formel, ein Parameter, der den biologischen Zellstoffwechsel beschreibt, ein Grenzwert in einer gesetzlichen Vorschrift oder eine Sozialleistung (Personalaufwand) sein.

Das Controlling hat eine Vielzahl verschiedener Kennzahlensysteme, wie etwa das "DuPont- , das ZVEI- (Zentralverband der Elektrotechnischen Industrie) oder das RL-Kennzahlensystem (System von Reichmann und Lachnit)" (Reichmann 1988, S. 82 ff.), entwickelt. Die Systeme haben hierarchische, logische oder empirische Strukturen (Küpper 1995, S. 319), welche die Abhängigkeiten (Korrelationen) der verwendeten Kriterien verdeutlichen. Außerdem werden auch zeitbezogene Kennzahlensysteme eingesetzt. Diese Systeme können Kennzahlen für alternative Planungszeiträume zur Durchführung von Produktentwicklungsprozessen liefern (Gentner 1994, S. 169).

Für die mehrdimensionalen Bewertungsprobleme des Projektmanagements kann eine Kostenkalkulation für den Bau eines Funktionsmusters, eine Kapitalwertmethode (Finanzierungsrisiko) oder eine lineare Programmierung (Produktionsplanung) zur Berechnung von kaufmännischen Benchmarking-Parametern notwendig sein. Die Finite-Elemente-Methode (FEM) zur Analyse der mechanischen Festigkeit eines Bauteils oder eine Fourier Transformation zur Analyse eines Signals in der Nachrichtentechnik sind beispielsweise geeignet, technische Benchmarking-Parameter zu liefern. Für Zukunftsprognosen können Szenarios oder Delphistudien notwendig sein, die die Erforschung der zeitlichen Änderung von Benchmarking-Parametern ermöglichen. Szenarios und Delphistudien können genauso wie Kundenbefragungen, Personalbefragungen und andere Methoden der Referenzdatengewinnung quantitative und qualitative Merkmalsausprägungen liefern.

Tabelle 2-6: Methoden zur Gewinnung und Verarbeitung von Benchmarks

Analysebereiche:	Beispiele:	
	Spezifische Verfahren:	Generelle Verfahren:
1 Markt- und Technologieanwendung bestimmende Kriterien (Nachfrage, Wettbewerb und Technologie)	- Portfolioanalyse - Produktlebenszyklusanalyse - Markt- und Wettbewerbsanalyse - Beschaffungsmarktanalyse - Multivariate Analysemethoden (Cluster-, Faktor-, MDS-, Conjoint-Analyse...) - Statistische Verfahren - Marketingpsychologie...	- Szenariotechnik - Delphimethode - Neuronale Netzanalyse - Graphen- und sonstige Netzanalysen - Fuzzy Logic-Analyse - Statistische Verfahren - Multivariate Verfahren - Regressionsanalysen - Zeitreihenmodelle - Portfolioanalyse - Produktlebenszyklusanalyse - Systemlebenszyklusanalyse - Normenrecherche - Gesetzesrecherche - Datenbankrecherchen (Internet, Hoppenstedt...) - Kennzahlensysteme (DuPont, ZVEI, RL...) - Analyse internationaler Zusammenhänge - Befragungen...
2 Technische Kriterien und Kriterien der Forschung	- Mathematische Modelle - Physikalische Gesetze - Chemische Gesetze - Biologische Gesetze - Normenrecherche, Patentanalyse - Expertensysteme...	
3 Wirtschaftlichkeitskriterien für das Unternehmen	- Gewinnvergleichsrechnung - Kostenvergleichsrechnung/-wachstumsanalyse - Rentabilitätsrechnung - Amortisationsrechnung - Kapitalwertmethode - Annuitätenmethode - Dynamische Amortisationsrechnung - Interne Zinsfußmethode - Baldwin Methode - Leverage Effekt - Prozeßkostenrechnung - Grenzplankostenrechnung - Deckungsbeitragsrechnung - Target-Costing - Breakeven Analyse - Bilanzanalyse und GuV - Optimierungsverfahren (OR) - Statistische Verfahren - Taguchi Methoden - FMEA (Failure Mode and Effects Analysis) - sonstige Controllingverfahren...	
4 Organisatorische Kriterien (Projektorganisation)	- Fachliche Personalprüfung - Psychologische Testverfahren - Meilensteinanalyse, Budgetanalyse...	
5 Rechtliche Kriterien	- Patentanalyse - Normenrecherche (technisch) - Gesetzesprüfung (öffentlich und privat) - Steuer- und Wirtschaftsprüfung...	
6 Politische Kriterien	- Beobachtung der Gesetzgebung - Analyse der öffentlichen Fördermöglichkeiten - Analyse der öffentl. Grundlagenforschung - Analyse der Bildungspolitik...	
7 Gesellschaftliche und ökologische Kriterien	- Analyse der Wertvorstellungen - Soziale Strukturanalyse...	
8 Ökonomische Kriterien (Volkswirtschaft)	- Wertpapieranalyse, Wechselkursanalyse - Preiselastizitäten - Ökonometrische Modelle...	

Die Beschaffung von Informationen über unternehmensinterne Prozesse und Produkte ist oft ebenfalls mit diversen Schwierigkeiten verbunden. Kommunikationsbarrieren entstehen durch Personalmangel, mangelnde Motivation der betroffenen Mitarbeiter, begrenzte Entwicklungsbudgets, unterschiedliche Fachqualifikation, das persönliche Verhältnis der beteiligten Personen (mangelnde soziale Kompetenz) oder den Einfluß des individuellen Führungsstiles. Zum Beispiel kann der Vorstand über externe Informationen verfügen (Informelle Netze (Krackhardt/ Hanson 1994, S. 16 ff.; Sakakibara 1993, S. 397)), die andere Mitarbeiter nicht beschaffen können. In der Praxis kann es sich etwa um informelle Treffen von Vorstandsmitgliedern kooperierender Unternehmen handeln (Bogan/English 1993, S. 30 f.). Diese Einflüsse auf das Benchmarking, die auch von der jeweiligen Unternehmenskultur abhängen, sollten in der Praxis nicht unterschätzt werden. In großen Konzernstrukturen sind die Tochterunternehmen oft nicht über die Aktivitäten und den Wissensstand in anderen Geschäftsfeldern informiert (Day/Charles 1992, S. 70). Dadurch bleiben Synergieeffekte ungenutzt.

2.4 Marktorientierte Produktziele als zentraler Gegenstand des Benchmarking für Produktentwicklungsprojekte

2.4.1 Marktorientiertes Zielsystem

Bei jedem Unternehmen sollten die Leistungen, die es für potentielle Kunden erbringt, im Mittelpunkt des Zielsystems stehen. Das Zielsystem sollte den Forderungen und Wünschen potentieller Kunden sowie dem Managementpotential, dem Technologiepotential und dem Ressourcenpotential des Unternehmens angepaßt sein. Ulrich und Fluri (Ulrich/Fluri 1992, S. 97 f.) geben sieben Zielgruppen für Unternehmen an:
1. Marktleistungsziele, 2. Marktstellungsziele, 3. Rentabilitätsziele, 4. finanzwirtschaftliche Ziele, 5. Macht- und Prestigeziele, 6. soziale Ziele in Bezug auf die Mitarbeiter und 7. gesellschaftsbezogene Ziele. Alle diese Ziele sind mittel- und langfristig nur durch gewinnbringende Markterfolge mit optimal gestalteten Produkten und Dienstleistungen zu erreichen. Für die Kaufentscheidung ist in erster Linie ausschlaggebend, ob das Produkt oder die Dienstleistung den Ansprüchen der potentiellen Kunden genügt. Wie das Unternehmen ein Produkt oder eine Dienstleistung intern erzeugt, ist für die Kaufentscheidung erst in zweiter Linie wichtig. Transparenz von Prozessen kann gegenüber der Öffentlichkeit und insbesondere gegenüber den Kunden erforderlich sein, wenn die zur Leistungserstellung verwendeten Prozesse einen Einfluß auf die Öffentlichkeitswirkung (Public Relations) des Unternehmens haben oder wenn eine Zertifizierung von Prozessen gefordert wird.

Das vom Markt geforderte Produkt ist sowohl aus der Sicht des Kunden als auch aus der Sicht des Unternehmens ein zentrales Benchmarking-Objekt. Das "Produkt ist der Output" eines Produktentwicklungsprozesses und somit ein Maß für die Effizienz des Entwicklungsprozesses. Der kapitalisierbare Kundennutzen des Produktes muß eine günstige Relation zum Aufwand des Entwicklungsprozesses haben. Der Produktentwicklungsprozeß und alle anderen Prozesse (Watson 1994, S. 66 ff.), die zur Erstellung des Produktes oder der Dienstleistung beitragen, sind Benchmarking-Objekte, die vom Produktziel abhängen und dessen erfolgreiche Umsetzung bedingen.

Durch die Effizienz der Leistungserstellung und durch die Art und Weise, wie die anderen von Ulrich/Fluri aufgeführten Ziele erfüllt werden, werden die Produktkosten und der Kundennutzen des Produktes mitbestimmt. Primäre Aufgabe ist in jedem Fall, daß zunächst marktgerechte Produktziele gewählt werden.

Je mehr Vorkenntnisse ein Unternehmen bereits über die Anforderungen potentieller Kunden hat, desto präziser ist es in der Lage, die Zielgruppe und den Gegenstand (Produktziel) einer Marktanalyse zu definieren. Dadurch wird vermieden, daß bei der Marktuntersuchung übermäßige Streuverluste entstehen. Demgegenüber besteht die Gefahr, daß man sich zu stark an vorhandenen Geschäftsfeldern orientiert und daß noch nicht realisierte Geschäftsfelder vernachlässigt werden. Deshalb müssen Kaufleute und Techniker den Gegenstand der Marktanalyse gemeinsam suchen, definieren und im Pflichtenheft spezifizieren, ohne den Lösungsraum und somit das Innovationspotential zu beschränken. Diese Gefahr besteht dann, wenn konkrete Lösungen, Lösungsmethoden oder Lösungswege in die Spezifikation aufgenommen werden. Bei der Ideenfindung kann Benchmarking durch das "Wahrnehmen externer Lösungen und Vorgänge" wichtige Anregungen liefern und zur Überprüfung, Bewertung und Vorauswahl von Produktkonzepten (Produktideen) dienen. Kaufleute oder Techniker sollten dazu angehalten werden, sich auch für Gegenstände und Vorgänge zu interessieren, die außerhalb ihrer gewohnten Arbeits- und Lebensumgebung liegen. Dadurch wird die Wahrnehmungsfähigkeit der Mitarbeiter geschärft, generische Benchmarking-Objekte und Referenzanwender zu erkennen und Märkte besser zu verstehen.

Marktdaten können durch schriftliche, mündliche oder elektronische Befragungen erhoben werden (Hammann/Erichson 1990, S. 78). Neben der direkten Befragung potentieller Kunden stehen viele andere Informationsquellen für Marktdaten zur Verfügung. Beispiele für Informationsquellen liefert Tabelle 2-5.

Die mündliche Befragung, durch einen Fragebogen gestützt, kann persönlich oder telefonisch erfolgen. Die persönliche Befragung ist immer dann zu bevorzugen, wenn es sich um umfangreiche Fragenkataloge (Fragebögen) oder stark erklärungsbedürftige Produkte handelt. Bei zugesandten Fragebögen sind die Antworten oft verfälscht, die Rücklaufquote ist in der Regel niedrig und der Rücklauf kann mehr Zeit in Anspruch nehmen, als eine persönliche Befragung. Eine kleine Anzahl von gut plazierten persönlichen Interviews, die nur von einem oder wenigen gut geschulten Interviewern geführt werden, kann statistisch aussagefähiger sein als eine größere Stichprobe mit zweifelhafter Zuverlässigkeit (Bausch 1990, S. 19 f.). Diese Gefahr besteht, wenn die Fragebögen sich auf eine komplexe Materie beziehen und die Fragen nicht so gestellt werden können, daß sie keiner weiteren Erklärung bedürfen. Pretests zur Korrektur des Fragenkatalogs sind empfehlenswert. Durch telefonische Kurzinterviews lassen sich potentielle Interviewpartner selektieren. So werden Streuverluste durch Besuche bei nicht zuständigen oder inkompetenten Gesprächspartnern vermieden. In der Regel kann man über telefonische Vorbefragungen ein positives Verhältnis zum interviewten Kunden aufbauen und ihn für die Befragung interessieren. Man sollte dem Kunden das Bewußtsein vermitteln, daß er aus der Befragung lernen kann, ohne daß man ihn belehren will und daß es sich nicht um ein Verkaufsgespräch handelt. Eventuell ist es hilfreich, dem Interviewpartner einige ausgewählte Musterfragen des vorbereiteten Fragebogens zu übermitteln. Interviews und Expertengespräche sollten in der Regel nicht länger als eine Stunde dauern. Besuchstermine werden am besten telefonisch vereinbart, damit man bei der Durchführung mehrerer Interviews die notwendige Flexibilität hat, um die Reiseroute weg- und zeitoptimiert zu planen. Eine schriftliche Terminbestätigung durch den Interviewer ist sinnvoll.

Die beschriebene Vorgehensweise für Marktbefragungen kann in der gleichen Form auch bei Befragungen im Rahmen von Benchmarking-Studien verwendet werden. Dies empfiehlt sich besonders dann, wenn beim Benchmarking keine partnerschaftliche Zusammenarbeit angestrebt wird. Den Anreiz zur Teilnahme an dieser Art von Studien kann man erhöhen, indem man allen Teilnehmern statistisch ausgewertete Ergebnisse zur Verfügung stellt. Das federführende Unternehmen wird in der Regel den größten Nutzen aus der Benchmarking-Studie ziehen, da es sich am intensivsten mit den Problemen beschäftigen muß.

2.4.2 Makrosegmentierung und zweidimensionale Mikrosegmentierung von Märkten zur Differenzierung zwischen Produkt- und Prozeß-Anforderungen

Die Marktsegmentierung (Plank 1985, S. 79 ff.) ist ein wichtiger und schwieriger Schritt bei der Definition eines Innovationsfeldes. Sie dient der Auswahl der attraktivsten Marktsegmente für ein Projekt. Das geschieht unter Berücksichtigung des im Unternehmen zur Verfügung stehenden organisatorischen und technischen Leistungspotentials. Dabei entsprechen die gewählten Mikrosegmente den strategischen Geschäftsfeldern, auf die ein Unternehmen seine Verkaufsanstrengungen konzentrieren will.

Ein strategisches Geschäftsfeld (Mikrosegment) kann bezüglich der Produkteigenschaften (Produktmix (Meffert 1993, S. 116 ff.)) homogen sein. Strothmann (Strothmann 1989, S. 87) unterscheidet zwischen Geschäftsfeldern auf globaler Kundenanforderungsebene (Makrosegmentierung) einerseits und auf lokaler und differenzierter Ebene (Mikrosegmentierung) andererseits. Meinig (Meinig 1985, S. 140) nennt die Kriterien Jahresumsatz (prognostizierter Marktanteil), Deckungsbeitrag, Auftragsstückelung, Zahlungsmodus, Betriebstyp, Betriebsgröße oder die Marktattraktivität als wichtige Kriterien für eine Abgrenzung von Marktsegmenten.

DeSarbo führt als wichtigste Auswahlkriterien für Marktsegmente "Market Share, Change in Market Share, Relative Market Share, ROI (Return on Investment), ROS (Return on Sales), Cash Flow/Revenue, Cash Flow/Investment und die Real Sales Growth Rate" (DeSarbo/Jedidi/Cool 1990, S. 138) an. Wenn man strategische Entscheidungen vorbereitet, muß man für diese Parameter fundierte

Prognosewerte zur Verfügung haben. Jedes Unternehmen sollte abschätzen, ob seine Stärken den zukünftigen Anforderungen eines strategischen Geschäftsfeldes angepaßt werden können. Im günstigsten Fall liegt das jeweilige Segment bereits im Bereich potentieller Stärken eines Unternehmens.

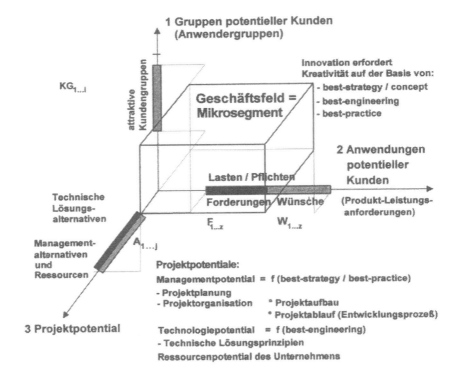

Bild 2-18: Abgrenzung des Geschäftsfeldes (Mikrosegment) anhand der Nachfrage potentieller Kunden und der Leistungsfähigkeit des Unternehmens

Zunächst muß eine Produktidee vorhanden sein, die eine Marktchance eröffnet. Anschließend sollte eine Wettbewerbs-, eine Technologie- (Baaken 1991, S. 166) und eine Anwendungs- beziehungsweise eine Nachfrageanalyse bei den potentiellen Kunden durchgeführt werden. Diese Informationen bieten die Basis für drei Schritte (drei Ebenen nach Abell (Abell 1980, S. 17) analog Bild 2-18):

1 Erstens müssen attraktive, potentielle Kundengruppen KG_i bestimmt werden, die Produktanwendungen haben, welche den eigenen Unternehmenspotentialen entsprechen. Bezüglich dieser Kundengruppen muß die Wettbewerbsintensität analysiert werden.

2 Grundlagen des Integrierten Benchmarking

2 Zweitens sollten Anwendungen potentieller Kunden untersucht werden. Daraus müssen alle Forderungen und Wünsche an ein mögliches Produkt abgeleitet werden, um ein Maximum an Kundenzufriedenheit zu erreichen (o.V. 1989, S. 23). Forderungen F_z an die Gebrauchsfunktionen des Produktes sind dabei unbedingt zu erfüllen. Das Erfüllen von zusätzlichen Wünschen W_z kann weitere Wettbewerbsvorteile schaffen (Bendell/Boulter/Kelly 1993, S. 69). Um die Käufer fiktive technische Funktionen eines geplanten Produktes beurteilen zu lassen, müssen dem Innovator die Wettbewerbssituation, das technische Lösungspotential (best-engineering) sowie die erzielbaren technischen Leistungen bereits im Vorfeld der Marktanalyse bekannt sein. Nur mit diesem Grundwissen können ausreichend detaillierte Fragen für eine Käuferbefragung formuliert werden. Aus dem geschilderten Aufgabenprofil wird deutlich, daß die Entwicklung von Markt- und Produktentwicklungsstrategien Aufgaben sind, an denen Marketingexperten und Entwicklungsexperten gleichermaßen Anteil haben müssen.

3 Drittens muß das eigene Projektpotential hinsichtlich des Projektmanagements, der zur Verfügung stehenden Technologien und der zur Verfügung stehenden Ressourcen untersucht werden. Daraus ergeben sich Projektalternativen A_j, die unterschiedliche Mikrosegmente definieren. Das Managementpotential besteht aus den verfügbaren Alternativen für die strategische Projektplanung und für die operative Projektdurchführung. Das Technologiepotential wird durch das Wissen über geeignete Alternativen für Produktlösungen bestimmt. Know-how ist eine Funktion bekannter Bestleistungen. Im Unternehmen müssen alle notwendigen Ressourcen und Informationen bereitgestellt werden können. Jede Gesamtlösungsalternative für ein Projekt besteht immer aus einem Mix von Alternativen. Das Mix beruht auf einem technischen Lösungskonzept, einem Managementkonzept und einer Ressourcenplanung. Das Projektpotential ist eine Funktion bekannter Bestleistungen (Benchmarks).

Bild 2-19 zeigt die Makro- und die Mikrosegmentierung von Märkten für ein zielorientiertes Benchmarking. Geschäftsfelder sind eine Funktion der Kundenanforderungen und -wünsche (Marktanalyse) und des Projektpotentials eines Unternehmens. Ein Makrosegment kann gewählt werden, wenn das Projektpotential (Kompetenzen) eines Unternehmens prinzipiell mit den Anforderungen einer potentiellen Kundengruppe übereinstimmt. Durch eine Mikrosegmentierung kann auf einer tieferen Segmentierungsebene nach dem Produktpotential und dem Prozeßpotential differenziert werden, damit man sich auf die attraktivsten Teilbereiche des Makrosegments beschränken kann. Dabei wird eine zweidimensionale Mikrosegmentierung gewählt, die aus einer produkt- und einer prozeßbezogenen Dimension besteht. Kriterien für die produktbezogene Mikrosegmentierung sind die geforderten Produkteigenschaften und der angestrebte Zielverkaufspreis. Kriterien für eine Marktsegmentierung nach Prozessen sind die geforderten Prozeßeigenschaften (Prozeßqualität), die Kosten der Prozesse, die Dauer von Prozessen und kaufmännische Effizienzkriterien.

1 Bei der Marktsegmentierung besteht das Ziel, lukrative Mikrosegmente zu wählen. Produktanforderungen der Kunden müssen durch geeignete Leistungsprozesse erfüllt werden können:

Produktbezogene Dimension der Mikrosegmente
Für die produktbezogenen Anforderungen kann man maßgeschneiderte Produkte entwickeln, oder man versucht durch eine Modulbauweise und ein Variantenmanagement nur eine gemeinsame Basiskomponente zu entwickeln. In der Regel strebt man bei komplexen Produkten eine Modulbauweise an, um eine möglichst geringe Zahl von Varianten für die selektierten Mikrosegmente entwickeln zu können. So kann man mehrere Segmente mit demselben Produkt abdecken, welches durch Austauschen von Modulen mit möglichst geringem Aufwand variiert werden kann. Ein Beispiel wäre der Einsatz eines Transportfahrzeugs im Lang- und im Kurzstreckenbereich, bei dem das Führerhaus den unterschiedlichen Anforderungen angepaßt wird. Für einen Nischenanbieter kann aber auch die Spezialisierung auf kleinere Segmente lukrativ sein. Die Felder des Produktpotentials müssen der Anwendung und dem Nutzenprozeß der Käufer entsprechen. Die entsprechenden Anforderungen müssen im Pflichten- beziehungsweise im Lastenheft als Forderungen oder Wünsche beschrieben und festgelegt werden.

Prozeßbezogene Dimension der Mikrosegmente:
Zusätzlich können prozeßbezogene Anforderungen berücksichtigt werden. Die dazu notwendigen Zielparameter betreffen etwa den erforderlichen F&E-Prozeß, Produktionsprozesse, das Informationsverhalten (Kommunikationsverhalten) der Kunden, die Distribution oder die Retrodistribution. Die Kommunikation und die Distribution wird man den Kundenbedürfnissen in der Regel kurzfristig leichter anpassen können als die technischen Produktparameter.

Vertriebsprozeßorientierte Marktsegmentierung ist notwendig, um dem Vertrieb Marktsegmente als Stoßrichtungen vorzugeben und um Markt- und Benchmarking-Informationen auf einer einheitlichen, kundenorientierten Geschäftsfeldbasis austauschen zu können. Das Vertriebssystem eines Unternehmens kann an den Branchenbezeichnungen und Brancheneinstufungen (Ringlstetter/Knyphausen 1992, S. 141) seiner Kunden ausgerichtet sein. Der Vertrieb braucht Mikrosegmente, die er mit einem allgemein verständlichen Begriff beschreiben kann (zum Beispiel: Feinkosthandel, Hobbygärtner oder Großchemie) (Polster 1994, S. 25 f.). Nur so weiß der Vertriebsmitarbeiter, daß er potentielle Käufer für das gleiche Produkt im Feinkosthandel oder im Hobbygärtnerbereich zu suchen hat. Die operativen Marketing- und Benchmarking-Aktivitäten können somit auf diese Segmente ausgerichtet werden (Pieske 1994, Folie 1; Niemann 1994, S. 1 ff.; Göldenbot 1994).

2 Grundlagen des Integrierten Benchmarking

Makrosegmentierung:	Projektpotential (Gruppe potentieller Kunden)	
Mikrosegmentierung: (zweidimensional)	**Produktpotential:** ° Produkt Kriterien: 1 geforderte Produkteigenschaften (Produktqualität) 2 Zielkosten	**Prozeßpotential:** ° F&E-Prozesse ° Produktionsprozesse ° Kommunikationsprozesse ° Distributionsprozesse... Kriterien: 1 geforderte Prozeßeigenschaften (Prozeßqualität) 2 Kosten 3 Dauer (Zeit) 4 Flexibilität 5 sonstige Effizienzkriterien
1 Ziel:	1 A Bündelung von Kundenanforderungen in einer minimalen Variantenzahl. Homogenitätsziel: (homogenes Produkt) - Produkteigenschaften und Kosten	1 B Bündelung von Kundengruppen, die mit gleichartigen Prozessen bedient werden können. Homogenitätsziel: (homogene Prozesse) - Produktart - Kundenbranche - Informationsverhalten - Vertriebsbedingungen - geforderte Zertifizierung - geforderter Service...
2 Verfahren zur Segmentbildung:	X Anhand bereits aggregierter Homogenitätskriterien Beispiele: - Preisklasse oder Leistungsklasse eines Produktes - Kundenbranche, deren Käuferverhalten bestimmte Eigenschaften der Prozesse erfordert Y Multivariate Analyse (Cluster-, Faktoren-, Conjointanalyse) zur Verdichtung der Produkt- oder Prozeßkriterien	
3 Benchmarking:	Benchmarks bn = f (Produkt) Ziele zn = f (bn Produkt)	Benchmarks bn = f (Prozesse) Ziele zn = f (bn Prozesse)

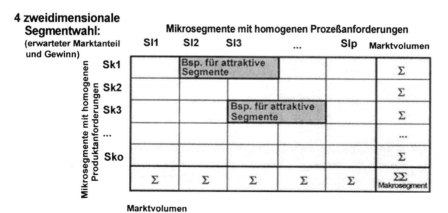

Bild 2-19: Makro- und Mikrosegmentierung von Märkten für ein zielorientiertes Benchmarking

2 Die Segmentbildung kann anhand bereits aggregierter Homogenitätskriterien wie etwa der Kundenbranche oder mit Hilfe von multivariaten statistischen Analysemethoden erfolgen.

Es ist erforderlich, das Marktvolumen und das Nachfrageverhalten potentieller Kunden (Prognose des erreichbaren Marktanteils) in den Mikrosegmenten zu kennen. Nur dann ist es möglich, einen Vertriebsprozeß festzulegen, der den Bedürfnissen aller Kunden eines prozeßorientierten Geschäftsfeldes gerecht werden kann. Grundlegend dafür sind alle Daten, die ein geeignetes Marketingmix, bestehend aus dem Produktmix, dem Preismix, dem Distributionsmix und dem Kommunikationsmix, bestimmen. Diese Daten müssen sich an den entsprechenden Benchmarks der Branche orientieren.

Falls ausreichende Daten über das Käuferverhalten vorliegen, bietet sich die *Clusteranalyse* (Bausch/Opitz 1993, S. 61; Punj/Stewart 1983, S. 134 ff.) als multivariates statistisches Analyseverfahren an. Die Clusteranalyse kann auf der Basis nominaler, sich ausschließender Merkmale, auf der Basis von Merkmalen höheren Skalenniveaus (ordinal oder einheitlich quantitativ) und auf der Grundlage gemischter Datenbasen erfolgen (Opitz 1980, S. 73).

Analog zu Bausch/Opitz (Bausch/Opitz 1993, S. 73) handelt es sich bei einer Marktsegmentierung um ein Klassifizierungsproblem vom Typ III, da man zur eindeutigen Abgrenzung möglichst überschneidungsfreie Segmente erhalten möchte. Bei einer zweidimensionalen Mikrosegmentierung analog Bild 2-19 wird zur Veranschaulichung davon ausgegangen, daß man die Produkt- und Prozeßanforderungen auf jeweils eine Dimension reduzieren kann. Das wäre beispielsweise durch eine getrennte mehrdimensionale Bewertung für jede Achse möglich. Wenn man mehr als zwei Merkmale in die Clusteranalyse aufnimmt, bekommt man entsprechende multidimensionale Clustergeometrien. Dann muß allerdings eine gemischte Betrachtung von Produkt- und Prozeßkriterien erfolgen. Nur wenn die Cluster überschneidungsfrei sind, lassen sich Marktsegmente mit Anforderungen eliminieren, die mit dem Leistungspotential des Unternehmens nicht bedient werden können. Oder aber die Segmente werden eliminiert, weil sie kein attraktives Marktvolumen oder keinen attraktiven Gewinn versprechen. Bei der weiteren Differenzierung der Cluster müssen gegebenenfalls auch qualitative Daten berücksichtigt werden.

Eine *Faktorenanalyse* (Sinclair/Stalling 1990, S. 37) kann eingesetzt werden, um mehrdimensionale Käuferforderungen und Wünsche zu analysieren. Das heißt, den Zusammenhang (Korrelation) zwischen Käuferanforderungen zu bestimmen und deren Hauptkomponenten (die zentralen Anforderungen und Wünsche) zu selektieren. Dadurch lassen sich die Anzahl der Marktanforderungen (Merkmale) und deren Ausprägungen (auch Benchmarks) reduzieren.

Bei Markt- und Benchmarking-Analysen kann es erforderlich sein, aus einer stark aggregierten Produktbewertung die Bedeutung einzelner Forderungen und Wünsche der Kunden abzuleiten. Das kann gegebenenfalls mit Hilfe einer *Conjoint-Analyse* (Fletcher 1988, S. 25 ff.) geschehen. Dies ist immer dann erforderlich, wenn die erhobenen Daten die Forderungen F_z und Wünsche W_z der Kunden nicht in der Form beschreiben, wie sie im Pflichtenheft zur technischen Spezifizierung aufgeführt werden müssen. Linde und Hill (Linde/Hill 1993, S. 89) bezeichnen das Problem als den Unterschied zwischen Zielgrößen der Kundenanforderung (ökonomisch-technologische Effektivitätsfaktoren) und technischen Führungsgrößen (technologisch-technische, technisch-physikalische und technisch-geometrische Parameter) im Pflichtenheft. Nach Meffert dient die Conjoint-Analyse dazu "..., daß die empirisch erhobene Präferenz (abhängige Variable) für ein komplexes Beurteilungsobjekt in merkmalspezifische Teilpräferenzbeträge (Teilnutzenwerte) zerlegt werden kann" (Meffert 1992, S. 325).

Wenn eine Kundengruppe angibt, daß sie mit einem Fahrzeug in einer bestimmten Zeit von A nach B fahren möchte, ist das eine Eigenschaft E_z (Zielgröße). Daraus kann man allerdings nicht direkt ableiten, daß ein Fahrzeug mit $F_z =$ *100 kW* Leistung (Führungsgröße) und einer Beschleunigung von *0 km/h* auf *100 km/h* in *12 Sekunden* (Führungsgröße) gefordert ist. Erst wenn man quantitative Daten über das Fahrverhalten der potentiellen Kunden erhebt, kann man aus einer Conjoint-Analyse Führungsgrößen (Forderungen F_z und Wünsche W_z) für das Pflichtenheft (Projektheft) ableiten und spezifizieren. Dafür brauchen die Kunden nicht zu wissen, daß die Leistung von Motoren in *kW* gemessen wird und daß die von ihnen geforderten Fahrleistungen *100 KW* entsprechen. Die Führungsgrößen und deren Merkmalsausprägungen müssen mit Benchmarks abgeglichen werden.

Eine Präzisierung der Produktspezifikation (Projektheft beziehungsweise Pflichtenheft) kann mit Hilfe der Conjoint-Analyse erreicht werden, indem man die potentiellen Kunden verschiedene Produkte (Prototypen oder Konzepte) anhand von deren Eigenschaften bewerten läßt. So können jeweils unterschiedliche Kombinationen von Führungsgrößen (Forderungen und Wünsche) aus den technischen Konzepten abgeleitet werden. Für die Interpretation der Ergebnisse und deren Umsetzung im Pflichtenheft sind sowohl technische als auch statistische und kaufmännische Analysefähigkeiten erforderlich, so daß Teamarbeit unerläßlich ist.

3 Die Wahl geeigneter Benchmarks b_n als Referenzgrößen für die Ziele Z_n hängt von der Ausrichtung der Marktsegmente ab. Dabei sind bei der produktorientierten Abgrenzung von Segmenten Referenzwerte für vergleichbare Produktanforderungen (best-engineering) erforderlich. Bei der prozeßorientierten Segmentabgrenzung sind die Referenzwerte für vergleichbare Prozeßabläufe (best-practice) maßgebend.

4 Die Wahl geeigneter zweidimensionaler Produkt- und Prozeßsegmente wird in der Regel auf der Basis des erwarteten Marktanteils (Umsatz) und des prognostizierten Gewinns erfolgen. Dann wird man prüfen, ob die Produkt- und Prozeßanforderungen in den attraktiven Marktsegmenten erfüllt werden können. Wenn man eine Nischenstrategie verfolgt, können das auch Marktsegmente mit niedriger Umsatzprognose und relativ hohen Gewinnaussichten sein.

2.5 Modellierung und Simulation für Produkte und Prozesse

2.5.1 Bedeutung von Modellierung und Simulation im Integrierten Produktlebenszyklus

Simulation (Domschke/Drexl 1991, S. 198 ff.) ist eine numerische Methode, bei der die Eigenschaften eines Produktes oder eines Prozesses mit Hilfe eines Modells prognostiziert oder nachgebildet werden. Durch die heutige Leistungsfähigkeit der Rechentechnik hat die Simulation eine praktische Bedeutung erhalten, die in den nächsten Jahren noch zunehmen wird.

Bei jeder Art von Simulation muß zunächst ein Modell des Simulationsobjektes vorliegen. Es gilt, daß die Simulationsergebnisse immer von der Güte (Abbildungsgenauigkeit) des Modells abhängen. Bei Produkten handelt es sich um technische Systeme. Diese müssen durch ein Produktmodell abgebildet werden. Dabei muß zwischen der *Gestaltung* eines neuen technischen Systems, das in Serie gefertigt werden soll, und der *Kombination* von Komponenten zu einem technischen System unterschieden werden. Beim Anlagenbau ist die Kombination von Komponenten vorherrschend. Bei der Simulation in der Entwicklung muß bereits eine Lösungsalternative oder eine simulationsfähige Teilkomponente als Plan vorliegen, damit die Komponente als Modell (Funktionsmuster oder Fertigungsmuster) abgebildet werden kann. Im Anlagenbau müssen Teilmodelle der Anlagenkomponenten vorliegen, um ein Modell der Gesamtanlage erstellen zu können.

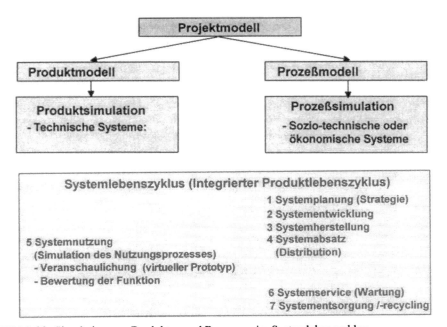

Bild 2-20: Simulation von Produkten und Prozessen im Systemlebenszyklus

2 Grundlagen des Integrierten Benchmarking

Es kann zwischen der Simulation für Produkte und der Simulation von Entwicklungsprozessen unterschieden werden. Simulation für Produktentwicklungsprojekte (Projektmanagementsoftware (Webb 1994, S. 356 f.)) kann für die folgenden Systemlebensphasen eingesetzt werden: Systemplanung, Systementwicklung, Systemherstellung, Systemabsatz (Distribution), Systemnutzung, Systemservice oder Systementsorgung beziehungsweise Systemrecycling eines Produktes.

Wie Bild 2-20 verdeutlicht, kann die virtuelle Produktsimulation die Grundlage eines Benchmarking-Vergleichs mit externen Gesamt- oder Teilreferenzlösungen (Referenzmodellen) bilden. Die Rechnersimulation von Produktfunktionen liefert dabei Leistungsdaten, wie sie sonst nur bei Messungen an Prototypen (Funktionsmustern) gewonnen werden können. Die Produktfunktion kann mit den reellen Eingangsgrößen des Nutzungsprozesses von potentiellen Kunden erfolgen. Da die Simulation die dynamischen Eigenschaften eines Produktes während seiner Anwendung abbildet, werden die Produktparameter im Pflichtenheft durch den dynamischen Nutzungsprozeß der Kundenzielgruppe bestimmt. Andererseits kann die Simulation eine Visualisierung alternativer Lösungen ermöglichen, so daß "virtuelle Designstudien" (Balasubramanian/Katzenbach 1995, S. 5) von den Käufern bewertet und mit virtuellen oder realen Benchmarking-Referenzen verglichen werden können.

Neben der Produktsimulation ist bei Entwicklungsprojekten auch die Simulation von Prozessen in soziotechnischen oder ökonomischen Systemen möglich. Dabei sollte der integrierte Lebenszyklus eines Produktes betrachtet werden. Voraussetzung der Prozeßsimulation ist, daß ein Prozeßmodell vorhanden ist. Die Probleme bezüglich der Strukturierbarkeit, Vollständigkeit, Präzision, Aktualität und Flexibilität eines solchen Modells können allerdings viel komplexer sein, als bei den Modellen von technischen Systemen. Bei den mathematischen Modellen, die der Prozeßsimulation zugrunde liegen, können in der Praxis immer nur endlich viele Randbedingungen (Nebenbedingungen und Restriktionen) berücksichtigt werden. Die Randbedingungen sind niemals vollständig bekannt.

2.5.2 Modellierung und Simulation von Produkten

Bild 2-21 verdeutlicht die Simulation von Produkteigenschaften während des Lösungsfindungsprozesses. Man geht von einer *Anforderungsliste* aus, die sich am Nutzungsprozeß im gewählten Kundensegment und an den Benchmarks von Referenzlösungen orientiert. Auf dieser Basis werden Gesamt- oder Teillösungsvarianten generiert. Im *Simulationsmodell* werden die statischen Eigenschaften der Lösungsvarianten abgebildet. Eine Benchmarking-Studie kann Referenzlösungen oder Referenzmodelle liefern. Die beste Gesamtreferenz B_{nBest} (Ausprägungen der besten Gesamtlösung) oder die besten Einzelreferenzen b_{nbest} (Ausprägung pro Bewertungskriterium) können mit den Simulationsergebnissen der eigenen Lösungsvarianten verglichen werden. Auf der Basis der Benchmarking-Referenzen kann eine Vorauswahl der besten Lösungsalternativen erfolgen. Dafür läßt sich ein formaler Bewertungsprozeß durchführen (vgl. dazu Kapitel 3, Bild 3-16).

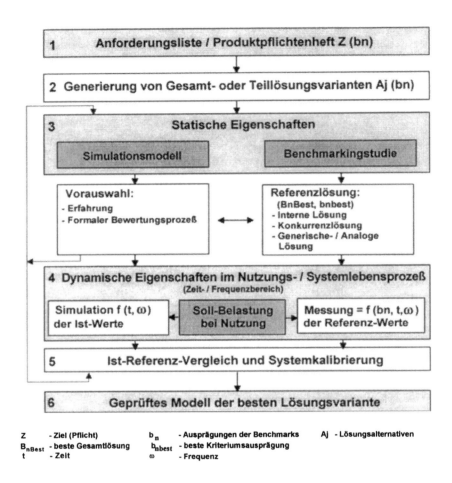

Bild 2-21: Simulation von Produkteigenschaften im Lösungsfindungsprozeß

Die *numerische Produktsimulation* erfolgt im Zeitbereich oder im Frequenzbereich unter Anwendung von Fourier-, Laplace- oder Z-Transformationen (Küpfmüller/Bosse 1984, S. 502 ff.). Dabei wird der Nutzungsprozeß des Käufers oder der gesamte Systemlebenszyklus (integrierter Produktlebenszyklus) im Zeit- oder Frequenzbereich abgebildet und mit den Nutzungseigenschaften einer realen oder virtuellen Lösung verglichen. Sollbelastungen werden dem Produktlösungsmodell als Input vorgegeben. Die simulierten Ist-Werte (Output-Werte) werden mit den Werten von Referenzlösungen verglichen, die der gleichen Sollbelastung ausgesetzt wurden. So erhält man eine Bewertung des Produktmodells. Die Eigenschaften des Modells können nun angepaßt beziehungsweise kalibriert werden.

Auf diese Weise kann der Bau mehrerer Prototypen (Funktionsmuster) eingespart werden und man braucht nur eine Lösungsvariante zu realisieren. Qualitativer Kundennutzen (qualitative Kriterien) muß separat analysiert werden.

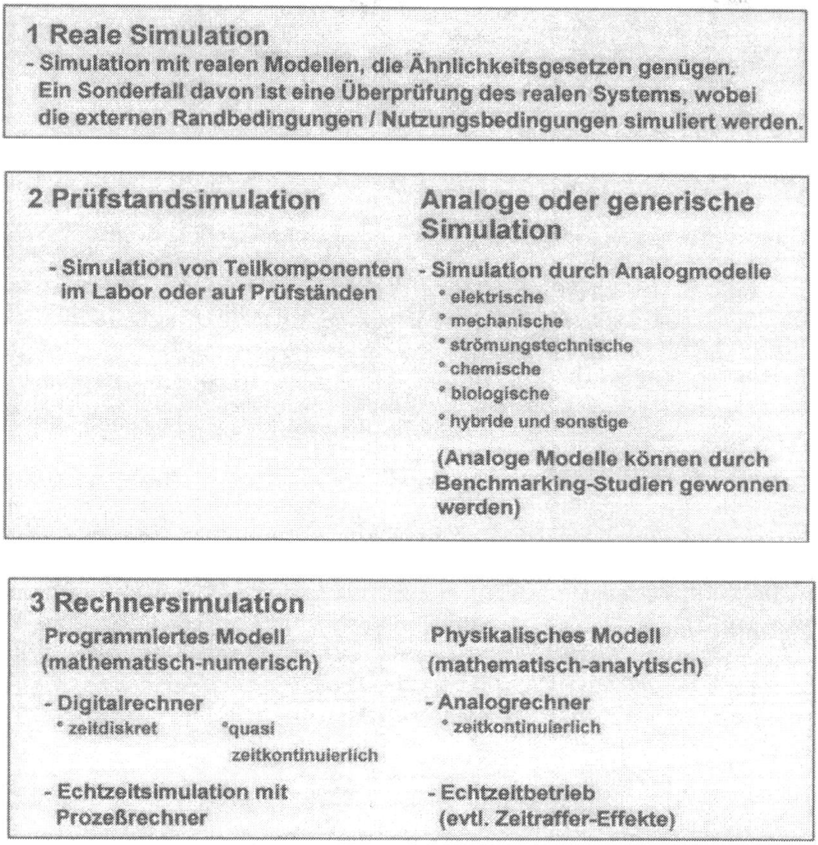

2 Grundlagen des Integrierten Benchmarking

1 Reale Simulation
- Simulation mit realen Modellen, die Ähnlichkeitsgesetzen genügen.
Ein Sonderfall davon ist eine Überprüfung des realen Systems, wobei die externen Randbedingungen / Nutzungsbedingungen simuliert werden.

2 Prüfstandsimulation

- Simulation von Teilkomponenten im Labor oder auf Prüfständen

Analoge oder generische Simulation

- Simulation durch Analogmodelle
  * elektrische
  * mechanische
  * strömungstechnische
  * chemische
  * biologische
  * hybride und sonstige

(Analoge Modelle können durch Benchmarking-Studien gewonnen werden)

3 Rechnersimulation

Programmiertes Modell
(mathematisch-numerisch)

- Digitalrechner
  * zeitdiskret   *quasi
                  zeitkontinuierlich

- Echtzeitsimulation mit Prozeßrechner

Physikalisches Modell
(mathematisch-analytisch)

- Analogrechner
  * zeitkontinuierlich

- Echtzeitbetrieb
  (evtl. Zeitraffer-Effekte)

Bild 2-22: Verfahren für die Simulation von Produkten und Teillösungen
Quelle: in Anlehnung an Birkhofer/Costa: VDI Berichte-1215. Düsseldorf: VDI-Verlag, 1995, S. 303-312

Bild 2-22 zeigt die Verfahren für die Produkt- und Teillösungssimulation nach der Einteilung von Birkhofer (Birkhofer/Costa 1995, S. 304):

1 Die *reale Simulation* beruht auf Ähnlichkeitsgesetzen (Gerhard 1971, S. 2). Beispielsweise kann man die Flugeigenschaften eines großen Flugzeugs mit den Flugeigenschaften eines maßstäblich kleineren Vorläufermodells simulieren.

2 Die *Prüfstandsimulation* simuliert Teilkomponenten, die nicht real existieren, an den Schnittstellen einer bereits als Prototyp existierenden Komponente. Die analoge beziehungsweise generische Simulation bedient sich realer Referenzlösungen, die durch Benchmarking-Studien gewonnen werden können. Dabei müssen zwischen der gesuchten Lösung und der realen Referenzlösung elektrische, mechanische, strömungstechnische, chemische, biologische, hybride (Bsp.: elektromechanische Lösungen) oder andere Analogiearten bestehen.

3 Die *Rechnersimulation* (Pahl/Beitz 1993, S. 685 ff.) kann Modelle verwenden, bei denen ein mathematisch-numerisches Produktmodell (Bauert 1991) durch ein Softwareprogramm für Digitalrechner abgebildet wird. Bei der digitalen Simulation ist das Zeitverhalten des Modells diskret. Die Genauigkeit der Ergebnisse ist von der Taktfrequenz des Rechners (Abtasttheorem) und somit von dessen Rechengeschwindigkeit abhängig. Ein physikalisches Modell (Palmer/Shapiro 1993), das dem Nutzungsprozeß der Kunden angepaßt ist, kann ein Abbild des Input-/Outputverhaltens einer Produktlösung sein. Das ist zum Beispiel mit einem Analogrechner möglich. Analoge Simulationsmodelle sind zeitkontinuierliche Analogrechner. Das macht bei langen Nutzungsperioden wie etwa der Simulation des Dauerverschleißverhaltens einer Lösung Zeitraffereffekte erforderlich. Durch Benchmarking-Informationen können Informationen über das Dauerverschleißverhalten von Materialien gewonnen werden. In diesem Fall ist eventuell keine eigene Simulation erforderlich. Benchmarking kann Referenzen für Simulationen liefern und eigene Simulationen ersetzen.

2.5.3 Modellierung und Simulation von Prozessen

Die heutigen Prozeßmodelle sind noch nicht ausgereift und flexibel genug, um allen Ansprüchen der Planung, Durchführung und Kontrolle gerecht zu werden. Die Modellentwicklung und Modellpflege verursachen oft einen Aufwand, der den Nutzen einer Modellanwendung übersteigt. Probleme sind vor allem, eine realitätsgetreue Abbildung der endogenen Prozeßstruktur und eine Prognose der exogenen Rahmenbedingungen (Entwicklung der Nachfragemenge und der Beschaffungspreise) zu gewährleisten. Falls der Nutzen in einem vertretbaren Verhältnis zum Aufwand steht, kann der Entwicklungsprozeß durch den Einsatz von Projektplanungssoftware formalisiert werden. Vorgänge sind dann in der Regel leichter strukturier- und vergleichbar. Durch die Anwendung von CAD-Software entstehen zwangsläufig leichter zu analysierende Entwicklungsprozesse. Der Entwickler muß bestimmte Abläufe einhalten, um die Software überhaupt anwenden zu können. Daraus kann gegebenenfalls ein simultaner Ansatz für die Produkt- und Prozeßoptimierung entstehen. Pahl (Pahl 1990, S. 276) stellt allerdings fest, daß Wissenssysteme (Expertensysteme (Mockler/Dologite 1988, S. 97)), Simulationssysteme und die Akquisition von Faktenwissen, zu der auch Benchmarking gehört, die methodische Ausbildung der Kaufleute und Techniker nicht ersetzen kann. Die Referenzquellen und Datenverarbeitungssysteme dokumentieren nur bereits bekannte Bestlösungen für Produkte. Das nötige Methodenwissen zur praktischen Lösungsumsetzung und zur Lösungsverbesserung kann nicht ausschließlich aus Fakten und Beispielen erlernt werden.

In der Praxis ist es schwierig, Prozesse als Modelle abzubilden (Davenport 1993, S. 149), die überschaubar, bewertbar und vergleichbar sind, ohne daß durch grobe Vereinfachungen Informationsverluste entstehen. Dennoch sind bereits viele Prozeßmodelle bekannt, die unterschiedliche Stärken und Schwächen aufweisen.

2 Grundlagen des Integrierten Benchmarking

Tabelle 2-7: Eigenschaften von Modellkonzepten für Prozesse

	Prozeßmodelle						
	Davenport (Davenport 1993)	Eversheim (Eversheim 1995A)	Ferstl / Sinz (Ferstl/Sinz 1992)	Hammer (Hammer 1994)	Harrington (Harrington 1991)	Österle (Österle 1995)	Scheer (Scheer 1994)
Benchmarking	möglich	nicht möglich	möglich	möglich	integriert	möglich	möglich
Allgemeine Vorteile	universell anwendbar		weit verbreitet (für externe Vergleiche)	universell anwendbar	unterstützt Benchmarking	unterstützt die systematische Neugestaltung von Prozessen (alle Branchen)	universell anwendbar, weit verbreitet (für externe Vergleiche)
Allgemeine Nachteile		Benchmarking noch nicht integriert					Referenzmodelle existieren zur Zeit nur für Industriebetriebe
Unterstützt Neuaufbau einer Organisation	Neugestaltung und Re-design	nur Re-design	Neugestaltung und Re-design	Neugestaltung und Re-design	nur Re-design	Neugestaltung und Re-design	nur Re-design
Unterstützt Ablauf- und Aufbauorganisation	beide Formen	beide Formen	beide Formen	beide Formen	Ablauforganisation bedingt Aufbauorganisation	beide Formen	beide Formen
Generierung von Lösungsideen für Schwachstellen	Beispiele	Analysetechniken	Referenzmodell	Checkliste, Beispiele	Checkliste, Analysetechniken, Beispiele	Checkliste, Analysetechniken, Beispiele	Referenzmodell
Modellumfang	Unternehmen	Unternehmen	einzelne Teilprozesse	Unternehmen	einzelne Funktionsbereiche	Geschäftsfeld (Kombination aus Produkt u. Leistungen)	Unternehmen
Prozeßumfang	wenige Kernprozesse		Alle Prozesse eines Unternehmens	wenige Kernprozesse	Alle Prozesse eines Unternehmens	wenige Kernprozesse	Alle Prozesse eines Unternehmens
Kennzahlengenauigkeit - Ist-Größe - Soll-Größe	grob grob	detailliert detailliert	detailliert	grob grob	detailliert detailliert	grob detailliert	grob detailliert
Unterstützt - Top down - Bottom up	Top down	Bottom up	Kombination aus beiden	Top down	Bottom up	Top down	Bottom up
Software tools			Proplan (nur zum Zeichnen der Prozeßpläne)	SOM-CASE-Tool für die Modellierung			ARIS-Toolset
Modelltyp	Ablaufpläne	Netzpläne, SA	SA, ERM	keine Angaben	Ablaufpläne, Datenflußpläne	Ablaufpläne	Funktionsbaum, ERM, Organigramm

Quelle: in Anlehnung an Hess/Brecht: State of the Art des Business Process Redesign. Wiesbaden: Gabler, 1996, S. 109 ff.

Beispiele für Prozeßmodellkonzepte, die zur Prozeßmodellierung oder zur Prozeßsimulation eingesetzt werden können, sind in Tabelle 2-7 zu finden. Der Darstellung können Vor- und Nachteile der Modelle entnommen werden. Ein wesentliches Kriterium für Prozeßmodelle und Prozeßsoftware ist, wie flexibel die Modelle angepaßt und verändert werden können. Prinzipiell sind alle aufgeführten Modelle auch zur Modellierung von F&E-Prozessen geeignet, obwohl sie ursprünglich meistens für Produktions- und Logistikprozesse konzipiert wurden. Vorteil der Anwendung von Modellen beim Neuaufbau einer Organisation ist allgemein, daß eine geordnete Prozeßstruktur vorgegeben werden kann. Bei der Prozeßanalyse muß demgegenüber eine vorhandene Struktur abgebildet und verbessert werden. In der Regel kann für die eingegebenen Soll-Größen und Prozeßparameter auch eine Rechnersimulation (Prognose, Schätzung) der zu erwartenden Ist-Größen erfolgen. Einige der Konzepte in Tabelle 2-7 verwenden Referenzmodelle, die in einer Modelldatenbank gespeichert werden. Falls die gleichen Modelle auch von potentiellen Benchmarking-Partnern verwendet werden, können Modelle ein externes Benchmarking unterstützen. Allerdings ist man in diesem Fall unbedingt auf eine partnerschaftliche Zusammenarbeit angewiesen, da ein umfangreicher Austausch von Daten und Know-how erfolgen muß. Ein Hersteller für Unterhaltungselektronik könnte z. B. bei der Optimierung des Entwicklungsprozesses für elektronische Schaltungen mit einem Hersteller für industrielle Regelungstechnik kooperieren.

Tabelle 2-8: Grundmodelle und Planungsmethoden zur Strukturierung von Prozessen

	Kurzform	Erklärung
Einfache Beziehungsmodelle	ERM (Scheer 1994, S. 28 ff.)	Entity Relationship Model (Beziehungen zwischen Objekten)
Hierarchische Beziehungsmodelle	SERM (Krallmann 1994, S. 193 ff.)	Structured Entity Relationship Model
	SA (Balzert 1992, S. 111 ff.)	Structured Analysis
	SADT (Childe 1995, S. 196)	System Analysis and Design Technique
	OOA (Krallmann 1994, S. 111 ff.)	Objektorientierte Analyse / Klassenbildung
Netzmodelle	Petri-Netz (Lehner 1991, S. 287 ff.)	dynamische Abbildung von Daten und Kontrollflüssen
	PERT (Domschke 1991, S. 82 ff.)	Program Evaluation and Review Technique
	CPM, MPM (ebenda)	Critical Path Method, Metra Potential Method
Ablaufpläne	PAP (Lehner 1991, S. 273)	Programmablaufplan
	Struktogramm (ebenda S. 274 ff.)	Nassi-Shneiderman Diagramm
Zeitpläne	Gantt (Domschke 1991, S. 96 ff.)	Balkendiagramm

2 Grundlagen des Integrierten Benchmarking

Tabelle 2-8 zeigt die wichtigsten theoretischen Grundmodelle und Planungsmethoden, die den meisten Prozeßmodellkonzepten zugrunde liegen. Daneben sind noch weitere spezielle Prozeßmodelle wie etwa das IEM (Integrated Enterprise Modeling) (Popp/Kruse/Schalch o. J., S. 1 ff.; Jochem/Schwermer o. J., S. 3 ff.) oder das PPO (Product Process Organisation Model) (Rolstadas 1995, S. 160 f.) bekannt. Auch diese Modelle bauen auf den gleichen theoretischen Grundmodellen auf. Die meisten Modelle arbeiten mit Objekten (Produkten), Aufträgen (Aktionen oder Aktivitäten) und Ressourcen (Lager oder Lieferanten). Aufträge sind interne Aufträge für eine geforderte Aktion oder Aktivität. Durch eine Aktivität werden die Objekte und die Ressourcenbestände verändert. Alle Modelle arbeiten mit Input- und Output-Größen und deren Beziehungen untereinander.

Bild 2-23 liefert ein Beispiel für die Eigenanalyse eines F&E-Prozesses mit Hilfe eines einfachen Ablaufmodelles (PAP). Wenn alternative Referenzmodelle für Prozesse vorliegen, dann läßt sich ein Benchmarking-Vergleich der Abläufe und eine Schwachstellenanalyse durchführen:

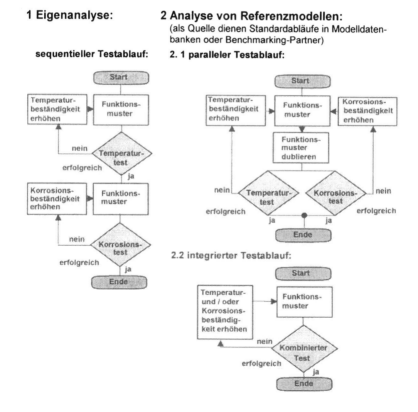

Beispiel für die Analyse der Funktionsmusterprüfung in der Konstruktion

Bild 2-23: Benchmarking-Vergleich von Prozessen am Beispiel von Programmablaufplänen (PAP)

Vorteile können analog Bild 2-23 auch schon durch die systematische Analyse des eigenen Testverlaufs (sequentieller Prozeß) erzielt werden. Den Mitarbeitern eines Unternehmens ist eventuell nicht bewußt, welche Art von Testablauf geplant wurde oder welche Art von Ablauf sich bereits in der Entwicklungsabteilung etabliert hat. Im Beispiel hat ein Unternehmen ein sequentielles Testverfahren für die Temperatur und Korrosionsbeständigkeit seiner Funktionsmuster gewählt. Durch parallele Tests oder durch eine Integration der Tests auf der Basis neuer Meßtechnik, könnte der Ablauf gegebenenfalls rationalisiert werden. Ob Rationalisierungserfolge zu erwarten sind, kann überprüft werden, wenn ein Softwaretool vorhanden ist, welches eine Simulation der Testverfahren mit alternativen Referenzmodellen ermöglicht. Es könnten dann idealerweise der Zeitbedarf und die Kosten für unterschiedliche Modelle simuliert werden.

Es gibt bereits ein großes Angebot fertiger Softwaretools, die auch WFMS (Work-Flow-Management-Systeme) (Österle 1995, S. 172) genannt werden. Die Software erleichtert es, Modelle zu erstellen und Prozeßsimulationen durchzuführen. Beispiele dafür sind die Softwarepakete "Aris" (Krallmann 1994, S. 216 ff.), "PROPLAN" (Eversheim 1995, S. 101 f.) oder "MO^{2}GO" (Mertins/Jochem/Jäkel 1994, S. 479). Daneben gibt es Projektmanagementsoftware. Die Ablaufmodellierung der Projektsoftware basiert ebenfalls auf den theoretischen Grundmodellen und Planungsmethoden analog Tabelle 2-8.

Für rechnerunterstützte Produktkalkulationen (Kostenkalkulationen) auf der Basis von CAD werden zunehmend Simulationsmodelle eingesetzt. Es kommen bereits neuronale Netze (lernende Netzstrukturen) zum Einsatz, um Fertigungszeiten und Kosten in Abhängigkeit von Produktvarianten zu simulieren (Ehrlenspiel/ Schaal 1992, S. 409).

Es ist ein Wunschziel, ein Expertensystem (Radermacher 1989, S. 25 ff.; Franke/Mohnmeyer, S. 47 ff.) zu entwickeln, welches Benchmarking-Referenzen für technische Lösungen anbietet. Daneben sollte ein solches System eine integrierte Simulation der lösungsabhängigen Kosten, der notwendigen Entwicklungszeit, der technischen Funktion und des Prozeßablaufs ermöglichen (Krug/Schebasta 1995, S. 91 ff.). So ein Simulationssystem benötigte eine Produktdatenbank und eine Prozeßdatenbank für lösungsabhängige Prozesse und lösungsgenerierende Prozesse. Deren Aufbau und Wartung sind unter den derzeitigen Bedingungen nicht wirtschaftlich. Produkte und Produktkomponenten liegen oftmals bereits als CAD-Modelle vor, aber die CAD-Software ist nicht standardisiert. Deshalb kann ein gemeinsames Datenmodell für unterschiedliche Produktkomponenten nur mit spezieller Interfacesoftware realisiert werden. Zulieferer und Systemanbieter müßten für alle Einzelkomponenten standardisierte CAD-Modelle anbieten. Für standardisierbare Prozesse sind einige Referenzmodelle oder Case-Tools (vgl. die Modelle von Ferstl/Sinz (1992) und von Scheer (1994) in Tabelle 2-5) zur Schwachstellenanalyse verfügbar. Ob in der Praxis spezielle Case-Tools für F&E-Prozesse erhältlich sind und welche Unternehmen diese bereits anwenden oder weiterentwickeln, das muß für jedes Benchmarking-Projekt separat geprüft werden.

3 Anwendung des Integrierten Benchmarking im Produktentwicklungsprozeß

3.1 Methodische Ideenfindung und Lösungssuche mit Benchmarking

3.1.1 Kreativitätstechniken und Benchmarking bei der Lösungs- und Ideenfindung

Benchmarking ist eine Methode, die zur Generierung von Lösungsalternativen beitragen kann. In den folgenden drei Abschnitten wird gezeigt, wie weit kreative Prozesse und Kreativitätstechniken mit Benchmarking harmonieren, welche Rolle das Analogieprinzip bei der Suche nach generischen Lösungsalternativen spielt und wie bereits implementierte Lösungen übernommen werden können.

Kreativität und Kreativitätstechniken zur Ideenfindung bauen auf Wissen auf. Durch Benchmarking-Studien kann neues Wissen gewonnen werden. Kreativität ist die Grundlage und der Motor schöpferischer Arbeitsprozesse (Heinrich 1992, S. 57; Hönisch 1993, S. 295 ff.; Beitz 1985, S. 381 ff.). Kreative Prozesse sind Denkprozesse (Dörner 1994, S. 150 ff.; Ehrlenspiel 1987, S. 409 ff.; Hubka 1992, S. 28 f.), die im Kopf eines Problemlösers (Produktentwicklers) ablaufen.

Es gibt derzeit weltweit mehr als *100* Kreativitätstechniken, die zur Unterstützung kreativer Ideenfindungsprozesse eingesetzt werden (Geschka 1983, S. 169 ff.). Die Prinzipien des kreativen Denkens können auf die heuristischen Grundprinzipien Assoziieren, Strukturen übertragen, Abstrahieren, Variieren, Kombinieren und Aufgliedern zurückgeführt werden. Alle Kreativitätstechniken basieren auf diesen Grundfunktionen. Die Grundprinzipien des kreativen Denkens zählen ebenfalls zu den Basiselementen des methodischen Entwickelns und somit zu einem in das methodische Entwickeln integrierten Benchmarking. Auch beim generischen Benchmarking werden Strukturen eines Referenzobjektes als Lösung auf eine neue Problemstellung übertragen.

Kreativitätstechniken werden in der Regel im Team eingesetzt, damit sich die Mitarbeiter (Teammitglieder) gegenseitig zur Kreativität anregen. Es soll ein Verstärkungseffekt gegenüber der Summe der Leistungen einer gleichen Anzahl von Einzelpersonen erzielt werden. In der Praxis hat sich eine Gruppengröße von durchschnittlich *5* Teilnehmern (Problemlöser) (Schlicksupp 1977, S.154) bewährt. Der kreative Prozeß der "Ideen- und Lösungsfindung" ist selbst ein Teilprozeß der Produktentwicklung, der möglichst effektiv und strukturiert gestaltet werden sollte. In der Literatur findet man Meinungen, daß "Chaos" im Sinne einer Chaostheorie (Sinetar 1985, S. 57 ff.) und das Durchbrechen konventioneller Organisationsstrukturen eine notwendige Voraussetzung für Kreativität ist. Baker (Baker 1985, S. 105) hebt demgegenüber hervor, daß die methodische Erzeugung von Wissen (KE, Knowledge Engineering) in allen Disziplinen der Wissenschaft angewendet werden sollte. Das Benchmarking, das selbst zu den systematischen

Methoden der Lösungssuche gehört, eignet sich vorwiegend zur Unterstützung der systematischen und strukturierten Lösungssuche.

Nach Geschka ist eine "kreative Leistung eine Neukombination bekannten Wissens" (Geschka 1995; Schlicksupp 1977, S. 34). Somit ist Kreativität eine schöpferische Tätigkeit (Aktivität) auf der Basis von Referenzwissen. Da Benchmarking Referenzwissen generiert (Graf/Bürgi 1985, S. 160 ff.), ist es naheliegend zu untersuchen, ob Kreativitätstechniken auf der Basis von Benchmarking-Referenzen angewendet werden können. Das heißt, es ist zu prüfen, ob sich suboptimale Lösungen durch Kreativitätstechniken verbessern lassen. Bei einer Benchmarking-Studie müssen begrenzte Suchräume selektiert werden. Bild 3-1 verdeutlicht, daß sich Benchmarking-Studien immer auf einen Teilbereich des Lösungsraumes beschränken. Dabei tritt dann immer die Frage auf, ob die angestrebte innovative Neulösung auf einem "kreativen Pfad" der Lösungsverbesserung erreicht werden kann. Dabei muß beachtet werden, daß Kriterien korrelieren (die Achsen des Lösungsraumes sind nicht orthogonal). Außerdem kann die gesuchte neue Lösung (Zielausprägungen z_n) gegebenenfalls nicht aus einer Referenzlösung (lokale Bestlösung B_x) synthetisiert werden. In der Praxis können ausschließlich Teilbereiche des Lösungsraumes systematisch analysiert werden.

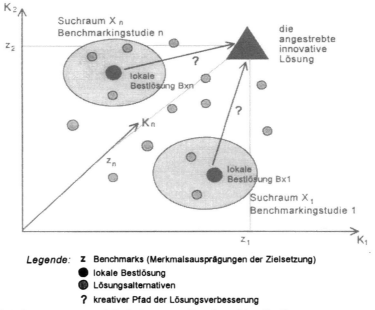

Legende: z Benchmarks (Merkmalsausprägungen der Zielsetzung)
● lokale Bestlösung
◉ Lösungsalternativen
? kreativer Pfad der Lösungsverbesserung

Bild 3-1: Lösungsraum und Suchräume von Benchmarking-Studien

Auch die Suche nach Referenzlösungen ist ein Prozeß, der Kreativität erfordert. Da Referenzlösungen auf angewandtem Wissen basieren, ist die Kenntnis von Referenzlösungen prinzipiell eine günstige Voraussetzung für kreative Prozesse. Allerdings hängt das davon ab, ob Referenzwissen mit kreativen Prozessen aktiviert und weiterverarbeitet werden kann. Es ist in jedem Einzelfall zu prüfen, welches zusätzliche Wissen erforderlich ist, um Referenzlösungen zu adaptieren und durch Kreativitätstechniken zu verbessern. Referenzwissen darf kreative Prozesse nicht beschränken.

In Bild 3-2 sind ausgesuchte Kreativitätstechniken vertikal in systematisch-analytische und in intuitionsverstärkende Methoden eingeteilt worden. Horizontal wird zwischen einer Variation der Problemstellung durch Assoziation/Abwandlung und der Konfrontationstechnik differenziert:

Kreativitäts-förderung durch	Ideen auslösendes Prinzip	
	Assoziation / Abwandlung	Konfrontation
Systematisch-analytisches Konzept	1 Methoden der systematischen Abwandlung ° Morphologisches Tableau ° Modifizierende Morphologie (Attribute Listing) ° Progressive Abstraktion	2 Methoden der systematischen Konfrontation ° Morphologische Matrix ° TILMAG ° Systematische Reizobjektermittlung
Verstärkung der Intuition	3 Methoden der intuitiven Assoziation Brainstorming-Methoden ° Klassisches Brainstorming ° Schwachstellen-Brainstorming ° Parallel-Brainstorming Brainwriting-Methoden ° Ringtauschtechnik (Methode 6-3-5) ° Brainwriting Pool ° Kartenumlauftechnik ° Galerie-Methode ° Ideen-Delphi ° Ideen-Notizbuch-Austausch	4 Methoden der intuitiven Konfrontation ° Reizwortanalyse ° Exkursionssynektik ° Visuelle Konfrontation in der Gruppe ° Bildmappen-Brainwriting ° Semantische Intuition

Bild 3-2: Klassifizierung ausgesuchter Kreativitätstechniken
Quelle: nach Geschka 1986

1 Die Methoden der systematischen Abwandlung beruhen im wesentlichen auf dem morphologischen Prinzip nach Zwicky (Zwicky 1966). In tabellarischer Form werden entweder Lösungsalternativen oder lösungsbeschreibende Attribute aufgelistet. Attribute werden zum Beispiel beim "Attribute Listing" (Backhaus 1992, S. 244) von Crawford verwendet. Unabhängig davon können mit Hilfe von morphologischen Tabellen vorhandene Lösungen systematisch in Frage gestellt werden, um von einer Basislösung schrittweise zu besseren Lösungen zu gelangen. Die Methode der "Progressiven Abstraktion" von Geschka (Schlicksupp 1977, S. 66 f.) beruht auf diesem Prinzip. Die Methoden der Assoziation und Abwand-

lung eignen sich prinzipiell dazu, Referenzlösungen des Benchmarking weiterzuentwickeln. Das gilt besonders für das Benchmarking in der Produktentwicklung. Die systematische Produktentwicklung und das methodische Konstruieren beruhen selbst auf dem morphologischen Prinzip. Methoden der systematischen Abwandlung können deshalb relativ einfach in das methodische Entwickeln integriert werden. Neben den Benchmarking-Lösungen sollten weitere durch Kreativitätstechniken entwickelte Lösungen berücksichtigt werden. Verfolgt man diesen Weg, dann beschränkt man sich nicht nur auf den Suchraum (Lösungsraum) von Benchmarking-Studien.

2 Systematische Konfrontationsmethoden beruhen auf der provozierenden Gegenüberstellung von Lösungen oder Reizobjekten. Die Reizobjekte können in einer morphologischen Matrix mit dem Ziel aufgelistet werden, schöpferische Anregungen zu erzeugen. Die "TILMAG-Methode" (Schlicksupp 1977, S. 108 ff.) (Transformation idealer Lösungselemente durch Matrizen der Assoziations- und Gemeinsamkeitsbildung) von Schlicksupp basiert auf der Konfrontation mit Analogien. Schlicksupp unterscheidet direkte Analogien (beispielsweise aus der Natur oder Technik), persönliche Analogien (Identifikationen) und symbolische Analogien (Kontradiktionen). Diese drei Analogiebeziehungen (Analogiearten) werden bei der TILMAG-Methode auf entsprechenden Ebenen hergestellt. Benchmarking beruht in seiner höchsten Form auf der Suche nach generischen Prinzipien. Generische Prinzipien sind Prinzipien mit analoger Struktur. Deshalb kann eine Konfrontation mit Benchmarking-Referenzen die TILMAG-Methode unterstützen. Außerdem können Benchmarking-Referenzen gegebenenfalls als Reizobjekte dienen. Reizobjekte können Lösungsideen durch Konfrontation induzieren.

3 Die Methoden der intuitiven Assoziation (Linde/Mohr/Neumann 1994, S. 77 f.) verstärken Intuitionen durch Assoziation und Abwandlung. Sie lassen sich nach Brainstorming- und Brainwriting-Methoden unterteilen. Das klassische Brainstorming geht auf Osborn zurück (Osborn 1963, S. 151 ff.). Für die Teamsitzungen gelten dabei vier feste Regeln. Kritik an den Ideen anderer Teilnehmer muß in der Anfangsphase der Ideenfindung ausgeschlossen werden. Alle Ideen sollten zunächst gesammelt werden. Die Ideen anderer Teilnehmer müssen weiterentwickelt werden. Die Phantasie der Teilnehmer soll nicht beschränkt werden, und es sollen möglichst viele Ideen in einem kurzen Zeitraum erzeugt werden. Die Brainwriting-Methoden basieren im wesentlichen auf Ringtauschtechniken. Bei der "Methode 6-3-5" von Rohrbach (Rohrbach 1971, S. 25 ff.) tragen sechs Teilnehmer jeweils drei Ideen in matrixartige Formulare ein. Durch Ringtausch werden die Formulare in fünf Zyklen zwischen den Teilnehmern ausgetauscht. Die Teammitglieder regt man durch die Notizen der anderen Problemlöser zur Weiterentwicklung von Ideen oder zu neuen Ideen an. Abwandlungen und Verbesserungen der Brainwriting-Methode sind der "Brainwriting Pool" und die "Kartenumlauftechnik". Weiterführende Brainwriting-Methoden wie das "Ideen-Delphi" (Backhaus 1992, S. 244) enthalten neue Elemente. Beim Ideen-Delphi werden Elemente der Delphimethode (Delphistudien, Expertenbefragungen) integriert. Benchmarking-

Informationen können im Einzelfall intuitive Assoziationen auslösen. Eine systematische Verbindung zwischen Benchmarking und den Methoden der intuitiven Assoziation ist kaum möglich.

4 Die Methoden der intuitiven Konfrontation basieren auf der Konfrontation des Problemlösers mit Objekten. Das können zum Beispiel Substantive (Begriffe, Reizworte) oder Bilder (Geschka 1994, S. 151 ff.) sein. Eine Grundlage der intuitiven Methoden ist die von Gordon entwickelte "Synektik" (Gordon 1969, S. 34 ff.). Bei den gewählten Hilfsobjekten (Hilfsmitteln) ist die Beziehung zu der gesuchten Lösung nicht offensichtlich, da die Hilfsobjekte anders strukturiert sein können als das Problem. Ein Hilfsobjekt, welches wie bei der "Reizwortmethode" durch einen Begriff gekennzeichnet wird, ist in der Regel keine Beschreibung der gesuchten Lösung. Ein natürliches oder ein durch den Menschen geschaffenes Objekt kann jedoch eine oder mehrere Eigenschaften haben, aus denen sich mittels Intuition Lösungen für ein Problem ableiten lassen. Inspiration durch die zufällige, indirekte Konfrontation mit lösungsunabhängigen Objekten kann durch den Informationsbeschaffungsprozeß des Benchmarking gefördert werden. Die Methode des Benchmarking ist auf die direkte Suche nach analogen (generischen) Lösungen ausgerichtet. Deshalb ist Benchmarking nicht kompatibel mit dem Prinzip der indirekten Lösungssuche mittels Hilfsobjekten.

Kreativitätsförderung oder Lösungsraumbeschränkung?	Ideen auslösendes Prinzip	
	Assoziation / Abwandlung	Konfrontation
Systematisch-analytisches Konzept	1 Systematische Abwandlung ° Systematische Abstraktion, Adaption und Abwandlung von Referenzlösungen	2 Systematische Konfrontation ° Systematische Konfrontation mit analogen (generischen) Referenzlösungen
	Benchmarking-Referenzen lassen sich gegebenenfalls mit Kreativitätstechniken abwandeln und anpassen	
Verstärkung der Intuition	3 Intuitive Assoziation ° Intuition (zufällige) bei der Suche nach Benchmarking-Informationen	4 Intuitive Konfrontation ° Inspiration durch die zufällige Konfrontation mit Hilfsobjekten (Eigenschaften) bei der Suche nach Benchmarking-Informationen

Bild 3-3: Kreativität und Benchmarking-Referenzlösungen
Quelle: in Anlehnung an Bild 3-2

Entsprechend Bild 3-3 kann zusammenfassend festgestellt werden: Im Bereich der systematisch-analytischen Methoden ist eine Kombination von Benchmarking und Kreativitätstechniken möglich. Die Gefahr, frühzeitig von suboptimalen Referenzlösungen "eingefangen" zu werden, ist bei den Methoden der Assoziation, Abwandlung und Anpassung geringer als bei der Konfrontation mit analogen Lösungen. Sie ist dann besonders groß, wenn sich analoge Lösungen mit geringem Anpassungsaufwand kopieren lassen. Die Aufgabe wird in der Regel nicht zufriedenstellend gelöst, wenn keine Alternativen geprüft werden.

Die Suche nach Lösungen analog Bild 3-4 erfolgt aufbauend auf Kroeber-Riel (Kroeber-Riel 1992, S. 45 ff., S. 218 ff.; Silverman 1985, S. 151) durch kognitive Prozesse, die durch eine Einzelperson oder durch die Mitglieder einer Gruppe von Problemlösern (Produkt- oder Prozeßentwicklungsteam) vorangetrieben werden.

1 Am Anfang kognitiver Prozesse steht das Aufnehmen von Informationen über ein Objekt. Damit der kognitive Prozeß ablaufen kann, müssen externe Referenzinformationen und internes Referenzwissen zur Verfügung stehen. Dabei werden die Sensoren (Venkatraman/Price 1990, S. 293) zur Informationsaufnahme durch Aufmerksamkeit erregende Reize des Objektes (der objektbeschreibenden Informationen) aktiviert.

2 Von den Problemlösern müssen solche Sachverhalte (Objektausprägungen) erkannt werden, die für das zu lösende Problem Bestlösungen sind oder die zu dessen Lösung beitragen. Problemlöser müssen kreativ sein, um neue Informationen erkennen (rezipieren) zu können. Außerdem müssen die beteiligten Personen bereits über Referenzwissen verfügen, um die Informationen verstehen (dekodieren) zu können. Referenzwissen ist Faktenwissen und Methodenwissen (Vorgehensweisen, Abläufe, Prozesse). Neue Informationen können mit schon bekanntem Referenzwissen zu neuem Referenzwissen kombiniert (ergänzt) werden (Krause/Müller/Sommerfeld 1994, S. 89 ff.). Die Beziehung zwischen "Kreativität" und der Erkenntnis von "Neuem" sowie dessen Verarbeitung zu "neuem Referenzwissen" beruht auf Erkenntnisprozessen (schöpferisches Moment). Die Erkenntnistheorie (Irrgang 1993) beschäftigt sich mit kognitiven Prozessen.

Der Suchraum (vgl. Bild 3-1) für "neue Lösungen" kann durch einen Grobfilter (eine Grobbewertung) beschränkt werden. Dadurch soll der Suchaufwand begrenzt werden. Kriterien zur Grobbewertung dienen zur Differenzierung zwischen neuen (kreativen) Lösungsalternativen. Deshalb müssen die Kriterien aus den Eigenschaften der zu bewertenden Objekte abgeleitet werden. Sowohl die Grobbewertung, die während der Lösungssuche erfolgt, als auch die nachgeschaltete Feinbewertung sind selbst keine kreativen (schöpferischen) Prozesse. Bewertungsprozesse enthalten keine kreativen Elemente, da sie die zu bewertenden Objekte nicht verändern dürfen. Aber Bewertungsergebnisse und Informationen, die der Bewertung dienen, können neue Kreativität induzieren.

3 Die formale Bewertung (Feinbewertung) besteht aus dem Vergleich (der Messung) der Merkmalsausprägungen eines wahrgenommenen (neuen) Objektes mit bekanntem Wissen (Referenzwissen). Der Problemlöser setzt die Merkmalsausprägungen des Objektes mit seinem bisherigen Wertesystem (Referenzwissen) in Beziehung. Anders als im kognitiven Modell von Kroeber-Riel (Kroeber-Riel 1992, S. 45 ff., S. 218 ff.) wird die formale Bewertung entsprechend Bild 3-4 nicht als Bestandteil der Wahrnehmung betrachtet. Die formale Bewertung wird

als eigenständiger, nachgeschalteter Schritt behandelt. Auch beim Standardablauf des methodischen Entwickelns werden die Lösungssuche (Lösungserkenntnis) und die Bewertung getrennt durchgeführt.

4 Auf der Basis der Bewertungsergebnisse entscheidet der Problemlöser (das Kreativitätsteam), ob die neuen Erkenntnisse eine geeignete Lösung für die Problemstellung sind.

5 Wenn die Erkenntnisse dem Ziel dienen, dann wird der Sachverhalt erlernt (Hill 1994, S. 40 ff.). Das heißt, der oder die Problemlöser speichern den neuen Sachverhalt im menschlichen Gehirn ab oder archivieren ihn in einem externen, künstlichen Speichermedium. Das können auch Notizen, Datenbanken oder Karteien sein. Es kann auch Wissen abgespeichert werden, das zwar nicht zur Lösung des aktuellen Problems beiträgt, welches aber hinsichtlich anderer Aufgaben für wichtig gehalten wird.

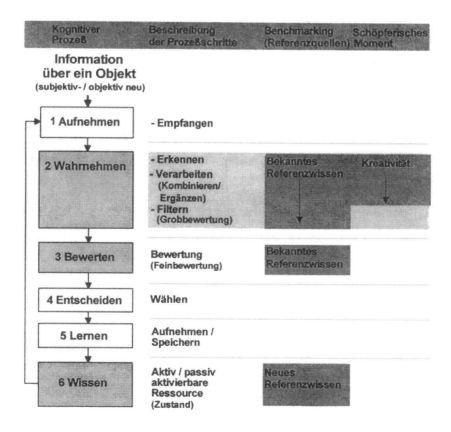

Wissen ist die Basis für die Gewinnung von neuem Wissen!
Bild 3-4: Kreativität und Referenzwissen als Basis kognitiver Prozesse

6 Der gespeicherte Sachverhalt ist Wissen (neues Referenzwissen). Darauf kann als Bewertungsreferenz zugegriffen werden. Das Referenzwissen kann aber auch durch Kreativität zur Lösung von weiteren Problemen aktiviert werden.

Kreativität und Referenzwissen sind wesentliche Bestandteile von kognitiven Prozessen. Äußere Anstöße für die Wahrnehmung neuer Informationen können durch internes oder durch externes Benchmarking geliefert werden. Kognitive Prozesse sind wie Benchmarking-Prozesse kontinuierliche Prozesse der Wissensgenerierung. *Wissen ist die Basis für die Gewinnung von neuem Wissen.*

Kreativität ist bei der Lösungssuche ebenso wichtig wie Referenzwissen (Methodenwissen und Faktenwissen). Methodenwissen ist im Sinne des Benchmarking die Kenntnis von Objektstrukturen (Systemzusammenhängen) und Abläufen (Prozessen). Faktenwissen besteht aus Kriterien sowie deren Ausprägungsbereich (Wertebereich) und deren Benchmarks (Bestausprägungen) für Objekteigenschaften. Durch Methoden und Fakten lassen sich Objekte klassifizieren und gestalten. Durch kreative (schöpferische) Denkprozesse wird das "*Wahrgenommene*" verarbeitet und bezüglich der Problemstellung angepaßt, aufbereitet und vervollständigt. Die Bewertung und Selektion der "*Ergebnisse*" von Denkprozessen setzt die Kenntnis von internem und externem Referenzwissen (Maßstäbe) voraus. Problemlöser müssen Erkenntnisse akzeptieren, damit sie diese als neues Referenzwissen speichern.

3.1.2 Analogien als Basis für generische Produkt- und Prozeßlösungen

"Analogie ist die gedankliche Herstellung von Beziehungen zwischen mindestens zwei Objekten [dem Ziel und einem bereits gelösten Problem]. Diese Beziehungen beruhen auf der Übereinstimmung der Objekte in mindestens einem Merkmal bei gleichzeitigem Vorhandensein unterschiedlicher Merkmale. Die Beziehungen können einen Namen erhalten, der entweder aus den betrachteten Objekten oder Merkmalen abgeleitet oder aber neu definiert ist. Der Name ist ein Oberbegriff bezüglich seines Begriffsinhaltes und charakterisiert die für die Analogiebetrachtung relevanten Merkmale. Die Einführung und Anwendung eines Oberbegriffes ist immer verbunden mit der Bildung einer Analogie" (Vömel 1979, S. 31).

Benchmarking beruht auf dem *Analogieprinzip*. Auf der höchsten Stufe, dem generischen Benchmarking, versucht man, analoge Lösungen für ein Problem zu finden und diese Lösungen zu übertragen und anzupassen. Der Begriff *"generisch"* kann verwendet werden, wenn bei einer neu zu lösenden Aufgabe (Ziel, Problemstellung) und einer Aufgabe, für die es bereits eine Referenzlösung gibt, gleichartige Grundstrukturen (Problemstrukturen) existieren. Die Gleichartigkeit der Grundstruktur der Probleme muß so beschaffen sein, daß sich die Grundstruktur einer bekannten Referenzlösung auf die Lösung des neuen Problems übertragen (vererben) und anpassen läßt. Es gilt somit, daß generische Strukturen substituierbar sein müssen.

Analogien lassen sich nach der Definition von Vömel nicht auf identische Objekte ausdehnen, da bei identischen Objekten alle Merkmalsausprägungen über-

3 Integriertes Benchmarking im Produktentwicklungsprozeß

einstimmen. Lösungsvererbung kann demnach bei zwei identischen Problemen nicht stattfinden, da sie bereits übereinstimmen. Wenn eine komplette Lösung übernommen wird, dann ist das ein *"Kopieren"* einer Referenzlösung. Es handelt sich hierbei um eine *"Imitation"*, bei der alle Merkmale gleich sind. Anzustrebende Bestlösungen sind demgegenüber Lösungen, die ihre Referenzen hinsichtlich möglichst vieler Merkmalsausprägungen übertreffen.

Eine neue Aufgabenstellung (ein Ziel) und eine Referenzlösung, die ursprünglich eine andere Aufgabe erfüllte, müssen eine generische Struktur aufweisen. Nur dann läßt sich aus der Struktur der Referenzlösung eine Lösung für die neue Aufgabe ableiten. Bei generischen Strukturen müssen entweder eine Aufbauanalogie, eine Ablaufanalogie oder beide Analogieformen vorliegen. "Organisatorische Analogien" stimmen demnach mit "Strukturellen Analogien" überein. Die Existenz einer Analogie ist eine notwendige Voraussetzung für eine generische Übereinstimmung. Analogien zwischen einzelnen Merkmalen sind aber keine hinreichende Voraussetzung für das Benchmarking, da nur strukturelle Analogien eine generische Übertragung von Lösungen ermöglichen. Generische Lösungsübertragung ist die Vererbung struktureller Analogien.

Bei der Suche nach Benchmarking-Referenzen wird man zunächst immer nach Analogien suchen und dann prüfen müssen, ob eine strukturelle, generische Analogie zwischen Objekt (Bezugsobjekt) und Referenzobjekt vorliegt. Das Bezugsobjekt für die Strukturanalyse ist immer das zu lösende Problem und das somit daraus abgeleitete Ziel. Voraussetzung für Analogiebetrachtungen ist der Vergleich von Zielobjekt und möglichen Referenzobjekten auf abstrakter Ebene (Müller 1990, S. 156). Der Begriff der "strukturell analogen Lösung" kann als Synonym für den Begriff "generische Lösung" verwendet werden.

Alle physikalischen Produktfunktionen und alle physikalisch beschreibbaren Funktionen von Prozessen (Entwicklungsprozessen) lassen sich analog Bild 3-5 mit einer Kombination aus Symbolen für zwölf physikalische Grundfunktionen darstellen (Pahl/Beitz 1993, S. 44). Das "kleine *s*" an einigen der Grundfunktionen deutet an, daß es sich um steuerbare Funktionen handelt. Produkte erfüllen Funktionen in Nutzenprozessen. Managementprozesse und Entwicklungsprozesse lassen sich in Verrichtungen oder Aktivitäten untergliedern, die wiederum Funktionen erfüllen. Analogien zwischen den technischen Gebrauchsfunktionen eines Produktes und zwischen physikalischen Referenzvorgängen lassen sich durch abstrakte Symbole darstellen. Auf die gleiche Weise lassen sich Analogien zwischen den Funktionen von Produktentwicklungsprozessen oder sonstigen Prozessen und geeigneten Referenzabläufen darstellen. Mit der Funktion *Leiten* kann zum Beispiel das Leiten eines elektrischen Stromes, das Leiten von Wasser in einer Wasserleitung, das Transportieren eines Maschinenteils zwischen zwei Fertigungsinseln, aber auch das Weiterleiten einer Nachricht zwischen zwei Sachbearbeitern symbolisiert werden. Viele Funktionen, die nicht physikalischer Natur sind, können ebenfalls durch die betrachteten Symbole dargestellt werden.

118   3 Integriertes Benchmarking im Produktentwicklungsprozeß

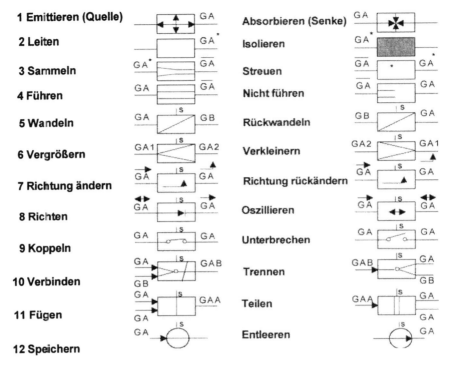

s - steuerbare Funktionen

Bild 3-5: Physikalische Grundfunktionen zur Analyse funktionaler Analogien bei Produkten oder bei Prozessen
Quelle: in Anlehnung an Koller: VDI-Berichte Nr. 219. VDI-Verlag, 1974, S. 26

Wenn man Probleme (Aufgaben, Ziele) analog Bild 3-5 in abstrakte Teilfunktionen zerlegt, dann lassen sich strukturelle Analogien leichter erkennen. Die Abstraktion kann durch die bereits in Abschnitt 2.5 betrachteten Modelle für Produkte und Prozesse unterstützt werden. Neue, bisher unbekannte Kombinationen (Ausprägungen) von Grundfunktionen (Referenzfunktionen) sind auch durch Benchmarking zu gewinnen.

Tabelle 3-1 zeigt die Analogien zwischen Treiber- und Flußvariablen bei physikalisch-technischen Systemen und bei Managementsystemen. Das Produkt aus den Fluß- und den Treibervariablen ist eine Meßgröße für die vollbrachte (erzeugte) Leistung (zwei Ausnahmen sind in der Tabelle 3-1 gekennzeichnet). Treibervariablen sind bei mechanischen Systemen Kräfte oder Drehmomente, bei elektrischen Systemen Spannungen, bei strömungstechnischen Systemen Drücke, bei thermodynamischen Systemen Temperaturen und bei chemischen Prozessen chemische Potentiale. Bei Managementsystemen ist die Treibervariable die Motivation der Mitarbeiter, die Prozesse (Abläufe) planen, durchführen und kontrollieren. Wenn die Treibervariable als eine von außen in das System eingeprägte Größe betrachtet wird, dann ergeben sich bei mechanischen Systemen Geschwindigkeiten

ten oder Winkelgeschwindigkeiten, bei elektrischen Systemen das Fließen eines elektrischen Stromes, bei strömungstechnischen Systemen eine Flußrate für eine flüssige oder gasförmige Substanz, bei thermodynamischen Systemen eine Temperaturflußrate und bei chemischen Prozessen eine Moleflußrate. Bei Managementsystemen resultiert daraus die Arbeitsgeschwindigkeit (Ablaufgeschwindigkeit), mit der Prozesse (Abläufe) geplant, durchgeführt und kontrolliert werden.

Tabelle 3-1: Analogien zwischen Treiber- und Flußvariablen bei technischen Systemen und bei Managementsystemen

Art der Leistungs-übertragung	**Treibervariable** (Effort)	**Flußvariable** (Flow)
Mechanische Translation	Kraft, *F*	Geschwindigkeit, *v*
Mechanische Rotation	Drehmoment, *M*	Winkelgeschwindigkeit, *ω*
Elektrisch	Spannung, *U*	Strom, *I*
Strömungstechnisch	Druck, *P*	Flußrate, *Q*
Thermodynamisch*	Temperatur, *T*	Temperaturflußrate, *θ*
Chemisch	Chemisches Potential, *μ*	Moleflußrate, *ñ*
Prozeß (Ablauf)* (Produktentwicklungsprozeß)	Motivation	Arbeitsgeschwindigkeit (Ablaufgeschwindigkeit)

* Bei Thermodynamischen Systemen und bei Prozessen (Abläufen) handelt es sich um Pseudovariable, da ihre Produkte keine Leistungsparameter sind.

Quelle: in Anlehnung an Finkelstein 1975, S. 2

In Tabelle 3-2 sind Analogiearten und Beispiele für deren Objektmerkmale aufgeführt. Sie gelten zum großen Teil auch für Benchmarking-Objekte. Die Analogien werden anhand identischer und unterschiedlicher Merkmale von Objekten beschrieben. Grundsätzlich eignen sich alle Analogietypen für Referenzvergleiche auf der Basis von Benchmarking. Die wichtigsten Analogiearten werden im folgenden entsprechend der Tabelle erläutert.

1 Strukturelle beziehungsweise *organisatorische Analogien* lassen sich in Aufbauanalogien (Unterpunkt 1.1 des Bildes) und Ablaufanalogien (Unterpunkt 1.2 des Bildes) beziehungsweise Prozeßanalogien untergliedern. Wenn strukturelle Analogien übertragen werden können, dann sind sie die Basis generischer (vererblicher) Analogien. Bei der *Aufbauanalogie* zwischen zwei Objekten können die Beziehungen und Abhängigkeiten der Subsysteme gleich sein. Die Aufgaben der Systeme und die Reihenfolge von einzelnen Verrichtungen und Ereignissen können unterschiedlich sein. Bei der *Ablaufanalogie* zwischen zwei Objekten können die Beziehungen und Abhängigkeiten zwischen Verrichtungen und Ereignissen gleich sein. Die Aufgaben der Systeme, die Beziehungen und die Abhängigkeiten der Systemelemente können unterschiedlich sein.

2 Einer *strategischen Analogie* kann eine identische Vorgehensweise bei unterschiedlicher Zielsetzung (z.B. unterschiedliche Märkte/Produkte) zugrunde liegen. Dabei bedingt das Bestehen einer strategischen Analogie zwischen zwei Plänen in der Regel auch, daß organisatorische also strukturelle Analogien bestehen.

3 *Funktionale Analogien* basieren darauf, daß zwei Systeme (Objekte) einen identischen Output, das heißt, identische Ergebnisse oder Wirkungen erzielen. Die Struktur der Systeme oder die stoffliche und konstruktive Realisierung der Systemelemente kann aber völlig unterschiedlich sein. Managementfunktionen oder Abteilungen mit gleichen Aufgaben sind in der Lage, identische Ergebnisse zu liefern, aber die fachliche Qualifikation (Qualifikationsmix) der Mitarbeiter, die Zahl der beteiligten Personen und die zur Verfügung stehenden Hilfsmittel können unterschiedlich sein. Außerdem kann der Zeitraum, der zum Ausführen von zwei gleichartigen Funktionen benötigt wird, unterschiedlich lang sein.

4 *Mathematisch-physikalische Analogien* sind durch gleichartige mathematische Beschreibungen für unterschiedliche physikalische Effekte gekennzeichnet. Die analogen physikalischen Effekte können aus verschiedenen Teilgebieten der Physik, wie etwa der Mechanik, Quantenmechanik, Optik oder der Elektronik, stammen.

Ein Beispiel für mathematisch-physikalische Analogien ist in Bild 3-6 dargestellt. Ein Serienschwingkreis (Reihenschwingkreis) läßt sich als mechanisches und als elektrisches Modell abbilden. Wenn ein mechanischer Schwingkreis durch eine Kraft $F(t)$ anregt wird, beginnt er mit einer zeitabhängigen, translatorischen Geschwindigkeit von $v(t)$ zu schwingen. Wenn analog dazu in einem elektrischen Reihenschwingkreis eine Spannung $u(t)$ eingeprägt wird, beginnt ein zeitabhängiger Strom $i(t)$ zu fließen. Bild 3-6 zeigt die strukturellen Analogien zwischen der Anordnung der mechanischen und der elektrischen Schwingkreiselemente. Dabei entspricht das mechanische Dämpfungsglied (Stoßdämpfer) einem elektrischen Widerstand, die mechanische Masse einer elektrischen Spule und die Schraubenfeder einem Kondensator.

Das Aufstellen der Differentialgleichungen für die Impedanzen beider Systeme ermöglicht es, mathematisch-physikalische Analogien nachzuweisen. Durch Anwenden der Laplace Transformation kann man die Analogie zwischen den transformierten Größen der mechanischen und der elektrischen Impedanz verdeutlichen. Das Beispiel zeigt, daß Benchmarking und die Suche nach generischen Referenzen fast immer eine intensive Analyse des eigenen Problems (Objekts) voraussetzen, bevor man eine Analogiebeziehung herstellen kann. Das Finden einer elektrischen Analogie setzt in diesem Fall eine Analyse des mechanischen Ausgangsproblems voraus. Im Bereich der Suche nach technischen Prinzipanalogien liefert Koller (Koller/Kastrup 1994) einen Grundkatalog technischer Prinziplösungen. Im Bereich der Lösungssuche für Produkte beschreibt Roth (Roth 1994) die

Verwendung von Konstruktionskatalogen, aus denen Referenzlösungen entnommen werden können. Das Verwenden von Musterkatalogen oder von Expertensystemen für analoge Standardlösungen birgt allerdings immer die Gefahr, daß dort nicht enthaltene Lösungen überhaupt nicht wahrgenommen werden.

Tabelle 3-2: Analogiearten und Beispiele für Objektmerkmale

Analogien	Identische Merkmale von Objekten	Unterschiedliche Merkmale von Objekten
1 Strukturelle bzw. organisatorische Analogien		
1.1 Aufbauanalogie	Beziehungen und Abhängigkeiten der Systemelemente	- Aufgaben des Systems - Reihenfolge von Verrichtungen und Ereignissen
1.2 Ablaufanalogie oder Prozeßanalogie	Beziehungen und Abhängigkeiten der Verrichtungen und Ereignisse	- Aufgaben des Systems - Beziehungen und Abhängigkeiten der Systemelemente
2 Strategische Analogien	Geplante Vorgehensweise	Ziele
3 Funktionale Analogien (Funktionelle Analogien)	Funktion (Ergebnis) von Systemen ist gleich, wenn sie die gleiche Wirkung (den gleichen Output) erzielen	- Struktur der Systeme - Stoffliche und konstruktive Realisierung der Systemelemente
4 Mathematisch-physikalische Analogien	Struktur von Gleichungen und von physikalischen Effekten (vgl. Bild 3-6, Analogie von Differentialgleichungen)	Unterschiedliche Gebiete der Physik (z.B. mechanische, optische oder elektrische Effekte)
5 Interdisziplinäre Analogien	gleiche Problemklasse, Problemeinordnung anhand von Erfahrung (Wissen)	andere Randbedingungen z.B.: Bionik (Biologisch-technische Analogien)
6 Geometrische Analogien	Funktion	Äußere Form oder Gestalt (Design)
7 Arithmetische Analogien	z.B. Längenverhältnis von Bauwerken	z.B. Volumenverhältnis derselben Bauwerke
8 Philosophische oder religiöse Analogien	Gleichnisse oder Parabeln, gleiche Grundauffassung	Ereignisse
9 Polarisierende Analogien (Symbolische Analogien)	Gegenpol z.B.: +/- Pole	Gegensatz (polarisierend) z.B.: freundliche Räuber
10 Sprachliche Analogien	Zeichen- oder Lautfolge	Bedeutung/Semantik
11 Juristische Analogien	Anspruchsgrundlage	Unterschiedliche Details bei Rechtsfällen
12 Musikalische Analogien	Rhythmus/Takt	Melodie

5 *Interdisziplinäre Analogien* können durch analoge Problemklassen oder Problemstrukturen aus unterschiedlichen wissenschaftlichen Disziplinen gekennzeichnet sein. Die Randbedingungen der Basissysteme sind daher allerdings möglicherweise völlig unterschiedlich. Analogien dieser Art sind auch zwischen ökonomischen Prozessen und technischen Prozessen denkbar. Bei interdisziplinären Analogien wird unter Generic Algorithm (Krottmaier 1995, S. 58 f.) eine auf Mutations- und Selektionsregeln aufgebaute Vorgehensweise (Prozeß) verstanden. Dabei wird ein technisches System mit genetischen Modellen beschrieben, um es sodann mit Hilfe von biologischen Regeln zu optimieren. Biologische Analogien lassen sich zwar nicht direkt zu den in Tabelle 3-1 aufgeführten Treiber- und Flußvariablen in Beziehung setzen, biologische Systeme erlauben aber gegebenenfalls vielfältige Analogieschlüsse (Kerz 1987, S. 474 ff.; Henschke 1994, S. 413). Zum Beispiel lassen sich Strukturen biologischer Regelkreise mit technischen oder ökonomischen Regelsystemen vergleichen. Benchmarking-Analogien können auch zwischen unterschiedlichen Technologien und Verfahrensgebieten bestehen. Es können Analogien zwischen der Biologie (Bionik) (Hill 1993, S. 283 ff.) und der Mikromechanik existieren. Ein Fliegenauge kann als Vorbild für einen optischen Sensor dienen.

Das gleiche gilt auch für Managementprozesse. Der Logistikprozeß eines Eichhörnchens beim Anlegen von Wintervorräten ist im Spezialfall eine Prozeßanalogie zu Speicherprozessen in der Informatik oder zu Beschaffungs- und Lagerprozessen beim Prototypenbau. Best-practice ist bei Prozessen in der Natur und in der Unternehmenspraxis (Produktentwicklung) nicht nur das Verhalten, welches von anderen vorgegeben wird, sondern ist ein verbessertes generisches Prinzip (Transferleistung) auf der Basis von Benchmarking (Lernen) (Burgoyne 1994, S. 80 f.). Imitation reicht nicht aus, um Leistungsvorsprünge und Innovationen zu erzielen.

Alle beschriebenen Analogiearten können die Basis für generisch übertragbare Lösungen sein. Das ist zum Beispiel der Fall, wenn eine strategische Analogie auf einer strukturellen Analogie zwischen zwei Objekten beruht. Generisch übertragbare Strategien müssen demnach eine gleichartige Struktur haben. Bei einer integrierten Betrachtungsweise des Benchmarking können bei Hardwareprodukten Aufbauanalogien, bei Dienstleistungsprodukten Ablaufanalogien, bei Prozessen Ablaufanalogien sowie bei Strategien und Organisationen Aufbau- und Ablaufanalogien auftreten.

Ähnlichkeitsbetrachtungen (Gerhard 1971, S. 2 ff.) zwischen einem vorhandenen Lösungsmodell und den Anforderungen an eine neue Lösung sind Spezialfälle von Analogiebetrachtungen. Ähnlichkeitsgesetze erlauben das direkte Ableiten einer Lösung von einer Referenzlösung. Das basiert auf mathematischen Maßstabsanalogien. Ein großes Flugzeug kann ein ähnliches aerodynamisches Verhalten wie ein maßstäblich kleineres Vorläufermodell haben. Die Schritte bei der Produktentwicklung für einen Pkw-Motor können ähnlich sein wie die Entwicklungsschritte für einen Schiffsantrieb.

3 Integriertes Benchmarking im Produktentwicklungsprozeß

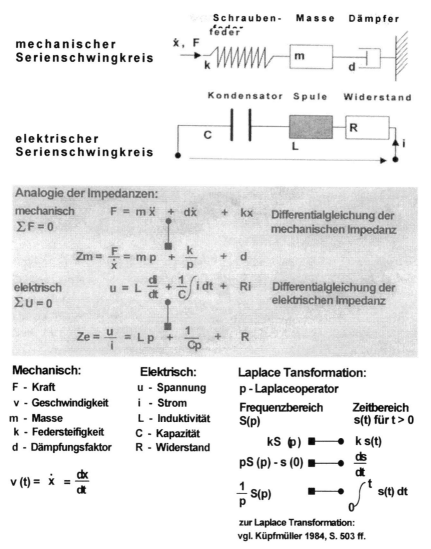

Bild 3-6: Der Serienschwingkreis als technisches Beispiel für mathematisch-physikalische Analogien

Tedmon stellt fest, daß Analogie- und Ähnlichkeitsbetrachtungen bei jeder Produktentwicklung angewendet werden sollten: "Es reicht nicht, in der Entwicklung befindliche Produkte mit den Besten der Welt zu vergleichen und gleichzuziehen. Dieses Benchmarking muß alle Technologieanwendungen einschließen. Wenn z.B. Räder für einen Hochgeschwindigkeitszug entwickelt werden, schaut sich ABB [es ist der Asea-Brown-Boveri-Konzern gemeint] auch die von Flugzeugen an, denn sie müssen größere Belastungen aushalten." (Ziegler 1995, S. 12).

3.1.3 Suche und Selektion von Bestlösungen auf der Basis selbst entwickelter und adaptierter Lösungsprinzipien für Produkte und Prozesse

Die Kenntnis von Referenzlösung ist eine Voraussetzung dafür, daß man eine systematische Lösungsauswahl treffen kann. Eine Adaption externer Lösungen sollte nur erfolgen, wenn man geprüft hat, daß man selbst keine bessere Lösung entwickeln kann. Es gibt zwei Möglichkeiten für die Suche und Auswahl von generischen Referenzprinzipien unter Einbeziehung eigener Lösungsalternativen:

1. Man kann mit Benchmarking-Studien nach fremden Referenzprinzipien suchen, die eine zum Problem (zur Aufgabenstruktur) analoge Struktur haben. Parallel dazu kann man eigene Lösungsprinzipien für das Problem entwickeln, wobei Kreativitätstechniken eingesetzt werden können. Die Lösungsprinzipien werden bewertet. Aus der Summe aller bekannten Lösungsprinzipien (Konzepte) wählt man das relativ beste Lösungsprinzip aus.
Die Struktur des Problems ist in diesem Fall die Ausgangsbasis für die Analogiebeziehung zu externen Lösungsprinzipien.

2. Man kann als ersten Schritt eigene Lösungsprinzipien für ein Problem entwickeln, wobei ebenfalls Kreativitätstechniken eingesetzt werden können. Anschließend ist es möglich, passend zu den eigenen Lösungsprinzipien fremde, analoge Referenzprinzipien zu suchen. Die Lösungsprinzipien werden bewertet. Aus der Summe aller bekannten Lösungsprinzipien wählt man das relativ beste Lösungsprinzip aus.
Die Struktur der eigenen Lösungsprinzipien ist in diesem Fall die Ausgangsbasis für die Analogiebeziehung zu externen Lösungsprinzipien.

---

1. Fall: **Die eigene Lösung wird beibehalten.** Die eigene Lösung ist besser als die beste Vergleichslösung und entspricht der Projektspezifikation.

2. Fall: **Die Vergleichslösung wird übernommen, falls die Schutzrechtslage es erlaubt.** Die beste Vergleichslösung ist besser als die eigene Lösungsvariante und entspricht der Projektspezifikation.

3. Fall: **Anpassung der eigenen Lösungsvariante oder der besten Vergleichslösungen an die geforderte Projektspezifikation:**

   3.1 Teile der besten Vergleichslösung lassen sich zur Verbesserung der eigenen Lösung integrieren.

   3.2 Teile anderer Vergleichslösungen lassen sich zur Verbesserung der eigenen Lösung integrieren.

   3.3 Teile der besten eigenen Lösung lassen sich zur Verbesserung der übernommenen Vergleichslösung integrieren.

   3.4 Teile anderer eigener Lösungsvorschläge lassen sich zur Verbesserung der übernommenen Vergleichslösung integrieren.

   3.5 Die Lösung läßt sich kreativ verbessern.

Tabelle 3-3: Entscheidungsfälle bei der Auswahl und Verbesserung von Lösungen

Bei der ersten Methode ist der Raum möglicher Lösungsprinzipien sowohl bei der kreativen Lösungssuche als auch bei der Suche nach Referenzlösungen theoretisch unbegrenzt. Bei der zweiten Methode hat man einen begrenzten Suchraum für Referenzlösungen, da er sich an der Struktur der eigenen Lösungsprinzipien orientiert. Vorteil dieser Methode ist, daß sich begrenzte Suchräume systematischer analysieren lassen. Die Fachkenntnisse der Problemlöser sind bezüglich eines solchen Teilraumes (Teilmenge der analogen Lösungsprinzipien) in der Regel besser. Bereits bei der "kreativen Lösungssuche" müssen sich die Problemlöser sehr intensiv mit den eigenen Basislösungen beschäftigen. Das entspricht der Eigenanalyse im Benchmarking-Prozeß. Solche Fachkenntnisse sind unbedingt erforderlich, um überhaupt die Bewertung alternativer Lösungen vornehmen zu können. Nachteil dieser Vorgehensweise ist, daß Suchräume auf der Basis begrenzter Erfahrung falsch plaziert werden können. Das tritt ein, wenn die eigenen Lösungsprinzipien bereits einen stark eingeschränkten Lösungsraum repräsentieren.

Tabelle 3-3 zeigt, daß es drei Entscheidungsfälle bei der Auswahl und Verbesserung von Lösungen gibt. Das gilt für Lösungsprinzipien auf generischer Ebene und für Lösungen auf der Ebene der Implementierung. Grundsätzlich müssen alle Lösungsvarianten der Projektspezifikation genügen.

Generisches Benchmarking ist die Suche nach Referenzlösungen auf abstrakter Ebene. Durch die Suche nach generischen Lösungen können bisher unbekannte Lösungspotentiale ausgeschöpft werden. Allerdings setzt generisches Benchmarking eine abstrakte Analyse der Problemstellung voraus. Dadurch ist man gezwungen, nicht nur nach implementierten Lösungen für ein spezielles Problem zu suchen, sondern auch nach generellen Lösungsprinzipien.

1 Die Suche nach generischen Lösungen setzt eine abstrakte Problemanalyse voraus.

2 Das Benchmarking beruht auf Referenzlösungen, die bereits implementiert sind.

3 Eine schlecht implementierte Lösung kann auf einem Prinzip beruhen, welches für die zu lösende Aufgabe eine Bestlösung darstellt. Generische Lösungsprinzipien werden durch diesen Umstand möglicherweise nicht wahrgenommen oder nicht erkannt (vgl. kognitiver Prozeß in Bild 3-4).

Daraus folgt: Der
    praktische Nutzen einer implementierten Lösung
    überlagert den
theoretischen Nutzen des Basisprinzips für ein analoges, aber andersartiges Problem.

Die Aufgabe besteht darin, sinnvolle Referenzlösungen zu erkennen, diese auf abstrakter Ebene zu analysieren und den dadurch entstehenden Aufwand zu minimieren.

Tabelle 3-4: Zentrales Problem des generischen Benchmarking bei der Suche nach analogen Bestlösungen

In der Praxis werden meistens implementierte Lösungen analog Tabelle 3-4 vorgefunden. Dabei kann eine schlecht implementierte Referenzlösung durchaus auf einem Prinzip beruhen, aus dem für das eigene (neue) Problem eine optimale Lösung abgeleitet werden könnte. Das Lösungsprinzip wird aber möglicherweise nicht als realisierbares Konzept wahrgenommen. Ein ungenügender praktischer Nutzen (Wirkungsgrad) einer schlecht implementierten Referenzlösung überlagert in diesem Fall den prinzipiellen Nutzen des Prinzips. Das heißt, die generelle Einsatzmöglichkeit für analoge aber andersartige Anwendungen kann nicht erkannt werden.

Aus diesen Betrachtungen wird deutlich, daß Benchmarking weit mehr als das Kopieren identischer Referenzlösungen ist, wenn generische Lösungsprinzipien auf neue Problemstellungen übertragen werden. Generisches Benchmarking setzt daher kognitive Fähigkeiten und Kreativität voraus. Wenn Problemlöser aus schlecht implementierten Lösungen auf sinnvolle Lösungsprinzipien für ein neues Problem schließen können, dann beherrschen sie die Anwendung des generischen Benchmarking. In der Praxis muß es gleichzeitig gelingen, den Aufwand der Lösungssuche zu minimieren.

3.2 Methodische Produktentwicklung mit Integriertem Benchmarking

3.2.1 Ziel der methodischen Produktentwicklung mit Integriertem Benchmarking

Das methodische Entwickeln ist analog VDI 2221 eine Methode, für deren Anwendung komplexe Aufgabenstellungen (Systeme) in überschaubare und möglichst leicht analysierbare Teilsysteme zerlegt werden (Pahl/Beitz 1993, S. 57 ff.; Beitz/Birkhofer/Pahl 1992, S. 392). Der in dieser VDI-Norm dargestellte Standardablauf kommt überwiegend im Maschinenbau und in der elektrotechnischen Industrie zur Anwendung. Bei der verfahrenstechnischen Prozeßentwicklung (verfahrenstechnischer Anlagenbau), bei der Produktionsprozeßentwicklung, bei der Softwareentwicklung und bei der Entwicklung chemischer oder biologischer Produkte gibt es spezielle Standardabläufe, auf die hier nicht exemplarisch eingegangen wird (vgl. Pleschak/Sabisch 1996, S. 159 ff.). Ebenso wie bei anderen methodisch aufgebauten Standardabläufen, wie sie auch von Kleinschmidt/Geschka/ Cooper (Kleinschmidt/Geschka/Cooper 1996, S. 51 ff.) in der industriellen Anwendung untersucht wurden, läßt sich das Benchmarking bei der Zieldefinition (Ableitung von Richtwerten), der Lösungssuche und der Lösungsbewertung in die VDI-Norm integrieren.

Das methodische Entwickeln basiert auf dem zuerst von Zwicky (Zwicky 1966, S. 114 ff.) beschriebenen Morphologieprinzip. Bei morphologischer Dekomposition zerlegt man komplexe Aufgabenstellungen (Gesamtsystem) in kleine, überschaubare Einheiten (Teilsysteme). Beim Produkt-Benchmarking ist eine Zerlegung von Produktzielen in Teilziele (Teilprobleme) erforderlich. Beim Prozeß-

Benchmarking ist die Zerlegung von Prozessen (Abläufen) in Teilprozesse notwendig.

Gestalten oder Konstruieren ist ein kreativer Prozeß, der im Mittelpunkt der Produktentwicklung von Unternehmen steht. Es ist das Ziel des methodischen Entwickelns, sowohl für einfache als auch für komplexe Aufgabenstellungen stets die einfachste und wirtschaftlichste technische Lösung zu finden, die alle Forderungen und Wünsche potentieller Kunden erfüllt. Für diese Lösung muß problembezogenes "best-engineering" bekannt sein und in der Regel ein Entwicklungsprozeß verwendet werden, der "best-practice" darstellt. Integriertes Benchmarking kann zur Suche nach zielkonformen Bestlösungen und zur optimalen Umsetzung von Lösungen beitragen.

3.2.2 Abstraktion, Dekomposition und Rekombination zur Suche nach Bestlösungen

Das morphologische Prinzip läßt sich zur Analyse bestehender Systeme oder bei der Planung neuer Systeme einsetzen (VDI 2222 o. J., S. 5). Bereits existierende Produkt- oder Prozeßsysteme haben eine Struktur. Diese muß analysiert werden, um die existierenden Teilkomponenten (Teilprodukte) oder Teilprozesse zu erkennen. Im Gegensatz dazu muß bei einem in der Planung befindlichen neuen Produkt- oder Prozeßsystem diesem eine möglichst optimale und leicht zu implementierende Struktur gegeben werden.

Es ist notwendig, eine abstrakte Betrachtung (Abstraktion) der Ziel- und Problemstellung vorzunehmen, um eine Dekomposition (Problemzerlegung) der Aufgabenstellung und eine Systemanalyse vornehmen zu können (Beitz 1988, S. 231). Für Produkte und Prozesse gibt es unterschiedliche Abgrenzungskriterien.

Bei der Abgrenzung (VDI 2222 o. J., S. 9 ff.; Finkelstein/Finkelstein 1983, S. 218 f.) von Teilkomponenten können bei Produkten unter anderem folgende Ansätze zur Systemstrukturierung gewählt werden.

Kriterien zur Strukturierung von Produktzielen beziehungsweise von Aufgaben:
- Funktionsstruktur (Gräßer 1981, S. 119) / Produktfunktionen (Modulbauweise)
- Physikalische, biologische oder chemische Grundaufgaben
- Mathematische Aufgabenmodelle (Finkelstein/Finkelstein, S. 218; Müller/Praß/Beitz 1992, S. 320 ff.) (z.B. die analoge oder digitale Signalverarbeitung mit Hardware oder Software)
- Räumliche Anordnung im geplanten Produkt (Wirkflächenstruktur)

Funktionsstrukturen sind die am häufigsten gewählten Dekompositionskriterien. Im Einzelfall kann es günstiger sein, andere Formen der Systemgliederung zu wählen. So kann bei der Entwicklung elektronischer Schaltungen ein mathematisches Modell zur Beschreibung einzelner Systemkomponenten (Analog- oder Digitalrechenglieder) verwendet werden (Tintelnot 1992, S. 26 ff.). In diesem Fall beschreiben mathematische Gleichungen die Übertragungsfunktion von Hardwarekomponenten. Die Elemente des mathematischen Modells, wie zum Beispiel ein Sinusgenerator als Hardwarekomponente für ein Sinusglied (Sinusfunktion des mathematischen Modells), können dann mit unterschiedlichen technischen Lösungsprinzipien realisiert werden. Ferner kann es sinnvoll sein, unterhalb einer Gliederung nach Funktionsstrukturen weitere Dekompositions- und Strukturierungsebenen zu wählen. Die tieferen Ebenen können anhand anderer Strukturierungskriterien abgegrenzt werden.

Bei der Strukturierung von Prozessen (Produktentwicklungsprozeß, sonstige Managementprozesse) können unter anderem folgende Abgrenzungskriterien verwendet werden (Watson 1994, S. 74 ff.).

Kriterien zur Strukturierung von Prozessen:
- Objektprinzip - Teilkomponenten des Produktzieles
  (müssen bereits bestimmt sein)
- Verrichtungs- oder Aktivitätsprinzip (anhand gleichartiger Verrichtungen)
- Geschäftsfelder
- Gleicher Anfangs- und Endzeitpunkt (Kohärenz)
- Fachliche Qualifikation (Chemie, Bauingenieurwesen, Maschinenbau, Elektrotechnik, kaufmännische Disziplinen, Informatik ...)
- Funktionsbereiche (Entwicklung, Marketing, Controlling ...)
- Technisches Herstellungsverfahren
  (Drehen, Fräsen, Löten, Destillieren, Softwareinstallation ...)
- Räumliche Anordnung/Standort (Gebäude, Werk, Inland/Ausland ...)
- Informationsflüsse (durch EDV vorgegeben, Kommunikation zwischen Mitarbeitern, Kommunikation mit Kunden, sonstige externe Kommunikation ...)
- Eingespielte Zusammenarbeit zwischen Mitarbeitern
  (traditionelle und gewachsene Strukturen)

Der anzustrebende Idealzustand für die Prozeßdekomposition ist eine funktionsübergreifende Unterteilung des Produktentwicklungsprozesses anhand der zuvor gewählten Teilkomponenten des Produktsystems (Objektprinzip). In diesem Fall sollte auch eine größtmögliche Zusammenarbeit zwischen den unterschiedlichen Disziplinen (insbesondere zwischen Kaufleuten und Technikern) sowie den Funktionen gewährleistet sein. Wenn die Abgrenzung der Teilprozesse den Teilkomponenten entspricht, ist die organisatorische Umsetzung des Projektes mit dem geringsten Koordinationsaufwand möglich. Unterhalb der Dekomposition nach Komponenten kann es sinnvoll sein, eine weitere Untergliederung nach den oben aufgeführten Kriterien vorzunehmen. Dabei ist das Verrichtungs- oder Aktivitätsprinzip eine Form der Strukturierung, welche die Prozeßplanung und die Prozeßanalyse mit Benchmarking vereinfacht. In der Praxis sind in Unternehmen aber oft traditionelle Strukturen und traditionell gewachsene Kooperationsnetze vorhanden, die nicht unberücksichtigt bleiben können. Vorteil bereits bestehender Strukturen sind die vorhandenen Erfahrungen mit den üblichen Abläufen, auch wenn traditionelle Verfahrensweisen (Krause/Müller/Sommerfeld 1994, S. 98) nicht unbedingt "best-practice" im Sinne des Benchmarking repräsentieren. Ein wesentlicher Nachteil gewachsener Strukturen ist, daß sich die Mitarbeiter häufig den notwendigen Veränderungen widersetzen (Ulrich/Fluri 1992, S. 206 f.). Deshalb muß Verständnis für die notwendigen Verbesserungen erzielt werden.

Bild 3-7 zeigt die Abstraktionsebene und die Realisationsebene bei der Produkt- oder der Prozeßentwicklung und deren hierarchische Verknüpfung (Rodenacker 1987, S. 255 ff.). Um eine Aufgabenstellung beziehungsweise ein Problem als System zu beschreiben, ist zunächst eine Abstraktion der Aufgabenstellung, das heißt ein Modell des Systems, erforderlich. Damit man den theoretischen Lösungsraum (die Lösungsmenge) für die Gesamtlösung und die Teillösungen nicht frühzeitig beschränkt, müßten die Teilkonzepte zunächst auf abstrakter Ebene formuliert werden. Dabei sollte noch keine konkrete Lösung (Detailgestaltung) entwickelt werden, sondern es sollten zunächst abstrakte Konzepte mit Hilfe von Benchmarking akquiriert, kombiniert, weiterentwickelt, verglichen und bewertet werden.

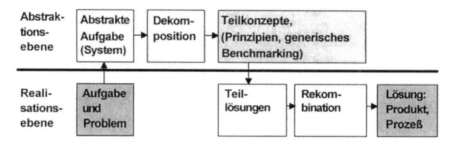

Bild 3-7: Die Abstraktionsebene und die Realisationsebene für die Systementwicklung mit Benchmarking

Für generische Konzepte können generische Benchmarking-Referenzen beziehungsweise analoge Benchmarking-Referenzen (abstrakte Prinziplösungen) gesucht werden. Das jeweils beste Teilkonzept kann durch Bewertung selektiert und in eine operative Lösung überführt werden (Ronkainen 1985, S. 99 ff.). Bei der Generierung von operativen Produkt- oder Prozeßlösungen ist Benchmarking dann wiederum eine wichtige Methode zur Akquisition von Detailwissen, zur Lösungsbewertung und zur Lösungsselektion. Von der Zielkonformität der verwendeten Benchmarking-Lösungen und Vergleichsgrößen (Benchmarks) hängt es ab, wie nahe die umgesetzte Lösung einer theoretischen Optimallösung kommt. Die Bewertung ist Grundlage für die Entscheidung zugunsten einer Lösung oder gegen eine Lösung. Der abschließende Schritt ist die Rekombination der besten Teillösungen beziehungsweise die Gestaltung einer Gesamtlösung für Produkte oder Prozesse.

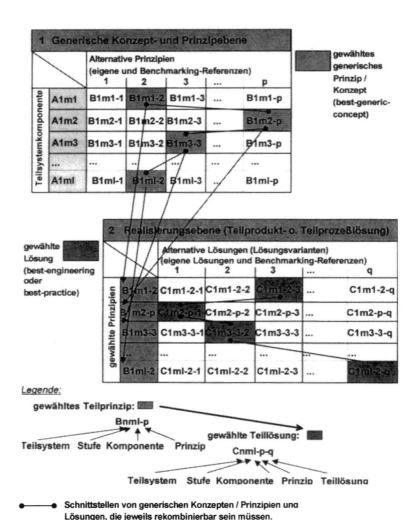

Bild 3-8: Anwendung des Morphologieprinzips bei der Konzept- und Lösungsgenerierung für Produkte oder Prozesse

Bild 3-8 zeigt die Verknüpfung der Konzept- und Prinzipebene mit der Realisierungsebene. Ziel ist es, aus den besten Teillösungen eine optimale Gesamtlösung zu rekombinieren. Zunächst wird die Aufgabe (Produkt oder Prozeß) gemäß Bild 3-7 in Teilaufgaben (Teilsysteme) zerlegt. Die Teilsysteme A_{nml} (Teilsystemkomponenten) beschreiben die Teilaufgaben auf der untersten Stufe.

1 Als erster Schritt werden für jede der abgegrenzten Teilsystemkomponenten bis zu p alternative Konzepte oder verschiedene Lösungsprinzipien gesucht. Es hängt vom Projektbudget ab, wie viele Konzepte man prüfen kann. Dabei ist zwischen

3 Integriertes Benchmarking im Produktentwicklungsprozeß

einer zu frühzeitigen Einengung des Lösungsraumes und einer übermäßigen Ausweitung abzuwägen (Fricke 1994, S. 187). Wenn eine zu große Menge an Informationen verarbeitet und verdichtet werden muß, nimmt die betriebswirtschaftliche Effizienz der F&E ab. Benchmarking-Referenzen sind eine mögliche Quelle für Konzepte und Prinzipien. Alle generischen Konzepte und Prinzipien, welche eine Basis für eine operative Lösung sein könnten, werden in eine morphologische Tabelle analog Bild 3-8 aufgenommen. Die Prinzipien werden anhand von Benchmarking-Kriterien bewertet und verglichen. Anschließend wählt man für jede Teilkomponente das erfolgversprechendste generische Prinzip (best-concept).

2 In einem zweiten Schritt sucht man auf der Basis der gewählten Prinzipien jeweils q praktische Lösungsvarianten. Dabei sind wiederum Benchmarking-Referenzen eine mögliche Quelle für praktische Teillösungen. Alle operativen Lösungsvarianten werden in die morphologische Tabelle aufgenommen. Die Lösungen werden anhand von Benchmarking-Kriterien bewertet und verglichen. Für jedes Teillösungsprinzip wird die erfolgversprechendste Produktlösung (best-engineering) oder Prozeßlösung (best-practice) gewählt.

Eine Trennung von Konzept- und Lösungsbewertung ist nicht immer einfach. Um anhand eines fertigen Produktes oder eines implementierten Prozesses auf darin enthaltene Prinzipien schließen zu können, muß eine Systemanalyse mit einem Abstraktionsschritt vorgenommen werden. Meistens müssen bereits implementierte Lösungen untersucht werden, um sie als Referenzen für Produkte oder Prozesse heranzuziehen. Aus diesen fertigen Lösungen muß das Lösungsprinzip (das generische Konzept) abgeleitet werden.

Die Rekombination von Teillösungen ist nur nutzbringend, wenn das Gesamtsystem optimal ist. Bei der Rekombination kann es sinnvoll sein, eine suboptimale Teillösung zu wählen, falls das hinsichtlich der Anforderungen an die Gesamtlösung günstiger ist. In der Konzeptphase für Produkte und Entwicklungsprozesse können meistens nicht alle Schnittstellenprobleme berücksichtigt werden, da der Informationsstand sich während des Projektes kontinuierlich verändert. Deshalb ist ständig zu prüfen, ob sich die gewählten Teilkomponenten zu einer anforderungsgerechten Gesamtlösung rekombinieren lassen.

Bild 3.9 zeigt die notwendigen Schritte einer Systemanalyse für die Produkt- und Prozeßentwicklung. Das Benchmarking ist als Prinzip- und Lösungslieferant sowie zur Bewertung und Auswahl der Teilprinzipien (Teilkonzepte), der Teillösungen und der Gesamtlösung beteiligt.

1 Das System oder die Aufgabe wird zunächst unter Beachtung von *top-down-* und *bottom-up*-Strategien in n-Teilsysteme A_n zerlegt. Für jedes Teilsystem sind p Prinziplösungen B_{np} denkbar.

2 Die Prinziplösungen sollten generisch übertragbare Lösungen sein. Sie können mit der Unterstützung von Benchmarking auf der Basis von Analogiebetrachtungen (Benchmarking-Analogien) gewonnen werden. Die besten analogen Prinziplösungen (Benchmarking-Lösungen) können nach Bild 3-9 auf der Basis von Benchmarking-Kriterien bewertet und ausgewählt werden.

3 Die besten generischen Prinziplösungen (Teilkonzepte) pro Teilsystem können eine Grundlage für bis zu q-Teillösungen (Varianten) $Cnpq$ sein. Varianten (Teillösungen) sind Lösungsprinzipien, die bereits im Detail ausgeführt und umgesetzt worden sind. Dabei können Varianten immaterielle Konzepte sein. Die Suche nach Lösungsvarianten auf der Basis von Lösungsprinzipien kann gleichermaßen durch Benchmarking unterstützt werden. Die Varianten (Teillösungen) müssen wiederum mit Hilfe von Benchmarking-Kriterien bewertet und ausgewählt werden.

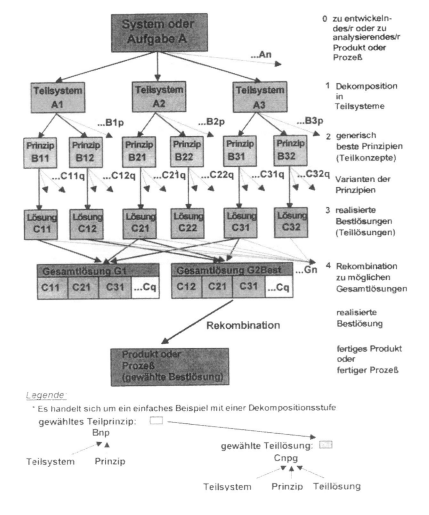

Bild 3-9: Entwicklung und Rekombination von Teillösungen bei der Produkt- oder Prozeßentwicklung

Wird eine identische Benchmarking-Lösung übernommen, dann wird kopiert beziehungsweise imitiert. Das gilt allerdings nicht, wenn durch die Kombination bekannter Teillösungen eine neuartige Gesamtlösung geschaffen wird.

4 Aus der Menge aller denkbaren und rekombinierbaren Teillösungen ($x = p \cdot q$) ist die beste Gesamtlösung zu ermitteln. Es kann wiederum mit Benchmarking-Kriterien bewertet werden, welche Gesamtlösung die beste Kombination von Teillösungen ist. Dabei ergibt sich ein besonderes Optimierungsproblem. Ein unterlegenes Prinzip B_{np} kann zu einer Teillösung C_{npq} führen, die separat betrachtet alternativen Teillösungen unterlegen ist. Als Bestandteil der Gesamtlösung G_{nBest} kann B_{np} aber die beste Variante sein. Deshalb werden in Bild 3-9 für jedes Teilsystem mehrere Prinzipien variiert und deren Rekombinationsmöglichkeit analysiert. Bei einer präzisen Schnittstellendefinition und einer optimalen Lösungsabgrenzung müßten sich alle Teillösungsvarianten beliebig rekombinieren lassen. In der Praxis harmonieren die Lösungen aber stets unterschiedlich gut miteinander.

Im Idealfall läßt sich ein Prinzip, wie zum Beispiel in Bild 3-8 B_{11Best}, direkt auswählen und in alternative Lösungsvarianten C_{11q} überführen. Alle übrigen Lösungsvarianten C_{1pq} würden somit frühzeitig eliminiert. Die Lösungsvarianten beruhten in diesem Fall jeweils nur auf einem Prinzip aus der Menge möglicher Prinzipien B_{np} pro Teilproblem. Das Beispiel verdeutlicht, daß man zwischen einer zu frühzeitigen Einschränkung des Lösungsraumes und einer beherrschbaren Zahl von Alternativen abwägen muß. Aus betriebswirtschaftlicher Sicht steigen mit der Zahl der untersuchten Lösungen der Zeitbedarf und die Entwicklungskosten. Aus technischer Sicht steigen mit der Anzahl der untersuchten Lösungen die Entscheidungs- (Entscheidungsalternativen) und Bewertungsprobleme. Demgegenüber verbessert sich die Wissensbasis der beteiligten Kaufleute und Entwickler mit der Zahl der analysierten Varianten.

3.2.3 Morphologische Systemstruktur für das Integrierte Benchmarking von Produkten und Entwicklungsprozessen

Analog Bild 3-10 kann das Gesamtprojekt beziehungsweise das Ziel (die Entwicklungsaufgabe) zunächst in Teilkomponenten zerlegt werden. Anschließend sollte das Entwicklungsprojekt entsprechend den Teilkomponenten in Teilprojekte und Teilprozesse zerlegt werden. Dann erfolgt die Wahl der "best-practice" für die organisatorischen Teilprozesse. Anschließend besteht bei den Teilprojekten (Aufbau, Ablauf/Teilprozesse) die Aufgabe, ein "best-engineering" für die Teilkomponenten zu suchen, zu bewerten und zu wählen. Voraussetzung für eine optimale Implementierung von "best-engineering" und "best-practice" ist die Entwicklung einer integrierten Projektstrategie ("best-strategy"/"best-concept") auf der Basis einer Systemanalyse. Bei der Gestaltung dieses Planungsprozesses kann Strategie-Benchmarking eingesetzt werden.

Die Aufteilung der Teilprozesse einer Produktentwicklung hängt wesentlich von der morphologischen Struktur des Entwicklungszieles (Produktzieles) ab.

Deshalb kann im Kernbereich der Produktentwicklung integriertes Produkt- und Prozeß-Benchmarking betrieben werden. Simultan zur Analyse, Bewertung und Auswahl der besten Vorgehensweise (best-practice) für jeden Teilprozeß P_n des Entwicklungsprozesses P können die Analyse, die Bewertung und die Auswahl des besten Lösungsprinzips (best-engineering) für jede Teilkomponente A_n der Entwicklungsaufgabe A erfolgen.

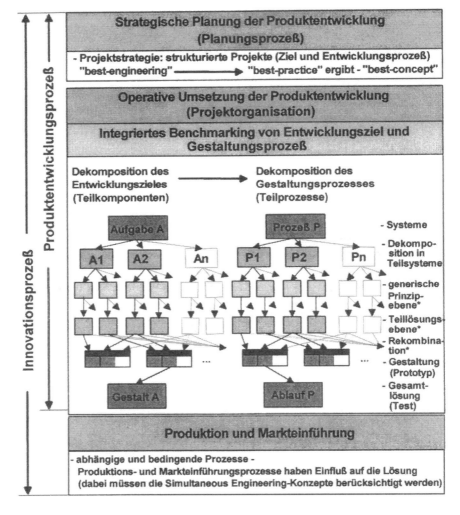

* Die Suche nach generischen (gleiche oder analoge) Lösungsprinzipien sowie deren Bewertung, Auswahl und Rekombination zur Gesamtlösung erfolgt mit Hilfe von Benchmarking.

Bild 3-10: Integriertes Benchmarking für Produkte und Prozesse

Man kann von Integriertem Benchmarking sprechen, wenn eine integrierte Optimierung von Produktziel und Entwicklungsprozeß erfolgt. Bei der Akquisition von Teilprinzipien und Teillösungen können mit Hilfe von Benchmarking entsprechende Informationsquellen und Referenzen ausfindig gemacht werden. Man sollte nicht nur nach externen Lösungen und Referenzen suchen. Durch Kreativität und Kreativitätstechniken ist nach weiteren Lösungen zu suchen und externe Lösungen müßten weiterentwickelt werden. Das gesamte Produktentwicklungsteam, bestehend aus Kaufleuten und Technikern, sollte daran beteiligt sein. Die Referenzquelle für die beste bekannte Teilkomponente kann auch eine Referenzquelle für einen geeigneten Entwicklungsprozeß sein. Zwingend notwendig ist das jedoch nicht. Deshalb müssen der Entwicklungsprozeß und die entsprechende Produktkomponente gegebenenfalls mit unterschiedlichen Referenzen optimiert werden.

In der Praxis verfügt man häufiger über Produkt- als über Prozeßreferenzen. Selbst von Wettbewerbern erhält man leicht Produktreferenzen. Wenn man das Gerät eines Wettbewerbers kauft und analysiert, gewinnt man Aufschlüsse über die Produktlösung. Bei Unternehmen, die nicht im Wettbewerb stehen, ist eine Analyse von technischen Produktlösungen in der Regel einfach möglich, wenn man eine Kooperation durchführt. Bei der F&E-Prozeßanalyse ist man fast immer auf partnerschaftliches Benchmarking angewiesen. Das ist bei direkten Wettbewerbern meistens nicht möglich.

Ein Teilprojekt beziehungsweise ein Teilprozeß ist gewöhnlich für mehrere Teilkomponenten eines Produktes zuständig. Eine Modulbauweise ermöglicht es, identische Komponenten für mehrere Teilsysteme des Produktes zu verwenden. Das erfordert zusätzlichen Aufwand für den Informationsaustausch zwischen den Projektgruppen. Es ist eine Abstimmung zwischen den Teamleitern notwendig.

3.2.4 Methodisches Gestalten von Produkten und Produktentwicklungsprozessen

3.2.4.1 Projektspezifikation als Grundlage der methodischen Produktentwicklung

Die Basis einer Produktentwicklung sind die Anforderungen der Kunden. Es sind die derzeitigen und zukünftigen Anforderungen potentieller Kunden (potentieller Bedarf) neuer Zielmärkte zu berücksichtigen. Außerdem müssen Anforderungen von Kunden berücksichtigt werden, die bereits durch das eigene Unternehmen oder durch Konkurrenten bedient werden. Alle Anforderungen müssen in einer Anforderungsliste erfaßt werden. Die Forderungen (Muß-Kriterien) und Wünsche (Kann-Kriterien) der potentiellen Kunden müssen bestmöglich erfüllt werden. Falls nach diesen Voruntersuchungen das Innovationsfeld attraktiv erscheint, muß eine Abstimmung mit den Unternehmenszielen (Gesamtstrategie) erfolgen. Voraussetzung für die weitere Realisierung eines Projektes ist eine Erfolgsprognose und somit ein zu erwartender ROI (Return on Investment/Amortisation der Projektkosten). Außerdem muß das Unternehmen über das notwendige technische Wissen (Schrader/Riggs/Smith 1993, S. 81) und die notwendigen Anlagen verfügen, damit das Projekt zu verwirklichen ist.

Anschließend ist eine Projektplanung (Projektstrategie) durchzuführen. Um Ziele eindeutig festlegen zu können und um integrierte Benchmarking-Vergleiche für das Produkt und den Entwicklungsprozeß anstellen zu können, muß eine Projektspezifikation (Anforderungsliste) erstellt werden. Die Einteilung der Anforderungen an den Projektaufbau, an den Projektablauf (Entwicklungsprozeß) und an das Produkt entspricht im folgenden der Einteilung der Benchmarking-Kriterien in Zeit-, Kosten-, Kundennutzen- bzw. Qualitäts-, Flexibilitäts- und Effizienzkriterien. Die Zielsetzungen der Projektspezifikation sind aber nicht grundsätzlich identisch mit den Ausprägungen von externen und internen Benchmarks. Es ist selbstverständlich, daß man nicht alle Objekte und Anforderungen einer Projektspezifikation "benchmarken" kann, da sonst der Kosten- und Zeitaufwand der Informationsbeschaffung und -verarbeitung höher wären als der Nutzen des Benchmarking. Vielmehr sollte man eine ABC-Analyse zur Bestimmung der wichtigsten Objekte (Kernprobleme) des Projektes durchführen und sich zunächst auf das Benchmarking von A-Problemen konzentrieren.

In der Theorie und in der Praxis findet man die Begriffe Rahmen-, Lasten- und Pflichtenheft (Reddy/Lambert/Cort 1988, S. 350; Geyer 1985, S. 90; Bailetti/Litva 1995, S. 13; Volkema 1983, S. 640 ff.) für die Dokumente zur Fixierung der Aufgaben und Projektziele. Dabei wird in einigen Anwendungsfällen die Fixierung der Projektplanung als Rahmen- oder Lastenheft bezeichnet, aus dem im Verlaufe des Projektes das Pflichtenheft mit der Produktspezifikation hervorgeht. Die Begriffe von Lastenheft und Pflichtenheft werden in der Praxis und in der Literatur (Bochtler/Laufenberg 1995, S. 33 ff.; Pleschak/Sabisch 1996, S. 134) fließend und synonym verwendet. Außerdem gibt es keine eindeutige Differenzierung zwischen den Anforderungen an den Projektaufbau, an das Produkt und an den Produktentwicklungsprozeß. Deshalb erscheint es sinnvoll, eine Projektspezifikation (Projektheft) einzuführen, die in drei Teile gegliedert ist. Auch der Planungsprozeß, der zur Projektspezifikation führt, kann dem Benchmarking (Strategie-Benchmarking) unterzogen werden. Bild 3-11 verdeutlicht das Konzept der Projektspezifikation:

I Der erste Teil der Projektspezifikation ist die *Projektplanung* und die *Festlegung der Aufbauorganisation*. Die Grundlagen der Informationsbeschaffung, der Modellierung (Projektstrukturierung) und des Controlling haben bei der Projektplanung einen zentralen Stellenwert. Der Projektname sollte dem Projektziel entsprechen. Das Projektziel kann am einfachsten durch das zu entwickelnde Produkt beschrieben werden. Bei vertraulichen Projekten werden in der Praxis Codenamen eingeführt.

Alle Festlegungen, welche die Projektplanung und den Projektaufbau betreffen, sollten schriftlich erfolgen. Es sollte eine Dokumentationsform und eine Fachsprache gewählt werden, die sowohl von Kaufleuten als auch von Technikern verstanden und akzeptiert wird. Bei internationalen Projektteams ist die englische Sprache häufig am zweckmäßigsten. Bei der Projektspezifikation handelt es sich um ein internes und vertrauliches Dokument, das nur den betroffenen Mitarbeitern vollständig oder in Auszügen zugänglich sein sollte. Die Vertraulichkeit der Informationen kann zu Schwierigkeiten beim partnerschaftlichen Benchmarking führen. Das gilt insbesondere für den Produktbereich.

Die Projektspezifikation (contract book) (Zangwill 1992, S. 48) kann auch die Grundlage von Kaufverträgen (vgl. § 433 BGB) oder von Werkverträgen (vgl. § 631 BGB; etwa im Anlagenbau) sein. Eine genaue Festlegung ist besonders wichtig, wenn das Projekt auftragsgebunden ist. Dieser Fall tritt bei der Untervergabe von Teilprojekten (Concurrent Engineering) an externe Zulieferer auf. Wenn die Spezifikation für die Vergabe von Fremdaufträgen in mehrere Teilspezifikationen aufgeteilt wird, dann müssen die Schnittstellen zwischen den Teilaufgaben präzise definiert sein.

1 An der Spitze der Projektspezifikation müssen die Macht- und die Fachpromotoren für ein Projekt aufgeführt werden. Nur bei einer klaren Kompetenzverteilung zwischen Macht- und Fachpromotoren haben Projekte günstige Erfolgsaussichten. Macht- und Fachpromotoren können Kaufleute oder Techniker sein. Ein Mitglied der Unternehmensleitung oder der Geschäftsbereichsleitung sollte die Patenschaft für das Projekt übernehmen. Durch das persönliche Engagement einer Führungskraft kann ein Projekt den ihm angemessenen Stellenwert erhalten. Das ist eine notwendige Voraussetzung für die Durch- und Umsetzung der Projektziele. Die Führungskraft kann eventuell interne und externe Kontakte für das Benchmarking vermitteln.

Der Erfolgsfaktor "Personal" ist von großer Bedeutung, auch wenn das an dieser Stelle nicht empirisch nachgewiesen wird. Es ist stets zu analysieren, ob die personellen Rahmenbedingungen stimmen. Durch Motivation der Mitarbeiter und eine steuernde, aber nicht bevormundende Führung ist ein hohes Engagement gewährleistet. Teammitglieder werden sich nur aus innerer Überzeugung in die erforderliche Projektorganisation einfügen. Die Mitarbeiter müssen bereit sein, sich mit dem Projektziel zu identifizieren. Nur Mitarbeiter, deren Meinung gefragt ist, weisen die notwendige Kreativität und den notwendigen Einsatz für die Produktentwicklung auf. Die angemessene Beteiligung von Kaufleuten und Technikern am Entscheidungsprozeß (Lunt 1984, S. 153 ff.; Weinrauch/Anderson 1982, S. 291 ff.) ist ein grundlegendes Erfolgskriterium. Birkhofer (Birkhofer 1995, S. 97 ff.) belegt mit mehreren empirischen Fallstudien, wie stark der Projekterfolg eines Entwicklungsteams vom Erfolgsfaktor "Personal" abhängt. Fricke (Fricke/Pahl 1991) sowie Beitz et al. (Beitz/Birkhofer/Pahl 1992, S. 393) untersuchten den Zusammenhang zwischen personenbedingtem Vorgehen und der Lösungsgüte bei der Produktentwicklung. Dabei wurden unterschiedliche Vorgehensweisen der Entwickler mit dem Ergebnis der Produktentwicklung in Beziehung gesetzt.

Bild 3-11: Projektspezifikation (Projektheft) für die integrierte Planung von Produkt und Entwicklungsprozeß

3 Integriertes Benchmarking im Produktentwicklungsprozeß

Ferner ist die Beteiligung der Mitarbeiter an den Teilprojekten (Komponenten/ Teilprozesse) festzulegen. Bei klassischer Einteilung der Projektorganisationsformen können als Grundformen *"Projektmanagement in der Linie"*, eine *"Einfluß-Projektorganisation" (Stabs-Projektorganisation)*, eine *"Matrix-Projektorganisation"* oder eine *"Reine Projektorganisation"* gewählt werden (Specht/Beckmann 1996, S. 275 ff.; Pleschak/Sabisch 1996, S. 156 ff.). Falls Mitarbeiter an mehreren Teilprojekten beteiligt sind, bietet sich eine *Matrixorganisation* an. Bei der Matrixorganisation teilt sich die Führungskompetenz zwischen den Fachvorgesetzten der Linienorganisation und den Projektvorgesetzten auf. Beim *Projektmanagement in der Linie* liegt die Führung bei einem Gruppenleiter in der Linie. Die Führungskompetenz für eine *"Einfluß-Projektorganisation"* liegt bei der Stammorganisation (Stabsfunktion) des Unternehmens und bei der *"Reinen Projektorganisation"* bei der Projektleitung. Nachdem eine geeignete Aufbauorganisation gewählt wurde, kann der Gesamtprozeß (Grobablauf) der Entwicklung festgelegt werden. Schnittstellen des Prozesses sollten im Projektheft definiert werden.

Die Aufgaben und die organisatorische Einbindung des Benchmarking in die Projektorganisation müssen bestimmt werden. Dabei besteht grundsätzlich die Möglichkeit separater oder integrierter Benchmarking-Projekte. Der Nutzen integrierter Benchmarking-Projekte ist in F&E bei der Neuproduktentwicklung höher. Beim Produkt-Benchmarking in F&E ist eine Beteiligung der Entwickler und Konstrukteure am Benchmarking eine zwingende Voraussetzung für die fachliche Qualität, Akzeptanz und Umsetzung der Ergebnisse. Beim F&E-Prozeß-Benchmarking halten von *N = 70* befragten Unternehmen im deutschsprachigen Raum *72%* die Beteiligung der Entwickler und Konstrukteure für eine *wichtige Voraussetzung* (vgl. Kapitel 4.2). Bei Verbesserungsinnovationen kann die Einfluß-Projektorganisation (Stabs-Projektorganisation) von größerem Vorteil sein. Besonders bei der Prozeßoptimierung ist durch die Stabsstelle die Machtpromotion gesichert.

2 Falls die organisatorischen Grundvoraussetzungen erfüllt werden und das Personal die notwendige Qualifikation aufweist, muß die Bedeutung des Projektes für die Zukunft des Unternehmens bewertet werden. Dabei sollten alle am Innovationsmanagement beteiligten Mitarbeiter mitwirken. Es sind die zukünftige Entwicklung des Bedarfs, der Wettbewerbssituation und der Rahmenbedingungen zu analysieren. Es ist zu untersuchen, ob das Projekt mit den Gesamtzielen des Unternehmens konform ist und ob auch zukünftige Markt- und Rahmenbedingungen erfüllt werden können. Ferner ist festzulegen, welche Priorität dem Projekt zugewiesen wird. Synergie- oder Konkurrenzbeziehung mit anderen Projekten sind zu ermitteln. Voraussetzung ist ferner, daß das notwendige technische Basis-Know-how für ein Projekt existiert oder daß Quellen für den Erwerb von Wissen bekannt und zugänglich sind. Ferner ist das Risiko dafür abzuschätzen, ob das verfügbare Know-how von der Idee bis zur marktreifen Innovation umgesetzt werden kann. Benchmarking-Informationen können wichtige Hinweise über die potentielle Nachfrage, über das Verhalten möglicher Wettbewerber und über das technische Risiko bei der Projektrealisierung liefern.

3 Noch wichtiger als die Bewertung des technischen Risikos ist die Einschätzung des kaufmännischen Risikos durch das Controlling. Eine geeignete Organisationsstruktur, qualifiziertes Personal und eine Beherrschung des technischen Risikos sind jedoch notwendige Voraussetzungen. Erst wenn diese Voraussetzungen erfüllt sind, lohnt es sich mit der kaufmännische Analyse zu beginnen. An der Spitze der kaufmännischen Risikoanalyse müssen mögliche Folgen für das Unternehmen oder die Entwicklung des zuständigen Geschäftsbereichs abgeschätzt werden. Das Risiko ist mit unterschiedlichen Erfolgsszenarien hinsichtlich der Marktakzeptanz des Produktes verbunden. Dabei ist das Interesse der Anteilseigner (Shareholder) zu berücksichtigen (Skinner 1992, S. 41 ff.). Von den Geschäftsinteressen der Kapitalgeber hängt die Fremd- und Eigenfinanzierung des Unternehmens ab. Mittelbar basiert auf der Kapitalausstattung des Unternehmens auch die Projektfinanzierung. Diese ist Grundlage der Budget- und Kostenplanung. Benchmarking kann wichtige Referenzinformationen für die Bewertung des kaufmännischen Risikos und für die Projektkostenplanung liefern.

4 Wenn geeignetes Personal zur Verfügung steht und sowohl das technische als auch das kaufmännische Risiko positiv bewertet wurden, kann ein Zeitplan aufgestellt werden. Die Dynamik von Nachfrage und Wettbewerb ist ausschlaggebend für den zur Verfügung stehenden Entwicklungszeitraum.

Projektabschnitte sollten durch die Positionierung von Meilensteinen begrenzt werden. Der Projektstart, der Beginn der Produktentwicklung, das Projektende und der Beginn der Markteinführung (market entry) sollten als zentrale Meilensteine festgelegt werden. Dadurch wird der Zeitplanung für die einzelnen Teilprozesse (Projektspezifikation der Teilprozesse) ein fester Zeitrahmen vorgegeben (Kainz 1983, S. 242 ff.; Schmenner 1988, S.12 f.). Es bieten sich Netzwerkanalysen (Netzplantechnik) und Balkendiagramme an. Der Einsatz von Netzplänen hängt davon ab, ob die Schnittstellen der Teilprozesse ausreichend genau bekannt sind. Ferner müßten sich bei der Anwendung von Netzplänen alle Abhängigkeiten (Korrelationen) zwischen den Verrichtungen (Aktivitäten) berücksichtigen lassen. Um die Dauer von Teilprozeßphasen (Teilprozessen) zu planen, können Benchmarking-Daten verwendet werden. Die Bedingungen (Personal und Sachaufwand) und der Ablauf der Referenzprozesse müssen vergleichbar sein.

II Der zweite Teil der Projektspezifikation, die *Anforderungsliste für das Produkt*, ist eine Beschreibung aller von den potentiellen Kunden unbedingt geforderten und zusätzlich gewünschten Produkteigenschaften.

Die Produktspezifikation ist die *lösungsunabhängige* Festlegung und Dokumentation der Anforderungen (Bedürfnisse) an ein Produkt. Die Spezifikation sagt nichts darüber aus, mit welchen Lösungen die Ziele am besten erreicht werden können, um den Lösungsraum der Entwicklung nicht einzuschränken. Die Zielvorgaben der Projektspezifikation sollten mit externen und internen Benchmarks verglichen werden, damit man sich an realistischen Bestlösungen orientiert.

3 Integriertes Benchmarking im Produktentwicklungsprozeß 141

Alle Produkteigenschaften müssen aus dem zukünftigen Integrierten Produktlebenszyklus (Systemlebenszyklus) (Birkhofer/Costa 1995, S. 307) des Produktes abgeleitet werden. Die Ziele (Anforderungen) im Pflichtenheft müssen dem *Nutzungsprozeß* genügen, obwohl die Anforderungen des Projektheftes ein *Produktziel* beschreiben. Deshalb sollte sich das Projektteam intensiv mit der Nutzung und den Folgen eines Produktes beschäftigen. Es ist der gesamte Integrierte Produktlebenszyklus (Systemlebenszyklus) eines Produktes von der Planung, der Entwicklung, der Herstellung, dem Absatz, der Nutzung und dem Service bis zur Entsorgung oder zum Recycling zu berücksichtigen (vgl. Bild 2-11).

1 Es gibt Forderungen (Mußeigenschaften) in der Produktspezifikation, die ein Produkt unbedingt erfüllen muß. Dabei sollte für jede Forderung gegebenenfalls auch ein Toleranzbereich angegeben werden. So muß bei einem Meßgerät die Ablese- und Anzeigegenauigkeit (Toleranz) für den bezeichneten Meßbereich angegeben werden. Eine zentrale Forderung sind fast immer die Zielkosten des Produktes, welche die Basis für den am Markt zu erzielenden Preis sind. Die Herstellkosten des Produktes bestehen aus der Summe der Herstellkosten aller Teilkomponenten zuzüglich der Montagekosten für den Zusammenbau der Komponenten. Target Costing ist für neu zu entwickelnde Teilkomponenten geeignet (vgl. dazu Abschnitt 3.4.3). Bereits existierende Module oder Zukaufteile, die in die Konstruktion integriert werden sollen, können durch eine Wertanalyse geprüft werden (VDI 2235 o. J., S. 35; Malainer 1984, S. 183 ff.; Keeney/Lilien 1987, S. 192 ff.; o.V.: Wertanalyse 1995, S. 27 f.). Eine Wertanalyse ist ein operatives Werkzeug, mit dem eine bereits existierende Lösung analysiert werden kann. Die Wertanalyse kann auch als Hilfsmittel des Benchmarking zur Analyse der Herstell- und F&E-Kosten von fremden Produkten oder von Zulieferkomponenten (Birkhofer/Reinemuth 1994, S. 211 ff.; Reinemuth/Birkhofer 1994, S. 403) eingesetzt werden. Dadurch erhält man externe Werte (monetäre Bewertungsgrößen). Daraus lassen sich Zieleinkaufspreise für Zulieferkomponenten und Zielkosten (Kosten-Benchmarks) für die Spezifikation ermitteln.

2 Neben den zwingenden Käuferforderungen gibt es in der Regel weitere Käuferwünsche, deren Erfüllung ein zusätzlicher Wettbewerbsvorteil für ein Produkt sein kann. Wunscheigenschaften gehen über die zwingenden Produktanforderungen hinaus. Ihre Erfüllung ist daher keine notwendige, sondern eine unterstützende Voraussetzung für eine positive Kaufentscheidung. Wunscheigenschaften können auch Eigenschaften sein, die den Kunden noch unbekannt sind und die erst durch ein neuartiges Angebot (Technology Push, Prototypen) geweckt werden. Sie dürfen die Zielkosten nicht erhöhen. Außerdem dürfen die Wunscheigenschaften kein Over-engineering verursachen, das die Soll-Eigenschaften des Produktes negativ beeinflußt. Der Produktnutzen kann erheblich eingeschränkt werden, wenn Wunscheigenschaften durch eine niedrige MTBF (Mean Time Between Failure) die Wartungsintervalle verkürzen oder den Bedienungskomfort des Produktes einschränken. Aus einem Wunsch, der durch Technology Push entstanden ist, kann ein neuer technischer Standard (Mindest-Benchmark) werden, der dann eine feste Forderung in zukünftigen Projektheften darstellt.

Wenn man eine Dekomposition des Produktzieles in Komponenten vornimmt, müssen getrennte Spezifikationen für jede Teilkomponente erstellt werden. Diese sind Richtlinien für die Teams, welche die Teilprojekte bearbeiten. Die Schnittstellen der Teilkomponenten müssen auch in den Anforderungslisten der Teilkomponenten (Teilprojekte) beschrieben werden.

III Der dritte Teil der Projektspezifikation ist die Anforderungsliste für den *Entwicklungs- beziehungsweise den Gestaltungs- oder Konstruktionsprozeß* für das geforderte Produkt *A*. Dabei wird der Gesamtprozeß (Projektablauf) in Teilprozesse untergliedert. Die Teilprozesse P_n sind die Entwicklungsprozesse der Teilkomponenten A_n des Produktes. Teilprozesse können jedoch noch weiter und tiefer untergliedert sein als die Komponenten des Produktes. Dabei werden für die Teilprozesse Vorgaben hinsichtlich ihrer Dauer (Zeit), Prozeßkosten, Prozeßgüte (Qualität der Leistungserstellung), Flexibilität (Anpassungsfähigkeit an die Erfordernisse des Prozeßziels im Falle nicht vorhersehbarer Spezifikationsänderungen) und Anforderungen an die kaufmännische Effizienz der Prozesse erfaßt.

Je früher die Anforderungsliste eines Produktentwicklungsprojektes endgültig feststeht, um so weniger wird der Entwicklungsprozeß durch nachträgliche Änderungen verzögert. Es ist zweckmäßig, ausreichend Zeit für die Planungs- und Spezifizierungsphase (Pflichtenfestlegung) aufzuwenden. Anschließend ist eine möglichst kurze Implementierungs- und Umsetzungsphase anzustreben. Um so später noch Änderungen in die Spezifikation eines Projektes einfließen, desto mehr wird der Entwicklungsprozeß durch Änderungsschleifen, sogenannte Iterationen oder Entwicklungsschleifen, verzögert. Allerdings ist es praktisch unmöglich, schon zu Beginn eines Projektes eine vollständige Spezifikation festzulegen. Je intensiver sich die Mitarbeiter mit der Aufgabenstellung beschäftigen, desto mehr vergrößert sich das Wissen und die Erfahrung des Entwicklungsteams. Während des Entwicklungsprozesses fließt eine Menge von Referenzinformationen in das Unternehmen hinein. Es ist schwierig zu entscheiden, von welchem Zeitpunkt des Projektablaufs an neue Informationen unberücksichtigt bleiben sollen, wenn sie eine Änderung der Projektspezifikation zur Folge haben. Das Dilemma besteht darin, den Zeitplan einhalten und das Projekt rechtzeitig abschließen zu wollen, aber gleichzeitig noch allerneueste Markt- und Technologieinformationen berücksichtigen zu müssen. Informationen dürfen allerdings niemals ignoriert werden. Der Abbruch eines Projektes wird immer geringere Verluste verursachen als ein Flop bei der Markteinführung.

Es muß in diesem Zusammenhang hervorgehoben werden, daß QFD (Quality Function Deployment) (Müller 1992, S. 284; Ealey 1994, S. 159) kein Planungsinstrument ist, das eine separate Anforderungsliste für die Produkteigenschaften ersetzen kann. Im *"House of Quality"* (Sullivan 1986, S. 42 f.; VDI 2247 o. J., S. 17) werden die Anforderungen der potentiellen Kunden den Konzepten für die Gesamtlösung (Produkt) und den Leistungen der Konkurrenzprodukte (Benchmarking-Referenzen für Wettbewerbsprodukte) gegenübergestellt. Die Beziehungsmatrix des "House of Quality" stellt die Kundenanforderungen fertigen Produktlösungen gegenüber. Somit muß man sich bereits bei der Gegenüberstellung für ein Gesamtkonzept entschieden haben. QFD eignet sich nur für die Analyse (Bewertung) der rekombinierten Gesamtlösung, da es nicht auf dem morphologischen Prinzip und der Zerlegung in Teilkomponenten beruht. QFD ist ein Kontrollinstrument, mit dem ein nützlicher Vergleich zwischen den Käuferanforderungen, dem fertigen Produkt und Benchmarking-Referenzen für Gesamtlösungen durchgeführt werden kann.

Eder (Eder 1995, S. 1 ff.) bezeichnet QFD als "Bindeglied zwischen Produktplanung und Konstruktion". Er setzt QFD aber ebenfalls nur zur Prüfung von Gesamtlösungen und Gesamtkonzepten ein. Rolstadas (Rolstadas 1995, S. 130 ff.; Camp 1994, S. 137) ist der Meinung, QFD habe auch eine Planungsfunktion. Er verwendet QFD zur Gegenüberstellung von eigenen Produkten und Benchmarking-Referenzen für vollständige Produkte. Damit wird allerdings der Ist-Zustand dokumentiert, was auch bei Produktvergleichen (Konkurrenzanalysen) praktiziert wird. QFD ist ungeeignet, den Soll-Zustand (die Anforderungen) in lösungsunabhängige Teilprojekte aufzuspalten. QFD könnte den Entwickler daher eher davon abhalten, abstrakt zu denken, die Komplexität der Aufgabe zu reduzieren und die Konstruktionsaufgabe in Teilprobleme zu zerlegen. Folglich könnte die methodische Gestaltung und die Suche nach Lösungsalternativen eingeschränkt werden. Der Einsatz des Benchmarking ist in Verbindung mit QFD nur für Komplettlösungen möglich. Zur detaillierten Spezifizierung eignet sich QFD nicht.

Der Sachverhalt soll an folgendem Beispiel verdeutlicht werden: Im "House of Quality" fordert Kamiske (Kamiske/Hummel/Malorny 1994, S. 187) in der Anforderungsliste für die Bedienung eines Weckers unter anderem einen "Schalter mit begrenzter" Länge (Schaltergeometrie). Diese Überlegung entspricht der Lösung durch einen Kippschalter, die der Konstrukteur vor Augen haben muß, um Angaben zu seiner Geometrie machen zu können. Die Funktion des Kippschalters könnte aber auch durch einen Taster, einen Zugschalter, einen Druckschalter, einen Sensorschalter, einen Wippschalter oder durch das Prinzip einer Sprachsteuerung für Wecker ersetzt werden. Das "House of Quality" eignet sich demnach nicht zur Analyse generischer Prinziplösungen. Nur aus einer solchen Untersuchung kann sich ergeben, welches "Schalterprinzip" die Kundenanforderungen am besten erfüllt. Als Gesamtlösung sollte "ein Wecker" erst als Gesamtkonzept oder als Funktionsmuster bewertet werden. Wenn man sich wie im vorliegenden Beispiel für einen Kippschalter entschieden hat, muß geprüft werden, ob dessen Geometrie mit allen Anforderungen im Projektheft harmoniert.

3.2.4.2 Prozeß des methodischen Entwickelns und Konstruierens mit Benchmarking

Bild 3-12 verdeutlicht den Prozeß des methodischen Entwickelns und Konstruierens (VDI 2221 o. J., S. 31) von Produkten. Nach dem gleichen Ablauf lassen sich auch alternative Konzepte für Prozesse (Teilprozesse der Entwicklung) generieren und bewerten. Ein Prototypenbau (Funktionsmusterbau) entfällt bei Managementprozessen. Das Bild veranschaulicht das Anpassen der Spezifikation anhand von

Informations- und Erfahrungszuwachs. Je später die Projektspezifikation noch geändert wird, desto mehr Entwicklungsschleifen (Iterationsschleifen) treten auf. Die Entwicklungsschleifen verzögern den Projektablauf. Nach Pahl (Pahl/Fricke 1993, S. 183) sind die Iterationsschleifen in der Praxis unvermeidbar, sie sollten aber minimiert werden. Der Prozeß des methodischem Entwickelns besteht aus *9* Schritten.
1 Den Ausgangspunkt bildet eine geeignete Aufgabenstellung (Produktziele) bzw. eine Produktidee, die von Kundenbedürfnissen und Benchmarking-Referenzen ausgeht. **2** Nach der Klärung und Präzisierung der Aufgabenstellung wird die Projektspezifikation festgelegt. In dieser Phase ist eine Abschätzung vorzunehmen, ob das Ziel innerhalb der physikalisch-technischen Grenzen (natürliche Benchmarks) realisiert werden kann (Bendell/Kelly/Merry 1993, S. 297). **3** Anschließend werden Funktionsstrukturen beziehungsweise Abläufe ermittelt und in einem Greyboxmodell veranschaulicht. Es wird eine Abstraktion und eine Dekomposition vorgenommen. **4** Für die Teilprobleme/Teilfunktionen werden generische Lösungsprinzipien gesucht. Dabei kommen als Quellen die Kreativität des Teams, die Erfahrung der Teammitglieder und Analogien (Benchmarking-Referenzen) in Frage. **5** Zur Bewertung und Auswahl bester Teilprinzipien können interne und externe Benchmarks verwendet werden. **6** Die besten Prinziplösungen werden variiert, indem erneut die Kreativität des Teams, die Erfahrung der Teammitglieder und Benchmarking-Referenzen eingesetzt werden. **7** Zur Bewertung und Auswahl der besten Teillösungen dienen interne und externe Benchmarks. **8** Die Teillösungen werden in die Gesamtgestaltung integriert, und die Lösungsdetails werden verfeinert. Es werden gegebenenfalls Funktionsmuster für Teillösungen gebaut, Pläne für Verfahrenstechnik (Anlagen) gezeichnet oder Software geschrieben. Die Teilsysteme (Module) werden an den Schnittstellen verknüpft. **9** Die Gesamtlösung (Produkt oder Prozeß), die als Konzept, als Funktionsmuster, Fertigungsmuster oder als Nullserie vorliegen kann, wird ebenfalls anhand interner und externer Benchmarking-Referenzen bewertet. Wenn die Gesamtgestaltung den Zielvorgaben entspricht, kann die Fertigungsfreigabe und die Markteinführung eines Produktes erfolgen. Wurde ein Prozeß methodisch gestaltet, kann das Konzept anschließend umgesetzt werden.

Beim Integrierten Benchmarking für Produkte und Prozesse wird für jede Teilkomponente ein separater Teilprozeß des methodischen Entwickelns durchlaufen. Die notwendigen Verrichtungen und Aktivitäten können dabei weiter untergliedert werden als der Standardablauf (Bild 3-12). Gleichzeitig kann Benchmarking dazu dienen, die Teilprozesse mit Referenzen auf der Prinzip- und auf der Realisierungsebene (Lösungsebene) zu "benchmarken". Aus Gründen der Effizienz sollten nur die wichtigsten Teilprozesse mit Benchmarking-Referenzen verglichen und optimiert werden. Für diese Teilprozesse müssen Informationen von Benchmarking-Partnern vorliegen.

3 Integriertes Benchmarking im Produktentwicklungsprozeß

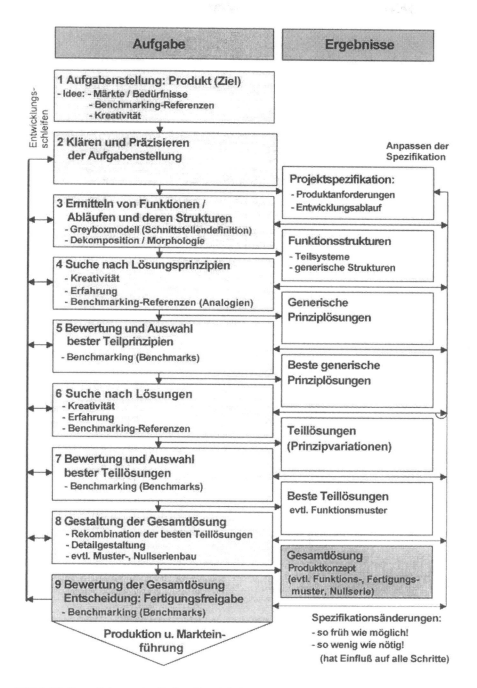

Bild 3-12: Prozeß des methodischen Entwickelns von Produkten mit Benchmarking
Quelle: in Anlehnung an VDI 2221, S. 31

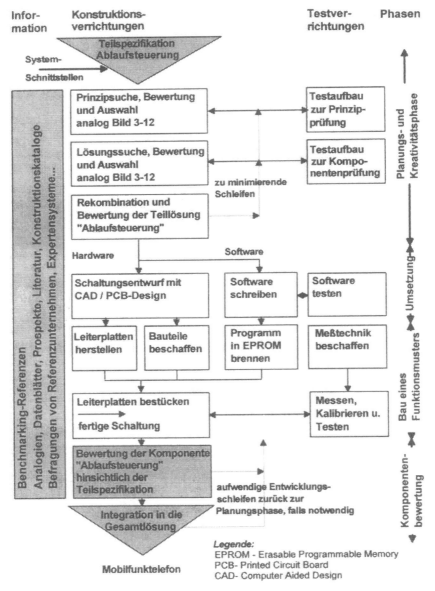

Bild 3-13: Konstruktionsprozeß für die Ablaufsteuerung eines Mobilfunktelefons

Am Beispiel eines Mobilfunktelefons, welches aus Empfänger, Sender, Bedienungselementen, Mikrofon, Lautsprecher, Gehäuse, Kontrollanzeigen, Hilfsenergiequelle und einer Ablaufsteuerung bestehen soll, wird in Bild 3-13 die Teilprozeßstruktur für die Entwicklung der Ablaufsteuerung dargestellt. Dafür wird die

3 Integriertes Benchmarking im Produktentwicklungsprozeß

Ablaufsteuerung in weitere Teilkomponenten (Teilaufgaben) zerlegt. Eine erste Unterteilung erfolgt nach der Hardware- und Softwareentwicklung. Sowohl die Hardware als auch die Software lassen sich in weitere Teilkomponenten und entsprechende Teilprozesse untergliedern.

Die *Planungs- und Kreativitätsphase* verläuft analog dem Prozeß des methodischen Entwickelns. Die Prozesse der Planung, Lösungssuche und Bewertung können auf der Ebene von Teilkomponenten oder für einzelne Bauteile ablaufen. Wenn im Anschluß daran das Lösungskonzept positiv bewertet wird, kann eine Umsetzung in Form von Hard- und Software erfolgen. Die nächste Phase ist der *Bau eines Funktionsmusters* und dessen Test. Fällt die *Komponentenbewertung* der Ablaufsteuerung positiv aus, dann kann die Komponente in die Gesamtlösung des Mobilfunktelefons integriert werden.

Die Verrichtungen, aus denen der Konstruktionsprozeß für eine Ablaufsteuerung in Bild 3-13 besteht, lassen sich eventuell mit generischen oder bereits problembezogen realisierten Vergleichsprozessen "benchmarken". Dabei kann untersucht werden, wie die Verrichtungen (Teilprozeß) für die Herstellung eines Funktionsmusters der Leiterplatte am effizientesten (best-practice) ausgeführt werden. Zum Beispiel kann die manuelle Bestückung der Leiterplatte und das Verlöten der Bauteile optimiert werden. Simultan dazu kann die Leiterplatte (Teilprodukt) mit analogen oder gleichen Teilprodukten (best-engineering) hinsichtlich ihrer Produkteigenschaften (Benchmarking-Kriterien) verglichen werden. Für Produkt- und Entwicklungsprozeßvergleiche eignen sich oft dieselben Referenzquellen.

3.3 Bewertung im Produktentwicklungsprozeß mit Benchmarking

3.3.1 Bewertungsebenen des Benchmarking

Benchmarking und Bewertung stehen in einem wechselseitigen Verhältnis. Einerseits sind Bewertungsprozesse ein Bestandteil des Benchmarking (vgl. Abschnitt 1.3.4). Andererseits kann Benchmarking sehr wirkungsvoll zur Bewertung von Ideen, Zielen, Prinzipien und Lösungen bei der Produkt- und Prozeßgestaltung herangezogen werden. Voraussetzung dafür ist, daß die benötigten Referenzinformationen zur Verfügung stehen. Benchmarking vermindert das Risiko, Strategien, Prinzipien und Lösungen für Produkte oder Prozesse zu wählen, die nicht dem zum Anwendungszeitpunkt geforderten Standard für "best-engineering" oder "best-practice" genügen (More 1982, S. 9 ff.).

Bild 3-14 verdeutlicht vier Bewertungsebenen für das Benchmarking bei Produkt- und Prozeßinnovationen (Cooper 1991, S. 7; Holbrook/Havlena 1988, S. 27):

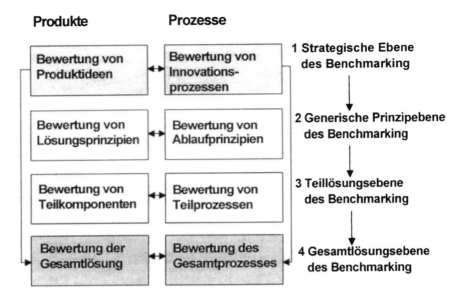

Bild 3-14: Bewertungsebenen des Benchmarking bei Produkt- und Prozeßinnovationen

1 Auf der obersten Stufe, der strategischen Bewertung, werden Produkt- und Innovationsstrategien (Ideen) bewertet. Es werden die Chancen und Risiken eingestuft, um eine Auswahl der besten Ideen zu treffen (Dreger 1983, S. 8 ff.; Murphy/Enis 1986, S. 31). Die Kriteriensuche und Bewertung für einen geplanten Produktentwicklungsprozeß ist von den gewählten Teilkomponenten und den entsprechenden Teilprozessen abhängig. Außerdem beeinflussen sich die Produkt- und die Prozeßkriterien auf allen Ebenen.

2 Auf der Prinzipebene werden Lösungsprinzipien und prinzipielle Vorgehensweisen bewertet. Die Produktidee grenzt die Menge notwendiger Benchmarking-Kriterien für die Prinzipsuche ein.

3 Die Kriterien zur Prinzipbewertung haben einen Einfluß auf die Kriterien zur Teillösungsbewertung. Teillösungen sind implementierbare Varianten der Lösungsprinzipien für die Teilkomponenten. Dabei kann es erforderlich sein, daß Kriterien für die Teillösungsbewertung präzisiert und angepaßt werden müssen.

4 Bei der Bewertung der Gesamtlösung müssen gegebenenfalls wiederum Kriterien und Maßstäbe aus der Phase der Ideenbewertung verwendet werden, um den Zielerfüllungsgrad zu analysieren. Das wird durch die äußeren Pfeile des Bildes verdeutlicht.

Es kann generell festgestellt werden, daß es keinen quantitativen Parameter und keine qualitative Aussage gibt, die nicht mindestens theoretisch für ein spezielles Benchmarking-Problem eine Rolle spielen könnten. Die Benchmarking-Kriterien lassen sich in Kosten, Zeit, Kundennutzen (Produkt- und Prozeßqualität), Flexibilität und sonstige kaufmännische Effizienzkriterien einteilen. Es hängt vom jeweiligen Bewertungsobjekt und von den Zielen des Unternehmens ab, welche Schlüsselkriterien auf jeden Fall berücksichtigt werden müssen. Der durch die Verbesserung eines Benchmarking-Objektes erzielbare Nutzen muß gegen den Aufwand einer Benchmarking-Studie (Datenbeschaffung und Bewertung) abgewogen werden.

3.3.2 Ablauf von Bewertungsprozessen

Bild 3-15 veranschaulicht den Ablauf von Bewertungsprozessen mit der Unterstützung von Benchmarking. Die Bewertung wird durch sechs Hauptschritte gekenn- zeichnet:

B0 Jeder Bewertungsprozeß beginnt mit der Informationsbeschaffung und Verarbeitung. Das ist auch beim Benchmarking-Prozeß der Fall (vgl. Kapitel 1). Ebenso wie beim Benchmarking-Prozeß, der ein Bewertungsverfahren enthält, ist bei Bewertungsprozessen die kontinuierliche Beschaffung von Referenzinformationen und deren Verarbeitung die wichtigste Aufgabe. Davon hängen die Zielausprägungen und die Güte der Bewertung ab.
B1 Mit der Festlegung des Bewertungsobjektes, das ein beliebiges Benchmarking-Objekt sein kann, beginnt der Bewertungsprozeß.
B2 Anschließend werden Bewertungskriterien K_n für das Bewertungsobjekt ermittelt. Dabei sollen Kriterien unberücksichtigt bleiben, die keine wesentliche Differenzierung zwischen dem Soll- und dem Ist-Zustand von Bewertungsobjekten ermöglichen, die redundant sind oder die nicht als Ziel Z_n ins Pflichtenheft aufgenommen werden müssen. Solche zusätzlichen Kriterien verzögern und verteuern den Bewertungsprozeß. Datenbeschaffung und Verarbeitung verursachen Kosten. Die Kriterien K_n dienen an dieser Stelle des Buches nicht zur Differenzierung zwischen alternativen Lösungen. Die Kriterienausprägungen werden hier zur Überprüfung der Zielerfüllung verwendet (Soll-Ist-Vergleich). Die Menge n der Ziele ist deshalb ebenso groß wie die Menge n der Kriterien. Bei der Bewertung alternativer Lösungen ist die Anzahl der Ziele Z_n im Projektheft eine Teilmenge der Kriterien K_n.
B3 Eine Ist-Analyse des eigenen Bewertungsobjektes oder des eigenen Konzeptes für ein Objekt wird anhand der gewählten Zielkriterien Z_n durchgeführt. Die Ist-Ausprägungen k_n repräsentieren den jeweiligen Entwicklungsstand einer Lösung oder eines Konzeptes.
B4 Durch eine Soll-Analyse von einer oder mehreren Referenzquellen (Referenzobjekte) werden Referenzausprägungen (Benchmarks) b_n der Kriterien K_n ermittelt. Anhand dieser Benchmarks können Zielausprägungen z_n (Ziele Z_n der Projektspezifikation) festgelegt werden. Aus Benchmarks können quantitative Richtwerte oder qualitative Richtlinien abgeleitet werden.
B5 Mit einem Soll-/Ist-Vergleich wird der Zielerfüllungsgrad (Vergleichsausprägungen v_m) des Objektes überprüft. Dabei müssen quantitative und qualitative Kriterien (Merkmale) sowie deren Korrelationen als Vergleichskriterien V_m berücksichtigt werden.

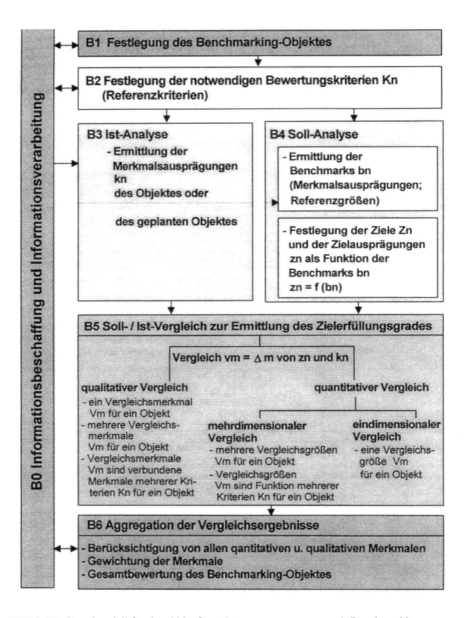

Bild 3-15: Grundmodell für den Ablauf von Bewertungsprozessen mit Benchmarking
Quelle: in Anlehnung an Pleschak/Sabisch: Innovationsmanagement. Stuttgart: Schäffer-Poeschel, 1996

Bei quantitativen, numerischen Vergleichen unterscheidet man ein- und mehrdimensionale Vergleiche. Eindimensionale Vergleiche sind der Trivialfall, bei dem nur ein Kriterium (eine Größe) berücksichtigt werden muß. Bei mehrdimensionalen Vergleichen müssen entweder mehrere Vergleichsgrößen für ein Objekt be-

3 Integriertes Benchmarking im Produktentwicklungsprozeß

rücksichtigt werden, oder es können auch mehrere Vergleichsgrößen Parameter einer aggregierten Bewertungsfunktion sein. Wenn mehrere Parameter (Kriterien) Variable in einem mathematischen Modell sind, dann haben alle Parameter Einfluß auf das Gesamtergebnis der Gleichung. Das Gesamtergebnis der Gleichung ist ein aggregiertes Kriterium. In diesem Fall können die Merkmale auch korrelieren, und bei Gleichungssystemen können lineare Abhängigkeiten auftreten.

Fricke unterscheidet bei der Konstruktionsbewertung zwischen einer "bereichs-" oder einer "merkmalsorientierten" Datenverdichtung (Fricke 1993, S. 120 f.). Wenn Gesamtlösungen, große Komponenten oder umfassende Teilprozesse klassifiziert werden, dann ist das Aggregationsniveau hoch. Bei Bewertungen auf der untersten Dekompositionsstufe, wo Einzelteile oder Teilprozesse (Verrichtungen) analysiert werden, ist das Aggregationsniveau niedrig.

Qualitative Kriterien (Merkmale) lassen sich nicht direkt numerisch beschreiben. Wenn ordinalskalierte Merkmale vorliegen, dann lassen sich qualitative Kriterien in eine Rangfolge bringen. Ein Beispiel hierfür wäre die Verwendung von rangskalierten Standardantworten beim Einsatz von Fragebögen. Bei qualitativen Kriterien ist ebenfalls ein Trivialfall denkbar, bei dem nur ein Merkmal berücksichtigt werden muß. Qualitative Merkmale können aber auch verbunden sein. Sie können von einander abhängig sein und korrelieren. Außerdem kann zusätzlich der Fall korrelierender qualitativer und quantitativer Kriterien auftreten.

B6 Die Aggregation der Vergleichsergebnisse ist der abschließende Schritt jedes Soll-Ist-Vergleichs. Es ist zugleich Ziel und Problem, daß Bewertungsprozesse letztlich zu einer eindeutigen Auswahlentscheidung zugunsten oder gegen ein Objekt führen müssen. Bei den meisten Bewertungsproblemen (gemischte Bewertungen) müssen sowohl qualitative als auch quantitative Daten berücksichtigt werden. Alle diese Daten sollten aggregiert und bei der Auswahl eines Objektes berücksichtigt werden. Dabei kann man durch eine Gewichtung der Daten der unterschiedlichen Bedeutung einzelner Kriterien gerecht werden. Es sollte das zum Zeitpunkt der Bewertung erreichbare Informationsniveau ausgeschöpft werden (konkretisierende Informationsbewältigung).

Bild 3-16 veranschaulicht, daß der Prozeß der Lösungsbewertung integriert betrachtet werden muß. Ausgegangen wird von einer Basisaufgabe, die bereits von Benchmarking-Referenzen $b_n(s)$ beeinflußt und geprägt wird. Es erfolgt eine Definition der Projektziele (Projektspezifikation $Z_n(s, b_n)$). Sowohl der Zielkatalog Z_n als auch dessen Merkmalsausprägungen $z_n(s, b_n)$ sind von den Benchmarking-Informationen abhängig. Nur alternative Lösungen $a_j(s, zn, kn)$, die den Zielanforderungen genügen, werden mit differenzierenden Kriterien $K_n(s, b_n)$ bewertet. Die Kriterien K_n dienen dazu, die beste alternative Lösung zu selektieren, die den Zielkatalog Z_n erfüllt. Die Wahl der Kriterien $K_n(s, b_n)$ und deren Maßstab sind von den Benchmarks b_n und den Iterationsschleifen s abhängig. Die Ausprägungen der Kriterien entsprechen den Merkmalen der Alternativen.

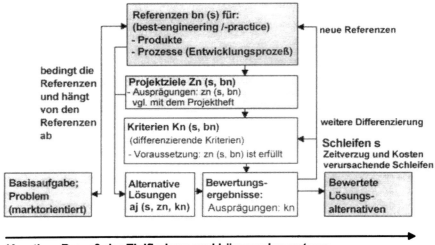

Kreativer Prozeß der Zielfindung und Lösungsbewertung
(Problemerkennung, Ziele festlegen, kreative Lösungssuche, Kriterien festlegen)

Legende:
zn Ausprägungen der Ziele
kn Ausprägungen differenzierender Kriterien

Bild 3-16: Rekursiver Prozeß der Zieldefinition, der Wahl von Benchmarking-Kriterien und der Bewertung von Lösungen

Bild 3-17 ist eine Polarkoordinatendarstellung (Sabisch 1991, S. 176) für ein mehrdimensionales Bewertungsproblem. Am Beispiel des Gehäuses für ein Mobilfunktelefon (Teilkomponente Gehäuse) kann eine Produktlösung mit einem "best-engineering" für einzelne Kriterien verglichen werden. Dabei ist zu beachten, daß die Kriterien auch von einander abhängig sind beziehungsweise korrelieren. So kann der Preis eine Funktion aller anderen Kriterien sein. Das Beispiel zeigt, daß eine gute Lösung nicht unbedingt die Benchmarks von allen bisherigen Bestlösungen übertreffen kann. Vielmehr müssen bei dem Vergleich mit der Bestlösung zwei Fälle unterschieden werden:

1. Es kann für jedes einzelne Kriterium K_n der beste bekannte, lokale Referenzwert b_{nbest} (lokales Benchmark der einzelnen Merkmalsausprägungen) verwendet werden. Dazu müssen Umfangreiche Informationen eingeholt und auch generische Betrachtungen angestellt werden. Ein Nachteil dieser Analyseform ist die komplizierte Informationsbeschaffung und deren Kosten.

2. Zweitens kann die Bestlösung (Gesamtlösung) als globale Referenzlösung verwendet werden, die in der Summe der Eigenschaften (Merkmalsausprägungen k_n) die Gesamt-Benchmarking-Lösung B_{nBest} für "best-engineering" oder "best-practice" darstellt. Bei Produkten kann eine solche Lösung Markterfolg haben, da sie in der Summe der Bewertungskriterien gut abschneidet. Die beste globale Ge-

3 Integriertes Benchmarking im Produktentwicklungsprozeß 153

samtlösung B_{nBest} hat aber bei einzelnen (oder im Extremfall bei allen) Kriterien K_n möglicherweise schlechtere Eigenschaften (Merkmalsausprägungen k_n) als einzelne Merkmalsausprägungen b_{nBest} unterschiedlicher lokaler Referenzlösungen.

In der Praxis wird man in Abhängigkeit von deren problemspezifischen Bedeutung eine Bewertung auf der Basis von lokalen und globalen Referenzen verwenden. Polarkoordinatendarstellungen können bei der mehrdimensionalen Bewertung zur Veranschaulichung der Bewertungsergebnisse von Produkten oder von Prozessen eingesetzt werden.

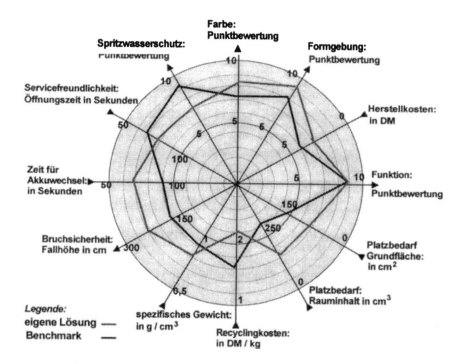

(Die Merkmalsausprägungen sind um so günstiger, je weiter sie am Außenrand des Koordinatisystems liegen)

Bild 3-17: Polarkoordinaten zur Darstellung eines mehrdimensionalen Niveauvergleichs am Beispiel des Gehäuses für ein Mobilfunktelefon

3.3.3 Bewertung von Teil- und Gesamtlösungen

Grundlage der Bewertung von Lösungen für Produkte oder Prozesse ist die jeweilige Projektspezifikation. In der Spezifikation sind die Ziele Z_n fixiert worden. Die Erfüllung der festgelegten Zielkriterien Z_n ist für alle Lösungsalternativen A_j Pflicht, die in die engere Wahl gezogen werden. Die Zielkosten des Produktes sind meistens Forderungen Z_n im Pflichtenheft, die unbedingt eingehalten werden müssen (KO-Kriterium). Dabei muß die Korrelation mit anderen Kriterien berücksichtigt werden. Das heißt, die Zielkosten müssen hinsichtlich der vom Produkt geforderten Eigenschaften z_n festgelegt werden.

Darüber hinaus ist anhand von differenzierenden Kriterien K_n zu bewerten, ob es sich um bessere oder schlechtere Lösungsalternativen handelt. Bei festen Zielen z_n wirken sich zusätzliche Funktionen (Eigenschaften k_n) nur positiv aus, wenn gilt: Zusatzeigenschaften müssen den Kundennutzen erhöhen und müssen zu gleichen oder niedrigeren Zielkosten erbracht werden können. Als Verfahren bietet sich dabei die mehrdimensionale Bewertung (Nutzwertanalyse) an (vgl. Abschnitt 1.3.4).

Tabelle 3-5: Bewertungstabelle für Lösungsprinzipien, Lösungen und Prozeßlösungen mit Benchmarking

Bewertungskriterien	Gewichtungsfaktor	"best-engineering" oder "best-practice"				Eigene Alternativen (unter Verwendung von Benchmarking-Informationen entwickelt)						
		b_{nbest} pro Kriterium	gewichtet	B_{nBest} Prinzip, Lösung oder Prozeßlösung	gewichtet	A_1 Prinzip, Lösung oder Prozeßlösung	gewichtet	A_2 Prinzip, Lösung oder Prozeßlösung	gewichtet	...	A_j Prinzip, Lösung oder Prozeßlösung	gewichtet
K_1	g_1	b_{1best}	$b_{1best}g_1$	B_{1Best}	$B_{1Best}g_1$	k_{11}	$k_{11}g_1$	k_{12}	$k_{12}g_1$	...	k_{1j}	$k_{1j}g_1$
K_2	g_2	b_{2best}	$b_{2best}g_2$	B_{2Best}	$B_{2Best}g_2$	k_{21}	$k_{21}g_2$	k_{22}	$k_{22}g_2$	...	k_{2j}	$k_{2j}g_2$
K_3	g_3	b_{3best}	$b_{3best}g_3$	B_{3Best}	$B_{3Best}g_3$	k_{31}	$k_{31}g_3$	k_{32}	$k_{32}g_3$	...	k_{3j}	$k_{3j}g_3$
...	...	...	...	...	...	...	...	...	...	...	...	...
K_n	g_n	b_{nbest}	$b_{nbest}g_n$	B_{nBest}	$B_{nBest}g_n$	k_{n1}	$k_{n1}g_n$	k_{n2}	$k_{n2}g_n$	...	k_{nj}	$k_{nj}g_n$
					Σ		Σ		Σ	...		Σ

- Nur wenn qualitative Merkmalsausprägungen ordinalskalierbar sind (Rang- bzw. Likertskala), lassen sie sich in einer Bewertungstabelle berücksichtigen. Andernfalls muß die qualitative Bewertung als ein der quantitativen Bewertung vor- oder nachgeordneter Auswahlschritt erfolgen.
- Voraussetzung, bei der Bewertung berücksichtigt zu werden, ist sowohl für die Benchmarking-Referenzen als auch für die eigenen Lösungsalternativen A_j, daß sie die Projektspezifikationen z_n erfüllen.

Möglich ist eine vergleichende Bewertung analog Tabelle 3-5 nur, wenn zunächst mehrere Alternativlösungen A_j gesucht oder entwickelt wurden. Dabei können das methodische Entwickeln und das morphologische Prinzip eine systematische Grundlage bilden. Es sollten alle Benchmarking-Informationen einfließen. Es müßten Bestlösungen b_{nbest} für die Merkmalsausprägungen in Referenz zu den einzelnen Kriterien K_n (Merkmalen k_n) berücksichtigt werden. Außerdem sollten die Merkmalsausprägungen für das beste Lösungsprinzip (Gesamt- oder Teilkonzept) B_{nBest}, die beste Lösung (Produkt oder Komponente) B_{nBest} oder die beste Lösung für einen Entwicklungsprozeß (Gesamt- oder Teillösung) B_{nBest} berücksichtigt werden. Dabei muß beachtet werden, daß die besten Merkmalsausprägungen b_{nbest} nur einen Anhaltspunkt für die Merkmalsausprägungen eines Kriteriums bilden kön-

3 Integriertes Benchmarking im Produktentwicklungsprozeß

nen. Da es sich um Merkmale unterschiedlicher Prinzipien oder Lösungen handelt, lassen sich die Eigenschaften in der Regel nicht beliebig kombinieren. Das gilt, wenn die Eigenschaften korrelieren und eine mehrdimensionale Optimierung eine Kompromißlösung erfordert. Die Benchmarks b_{nbest} weisen aber darauf hin, welche Parameter (deren Merkmalsausprägungen) sich noch prinzipiell verbessern lassen und wie partielle Verbesserungen an den eigenen Alternativen A_j vorgenommen werden könnten.

Die Kriterien K_n sind abhängig von den gewählten Zielen Z_n (s, b_n), den Potentialfaktoren des Unternehmens (Personal, Maschinen, Finanzierung, Informationen und Referenzen [Benchmarks] sowie Wissen und Erfahrung) und den zur Verfügung stehenden Lösungsalternativen A_j. Deshalb kann keine generelle Auflistung von Standardkriterien geliefert werden. Die folgende Zusammenstellung enthält ausgesuchte Beispiele für Bewertungskriterien K_n zur Auswahl und Eliminierung (Choffray/Lilian 1982, S. 187) alternativer Prinzipien oder Lösungen:

1 Kriterien für alternative Prinzipien und Produktlösungen:
- maximale positive Differenz zu den Zielkosten
- Entwicklungsaufwand (elektrotechnisch, mechanisch, chemisch, biologisch oder bautechnisch) gemäß dem verfügbaren Wissen (Know-how)
- Konformität mit Angeboten von Zulieferern oder Kooperationspartnern für Komponenten (make or buy Entscheidungen) (Haller/Tockner 1994, S. 70 ff.)
- zusätzlicher Kundennutzen über die gesetzten Ziele hinaus, ohne den Zielpreis oder das angestrebte Marktsegment zu verfehlen (Qualität der Ausführung)
- Niveau der angestrebten Farb- und Formgestaltung oberhalb des gesetzten Zieles ...

2 Kriterien für alternative Produktentwicklungsprozeßlösungen und sonstige Prozesse:
- übertrifft der Produktentwicklungsprozeß die Effizienzvorgaben der Projektspezifikation
- maximale positive Zeitdifferenz zu den gesetzten Meilensteinen
- kann eine Prinzip- oder Lösungsalternative flexibel an neue Ziele (höhere Ziele/ Anforderungen) angepaßt werden, und mit welchem Aufwand (Zeit oder Kosten) ist das verbunden
- übertreffen die abhängigen und bedingenden Prozesse des Marketings, der Produktion, der Finanzierung, des Controlling, des Vertriebs und der Verwaltung die in der Projektspezifikation festgesetzten Ziele
- wird eine montage-, service- oder recyclinggerechte Konstruktion (abhängige Prozesse) jenseits der gesetzten Ziele angestrebt ...

Bei den oben aufgeführten Kriterien handelt es sich um die Eingangsgrößen (Merkmale) für eine mehrdimensionale Betrachtung analog Tabelle 3-5. Zum Beispiel kann das Niveau der Farb- und Formgestaltung anhand einer Rang- oder Punkteskala eingeschätzt werden. Analog muß man mit anderen relevanten Merkmalen verfahren.

Ordinale und höher skalierbare Merkmale lassen sich mit Rangskalen (Ratingskalen bzw. Likertskalen) beschreiben (Opitz 1980, S. 36; Lowka 1976, S. 22 ff.). Auf dieser Basis kann man in Bewertungstabellen Gesamtsummen errechnen. Nicht alle Merkmalsausprägungen lassen sich in Bewertungstabellen berücksichtigen. Dazu zählen insbesondere nominale Merkmale. Die qualitativen Kriterien sollten in eine Rangfolge gebracht werden. Dann können qualitative (nominale) Merkmale als Entscheidungsbaum (Bewertungsbaum) aufgegliedert werden. Für jede Lösungsalternative kann eine mehrstufige qualitative Vorbewertung durchgeführt werden (Bamberg/Coenenberg 1994, S. 219 ff.; Bohn 1994, S. 65; Sabisch 1991, S. 133). Ausprägungen von nominalen (quantitativen) Kriterien K_n können als *vorteilhaft* oder als *neutral* bewertet werden. Sind Ausprägungen *unvorteilhaft*, dann verletzen sie in der Regel auch die Anforderungen der Spezifikation Z. Zum Beispiel kann eine zusätzliche Funktion unvorteilhaft sein, wenn sie die geforderte *Bedienungsfreundlichkeit* eines Gerätes einschränkt. Man sollte nur die Alternativen in eine Bewertungstabelle aufnehmen, die den Ansprüche der qualitativen Bewertung und Vorauswahl genügen.

Es kann notwendig sein, eine Nutzwertanalyse für den integrierten Produktlebenszyklus (Systemlebenszyklus) durchzuführen. Der Nutzwert kann als aggregiertes Bewertungskriterium in einer Bewertungstabelle berücksichtigt werden. Man kann den Nutzwert aber auch als selektives Kriterium für vor- oder nachgeschaltete Bewertungs- und Auswahlstufen verwenden. Objektorientierte Betrachtungen, wie etwa semantische Graphen (Drebing 1991, S. 128 ff.) können verwendet werden, um die Korrelation von Bewertungskriterien K_n zu verdeutlichen.

Die Einbindung der Kostenbewertung in auf CAD (Schiebeler 1993, S. 51 ff.; Mertens 1994, S. 3 ff.) und künstlicher Intelligenz basierende Expertensysteme (ES[PD]M - Expert Systems for [Product Design] Management) (Chau 1991, S. 13; Kurbel 1992, S. 68 ff.) ist ein noch weitgehend ungelöstes Problem. Der Begriff wurde durch die Autoren erweitert, da bisher nur der Begriff ESM (Expert System for Management) verwendet wird. Dabei würden im Sinne des Benchmarking Expertensysteme im Idealfall auch über Referenzkalkulationen (Kosten und Leistungsrechnung) anderer Unternehmen verfügen können. Auch in diesem Falle gilt, daß ein Expertensystem für die Produkt- und Prozeßbewertung nur dann nutzbringend ist, wenn es über die notwendigen Referenzinformationen (Benchmarking-Daten) verfügt.

Bei der Bewertung von Prinzipien und Lösungen werden in der Konstruktionspraxis (VDI 2225 o. J., S. 13) technische Kriterien (Eigenschaften des Produktes) und kaufmännische Kriterien (Kosten, Zeit, Güte der Leistungserstellung/Prozeßqualität, Flexibilität und Effizienz) oft isoliert betrachtet. Den Schwerpunkt der Analyse bildet häufig die technische Produktbewertung. Dabei vernachlässigen die Entwickler die Zielkonflikte (Korrelationen) zwischen dem Gebrauchswert (Nutzwert) (Gerhard 1994, S. 282 ff.; Rinza/Schmitz 1992, S. 97) und den Kosten. Der Zielpreis ist oft ein Schlüsselkriterium des Benchmarking, und die technische Bewertung ist nur sinnvoll, wenn die entsprechende Lösungsalternative den Zielpreis einhält.

3 Integriertes Benchmarking im Produktentwicklungsprozeß

Die integrierte Bewertung von Produkten und Entwicklungsprozessen, wie sie für das Integrierte Benchmarking notwendig wäre, wird in der Literatur bisher nicht betrachtet. Als Werkzeuge zur Lösung und Veranschaulichung der damit verknüpften mehrdimensionalen Bewertungsprobleme könnten Graphen- beziehungsweise Netzwerkanalysen eingesetzt werden. Da Entscheidungen bei der Bewertung immer auf der Basis unvollständiger Benchmarking-Informationen getroffen werden, bietet sich auch die Verwendung von neuronalen Netzen und von Fuzzy Logic an (Ehrlenspiel/Schaal 1992, S. 409 ff.; Kurbel 1992, S. 8; Klein/Schmidt 1995, S. 42 ff.).

Bild 3-18 ist als "House of Projects" ein erweitertes Modell des "House of Quality", welches die Projektspezifikation (Produkt-, Prozeß- und Aufbauspezifikation) den Zielkriterien und den entsprechenden Benchmarking-Referenzen gegenüberstellt. Neben der besten Gesamtreferenz werden im Modell auch die jeweils besten Einzelreferenzen beziehungsweise Teilreferenzen pro Kriterium aufgeführt. Die Kriterien K_n sind Benchmarking-Kriterien, die als Vergleichskriterien zur Differenzierung zwischen alternativen Produkt- und Entwicklungsprozeßlösungen dienen. Die Ausprägungen der Kriterien müssen mit den Ausprägungen der Anforderungen in der Projektspezifikation harmonieren. Das heißt, alle betrachteten Lösungsalternativen müssen die Projektspezifikation mindestens erfüllen. Die Produktanforderungen (Ziele) Z_n und die Benchmarking-Kriterien K_n dürfen nicht identisch sein. Redundante Kriterien K_n können einen überproportionalen Einfluß auf das Bewertungsergebnis haben. Sie sollten eliminiert werden. Falls die Ausprägungen der Bewertungskriterien quantifiziert und gewichtet werden können, etwa durch eine Rangskala (Punktskala), die Schulnoten von eins bis fünf entspricht, dann lassen sich in den Summenzeilen und -spalten des "House of Projects" Kontrollergebnisse berechnen. Das Bild 3-18 verdeutlicht die Analyse von Gesamtlösungen auf der Basis der Projektspezifikation Z:

1 Grundlage sind die Produktspezifikationen Z_n, in der zwingende Kundenforderungen F_n (notwendige Eigenschaften/Demand Pull) und Kundenwünsche W_n (gewünschte Eigenschaften oder durch zusätzlichen Technology Push erzeugte Wünsche) den Kriterien K_n gegenübergestellt werden.

Die Kriterien K_n dienen zur weiteren Differenzierung zwischen alternativen Gesamtlösungen (Rolstadas 1995, S. 165). Die Produktziele F_n sind zwingende Kundenforderungen, die unbedingt erfüllt werden müssen, um im angepeilten Marktsegment erfolgreich zu sein. Die Mindestanforderungen F_n können allerdings auch übertroffen werden. Das Erfüllen von Wünschen W_n oder das Vorhandensein positiver Zusatzeigenschaften ist die Grundlage dafür, daß man zwischen den alternativen Lösungen differenzieren kann. Lösungsalternativen sind die "*eigene Lösung*" und die Gesamtreferenzlösung (B_{Best}), falls es bereits eine Lösung für die vorliegenden Kundenforderungen gibt. Bei einem hohen Neuheitsgrad (innovatives Projekt) wird das selten der Fall sein. In jedem Fall können Teilreferenzen (b_{1best} bis b_{nbest}) für die günstigsten Ausprägungen einzelner Kriterien in den Vergleich einbezogen werden.

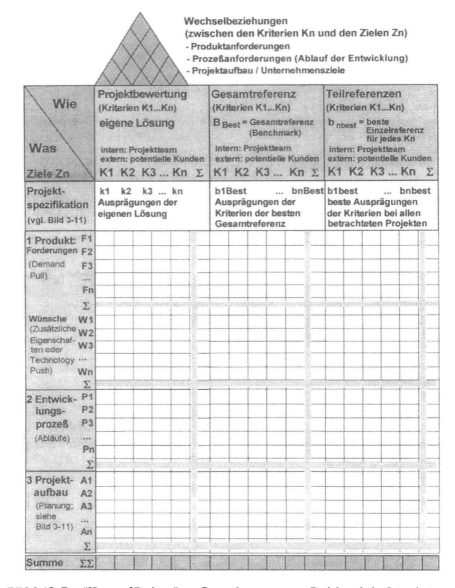

Bild 3-18: Das "House of Projects" zur Gesamtbewertung von Projekten beim Integrierten Benchmarking

3 Integriertes Benchmarking im Produktentwicklungsprozeß

Bei Produkten ist es wünschenswert, daß potentielle Kunden eine Gesamtbewertung durchführen. Das kann durch Kundenbefragungen zur Beurteilung von Prototypen (Funktionsmustern) beziehungsweise vor der Markteinführung durch Pretests erfolgen (Lawton/Parasuraman 1980, S. 22 ff.). Die Referenzprodukte von Konkurrenten sollten im Rahmen der Marktanalyse durch potentielle Kunden bewertet werden. Bei der Bewertung durch Kunden muß man sich bei begrenzter Zeit und begrenztem Kostenbudget auf Schlüsselkriterien konzentrieren. Detailliertere Bewertungen müssen von den Mitarbeitern im Unternehmen durchgeführt werden.

2 Die Projektabläufe (Prozesse) werden durch die Entwicklungsprozeßanforderungen P_n beschrieben. Es handelt sich um die zu Beginn des Projektes geplanten Zeit-, Kosten-, Flexibilitäts- und sonstigen Effizienzeigenschaften des Gesamtprozesses. Der Vergleich dient der Gesamtkontrolle des Projektablaufs. Die Ausprägungen der Kriterien K_n beschreiben die ermittelte Effizienz des Entwicklungs- und Konstruktionsprozesses und ermöglichen einen Benchmarking-Vergleich mit Referenzprozessen.

Die Bewertung der Prozesse erfolgt intern durch die Mitarbeiter des Unternehmens und extern durch die Mitarbeiter der Referenzunternehmen (Benchmarking-Partner). Auf partnerschaftliches Benchmarking ist man bei der Prozeßbewertung unbedingt angewiesen. Die Prozesse von Referenzunternehmen kann man nicht wie Wettbewerbsprodukte kaufen und einer Geräteanalyse unterziehen. Eine gemeinsame Bewertung von Prozessen im Partnerunternehmen verbessert die Vergleichbarkeit der Prozeßdaten und die Lerneffekte bei den beteiligten Mitarbeitern.

3 Die Erfüllung der übergeordneten Projektziele (Planung) kann anhand der Konzepte und des geplanten Projektaufbaus A_n überprüft werden. Es geht dabei zum Beispiel um die Budgetplanung, die Projektfinanzierung oder die Personalplanung, die in der Projektspezifikation festgelegt wurden. Die Kriterien K_n dienen in diesem Bereich ebenfalls zur Differenzierung zwischen dem eigenen Projektaufbau und dem Aufbau von Referenzprojekten. Für den externen Vergleich eines Projektaufbaus ist in der Regel wie bei der Prozeßanalyse partnerschaftliches Benchmarking erforderlich.

QFD (VDI 2247 ff. o. J.; Rolstadas 1995, S. 132) ist als Instrument der strategischen Planung wenig geeignet, wenn man das House of Quality zur strategischen Bewertung zu Beginn eines Projektes einsetzen wollte. Bei einer Dekomposition in Teilprojekte kann der Kundennutzen nicht in Teilprojekte aufgespalten werden. Die potentiellen Kunden interessiert nur der integrierte Nutzen des Produktes bezüglich ihres Bedarfs. Der Ingenieur, Physiker, Chemiker oder Biologe muß demgegenüber technische Teilkomponenten (Systemanalyse) betrachten. Teilkomponenten sollten zunächst losgelöst (Heany/Vinson 1984, S. 29; Specht/Schmelzer 1992, S. 535 f.) vom Kundennutzen der Gesamtlösung analysiert werden. Dabei steht für den Techniker im Vordergrund, daß die Schnittstellen zwischen den Teilkomponenten harmonisch sind und eine morphologische Rekombination alternativer Konzepte möglich ist. Die rekombinierte Gesamtlösung muß unbedingt dem von den Kunden geforderten Gesamtnutzen entsprechen. Um eine solche Gesamtlösung durch Merkmalsausprägungen z_n von Zielkriterien Z_n beschreiben zu können, müßte bereits ein erheblicher Teil des Entwicklungsaufwandes geleistet worden sein. Die Konstruktion, die den Kernbereich der Produktentwicklung bildet, kann man demnach nicht mit der Unterstützung von QFD planen. Deshalb eignet sich QFD nicht für die strategische Planung, sondern im wesentlichen zur Projektkontrolle. Anderer Meinung sind demgegenüber (Hauser/Clausing 1988, S. 69 ff.; Ealey 1994, S. 159; Eder 1995, S. 2 ff.).

QFD ist ein wirkungsvolles Instrument (Kamiske/Hummel 1994, S. 187; Akao 1992, S. 93 und S. 26), um einen Soll-Ist-Vergleich zwischen Gesamtlösungen (Produkte, Prozesse (Russell 1995, S. 8 f.) und Projektaufbau), deren Benchmarking-Referenzen und der Projektspezifikation durchzuführen.

In der Praxis muß die Referenzquelle für das beste Vergleichsprodukt nicht identisch mit der Referenz für den besten (effizientesten) Entwicklungsprozeß sein. Deshalb muß das Modell gegebenenfalls um weitere Spalten zur Bewertung zusätzlicher Einzelreferenzen für Produkte, für Projektabläufe oder für den Projektaufbau ergänzt werden.

Eine weitere, in den Ingenieurswissenschaften seit langem etablierte Bewertungsmethode ist die sogenannte "Signal to Noise Ratio". Das Referenzniveau für das S/N-Verhältnis kann durch Benchmarking bestimmt werden. Dieser Parameter hat, im Rahmen der Taguchi-Methode (Ealey 1994, S. 199) und durch das Qualitätsmanagement für Produkte auch in der Betriebswirtschaftslehre Bedeutung erlangt. Die FMEA Analyse (Failure Mode and Effect Analysis) dient zur präventiven Sicherung von Produkteigenschaften während der Entwicklung. Die Taguchi-Methode ist demgegenüber ein Kontrolinstument, um überprüfen zu können, ob eine Lösung die geforderten Eigenschaften einhält (Specht/Beckmann 1996, S. 168).

Eine weitere Methode der mehrdimensionalen Bewertung für Produkte ist die "multiattribute utility theory" (MAUT), die bereits im Jahre 1950 entwickelt wurde und die auf Ansätzen der Wahrscheinlichkeitstheorie beruht. Neben diesem Ansatz beschreibt Valentin (Valentin 1992, S. 51 ff.) auch die "Fuzzy Set Theory" als Ansatz für die mehrdimensionale Bewertung bei unvollständiger Information.

3 Integriertes Benchmarking im Produktentwicklungsprozeß

3.4 Controlling für Produktentwicklungsprojekte mit Benchmarking

3.4.1 Grundlagen des Projektcontrolling mit Benchmarking

Die Funktion des Controlling beim Benchmarking in der Produktentwicklung besteht darin, auf der Planungsebene (Planungsphase des Projektes) Erfolgsziele (Eilhauer 1993, S. 61) festzulegen, bei der Projektdurchführung Daten (Kennzahlen) (Reichmann 1988, S. 81 ff.) zur Verfügung zu stellen und mit Soll-Ist-Vergleichen eine optimale Kontrolle zu gewährleisten. Das Controlling hat auch in F&E eine Planungs- (Entscheidungs-), eine Realisierungs- und eine Kontrollfunktion (Ebert/Pleschak/Sabisch 1992, S. 138 f.; Fröhling 1990, S. 67).

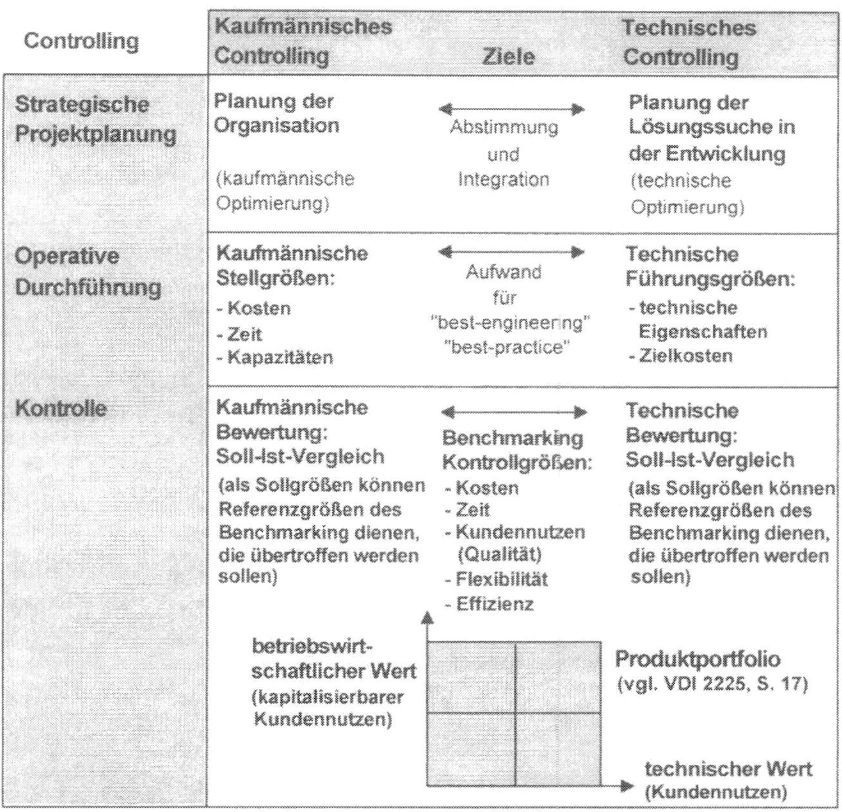

Controlling	Kaufmännisches Controlling	Ziele	Technisches Controlling
Strategische Projektplanung	Planung der Organisation (kaufmännische Optimierung)	Abstimmung und Integration	Planung der Lösungssuche in der Entwicklung (technische Optimierung)
Operative Durchführung	Kaufmännische Stellgrößen: - Kosten - Zeit - Kapazitäten	Aufwand für "best-engineering" "best-practice"	Technische Führungsgrößen: - technische Eigenschaften - Zielkosten
Kontrolle	Kaufmännische Bewertung: Soll-Ist-Vergleich (als Sollgrößen können Referenzgrößen des Benchmarking dienen, die übertroffen werden sollen)	Benchmarking Kontrollgrößen: - Kosten - Zeit - Kundennutzen (Qualität) - Flexibilität - Effizienz	Technische Bewertung: Soll-Ist-Vergleich (als Sollgrößen können Referenzgrößen des Benchmarking dienen, die übertroffen werden sollen)
	betriebswirtschaftlicher Wert (kapitalisierbarer Kundennutzen)		Produktportfolio (vgl. VDI 2225, S. 17) technischer Wert (Kundennutzen)

Bild 3-19: Funktionsebenen des Controlling beim Integrierten Benchmarking in der Produktentwicklung

Bild 3-19 verdeutlicht die Funktionsebenen des Controlling in Beziehung zu den jeweiligen kaufmännischen und technischen Controllingbereichen. Auf der strategischen Planungsebene eines Projektes muß die kaufmännische Optimierung der Projektorganisation so gestaltet werden, daß optimale technische Lösungen gefunden werden können. Bei der operativen Projektdurchführung werden im kaufmännischen Bereich Kosten, Zeit und Kapazitäten als Stellgrößen vorgegeben (Bürgel 1989, S. 7). Im technischem Bereich werden die geforderten Produkteigenschaften und die Zielkosten als Führungsgrößen (Zielgrößen) vorgegeben. Im Bereich der Projektkontrolle dienen die Benchmarking-Kriterien Kosten, Zeit, Kundennutzen (Qualität), Flexibilität oder Effizienz als Kontroll- und Referenzgrößen, um das Ergebnis (Output) und die Durchführung des Projektes bewerten zu können. Wie Bild 3-19 verdeutlicht, kann zur Lösungsbewertung ein betriebswirtschaftlich-technisches Produktportfolio erstellt werden. Das hier betrachtete "Strategische Projektcontrolling in F&E" ist für einzelne Projekte verantwortlich. Demgegenüber ist das "Strategische F&E-Controlling" für die generelle strategische Ausrichtung des F&E-Managements zuständig (Sabisch 1992, S. 3 ff.).

Mit Controlling für ein Integriertes Benchmarking kann man analog Bild 3-20 mit einem minimalen und effizienten Aufwand (Input, Ressourcenverbrauch) einen Prozeß kontinuierlich so regeln (Turney 1989, S. 41), so daß er optimal abläuft und einen optimierten Ertrag (Output) liefert.

Der Controllingprozeß (Günther 1991, S. 51 ff.; Reinhardt 1993, S. 64) für das Integrierte Benchmarking ist ein kybernetischer Prozeß (Wiener 1963), wie er auch bei technischen Prozessen in Form von Regelungstechnik eingesetzt wird. Der Regelkreis besteht aus einem Controller mit integriertem Stellglied, dem zu regelnden Prozeß (Produktentwicklungsprozeß, Regelstrecke) (Watson 1992, S. 18) und einem Meßglied beziehungsweise einem Bewertungsglied. Der Controller hat dabei die Funktion eines Analyse- und Stellgliedes. Er vergleicht die bewerteten (gemessenen) Ergebnisse (Regelgrößen) eines Entwicklungsprozesses mit den Sollzielen (Führungsgrößen) im Pflichtenheft. Dafür wird ein Soll-Ist-Vergleich beziehungsweise ein Plan-Ist-Vergleich (Schnieder 1990, S. 13) mit Hilfe eines Differenzgliedes durchgeführt. Als Stellgrößen stehen dem Controller Kostenbudgets, Zeitbudgets und Kapazitäten zur Verfügung (Stockbauer 1991, S. 138 f.; Tymon/Lovelace 1986, S. 234 f.), die aus den Merkmalsausprägungen (Benchmarks) b_n von internen oder externen Referenzprojekten abgeleitet werden können. Auf der Inputseite (Aufwandseite) läßt sich der Aufwand eines Prozesses als erlaubter Kosten- oder Zeitaufwand budgetieren. Die Ressourcen sind entsprechend dem Aufwand ebenfalls eine Funktion der Kosten und der Zeit. Durch das Kostenbudget und den zur Verfügung stehenden Zeitrahmen wird die Aufbauorganisation von Projekten bestimmt. Das Controlling kann entweder ein Gesamtbudget und die maximale Entwicklungszeit vorgeben; es kann sich aber auch differenziert um die Ressourcenverwendung und die Zeitplanung von Entwicklungsprojekten kümmern. Das hängt davon ab, wie detailliert das Controlling am Projekt beteiligt wird und wie seine Aufgaben abgegrenzt sind. Auf der Outputseite (Ertragsseite) des kybernetischen Modells entsteht durch die kreative Tätigkeit der Mitarbeiter ein Ergebnis. Die Inputfaktoren sind Informationen über

3 Integriertes Benchmarking im Produktentwicklungsprozeß 163

"best-engineering" und "best-practice", die weiteren Projektressourcen und vor allem die Kreativität der Mitarbeiter. Der Output kann durch die Komponenten "Kosten" und "Zeit" bewertet werden:

1. Der Output kann anhand des mit einem Produkt (Prototyp, mit einer Teillösung, einem Prinzip oder einer Idee) realisierten Kundennutzens gemessen werden. Darüber hinaus muß der Gemeinnutzen, den eine Produktentwicklung für andere Projekte hervorbringt, berücksichtigt werden. Der Gemeinnutzen verursacht ebenfalls einen Anteil am Ressourcenverbrauch. In der Praxis werden gewöhnlich weder die davon profitierende Kostenstelle, noch das profitierende Projekt oder der profitierende Produktentwicklungsprozeß mit den Kosten für den Gemeinnutzen belastet. Demzufolge erfolgt auch keine entlastende Gegenbuchung bei dem Projekt, das den Gemeinnutzen erbringt. Jedes Entwicklungsprojekt liefert einen Ausschuß an nicht verwertbarem Output. Der gesamte Output kann monetär bewertet und mit dem Output von Referenzprojekten verglichen werden. Anhand von Zwischenergebnissen (Zwischenkontrollen, Verbrauchsabweichungskontrollen) (Gaiser 1993, S. 105) kann der Output kontinuierlich angepaßt werden.

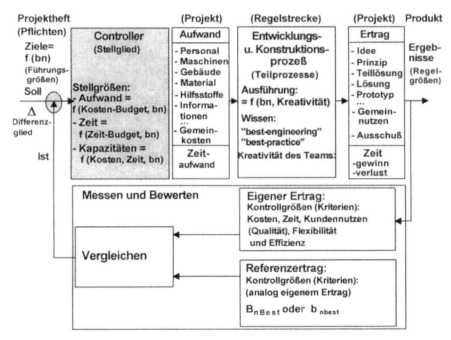

B_{nBest} sind die Merkmale der Bestlösung
b_{nbest} sind die pro Merkmal besten Merkmalsausprägungen von Vergleichslösungen

Bild 3-20: Projektcontrolling für das Integrierte Benchmarking als kontinuierlicher kybernetischer Prozeß

2. Die Gestaltung des Output kann entweder mit einem Zeitgewinn oder einem Zeitverlust verbunden sein, der dem geplanten Zeitaufwand gegenübersteht. Es ist eine kontinuierliche Feinregelung erforderlich, um negative Zeitabweichungen (Zeitverluste) durch Beschleunigen oder Verbessern des Prozesses auszugleichen. Bei kontinuierlichem Controlling (Zwischenkontrollen der Zeitabweichungen) lassen sich Abweichungen frühzeitig erkennen, berücksichtigen oder kompensieren.

Als Kontrollgrößen oder Vergleichskriterien (Meßkriterien) zum Vergleich mit Referenzprozessen stehen neben "Kosten" und "Zeit" auch der "Kundennutzen (die Qualität)" von Produktlösungen im Mittelpunkt. Außerdem kann die "Flexibilität des Entwicklungsprozesses" beurteilt werden, mit der er an Vorgaben des Controlling" angepaßt werden kann. Auch die "Effizienz des Produktentwicklungsprozesses" ist ein wichtiger Kontrollparameter. Die Effizienz läßt sich durch das Verhältnis des Nutzens von Produktlösungen auf der einen Seite zum Gemeinnutzen und zum Ausschuß auf der anderen Seite bestimmen. Die Kontrollgrößen (Ausprägungen von Kennzahlen und qualitative Parameter) des Controllingprozesses können durch den Vergleich mit Benchmarking-Referenzen ermittelt werden. Der Prozeß läßt sich durch das Controlling nur mittels der Stellgrößen "Kosten und Zeit" beeinflussen. Der Kundennutzen der Produkte (Ertrag) kann nicht direkt vom Controlling beeinflußt werden, sofern das Controlling nicht an der Entwicklung beteiligt ist. Controlling kann jedoch die Rahmenbedingungen regeln, damit die Produktentwickler über "best-engineering" und "best-practice" verfügen.

Anders als bei technischen Prozessen ist der Regelkreis für Managementprozesse (Entwicklungsprozesse) nicht durch eine mathematische Übertragungsfunktion (Föllinger/Dörrscheidt/Klittich 1994, S. 60) zu beschreiben, da bei der Messung und Bewertung auch qualitative Kontrollgrößen auftreten können. Es handelt sich um eine quantitativ und qualitativ bestimmte Übertragung der Zielanforderungen auf ein Produkt (Ergebnis). Das Messen und Bewerten kann analog der beschriebenen Bewertungsverfahren erfolgen.

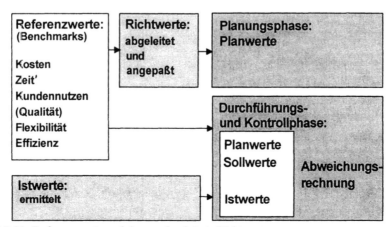

Bild 3-21: Referenzwerte und daraus abgeleitete Richtwerte

3 Integriertes Benchmarking im Produktentwicklungsprozeß

Eine wichtige Aufgabe des Controlling von F&E-Projekten ist die Ableitung von Richtwerten aus Benchmarking-Informationen. Bild 3-21 gibt dazu den grundsätzlichen Ablauf an.

Richtwerte sind anspruchsvolle und zugleich realistische Orientierungs- und Zielwerte für die Planung und Gestaltung von Innovationsprojekten. Sie ergeben sich aus den ermittelten Benchmarks, den Zielen und den spezifischen Bedingungen des Unternehmens.

Benchmarks für die Ermittlung von Richtwerten sind vor allem:
- Bestlösungen für das betreffende Produkt insgesamt (B_{nBest}),
- Bestlösungen für die Realisierung der Produktentwicklungsprozesse (Gesamtprozeß, Teilprozesse)
- Referenzlösungen wichtiger Konkurrenten bzw. vergleichbarer Partnerunternehmen,
- Bestwerte für relevante Produktparameter (b_{nBest} z.B. für Leistungsparameter, Zuverlässigkeit, Umweltverträglichkeit oder Kosten) sowie
- Normen und Standards

Die Umsetzung dieser Benchmarks in Richtwerte erfordert folgende Arbeitsschritte:
- Berücksichtigung der voraussichtlichen Entwicklung der Benchmarks im Planungszeitraum und Ermittlung von Entwicklungstrends,
- Abstimmung mit den strategischen, taktischen und operativen Zielen des Unternehmens (bezüglich der Gesamtentwicklung des Unternehmens und dessen Produktpolitik),
- Anpassung allgemeiner Bestlösungen und Entwicklungstrends an die spezifische Unternehmenssituation und
- Prüfung der Realisierbarkeit der betreffenden Zielgrößen innerhalb einer betrachteten Zielperiode unter Berücksichtigung des verfügbaren bzw. aktivierbaren Potentials des Unternehmens.

Richtwerte können mit zukunftsbezogenen Benchmarks identisch sein, sie können auf einem höheren Anforderungsniveau festgelegt werden als die ermittelten zukunftsbezogenen Benchmarks (Referenzwerte) oder es wird festgestellt, daß die abgeleiteten Richtwerte im betrachteten Zeitraum noch nicht erreicht werden können.

Bild 3-22 verdeutlicht, wie der Output (Ist-Werte) eines Produktentwicklungsprozesses mit Benchmarking-Referenzen verglichen und bewertet wird. Die Plan-Kosten (Kilger/Vikas 1993, S. 242 f.) können auf der Basis interner oder externer Benchmarking-Referenzen bestimmt werden (Plan-Kosten der Vorkalkulation auf Referenzbasis) (Ehrlenspiel/Pahl 1985, S. 328 f.). Die Soll-Kosten entsprechen den Kosten, die zum jeweiligen Zeitpunkt entstanden sein dürften. Die Soll-Kosten entsprechen somit den Kosten, welche bei einem Referenzprojekt entstanden wären, um einen vergleichbaren Kundennutzen (qualitativer Leistungsstand) zu generieren. Die Ist-Kosten sind der kumulierte Aufwand, der tatsächlich entstan-

Die Budgetabweichung ist eine Soll-Ist-Abweichung (Plan-Ist-Abweichung bei einer Planung mit Richtwerten).
Die Verbrauchsabweichung ist eine Plan-Soll-Abweichung. Außerdem kann eine Zeitabweichung (ein Projektverzug) dargestellt werden. Anhand von Meilensteinen kann die zeitliche Soll-Ist-Abweichung im Vergleich zu Referenzprojekten ermittelt werden. Durch eine Prognose mittels Trendexploration (Horváth 1994, S. 419) oder Frühwarnsystem (Coenenberg/Baum 1992, S. 166) kann der voraussichtliche Zeitverzug ermittelt werden. Dazu ist ein kontinuierlicher Projektstatusbericht notwendig. Die Beschleunigung eines Projektes, welches bereits in Zeitverzug geraten ist, kann zusätzliche Kosten verursachen. Zeit und Kosten sind korrelierende Größen (Projektkriterien).

Die Entwicklung (Konstruktion) verantwortet durchschnittlich etwa *70 %* der Material- und Fertigungskosten eines Produktes (o.V. 1993, S. 301; Heil 1993, S. 15; VDI 2235 o. J., S. 3). Daneben ist der Entwicklungsbereich für etwa *6 %* der gesamten Personalkosten verantwortlich. Das entspricht den Personalkosten, die innerhalb der Entwicklungsabteilung (Projekte) anfallen. Außerdem hat die Gestalt des Produktes in der Regel einen Einfluß auf die Kosten aller Verwaltungs- und Vertriebsprozesse des Unternehmens. Von der Lösung (Konstruktionslösung) hängt ab, welche sekundären Kosten während des Integrierten Produktlebenszyklus entstehen. Deshalb ist eine abgestimmte Produkt- und Prozeßkosten- analyse unabdingbar.

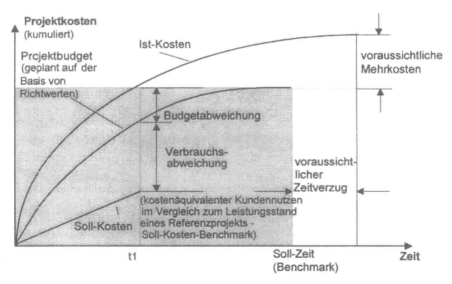

Bild 3-22: Controlling von Projektkosten und Zeitaufwand mit Benchmarking-Referenzen
Quelle: in Anlehnung an Gaiser: Schnittstellencontrolling bei der Produktentwicklung. München: Vahlen, 1993, S. 105

3 Integriertes Benchmarking im Produktentwicklungsprozeß

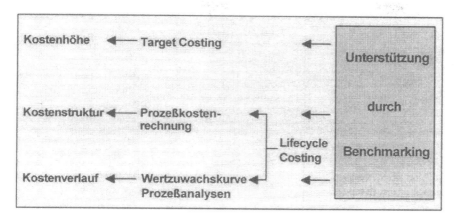

Bild 3-23: Zielbereiche und Instrumente des Kostenmanagements
Quelle: Günther 1996, S. 5

Das Bild 3-23 zeigt, daß Kostenstruktur und Kostenverlauf eines Produktes wesentlich vom Lebenszyklus bestimmt werden. Dabei muß sich die Prozeßanalyse und somit das Lifecycle-Costing auf den Integrierten Produktlebenszyklus (gesamten Systemlebenszyklus) eines Erzeugnisses erstrecken. Der Integrierte Produktlebenszyklus wurde in Abschnitt 2.2.3.1 behandelt. Neben den Lebenszykluskosten sind in gleichem Maße die technischen Produktanforderungen (Parameter) zu berücksichtigen. Deshalb ist das Lebenszykluskonzept ein zentraler Ansatz für das Integrierte Benchmarking.

Bild 3-24 zeigt, wie Benchmarking das Kosten- und Zeitcontrolling unterstützen kann. Ausgehend vom Projektcontrolling wird Produkt- und Prozeßcontrolling eingesetzt. Projekte werden vom Controlling durch Budgets, Zeiten und Kapazitäten gesteuert. Die Budgets (Kostenrahmen) und die zur Verfügung stehende Zeit begrenzt wiederum die Kapazitäten und somit die akquirierbaren Ressourcen. Darüber hinaus bestimmt das Budget den Materialeinsatz. Die Ressourcen lassen sich in die Hauptgruppen Personal, Maschinen und Meßeinrichtungen, Büro und Laborräume (Flächenbedarf) sowie den Informationsbedarf unterteilen. Zu den Informationen zählen auch die Benchmarking-Informationen. Neben der Ressourcenplanung muß der Ressourceneinsatz kontrolliert und eine Auslastungskontrolle (Kontrolle der Beschäftigungsabweichungen) vorgenommen werden. Das Projektcontrolling kann in Produktcontrolling und in Prozeßcontrolling (Ablaufcontrolling) unterteilt werden.

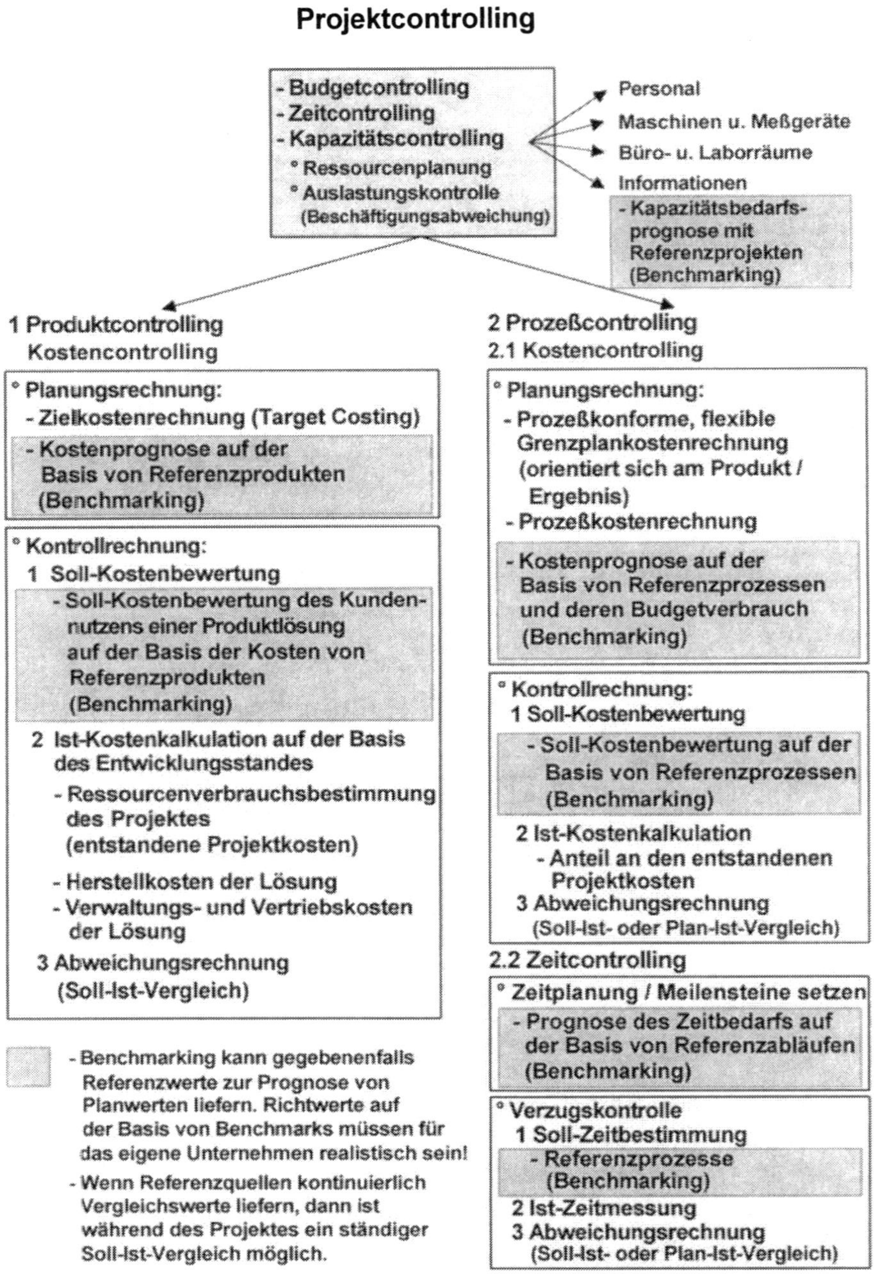

Projektcontrolling

- Budgetcontrolling
- Zeitcontrolling
- Kapazitätscontrolling
  ° Ressourcenplanung
  ° Auslastungskontrolle
    (Beschäftigungsabweichung)

▸ Personal
▸ Maschinen u. Meßgeräte
▸ Büro- u. Laborräume
▸ Informationen

- Kapazitätsbedarfs-
  prognose mit
  Referenzprojekten
  (Benchmarking)

1 Produktcontrolling
Kostencontrolling

° Planungsrechnung:
- Zielkostenrechnung (Target Costing)
- Kostenprognose auf der
  Basis von Referenzprodukten
  (Benchmarking)

° Kontrollrechnung:
  1 Soll-Kostenbewertung
   - Soll-Kostenbewertung des Kunden-
     nutzens einer Produktlösung
     auf der Basis der Kosten von
     Referenzprodukten
     (Benchmarking)
  2 Ist-Kostenkalkulation auf der Basis
    des Entwicklungsstandes
    - Ressourcenverbrauchsbestimmung
      des Projektes
      (entstandene Projektkosten)
    - Herstellkosten der Lösung
    - Verwaltungs- und Vertriebskosten
      der Lösung
  3 Abweichungsrechnung
    (Soll-Ist-Vergleich)

- Benchmarking kann gegebenenfalls
  Referenzwerte zur Prognose von
  Planwerten liefern. Richtwerte auf
  der Basis von Benchmarks müssen für
  das eigene Unternehmen realistisch sein!
- Wenn Referenzquellen kontinuierlich
  Vergleichswerte liefern, dann ist
  während des Projektes ein ständiger
  Soll-Ist-Vergleich möglich.

2 Prozeßcontrolling
2.1 Kostencontrolling

° Planungsrechnung:
- Prozeßkonforme, flexible
  Grenzplankostenrechnung
  (orientiert sich am Produkt /
  Ergebnis)
- Prozeßkostenrechnung

- Kostenprognose auf der
  Basis von Referenzprozessen
  und deren Budgetverbrauch
  (Benchmarking)

° Kontrollrechnung:
  1 Soll-Kostenbewertung
   - Soll-Kostenbewertung auf der
     Basis von Referenzprozessen
     (Benchmarking)
  2 Ist-Kostenkalkulation
    - Anteil an den entstandenen
      Projektkosten
  3 Abweichungsrechnung
    (Soll-Ist- oder Plan-Ist-Vergleich)

2.2 Zeitcontrolling

° Zeitplanung / Meilensteine setzen
   - Prognose des Zeitbedarfs auf
     der Basis von Referenzabläufen
     (Benchmarking)

° Verzugskontrolle
  1 Soll-Zeitbestimmung
   - Referenzprozesse
     (Benchmarking)
  2 Ist-Zeitmessung
  3 Abweichungsrechnung
    (Soll-Ist- oder Plan-Ist-Vergleich)

Bild 3-24: Benchmarking zur Unterstützung des Kosten-, Zeit- und Kapazitätscontrolling

3 Integriertes Benchmarking im Produktentwicklungsprozeß 169

Die in Bild 3-24 betrachteten Controllingparameter sind Kosten und Zeit:

1 "Das Produktcontrolling setzt sich mit der Gestaltung und Regulierung der betrieblichen Leistung auseinander" (Jaspersen 1995, S. 1). An dieser Stelle werden ausschließlich Kosten betrachtet. Bei einem umfassenden *F&E-Controlling* oder einem *Innovations-Controlling* für Produkte müssen alle Produkteigenschaften (Kundennutzen, Produktqualität) untersucht werden (Sabisch 1992, S. 1 ff.). Im Bereich der Planungsrechnung kann eine Zielkostenrechnung (Target Costing), oder es können Kostenprognosen auf der Basis von Benchmarking-Referenzen eingesetzt werden. Benchmarking-Analysen ermöglichen eine Plan-Kostenschätzung auf der Basis von vergleichbaren Produkten oder deren Komponenten. Die Zielkosten (Plan-Kosten) sollten sich zwar an Bestwerten orientieren, aber sie müssen realistisch sein. Im Bereich der Kontrolle der Produktkosten kann ein Soll-Ist-Vergleich vorgenommen werden. Die Ist-Kosten würden entstehen, wenn ein Produkt oder eine Komponente auf der Basis des jeweiligen Entwicklungsstandes abgesetzt würde. Es sind die entsprechenden Vertriebsprozeßkosten zu berücksichtigen (Striening 1989, S. 324 ff.). Analog Bild 3-22 muß der erreichte Kundennutzen bewertet werden, um aus dem aktuellen Entwicklungsstand die Soll-Kosten abzuleiten. Die Soll-Kosten entstünden bei der Vermarktung eines Referenzproduktes oder eines Produktes, welches aus Referenzkomponenten bestehen würde.

2 Prozeßcontrolling besteht, abgesehen von dem hier nicht betrachteten Controlling der Prozeßqualität, aus Kostencontrolling und Zeitcontrolling.

2.1 Als Verfahren der Kostenplanung bieten sich Verfahren auf Vollkostenbasis an. Diese sind die prozeßkonforme, flexible Grenzplankostenrechnung (mit Parallelrechnung der Fixkosten) (Müller 1993, S. 27) und die Prozeßkostenrechnung. Außerdem lassen sich, wenn entsprechende Prozeßreferenzen für generische Abläufe vorhanden sind, Kostenprognosen (Plan-Kostenschätzungen) auf der Basis von Referenzprojekten vornehmen. Die Plan-Kosten (geplante Prozeßkosten) sollten sich an realistischen Richtwerten (Bestwerte für gleichartigen Kundennutzen) orientieren. Bei der Kontrollrechnung, die während der Projektdurchführung abläuft, kann eine Soll-Kostenbewertung auf der Basis des Ressourcenverbrauchs von Referenzprojekten (Referenzabläufen) vorgenommen werden. Der bis zum Kontrollzeitpunkt aufgetretene Ressourcenverbrauch entspricht den Ist-Kosten. Es lassen sich analog Bild 3-22 Soll-Ist- und Plan-Ist-Vergleiche durchführen.

2.2 Bei der Zeitplanung sind Benchmarking-Referenzen eine wichtige Hilfe. Interne und externe Richtwerte für die Dauer von vergleichbaren Prozessen bieten einen Anhaltspunkt für die Planung. Als Hilfsmittel stehen Netzpläne (Netzstrukturen), Balkendiagramme und Meilensteine zur Verfügung (Fischer 1990, S. 307). Meilensteine müssen realistisch gesetzt werden. Die gleichen Hilfsmittel eignen sich auch zur Kontrolle des Projektfortschritts (Verzugskontrolle).

3.4.2 Prozeßkostenrechnung für die Projektplanung mit Benchmarking

Bei der Prozeßkostenrechnung oder dem Activity Based Costing (Horváth 1994, S. 487; Walker 1993, S. 65; Johnson 1988, S. 29; Sakurai/Keating 1994, S. 89) ist der Anteil der mengenabhängigen Kosten (leistungsmengeninduzierte Kosten, die direkt zurechenbar sind), höher als bei der flexiblen Plankostenrechnung. Aus Bild 3-25 wird ersichtlich, welche Kosten gespart werden können, wenn die Kostenplanung auf Prozeßmengen basiert. Wenn man auf der Grundlage von Prozeßmengen plant, dann ist man zu einer höheren Kostentransparenz und zu einer präziseren Analyse der Kostentreiber (Küpper 1995a, S. 201 f.) in einer Kostenstelle gezwungen. Mengenabweichungen werden kritischer analysiert. Die geplanten Prozeßmengen können dadurch auf einer soliden Basis festgelegt werden. So können Kosten vermieden werden, die durch Überkapazitäten (Personal) oder Fehldispositionen (Hilfsstoffe) entstehen. Das zentrale Ziel der Prozeßkostenrechnung ist die Vermeidung von Kosten durch Transparenz. Die verursachungsgerechte Zuordnung von Kosten ist ein sekundäres Ziel. Die von einer Kostenstelle erbrachten Leistungen (Output) können entweder Prozessen (Prozeßmengen) zugeordnet werden oder als Einzelleistungen (Leistungsmengen) ausgewiesen werden. In F&E sind solche materiellen oder immateriellen Leistungsmengen zum Beispiel Ideen, Komponenten von Prototypen, Testsoftware oder Einzelteilzeichnungen.

Von den Kritikern der Prozeßkostenrechnung wird behauptet (vgl. Meinungen, die Koch in Küpper 1995, S. 278, gegenübergestellt und Altenburger 1994, S. 697 ff. mit Horváth/Mayer 1994, S. 701), daß die Prozeßkostenrechnung nur eine Variante der flexiblen Plankostenrechnung sei, bei der lediglich eine differenziertere Aufschlüsselung der Gemeinkosten vorgenommen wird (Kreuz/Meyer-Piening 1986, S. 28 f.). Letztlich bezögen sich beide Kostenrechnungsarten auf Ergebnismengen. Das ist richtig, wenn eine vollständige Berücksichtigung der indirekten Kosten erfolgt. Mittels Verteilungsschlüsseln müssen die fixen Kosten beziehungsweise die leistungsmengenneutralen Kosten (Gemeinkosten) verteilt werden. Außerdem müssen Prozeßzuschlagssätze für jede Kostenstelle und jede Prozeßvariante gebildet werden. Laßmann befürwortet ausschließlich ein klassisches Rechnungswesen. Er hält "... Schlagworte wie Kostenmanagement, activity cost accounting, Target Costing, lean accounting, Benchmarking und ähnliches mehr" (Laßmann 1995, S. 1059) für Modebegriffe, die von geschäftstüchtigen Unternehmensberatern geprägt wurden.

Die Prozeßkostenrechnung ist ebenso wie die flexible Plankostenrechnung auf Vollkostenbasis (Günther 1994, S. 835) nicht für operative Kontrollzwecke geeignet. Beschäftigungsabweichungen (Mengen- und Preisabweichungen), die eine Funktion der variablen, nachfrageabhängigen Outputmengen sind, führen bei beiden Rechnungsarten zu dynamischen Änderungen der Kapazitätsauslastung. Die Prozeßkostenrechnung ist jedoch für die strategische Planung von Produktentwicklungskosten zu verwenden, da sie eine Vollkostenmethode ist. Die Prozeßkostenrechnung ist keine völlig eigenständige Methode, sondern sie basiert auf der Kostenarten- und der Kostenstellenrechnung.

3 Integriertes Benchmarking im Produktentwicklungsprozeß 171

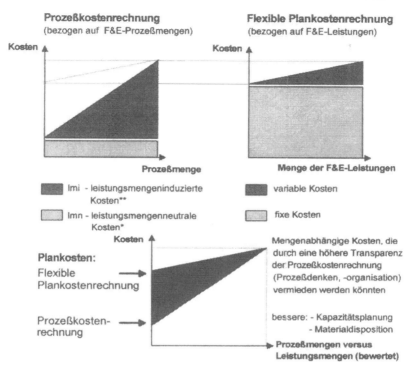

* Leistungsmengenneutrale (indirekte) Kosten sind für einen Benchmarking-Vergleich von Teilprozessen ungeeignet, falls sie sich nicht auf vergleichbare Prozeßergebnisse (Output) beziehen.
** Leistungsmengeninduzierte (direkte) Kosten sind für einen Benchmarking-Vergleich von Entwicklungsprozessen geeignet, wenn generische Abläufe verglichen werden.

Bild 3-25: Proportionales und konstantes Kostenvolumen von Kostenstellen bei der Prozeßkostenrechnung und der flexiblen Plankostenrechnung auf Vollkostenbasis
Quelle: in Anlehnung an Strecker: Prozeßkostenrechnung in Forschung und Entwicklung. München: Vahlen, 1992, S. 39

Die Produktentwicklungsprozesse laufen nach dem Modell des Integrierten Benchmarking innerhalb einer Projektorganisation ab. Deshalb führt man in F&E nahezu eine Vollkostenrechnung durch, wenn man ausschließlich leistungsmengeninduzierte Kosten (Einzelkosten) berücksichtigt. Strategische Entscheidungen auf Basis der Kostenrechnung sollten immer durch eine dynamische Investitions- und Finanzierungsrechnung überprüft werden (Perridon/Steiner 1993, S. 56 ff.). Benchmarking-Referenzen, aus denen Richtwerte für Prozeßkosten abgeleitet werden können, erleichtern bei vergleichbaren Entwicklungsprozessen die Kostenplanung.

Methodische Produktentwicklung ist ein Prozeß, der strategisch geplant werden muß. Als grundsätzliche Annahme kann gelten, daß strategisch geplante Kosten in der Produktentwicklung überwiegend variabel sind. Kapazitäten werden häufig speziell für die Dauer eines Entwicklungsprojektes geschaffen. Somit lassen sich die Kapazitäten speziell an den geforderten Output (Ziele) des Entwicklungsprojektes anpassen. Eine transparent und verursachungsgerecht gestaltete Prozeßkostenrechnung ermöglicht besonders bei kleinen Prozeßmengen große Einsparungspotentiale. Bild 3-25 verdeutlicht dies. In F&E treten vorwiegend kleine Prozeßmengen auf. Durch die Planung auf Basis der Prozeßkostenrechnung lassen sich im günstigen Falle Kosten vermeiden. Voraussetzung dafür ist allerdings, daß Personal, Maschinen oder Material sich entsprechend den benötigten Zeit- oder Mengeneinheiten teilen und zuordnen lassen. Falls etwa von einer bestimmten Prozeßmenge an ein zusätzlicher CAD-Arbeitsplatz eingerichtet werden muß, entsteht in Abweichung zu Bild 3-25 ein stufenförmiger Verlauf der leistungsmengenneutralen Kosten. Es handelt sich dann um abschnittsweise mengenneutrale Kosten. Unternehmen, die über eine Vielzahl gleichartiger Prozesse und Ressourcen verfügen, können in der Regel flexibler disponieren und einen höheren Nutzen aus der Prozeßkostenrechnung ziehen.

In der Forschung und Entwicklung ist die Umlage der mengenneutralen Kosten auf die Ergebnisse fast unmöglich. Prozeßergebnisse wie Ideen, Zeichnungen oder Teillösungen können kaum als homogene Prozeßmengeneinheiten (Output) dargestellt werden. Es wurde bereits erwähnt, daß Projekte und Teilprojekte ohnehin überwiegend Einzelkosten verursachen.

Eine weitere Besonderheit der F&E-Prozeßkostenrechnung ist, daß Prozesse oft nur einmal oder nur wenige Male ablaufen (geringe Wiederholungsrate). In der Produktion von Serienerzeugnissen laufen Prozesse und Teilprozesse für jedes Erzeugnisses (stückbezogen) mindestens einmal ab (Cervellini 1994, S. 66 ff.). Das heißt, es können im Gegensatz zu F&E-Prozessen nachfrageabhängige Beschäftigungsabweichungen auftreten. Für die strategische Kostenanalyse von komplexen Produktionsprozessen muß eine verursachungsgerechte Form der Prozeßkostenrechnung verwendet werden. Es müßten Prozeßkostenindizes auf der Basis von Erzeugnisvarianten (Produktvarianten) (Küpper/Weber 1995, S. 278) und Erzeugnisarten (Produktarten) berücksichtigt werden. Wenn einzelne F&E-Aktivitäten geplant werden, dann ist eine benutzungszeitbezogene Aufteilung von Ressourcen meistens eine verursachungsgerechte Aufschlüsselung der Kosten (Strecker 1992, S. 45) auf die beteiligten Prozesse. Analog zu den schwer vorhersehbaren Beschäftigungsabweichungen bei Produktionsprozessen können bei F&E-Prozessen Entwicklungsschleifen auftreten. Dann müssen Prozeßschritte mehrfach durchlaufen werden. Dadurch verändert sich die Kapazitätsauslastung der Ressourcen.

Für die Prozeßkostenrechnung ist eine möglichst vollständige Aufschlüsselung der Gemeinkosten erforderlich, um einen möglichst hohen Anteil der Kosten direkt zurechnen zu können. Dafür müssen die Prozeßvariablen (Kostentreiber, cost driver) ermittelt werden. Kostentreiber sind Ereignisse oder Variablen, die einen Prozeß auslösen (starten) und dadurch Kosten verursachen. Solche Kostentreiber können nach Reckenfelderbäumer (Reckenfelderbäumer 1994, S. 79 ff.) in der Produktion Erzeugnisvarianten oder Produktnachbesserungen sein. In der Forschung und Entwicklung sind Entwicklungsschleifen und Konstruktionsänderungen Kostentreiber. Vorteil der Prozeßkostenanalyse ist in jedem Fall, daß man ver-

3 Integriertes Benchmarking im Produktentwicklungsprozeß

sucht, die Gemeinkosten einer genaueren Betrachtung (Schlüsselung) zu unterziehen. Dadurch ist deren Beitrag zum Nutzen des Entwicklungsergebnisses (Output) besser zu beurteilen. Nach Franz (Franz 1990, S. 76) kann prozeßorientierte Kostenkalkulation den Konstrukteuren und Entwicklern die Kostenstruktur der Produktentstehung vor Augen führen.

Zur Analyse der Kostenstruktur gehört allerdings auch eine strategische Kostenanalyse des Integrierten Produktlebenszyklus (Life-Cycle-Costing (Pfohl/ Wübbenhorst 1983, S. 142 ff.)) von Produkten und somit der Prozesse, die vom Entwicklungsprozeß abhängen.

Beispiele für ausgewählte Teilprozesse	Kosten pro Kostenstelle lmi - leistungsmengeninduzierte Kosten*						Prozeßkosten der Produktentwicklung
	Nr. 104	Nr. 201	Nr. 311	Nr. 312	Nr. 313	Nr. 314	
Nachfrageanalyse	800	200					1.000
Benchmarkingstudien	300	100	300	200		100	1.000
Ideenfindung	200	300	200	100			800
Prinzip-/Lösungssuche		800	500	400	200		1.900
Bewertung	400	200	200		200		1.000
Zeichnung erstellen				800			800
Prototypenbau / Test	400	400		400	200	3.000	4.400
Gesamtprozeß (Teilkosten / lmi)	2.100	1.800	1.400	1.100	1.200	3.300	10.900
	lmn - Leistungsmengenneutrale Kosten** (hier die Summe der Prozeßzuschläge pro Kostenstelle)						
Σ Zuschläge pro Kostenstelle	300	100	200	250	100	500	1.450
Gesamtprozeß (Vollkosten / lmi + lmn)	2.400	1.900	1.600	1.350	1300	3.800	12.350

* vgl. Bild 3-27 - die Entwicklungskosten (Entwicklungsprozeßkosten) werden in der Kostenträgerrechnung II dem Produkt (Erzeugnis) belastet.

** In der Praxis wird man nur die variablen Kosten (Teilkosten) berücksichtigen, da bei Einzelaufträgen innerhalb von Projekten überwiegend direkt zurechenbare Kosten auftreten. Die Teilprozesse werden bei einem Projekt nur einmal oder nur wenige Male durchlaufen.
Für die strategische Planung und für Benchmarking-Vergleiche reicht in der Regel eine Betrachtung der leistungsmengeninduzierten Kosten aus.

Bild 3-26: Beispiel einer Kostenstellenmatrix für die Prozeßkostenrechnung

Bild 3-26 zeigt eine Kostenstellenmatrix für die Prozeßkostenrechnung. Für alle Teilprozesse eines Entwicklungsprojektes werden die leistungsmengeninduzierten Kosten pro Kostenstelle ermittelt und zusammengefaßt. In der Praxis kann man die so festgestellten variablen Prozeßplankosten als Basis für die strategische Planung der Produkt- und Projektkosten verwenden. Die leistungsmengenneutralen Kosten (indirekte Kosten (Dhavale 1988, S. 43), Gemeinkosten) haben bei Projekten in der Regel einen geringen Anteil. Deren Aufschlüsselung ist nicht unbedingt sinnvoll. In der Planungsphase hat das Projekt viele variable Parameter (Lösungswege und Lösungsalternativen), so daß keine präzise Kalkulation möglich ist. Für die Grobplanung ist bei überwiegend zurechenbaren Kosten eine Planung auf Teilkostenbasis ausreichend. Dafür können Benchmarking-Vergleiche mit Referenzprozessen durchgeführt werden.

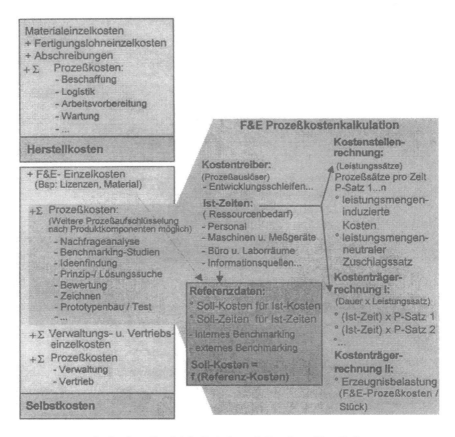

Bild 3-27: Prozeßorientierte Produktkalkulation mit Benchmarking-Referenzen
Quelle: in Anlehnung an Strecker: Prozeßkostenrechnung in Forschung und Entwicklung. München: Vahlen, 1992, S. 44

Bild 3-27 zeigt den prinzipiellen Aufbau einer prozeßorientierten Produktkalkulation. Die Produktkalkulation ist ein sekundäres Verfahren der strategischen Kostenplanung. Die Produktkosten sind kein direktes Ergebnis der Prozeßkostenrechnung. Die Herstellkosten setzen sich aus Materialeinzelkosten, Fertigungseinzelkosten und anteilig zurechenbaren Abschreibungen zusammen. Hinzu kommen die Prozeßkosten der beteiligten Leistungsprozesse. Außer den Herstellkosten müssen die direkt zurechenbaren Einzelkosten wie etwa stückbezogene Lizenzgebühren oder der Marterialverbrauch der Produktentwicklung berechnet werden. Anschließend werden die F&E-Prozeßkosten und die Prozeßkosten für Verwaltung und Vertrieb hinzugezählt. Auslöser der Teilprozesse sind Kostentreiber, die durch die Zahl der Entwicklungsschleifen bestimmt werden. Die Prozeßkostenkalkulation kann in F&E auf der Basis von Ist-Zeiten für den Ressourcenbedarf ermittelt werden (Strecker 1992, S. 45). Die Ist-Zeiten sind die Verrechnungsbasis für Prozeßkostensätze. Bezugsgrößen können dabei zum Beispiel Gerätezeitsätze (Maschinenstundensätze) oder Mannjahre sein. Der Prozeßkostensatz für die Kalkulation muß leistungsmengeninduzierte und leistungsmengenneutrale Kosten der Kostenstelle pro Zeiteinheiten enthalten. Dafür ist eine Analyse der Kostenstellen auf der Basis von Bild 3-26 erforderlich. Es müssen die leistungsmengeninduzierten und leistungsmengenneutralen Kosten der Kostenstellen pro Teilprozeß bekannt sein. In der Kostenträgerrechnung I werden die Ist-Zeiten mit den Prozeßkostensätzen (Leistungssätze) multipliziert. In der Kostenträgerrechnung II werden die Entwicklungsprozeßkosten auf die Absatzmenge umgelegt.

Statt der Ist-Zeiten und der Ist-Kosten kann man geeignete Soll-Werte (auf der Basis von Benchmarking-Referenzen) oder Erfahrungswerte (Vergangenheitswerte) einsetzen. Wenn man die Soll-Kosten auf die geplante Absatzmenge umlegt, dann erhält man die Stückkosten (Referenzstückkosten) auf der Basis von Benchmarking-Referenzen.

3.4.3 Target Costing für die Projektplanung mit Benchmarking

Bild 3-28 zeigt das Target Costing (Seidenschwarz 1991, S. 77) zur Zielwertvorgabe. Die Selbstkosten (Zielkosten) werden auf der Basis von Benchmarks (Soll-Kosten) bestimmt. Wettbewerbsorientierte Zielkosten sollten nicht nur auf der Basis bestehender Produkt- und Prozeßstrukturen (Ist-Kosten) ermittelt werden. Zielkosten sollten auch in Hinblick auf Referenzstrukturen geplant werden (Lewis 1993, S. 45).

1 Bei der Zielkostenanalyse wird zunächst der Marktpreis der besten Wettbewerbsprodukte (Konkurrenzanalyse) oder der besten generischen Referenzlösung ermittelt. Dabei müssen die Ergebnisse von Bedarfsanalysen berücksichtigt werden. Es muß abgeschätzt werden, ob potentielle Kunden bereit sind, den angestrebten Zielpreis zu zahlen. Wenn es kein vergleichbares Produkt gibt, dann kann man sich durch die Preise vergleichbarer Einzelteile oder Teilkomponenten einen Anhaltspunkt verschaffen. Präzise Plankalkulationen sind nur auf der Basis von konkreten Lösungsvarianten möglich (Gerhard 1994, S. 21).

Vom Marktpreis, der von den Stückkosten (Absatzvolumen) abhängt, wird die Differenz zum geplanten Kostenvorteil (strategischer Preisvorteil) subtrahiert. Dabei wird von identischen Produkteigenschaften ausgegangen. Falls das eigene Produktkonzept gegenüber Konkurrenzprodukten (Referenzprodukten) einen höheren Nutzen (Produktqualität) aufweist, kann mit einem Preisaufschlag kalkuliert werden. Das ist allerdings nur möglich, falls die Kunden zusätzliche Produkteigenschaften mit einem höheren Preis honorieren. Vom Marktpreis wird der kalkulatorische Gewinn subtrahiert.

2 Der zweite Teil des Target Costing ist die Verteilung der Zielkosten (Kostenbudget) auf die Produktkomponenten. Für die optimale Verteilung (Ausschöpfung des Kostenpotentials (Klein 1994, S. 323)) der maximalen Selbstkosten (Zielkosten, Target Costs) muß das Produktkonzept in Teilaufgaben (Teilsysteme) gegliedert werden. Die Soll-Kosten von Lösungsvarianten für das einzelne Teilsystem müssen ermittelt werden. Die Soll-Kosten der Teilkomponenten bilden die Basis für die Aufteilung der direkt zurechenbaren, geplanten Einzelkosten. Hauptziel ist die Einhaltung der maximalen Selbstkosten. Alternative Lösungsvarianten erfordern lösungsspezifische Entwicklungsprozesse.

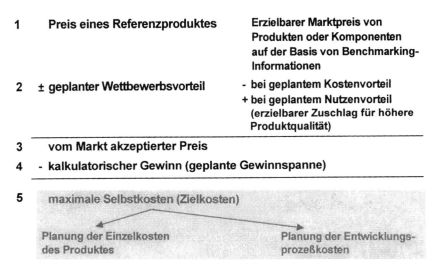

1	Preis eines Referenzproduktes	Erzielbarer Marktpreis von Produkten oder Komponenten auf der Basis von Benchmarking-Informationen
2	± geplanter Wettbewerbsvorteil	- bei geplantem Kostenvorteil + bei geplantem Nutzenvorteil (erzielbarer Zuschlag für höhere Produktqualität)
3	vom Markt akzeptierter Preis	
4	- kalkulatorischer Gewinn (geplante Gewinnspanne)	
5	maximale Selbstkosten (Zielkosten)	
	Planung der Einzelkosten des Produktes	Planung der Entwicklungsprozeßkosten

Bild 3-28: Target Costing zur Verteilung der Selbstkosten auf der Basis von Benchmarking-Referenzen

Bei der strategischen Aufteilung (Top Down-Verfahren) der maximalen Selbstkosten auf die Leistungsprozesse verwendet Paul (Paul/Reckenfelderbäumer 1994, S. 150 ff.) die Prozeßkostenrechnung. Dabei kann Integriertes Benchmarking angewendet werden. Zusätzlich zu einer Optimierung der Teillösungen des Produktes sollten auch Abläufe für Entwicklungs-, Fertigungs-, Verwaltungs- und Vertriebsprozesse verwendet werden. Das lohnt sich vor allem dann, wenn alternative

Prozeßvarianten bestimmt werden. Dabei muß man sich in F&E auf leicht strukturierbare Kernprozesse beschränken. Aufwand und Nutzen der Prozeßkostenanalyse müssen stets abgewogen werden.

Möglichkeiten der CAD (Computer Aided Design) gestützten Kostenanalyse beziehungsweise der Kostensimulation für Lösungsvarianten werden seit langem diskutiert. Sie können heute aber noch nicht als ausgereift bezeichnet werden (vgl. analog zur Simulation der Produktkosten Abschnitt 2.5 sowie Stahl 1995, S. 115). Kostenwachstumsfunktionen (Taubitz 1986, S. 73; Ehrlenspiel/Pahl 1985, S. 94 ff.) gehen von Ähnlichkeitsgesetzen (Gerhard 1971) aus, die auf Maßstabsanalogien zu bekannten Referenzkomponenten (Benchmarking-Referenzen) basieren. Es werden etwa Gewichts-, Volumen- oder Flächeneinheiten als Äquivalenzziffern verwendet, um auf der Basis bekannter Komponenten neue Komponenten zu kalkulieren. Analog dazu könnte man auch Ähnlichkeitsbetrachtungen und Kostenwachstumsgesetze für Prozesse mit unterschiedlichen Prozeßmengen ableiten.

Der im Pflichtenheft angegebene Zielwert für die maximalen Selbstkosten muß unbedingt eingehalten werden. Bei der späteren Kontrolle der tatsächlichen Selbstkosten (Ist-Kosten) eines Produktes sollten die Strukturstücklisten (Scheer 1990, S. 95) der Fertigung verwendet werden.

3.4.4 Ziele, Ressourcen und Leistungspotential des Unternehmens als Rahmenbedingungen für das Projektmanagement mit Benchmarking

Das Leistungspotential eines Unternehmens wird durch Erfolgsfaktoren bestimmt und beeinflußt. Die PIMS-Studien (Profit Impact of Market Strategy) sind Untersuchungen, welche die Abhängigkeit des Unternehmenserfolgs von der Marketingstrategie und von der strategischen Planung für Produktinnovationen dokumentieren. Im Zusammenhang mit PIMS und durch die Veröffentlichungen von Cooper (Cooper/Kleinschmidt 1987, S. 215 ff.) und Kleinschmidt (Kleinschmidt/ Cooper 1991, S. 240 ff.) wurde der Begriff "Erfolgsfaktor" geprägt. PIMS ist ein Projekt, welches in den USA entstanden ist und das kontinuierlich (McCabe/ Donald/Narayanan 1991, S. 347 ff.) weitergeführt wird. Die Ausprägungen der Erfolgskriterien beschreiben und klassifizieren Unternehmen und deren Innovationsprojekte. Es wird der Einfluß der Kriterien auf den Projekt- oder Unternehmenserfolg untersucht. Erfolg kann beispielsweise durch den ROI (Return on Investment) gemessen werden. Die am PIMS-Projekt beteiligten Mitgliedsfirmen können von den Erfolgsmustern anderer Unternehmen lernen (Becker/Müller 1986, S. 250 ff.; Hanssmann/Honold/Liebl 1987, S. 199).

Horváth und andere (Horváth/Herter 1992, S. 10; Hanssmann/Honold/Liebl 1987, S. 207 f.; Bart 1993, S. 187 ff.) zeigen, daß die PIMS-Datenbank (o.V. 1995, S. 9) als Benchmarking-Referenz für die Ausprägungen von Erfolgsfaktoren eingesetzt werden kann. Mit Informationen aus PIMS-Datenbanken ist das Controlling in der Lage, Schlußfolgerungen für die Bedeutung einzelner Erfolgsfaktoren zu ziehen. Das kann hinsichtlich generischer Projekte aus unterschiedlichen Branchen geschehen. Kellinghusen (Kellinghusen/Wübbenhorst 1989, S. 713 f.)

beschreibt in diesem Zusammenhang die Durchführung eines sogenannten PIMS-Audit. Das Controlling könnte auf dieser Basis in der Planungsphase (kybernetischer Planungsprozeß (Coenenberg/Günther 1990, S. 460)) von Projekten Strategie-Benchmarking betreiben. An dieser Stelle muß noch geprüft werden, wie weit sich der Erfolg einzelner Projekte und der Erfolg des Integrierten Benchmarking mit ROI-Kennzahlen oder mit anderen Unternehmenskennzahlen abbilden und bewerten läßt. Lubatkin (Lubatkin/Pits 1983, S. 39 f.; Lange 1982, S. 27 ff.) kritisieren, daß PIMS-Studien nicht detailliert genug sind und die betrachteten Erfolgsfaktoren (Variablen) nur einen Teil des ROI erklären. Außerdem würden die Ergebnisse (Ursachen und Folgen) nicht präzise genug veröffentlicht. Das limitiert den Einsatz von PIMS-Daten als Benchmarking-Referenz.

Bild 3-29 zeigt die Aufgaben und Ziele des Unternehmens- und des Projektcontrolling. Nach Küpper (Küpper/Weber/Zünd 1990, S. 287) sind das Unternehmenscontrolling als zentrales Controlling und das Projektcontrolling als dezentrales Controlling mit besonderer Unterstützungs- und Kontrollfunktion einzustufen. Das Controlling kann als zentrales Controlling, als dezentrales Geschäftsbereichscontrolling, als dezentrales Prozeßcontrolling oder als Bestandteil eines Projektes implementiert sein.

Coenenberg (Coenenberg/Baum 1992, S. 25) definiert die Ziele des Unternehmens als Liquiditätsziele, Erfolgsziele und Erfolgspotentialziele. Günther (Günther 1991, S. 210) untersuchte in einer empirischen Analyse des strategischen Controlling die Bedeutung der analogen Ziele: Liquidität, Gewinn und Wachstum. Aus den Zielen ergeben sich die Aufgaben des Controlling. Zur Abstimmung der globalen Unternehmensziele und der lokalen, untergeordneten Projekt- und Prozeßziele bedarf es einer Koordinationsfunktion. Existenzbedrohungen des Unternehmens infolge nicht rentabler Projekte müssen rechtzeitig von der Unternehmensführung erkannt werden. Deshalb hat das zentrale Controlling in der Regel die Aufgabe, die strategische Planung der Unternehmensziele und der Projektziele zu koordinieren. Außerdem sollte das zentrale Controlling den Entwicklungsprojekten Kennzahlen für Benchmarking-Vergleiche zur Verfügung stellen:

1 Das zentrale Controlling sollte die globalen Ziele des Unternehmens planen sowie die Erreichung der Ziele unterstützen und kontrollieren. Liquidität sichert die Existenz des Unternehmens. Erfolg sichert die Rentabilitäts- beziehungsweise die Gewinnziele. Erfolgspotentiale sind Innovationspotentiale (Wachstumspotentiale), welche die Gewinnvorstellungen (Gewinnziele) der Investoren und Anteilseigner (Shareholder (Skinner 1992, S. 41 ff.)) bestätigen oder verstärken. Ob die Kapitalgeber dabei langfristige oder kurzfristige Gewinnerwartungen haben, beeinflußt die Unternehmensziele. Mit den Gewinnausschüttungen konkurriert die Zielsetzung, die Substanz (Günther 1994, S. 13 f.) des Unternehmens zu sichern und das Eigenkapital zu stärken. Die Erwartungen der Anteilseigner (die am Unternehmen beteiligten natürlichen oder juristischen Personen) können dabei unterschiedlich sein. Anteilseigner erwarten entweder kurzfristige Gewinnausschüttungen, wollen aus steuerlichen Gründen Gewinne im Unternehmen thesaurieren, halten Unternehmensanteile für eine substanzsichernde Anlageform oder sie spekulieren auf

3 Integriertes Benchmarking im Produktentwicklungsprozeß

langfristige Gewinne. Lange Innovationszyklen bei entwicklungsintensiven Produkten setzen in der Regel eine langfristige Planung der Substanzsicherung und Eigenkapitalversorgung des Unternehmens voraus. Die Kapitalausstattung bestimmt einerseits den Personalbestand, den Ausbildungs- und Wissensstand des Personals und die Güte der Personalführung. Andererseits bestimmt die Kapitalausstattung die zur Verfügung stehenden Maschinen, Grundstücke und Gebäude. Ferner ist die Verfügbarkeit von Material und Referenzinformationen von der Finanzierung abhängig.

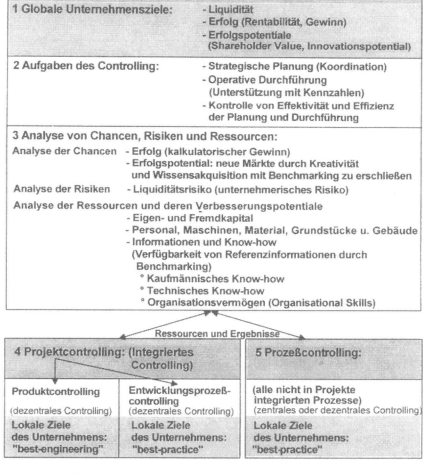

Bild 3-29: Koordination von Unternehmenscontrolling und Entwicklungsprojektcontrolling

2 Das zentrale Controlling hat die Aufgaben strategisch zu planen, die Koordination der Planung zu gewährleisten, das dezentrale Controlling mit Kennzahlen zu unterstützen und die Kontrolle von Effektivität und Effizienz der Planung und Durchführung zu gewährleisten.

3 Das zentrale Controlling muß die Chancen, die Risiken und die zur Verfügung stehenden Ressourcen und Potentiale prüfen. Eine Schätzung der möglichen Rentabilität von Projekten (Projektdeckungsrechnung) basiert zunächst auf dem kalkulatorischen Gewinn. Das Erfolgspotential hinsichtlich zukünftiger Märkte wird durch interne Synergien zwischen eigenen Projekten und durch externe Wissensakquisition (Know-how) bestimmt. Beim Erkennen der Erfolgspotentiale spielt Wettbewerbs-Benchmarking eine wichtige Rolle. Das Liquiditätsrisiko (das unternehmerische Risiko) wird durch die Wahl der Zielmärkte und die Fähigkeiten der Produktentwicklung bestimmt. Thoma (Thoma 1989, S. 170) und Günther (Günther 1994, S. 964 f.) zeigen die Grenzen quantitativer Verfahren für die strategische Projektplanung auf. Daraus ergibt sich ein latenter Unsicherheitsgrad für Investitions- und Finanzierungsentscheidungen. Dieselben Grenzen gelten auch für Frühwarnsysteme (Helfrich 1991, S. 39) und Benchmarking.

Analog dem F&E-Kostenbudget (Budgetierungsstrategien) müssen die Ressourcen auf die Projekte (Produkte und Entwicklungsprozesse) und die sonstigen Prozesse verteilt werden. Die Ergebnisse der Projekte und Prozesse sind zu überprüfen. Dabei kann Strategie-Benchmarking dazu dienen, aus erfolgreicher Projekt- und Prozeßplanung anderer Unternehmen zu lernen.

4 Das dezentrale Projektcontrolling hat eine wesentliche Brückenfunktion, mit der die kaufmännischen und technischen Zielsetzungen von "best-practice" und "best-engineering" erreicht werden kann. Es ist eine hohe Transparenz (Berichtssystem) (Gaiser/Servatius 1990, S. 131) des Controlling gegenüber den Entwicklern und Konstrukteuren erforderlich. Auf diese Weise kann die Effizienz von Controlling und Benchmarking mit dem Ziel unter Beweis gestellt werden, die Akzeptanz betriebswirtschaftlicher Planung in den natur- und ingenieurwissenschaftlichen Arbeitsprozessen zu erhöhen (Whittington 1991, S. 56).

5 Für alle Prozesse, die nicht in Projekte eingebunden sind, kann ein zentrales oder dezentrales Controlling zuständig sein.

Strategische Entscheidungen in der Produktentwicklung sind immer auf der Basis unvollständiger Informationen zu treffen und bergen ein nicht kalkulierbares Restrisiko. Aus Benchmarking-Informationen können Richtwerte für das Projektcontrolling abgeleitet werden. Der Nutzen des Controlling und des Benchmarking müssen stets größer sein als ihr Aufwand.

3.5 Projektmanagement mit Integriertem Benchmarking

Projektmanagement ist die Basis eines integrierten Benchmarking-Konzeptes. Mit einer abgestimmten Projektorganisation können das Produkt (best-engineering) und der Produktentwicklungsprozeß (best-practice) simultan optimiert werden. Integriertes Benchmarking bedarf einer optimierten Strategie (best-concept) und eines ausgefeilten Projektaufbaus (best-organisation). Dabei ist ein optimales Produkt immer das zentrale Benchmarking-Objekt, auf das die Kundenorientierung fokussiert wird. Ein optimaler Prozeß ist ein notwendiges Benchmarking-Objekt, um die Produktziele zu erreichen.

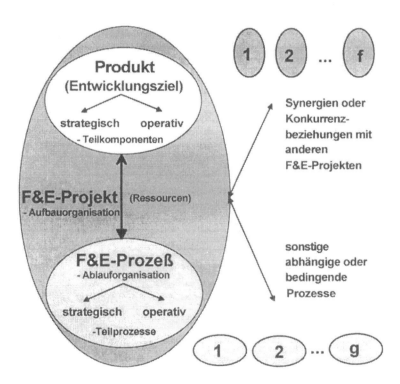

Bild 3-30: Beziehungen der Objekte beim Integrierten Benchmarking

Bild 3-30 verdeutlicht die Beziehungen zwischen den Benchmarking-Objekten bei der integrierten Planung und Umsetzung von Produktinnovationen und Entwicklungszielen. Dabei steht das Produkt beziehungsweise das Produktziel im Mittelpunkt der Betrachtungen. Es gliedert sich in einen Planungsteil (strategische Produktplanung) und einen Realisierungsteil (operative Umsetzung). Die Differenz zwischen den im Planungsteil festgelegten und den im Realisierungsteil umgesetzten Konzepten sollte möglichst gering sein. Der Planungsteil wird im Pflichtenheft beschrieben, und der Realisierungsteil wird durch das fertige Produkt oder durch die Ergebnisse eines Forschungsprojektes repräsentiert. Das Basismodell beruht auf der gegenseitigen Abhängigkeit der Benchmarking-Objekte "Strategie, Projekte (Aufbauorganisation), Produkte und Prozesse (Ablauforganisation)". Integriertes Benchmarking hat das Kernziel, die integrierte Verbesserung von Produkten und der davon abhängigen Prozesse zu erreichen. Produktziel, Entwicklungsprozeß und die sonstigen Prozesse bedingen einander gegenseitig. Daraus ergibt sich die Notwendigkeit einer Optimierung der damit verbundenen strategischen Überlegungen und des Projektaufbaus (Aufbauorganisation).

Tabelle 3-6: Beziehungs- und Korrelationsmatrix zwischen Produktziel und Entwicklungsprozeß

		Produktziel	
		Neues Produktziel	Analoge Lösung existiert
Entwicklungsprozeß	Neuer Entwicklungsprozeß	Neue Produkte und neuer Entwicklungsprozeß bedingen sich gegenseitig	Referenzprodukt bedingt den Entwicklungsprozeß
	analoger Entwicklungsprozeß existiert	Referenzprozeß bedingt die Produktlösung	Referenzlösung und Referenzprozeß bedingen sich gegenseitig

Der F&E-Prozeß besteht aus einzelnen Verrichtungen, welche die Entwicklungs- und Forschungsaufgaben möglichst effizient lösen sollen. Dem F&E-Prozeß sollte ein strategisches Konzept (Plan) zugrunde liegen. In der Praxis hat der F&E-Prozeß einen tatsächlichen operativen Ablauf. Die strategischen Konzepte und die operativen Realisierungsmöglichkeiten für ein Produkt (Entwicklungsziel) müssen miteinander korrespondieren.

Produkt- und Forschungsziele sowie Entwicklungs- und Forschungsprozesse sind Bestandteile eines F&E-Projektes, das ebenfalls aus strategischen und operativen Komponenten zusammengesetzt ist. Dabei bestimmen neben den Projektzielen die Ressourcen den Projektaufbau (Webb 1994, S. 68 f.). Das Projektbudget wird für solche Personal- und Sachmittel verwendet, die zur Planung und Durchführung eines Entwicklungsprojektes notwendig sind. Es müssen möglichst realistische Verbrauchspläne aufgestellt werden. Daraus ergibt sich die Möglichkeit, Projekt-Benchmarks als Planungsgrundlage zu verwenden.

Tabelle 3-6 verdeutlicht die Beziehungs- und Korrelationsmatrix (4-Feldermatrix) zwischen den Benchmarking-Objekten "Produktziel" und "Entwicklungsprozeß". Die in der Tabelle aufgeführten Extremfälle, in denen Produktziel und Entwicklungsprozeß nur einseitig voneinander abhängen, treten in der Praxis nicht auf. In einer 9-Feldermatix lassen sich analog auch die Übergangsfälle darstellen,

3 Integriertes Benchmarking im Produktentwicklungsprozeß

falls die erforderlichen Referenzobjekte nur partiell voneinander abhängen. In jedem Fall aber hängt die Wahl eines geeigneten Entwicklungsprozesses vom Produktziel (Entwicklungsziel) ab. Auch wenn ein Entwicklungsverfahren verwendet wird, das schon bekannt ist, muß es stets dem Ziel angepaßt sein. So muß etwa ein herkömmliches Destillationsverfahren, das zur Entwicklung einer neuen chemischen Substanz beiträgt, an die Aufgabenstellung angepaßt werden. Der Reinheitsgrad der Substanz und somit das Entwicklungsergebnis hängt von der Güte des experimentellen Prozesses ab.

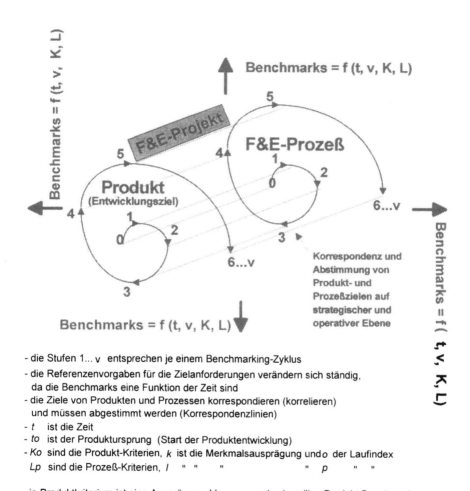

- die Stufen 1... v entsprechen je einem Benchmarking-Zyklus
- die Referenzenvorgaben für die Zielanforderungen verändern sich ständig, da die Benchmarks eine Funktion der Zeit sind
- die Ziele von Produkten und Prozessen korrespondieren (korrelieren) und müssen abgestimmt werden (Korrespondenzlinien)
- t ist die Zeit
- t_0 ist der Produktursprung (Start der Produktentwicklung)
- Ko sind die Produkt-Kriterien, k ist die Merkmalsausprägung und o der Laufindex
  Lp sind die Prozeß-Kriterien, l " " " " p " "

je Produktkriterium ist eine Ausprägung $bk_{obest\,(t,v)}$ das jeweilige Produkt-Benchmark
je Prozeßkriterium ist eine Ausprägung $bl_{pbest\,(t,v)}$ das jeweilige Prozeß-Benchmark

Bild 3-31: Doppelhelix des Integrierten Benchmarking von Entwicklungszielen und F&E-Prozeßzielen

Benchmarking beruht auf dem Lern-Zyklus von Deming (Deming 1993, S. 180 f.). Demnach müssen die miteinander verknüpften Objekte "Produkt" und "Prozeß (Ablauf)" ständig verbessert werden, damit sie helixförmig (Feurer/Chaharbaghi 1995, S. 41, S. 44 und S. 50 f.) einem theoretischen Optimum zustreben, das sie in der Praxis nicht erreichen können. Grundlegend für das in Bild 3-31 dargestellte Doppelhelix-Modell ist, daß Benchmarking beim Produktziel und beim Entwicklungsprozeß durchgeführt wird. Durch Korrespondenzbeziehungen zwischen dem Produkt und dem Prozeß muß sichergestellt werden können, daß die Strategien und die operative Umsetzung der beiden Benchmarking-Objekte koordiniert werden. Die Stufen 1 bis v entsprechen jeweils vollständigen Benchmarking-Zyklen (Prozeßzyklus). Dabei ist die Korrespondenz zwischen den beiden Helixteilen kontinuierlich und nicht auf den Anfang oder das Ende des Benchmarking-Prozesses beschränkt. Bild 3-31 ist eine Vereinfachung. Es wurden nur Korrespondenzlinien zu Beginn und am Ende der Benchmarking-Zyklen v dargestellt, um die Übersichtlichkeit der Darstellung zu gewährleisten.

Das Produkt kann durch K_o (t, v) Kriterien und der Prozeß durch L_p (t, v) Kriterien bewertet werden. Welche Kriterien gewählt werden, hängt von den Zielen und den Lösungsalternativen des Projektes ab.

Dadurch ist auch festgelegt, welches Benchmark (Kriterienausprägung) als Referenz für das jeweilige Kriterium herangezogen wird. Ob die jeweiligen Bestleistungen bekannt sind, hängt von den vorhandenen Informationen und von der Aufgabenstellung ab. Die Benchmarks des "best-engineering" (Produkt) und der "best-practice" (Prozeß) sind mit den optimalen Merkmalsausprägungen der jeweiligen Kriterien identisch. Für jedes Produktkriterium ist eine Ausprägung bk_{obest} (t, v) das jeweilige Produkt-Benchmark, und für jedes Prozeßkriterium ist eine Ausprägung bl_{pbest} (t, v) das jeweilige Prozeß-Benchmark. Die Merkmalsausprägungen $obest$ und $pbest$ sind die Merkmalsausprägungen, die pro Kriterium als Benchmarks (Referenzgrößen) bekannt sind. Die Benchmarks (Zairi/Youssef 1995, S. 15) sind eine Funktion der Zeit t, da sich die Referenzgrößen ständig ändern können. Außerdem sind die Benchmarks von den Benchmarking-Zyklen v abhängig. Will man kontinuierlich Lerneffekte und Verbesserungen berücksichtigen, dann müssen die Benchmarks für jeden Zyklus v neu ermittelt werden. Jedes Projekt läßt sich mit einer Zahl von Kriterien (Projektkriterien) beschreiben und bewerten. Produkt und Prozeß unterliegen nicht direkt den gleichen Kriterien. Die Kriterien des Produktes und des Entwicklungsprozesses können sich beeinflussen.

Alle internen Korrelationen der Produkt- und Prozeßkriterien und die Korrelation zwischen dem Produkt und dem Prozeß ergeben die Gesamtmatrix der Einflüsse. Diese Matrix (analog Bild 3-32) läßt sich ebenfalls allein durch eine heuristische Matrixverknüpfung beschreiben, da Rechenoperationen nur bei rein quantitativen Matrizen möglich sind.

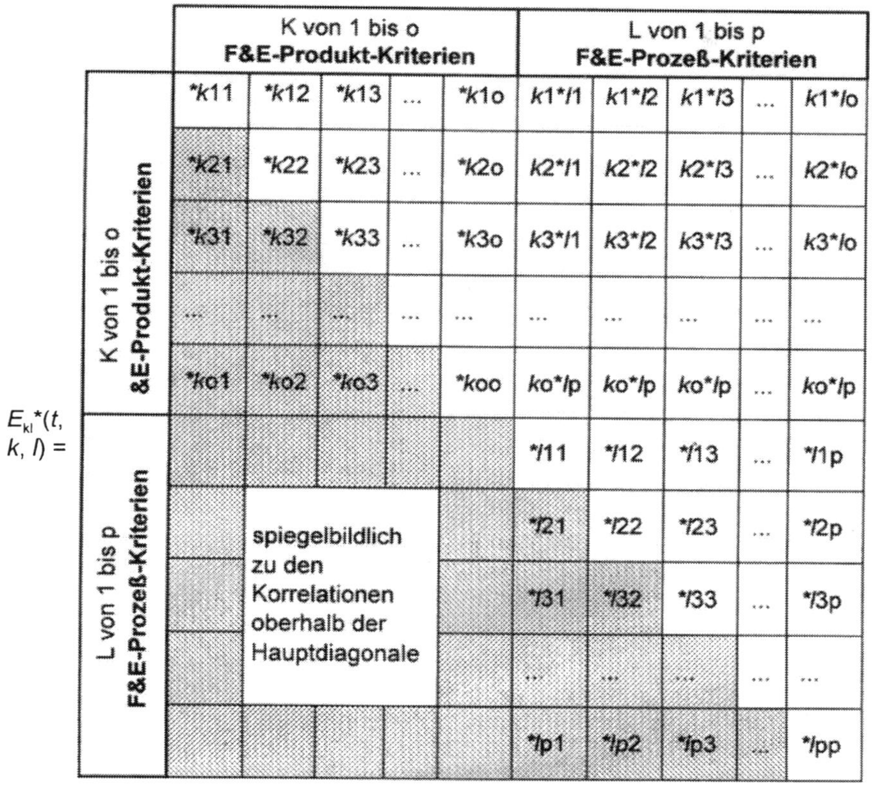

3 Integriertes Benchmarking im Produktentwicklungsprozeß

		K von 1 bis o F&E-Produkt-Kriterien					L von 1 bis p F&E-Prozeß-Kriterien				
$E_{kl}^*(t, k, l) =$	K von 1 bis o &E-Produkt-Kriterien	*k11	*k12	*k13	...	*k1o	k1*l1	k1*l2	k1*l3	...	k1*lo
		*k21	*k22	*k23	...	*k2o	k2*l1	k2*l2	k2*l3	...	k2*lo
		*k31	*k32	*k33	...	*k3o	k3*l1	k3*l2	k3*l3	...	k3*lo
		...	...	...	...	...	...	...	...	...	...
		*ko1	*ko2	*ko3	...	*koo	ko*lp	ko*lp	ko*lp	...	ko*lp
	L von 1 bis p F&E-Prozeß-Kriterien	spiegelbildlich zu den Korrelationen oberhalb der Hauptdiagonale					*l11	*l12	*l13	...	*l1p
							*l21	*l22	*l23	...	*l2p
							*l31	*l32	*l33	...	*l3p
							...	...	...	...	...
							*lp1	*lp2	*lp3	...	*lpp

Bild 3-32: Korrelationsmatrix der Produkt- und Prozeßkriterien

Formel 3-1 verdeutlicht die deskriptive Verknüpfung der Matrixelemente:

$$E_{kl}^* (t, k, l) = E_k^* (t, k) \text{ deskriptiv verknüpft mit } E_l^* (t, l) \qquad (3\text{-}1)$$

In die Korrelationsmatrix (Korrelationstabelle analog Bild 3-32) können die Ausprägungen der Korrelationen quantitativ oder deskriptiv (qualitativ) eingetragen werden. Bei rein quantitativen Korrelationen zwischen den F&E-Produktkriterien K_o und den F&E-Prozeßkriterien L_p läßt sich ein Korrelationskoeffizient berechnen, dessen Wertebereich zwischen 0 und 1 liegt.

Die Benchmarks (dynamische Referenzgrößen) sind zeitabhängig und können sich ständig verändern. Deshalb ist ein kontinuierliches Benchmarking erforderlich, wenn man mit den sich ändernden Anforderungen an das Produkt und an den Prozeß Schritt halten will. Andernfalls ist der Zeitpunkt t_v der Endzeitpunkt des Produktlebenszyklus (Integrierter Produktlebenszyklus; der Klammerausdruck ist synonym, wenn ein Projekt so lange wie ein Produktlebenszyklus dauert.), nachdem man v Benchmarking-Zyklen durchlaufen hat. Auch ohne weitere Verbesserungen (Produkt-Benchmarking) wird das Produkt noch eine Zeitlang abgesetzt werden können, bevor es schließlich vom Markt verdrängt wird. Deshalb ist der Zeitpunkt des Marktaustritts t_w immer größer oder gleich dem Endzeitpunkt t_v des Projektlebenszyklus. Die Projektlebensdauer T beträgt nach Formel 3-2:

$$T = t_v - t_0 \quad \text{und} \quad t_w \geq t_v \qquad (3\text{-}2)$$

Ein Projekt kann in Beziehung zu f anderen Projekten stehen (vgl. Bild 3-30). Diese Projekte können sich in Konkurrenz zu dem betrachteten Projekt befinden. Die Änderung der Unternehmensziele (Zielmärkte), der Marktbedingungen oder Budgetrestriktionen führen eventuell dazu, daß nicht alle geplanten oder laufenden Projekte weiterverfolgt werden können.

Neben der Konkurrenz zu anderen Projekten können sich zwischen unternehmensinternen Projekten Synergien für das interne Benchmarking ergeben. Dadurch kann man den Vorgehenszyklus (Ehrlenspiel 1995, S. 511) und die technischen Lösungen verbessern. Außerdem steht das Projekt in der Regel mit g Prozessen (Managementprozessen) des Unternehmens in Beziehung. Diese können vom Projekt abhängig sein oder es bedingen. Die Finanzierung eines Projektes kann beispielsweise vom Kreditbeschaffungsprozeß abhängen, oder der Serviceprozeß (Kundenservice) hängt von der Produktgestaltung ab. Diese Beziehungen lassen sich durch weitere Korrelationsmodelle beschreiben.

Die Ermittlung und Auswahl der zentralen Einflüsse auf die einzelnen Kriterien ist ein Hauptproblem des Benchmarking in F&E. Bei begrenztem Sach- und Personalaufwand kann man nicht alle Einflüsse auf die Ausprägungen und Benchmarks von Kriterien untersuchen. Die Verfasser haben ein Matrixmodell (vgl. Bild 3-32) der projektinternen Einflüsse entwickelt, um die Komplexität der Korrelationseinflüsse zu verdeutlichen. In der Praxis wäre es wünschenswert, wenn nur wenige Schlüsselkriterien verwendet werden könnten. Analog zur Erfolgsfaktorenforschung müßte untersucht werden, ob es bestimmte Schlüsselfaktoren gibt, mit denen sich Korrelationseffekte zwischen Produkt- und Prozeßkriterien aggregiert beschreiben lassen. Dabei würde das Controlling (Projektcontrolling) eine wesentliche Rolle spielen.

Analogiebetrachtungen und generische Modellanalogien können auch für die strategische Unternehmensführung (hier Strategie-Benchmarking) von Bedeutung sein (Eschenbach/Künesch 1994, S. 6 ff.). Die Entstehung des Doppelhelixmodells für das Integrierte Benchmarking ist dafür ein Beispiel, zu dem man eine Analogie in der Biologie findet (Doppelhelixstruktur der Desoxyribonukleinsäure (Mortimer 1983, S. 545); DNA). Die Benchmarking-Objekte *Produkt* und *Entwicklungsprozeß* können entsprechend dem Doppelhelixmodell simultan analysiert werden.

In der Praxis muß man sich auf die Betrachtung der Kerneinflüsse e_{ij} zwischen Produkten und Prozessen beschränken. Die größten Potentiale des strategisch planbaren Prozeß-Benchmarking liegen in F&E bei standardisierbaren Routineabläufen wie Planungs- oder Verwaltungsprozessen. Hier ist das Strategie-Benchmarking von wachsender Bedeutung. Die Vorgehensweise (der Prozeß) ist im operativen Teil des Gestaltungsprozesses (Konstruktionsprozesses) aber in der Regel von den Produktlösungen abhängig, für die man sich entscheidet. Deshalb können Gestaltungsprozesse nur kurzfristig (operativ) festgelegt und gebenchmarkt werden. In diesem Fall müssen vergleichbare externe Prozeßreferenzen sehr schnell zur Verfügung stehen, was in der Praxis nicht immer möglich ist.

Aus den theoretischen Überlegungen zur Korrelation der Kriterien läßt sich für die Praxis ableiten, daß Benchmarking zur Suche und Bewertung von Produktlösungen sehr viel einfacher angewendet werden kann als zur Verbesserung von Entwicklungsprozessen, bei denen man auf partnerschaftliches Benchmarking angewiesen ist. Das liegt an der Korrelation zwischen Produkt und F&E-Prozeß und an der Reihenfolge der Abläufe im Entwicklungsprozeß. Besonders die operativen Prozesse in der Gestaltung oder Konstruktion sind in der Regel stark von den gewählten Lösungsprinzipien, den besten Lösungen und somit vom Lösungsweg abhängig. Der Zeitraum für die Planung des Gestaltungs- oder Konstruktionsprozesses ist in der Regel viel kürzer als der Planungszeitraum für das Produktkonzept.

In der Praxis wird eine umfangreiche Benchmarking-Studie für den Entwicklungsprozeß in vielen Fällen an einer nicht ausreichenden Planungsdauer scheitern. Das Aufwand-Nutzenverhältnis des Prozeß-Benchmarking muß im Einzelfall den Ausschlag geben. Bei zentralen Lösungsprinzipien für eine Produktkomponente sollte man aber versuchen, den jeweiligen Umsetzungsprozeß (Entwicklungsprozeß) zu analysieren. Ein anschauliches Benchmarking mit dem Ziel zu lernen, "wie" man bei der Gestaltung einer Komponente vorgehen kann, wird in der Regel wichtiger sein als die Analyse von Kennzahlen. Kennzahlenorientiertes Benchmarking kann Schwachstellen und bessere Lösungen durch Indikatoren aufzeigen, aber es ist kein Ersatz für das Verständnis der Funktion alternativer Produkt- und Prozeßlösungen.

In der Praxis muß meistens dieselbe Referenzquelle zur Prozeßanalyse dienen, die auch für die entsprechende Produktlösung verwendet wird. Das gilt besonders dann, wenn es sich um generische Referenzquellen handelt. Voraussetzung ist aber in jedem Fall, daß man methodisch entwickelt und Standardabläufe verwendet. In der Regel wird das Produkt-Benchmarking den Ausgangspunkt des Integrierten Benchmarking bilden, da durch das Produkt die Ziele definiert werden, die durch den Entwicklungsprozeß (den Entwicklungsweg) erreicht werden müssen.

4 Empirische Studien zur Anwendung von Benchmarking in F&E

4.1 Untersuchungsdesign

Von Juni bis Dezember 1995 wurden in Deutschland, England, Japan, Liechtenstein, Österreich und der Schweiz *109* Befragungen von Unternehmen zum Thema F&E-Benchmarking durchgeführt.

Die Daten (*70* Befragungen) der deutschsprachigen Länder Deutschland, Liechtenstein, Österreich wurden in der Annahme zusammengefaßt, daß es zwischen diesen Staaten keine signifikanten Unterschiede bei der Managementkultur von Unternehmen und beim Vorgehen in F&E gibt. Die Ergebnisse aus England (*22* Befragungen) und aus Japan (*17* Befragungen) wurden getrennt ausgewertet.

England wurde in die Befragung aufgenommen, da Benchmarking dort weiter verbreitet ist als in Deutschland. Außerdem orientiert sich das Benchmarking in England sehr stark an den USA. Der hohe Aufwand für persönliche Interviews war unvermeidbar, um Vertrauensbarrieren gegenüber der Untersuchung zu vermeiden.

Über F&E-Benchmarking in Japan lagen bisher fast keine Informationen vor. Deshalb wurden auch in japanischen Unternehmen persönliche Interviews durchgeführt. Die Interviews wurden in Englisch abgehalten, oder es wurde ein japanischer Dolmetscher eingesetzt. Für *17* auswertbare Gespräche war eine zweimonatige Japanreise des Interviewers notwendig.

Zu den hier veröffentlichten Ergebnissen kommt eine Befragung von *24* Unternehmen im Großraum St. Petersburg (Rußland) hinzu. Es wurde ein nahezu identischer Fragebogen in die russische Sprache übertragen. In Rußland gibt es fast keine Benchmarking-Erfahrungen. Allerdings müßte Rußland wegen seiner schwierigen ökonomischen Situation daran interessiert sein, daß seine Unternehmen und Forschungseinrichtungen F&E-Benchmarking betreiben und daß F&E-Kooperationen mit westlichen Unternehmen angestrebt werden. Die Studie ergab interessante Ergebnisse zum Einsatz von Managementmethoden in russischen Unternehmen. Die Ergebnisse sind aber kaum mit den Resultaten der übrigen Länder zu vergleichen. Deshalb wird auf eine Ergebnisdarstellung im Rahmen des F&E-Benchmarking verzichtet.

Wegen der Auswahl benchmarkinginteressierter Unternehmen und wegen des zu geringen Stichprobenumfangs handelt es sich nicht um eine repräsentative Erhebung. Insofern läßt sich keine Aussage darüber treffen, wieviel Unternehmen in den jeweiligen Ländern F&E-Benchmarking betreiben. Im wesentlichen ging es darum, Unternehmen zu befragen, die bereits Erfahrungen im Bereich des F&E-Benchmarking gesammelt haben oder die Interesse am F&E-Benchmarking signalisierten. Ziel der Studie war es, festzustellen, unter welchen Bedingungen F&E-Benchmarking in der Praxis eingesetzt wird oder in welcher Form sich die

Tabelle 4-1: Zusammensetzung der Stichprobe

Land	Zielgruppe (Konzentrationsprinzip)	Fragebögen (Postversand)	verwendbarer Rücklauf
Deutschland, Liechtenstein, Österreich und Schweiz	Teilnehmer an F&E-Benchmarking-Konferenzen	128	54
	Teilnehmer an sonstigen Benchmarking-Konferenzen (allgemeines Benchmarking, Benchmarking im Marketing, im Vertrieb oder in der Produktion)	102	
	Teilnehmer an VDI-Konferenzen zum Thema "Konstruktionsmethodik" (Ingenieurstagungen)	96	16
	Summe (Rücklaufquote 21, 5 %)	326	70
		Zahl der Kontakte	Persönliche Interviews
England	Mitglieder von Benchmarking-Organisationen (Clubs) oder Clearinghäusern	80	22
Japan	Teilnehmer der Benchmarking Promoting Conference in Tokio, Adressen der deutschen Industrie und Handelskammer und Referenzen der Osaka Sangyo University	120	17
Summe der Befragungen (Stichprobenumfang N)			109
Stichprobenumfänge: deutschsprachige Länder $N_d = 70$, England $N_e = 22$ und Japan $N_j = 17$			

Unternehmen dessen Einsatz vorstellen können. Deshalb wurde bei der Stichprobenauswahl das Konzentrationsprinzip (Hammann 1990, S. 112) gewählt.

Für die Untersuchungen in allen hier genannten Ländern wurde ein einheitlicher Fragebogen verwendet:

1. Allgemeine Fragen zum Benchmarking,
2. Allgemeine Fragen zum Benchmarking in F&E und zu den dort eingesetzten Managementmethoden,
3. Fragen zum Prozeß-Benchmarking in F&E,
4. Fragen zum Produkt-Benchmarking in F&E und
5. Allgemeine Fragen zum Unternehmen und zur Person des Befragten.

4 Empirische Studien zum F&E-Benchmarking 191

In England und Japan entfielen einige Teile der Fragen, die dort nicht relevant sind. Das wird anhand der Ergebnisse deutlich. Außerdem wurde in Japan die Prozeßeinteilung des APQC (American Productivity and Quality Center) verwendet. Die befragten Unternehmen sind im Anhang aufgeführt.

Die Auswertung der Ergebnisse basiert auf der Berechnung von Mittelwerten m, relativen Häufigkeiten (in %) und Streumaßen s der Stichproben. Bei einigen Ergebnisdarstellungen wurden bei ordinal skalierten Merkmalen die kumulierten Häufigkeiten der beiden oberen und der beiden unteren Fraktile angegeben. Die Fraktile entsprechen der Zusammenfassung der beiden höchsten oder der beiden niedrigsten Klassen der verwendeten fünfteiligen Ordinalskalen. Es wurden bei den ordinalen Skalen arithmetische Mittelwerte gebildet, obwohl grundsätzlich Mittelwerte "sinnvollerweise" (Bleymüller 1985, S. 13) nur bei metrisch skalierten Daten gebildet werden sollten. Der Mittelwert erlaubt es aber, eine Rangordnung der Merkmale innerhalb eines Fragenkomplexes herzustellen. Im übrigen ist der Modus (die häufigste Merkmalsausprägung oder die am häufigsten besetzte Klasse) der statistische Parameter, welcher bei Ordinalskalen verwendet werden sollte. Es wird davon ausgegangen, daß die Abstände zwischen den Stufen der Ordinalskalen von den Befragten als gleich groß angenommen wurden (Meffert 1992, S. 185). Unter dieser Voraussetzung ist es erlaubt, Rangfolgen auf der Basis arithmetischer Mittelwerte zu bilden. Als Statistiksoftware wurde das Programmpaket SPSS/PC+™ verwendet (Janssen 1994, S. 110 ff.).

Multivariate Analyseverfahren:

1 Eine Clusteranalyse über den gesamten ordinal skalierten Datensatz (deutschsprachige Länder, England, Japan) ergab keine Übereinstimmung zwischen den Wirtschaftsräumen und den gewonnenen Clustern. Da die Daten einer Gleichverteilung auf die Cluster entsprechen, kann man nicht von einer unterschiedlichen Benchmarking-Kultur in den untersuchten Wirtschaftsräumen sprechen. Allerdings ergaben sich signifikante Unterschiede bei einzelnen Merkmalen (vgl. Abschnitt 4.3).
2 Eine Faktoranalyse ergab eine Variablenkombination der untersuchten Managementmethoden und -aufgaben. Da die Clusteranalyse keine kulturellen Unterschiede zwischen den untersuchten Ländern ergab, konnte der gesamte Datensatz mit einer Faktoranalyse untersucht werden. Die Ergebnisse sind in Tabelle 4-4 zusammengefaßt worden.

Statistische Tests:

1 *Chi-Quadrat-Unabhängigkeitstest* (Zweistichprobentest, Janssen 1994, S.27 ff.) Die Ergebnisse wurden bei nominal verteilten Merkmalsausprägungen durch einen Chi-Quadrat-Unabhängigkeitstest auf der Basis von *2x2*-Felder-Tafeln (Vierfeldertafel) überprüft (Hartung 1986, S. 412 ff.). Es wurde die *empirische Teststatistik nach Pearson* verwendet.

2 *Mann-Whitney-U-Test (auf der Basis des Rangsummentests von Wilcoxon)*
Die Unterschiede zwischen den Managementmerkmalen im deutschsprachigen Raum, in England und in Japan wurden mit dem nichtparametrischen Mann-Whitney-U-Test überprüft. Dabei wurde für die einzelnen Merkmale untersucht, ob sie aus einer oder zwei unterschiedlichen Grundgesamtheiten (Unterschiede zwischen den Ländern) stammen (vgl. dazu insbesondere Sachs 1984, S. 230 ff.; Hartung 1986, S. 513 ff. und Janssen 1994, S. 425 ff.).

4.2 Anwendung von F&E-Benchmarking in Deutschland, in Liechtenstein, in Österreich und in der Schweiz

4.2.1 Befragte Unternehmen und ihre Erfahrungen mit Benchmarking

Tabelle 4-2 zeigt die Branchenzugehörigkeit der befragten Unternehmen. Es handelt sich überwiegend um Hersteller von technischen Gebrauchsgütern oder von Investitionsgütern.

Tabelle 4-2: Branchenzugehörigkeit der befragten Unternehmen (deutschsprachiger Raum)

Branchenzugehörigkeit der befragten Unternehmen (betrifft den Geschäftsbereich des befragten Mitarbeiters)			
Branche	Anteil	Branche	Anteil
Fahrzeugbau	17,5%	Computer	2,5%
allgemeiner Maschinenbau	17,5%	Feinmechanik und Optik	2,5%
allgemeine Elektrotechnik	16,0%	Eisen- u. Grundstofferzeugung	2,5%
chemische Industrie	11,5%	Werkzeugmaschinenbau	1,0%
Anlagenbau	6,0%	sonstige	15,0%
Antriebstechnik	4,0%		
Elektronik	4,0%	Summe	100,0%

Bild 4-1 gibt die Größenklassen der befragten Unternehmen im deutschsprachigen Raum wieder. Große Unternehmen sind in der Befragung besonders stark repräsentiert. Das kann darauf zurückgeführt werden, daß diese ihre Mitarbeiter häufiger zu Benchmarking- oder VDI-Seminaren schicken als kleine Unternehmen. Die Teilnehmer der Studie sind überwiegend in Führungspositionen tätig, was bei der Interpretation der Ergebnisse berücksichtigt werden muß. Es kann angenommen werden, daß die Führungskräfte einen Überblick hinsichtlich des Einsatzes von Benchmarking und über die Anwendung von Management-Methoden im F&E-Bereich haben. Zusätzliche Befragungsergebnisse zum Informationsverhalten von Konstrukteuren auf der Sachbearbeiterebene wären eine wichtige Ergänzung zu den vorliegenden Erkenntnissen. Es muß in jedem Fall berücksichtigt werden, welche Auswirkungen die Zusammensetzung der Stichprobe auf die Ergebnisse haben kann. Abteilungsleiter sind zu *48%*, Geschäftsbereichsleiter zu *23%*, Mitglieder der Geschäftsleitung zu *8%*, Gruppenleiter zu *8%*, Projektleiter zu *6%* und Sachbearbeiter zu *6%* vertreten.
Eine ausschließlich technische Ausrichtung ihrer Aufgaben gaben *50 %* der befragten Personen an. Rund *46%* der Personen haben kaufmännische und techni-

sche Funktionen. Nur *4%* der Befragten bezeichneten ihre Tätigkeit als rein kaufmännisch.

Mehr als *75%* der Befragten gaben an, daß Benchmarking zu ihrem Aufgabenbereich gehört. Etwa *83%* der Teilnehmer sahen ihre Arbeitsschwerpunkte in der Forschung oder in der Produktentwicklung.

Über Benchmarking informieren sich fast *80%* der befragten Teilnehmer auf Benchmarking-Tagungen oder Konferenzen. Von den insgesamt *20%* VDI-Konferenzteilnehmern (Konstrukteurstagungen) nannten *25 %* Benchmarking als Teil ihrer Aufgabe. Keiner der VDI-Konferenzteilnehmer informierte sich auf einer Benchmarking-Konferenz.

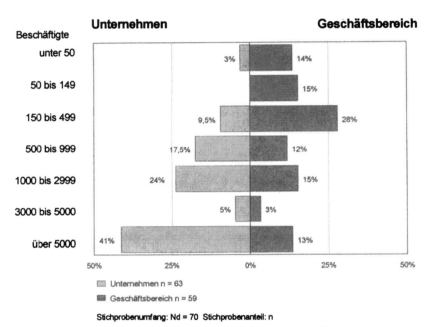

Bild 4-1: Größenklassen der befragten Unternehmen (deutschsprachiger Raum)

Etwa *73%* aller Befragungsteilnehmer lesen Artikel über Benchmarking in Fachzeitschriften, und *52%* der Personen tauschen ihre Benchmarking-Erfahrungen mit Kollegen aus. Der Anteil der Mitarbeiter, denen das Tagesgeschäft Zeit läßt, Benchmarking-Bücher zu lesen, beträgt *42%*. Nur *20%* der Unternehmen pflegen zum Thema Benchmarking einen Gedankenaustausch mit Wettbewerbern oder Unternehmen derselben Branche. Eine unternehmensinterne Benchmarking-Schulung setzen *12%* der deutschsprachigen Unternehmen ein, und über unternehmensinterne Benchmarking-Richtlinien verfügen *6%* der beteiligten Firmen. Keine der befragten Personen machte eine Aussage zur Mitgliedschaft ihres Unternehmens in Benchmarking-Organisationen oder über Kontakte zu Clearinghäusern.

Tabelle 4-3 zeigt die Statistik der F&E-Benchmarking-Projekte, die bei den untersuchten Unternehmen im deutschsprachigen Raum durchgeführt worden

4 Empirische Studien zum F&E-Benchmarking

sind. Es wurde erfaßt, bei welcher Art von Projekten Kontakt zu internen und externen Benchmarking-Partnern aufgenommen worden war. Außerdem wurden die Projekte gekennzeichnet, bei denen ein Wettbewerbs-Benchmarking (Wettbewerbsanalyse) durchgeführt worden ist. Nach sonstigen Referenzquellen, wie zum Beispiel Datenbanken, wurde nicht gefragt. Eine differenzierte Frage über die Datenherkunft und die Verwendung von Referenzinformationen hätte den Umfang des Fragebogens gesprengt. Es besteht bei dieser Frage noch Forschungsbedarf. Etwa *55%* der analysierten F&E-Benchmarking-Projekte beschäftigen sich mit Produkt-Benchmarking und *45%* der Projekte mit der Aufbau- oder der Ablauforganisation in der Forschung oder in der Entwicklung. Es ist besonders bemerkenswert, daß bei *71%* aller Projekte Wettbewerbs-Benchmarking betrieben wurde. In *36%* aller Fälle wurde generisches Benchmarking eingesetzt. Beim Produkt- und Strategie-Benchmarking überwiegt die Wettbewerbsorientierung. Beim Produkt-Benchmarking wurden grundsätzlich Wettbewerber analysiert und gegebenenfalls

Tabelle 4-3 Benchmarking-Projekte in F&E und verwendete Referenzquellen

Benchmarking-Projekte in F&E und Referenzquellen				
Art der angegebenen Benchmarking-Projekte (nach Benchmarking-Objekten)	Zahl der Projekte (Anteil in %)	interner Partner	externer Partner (generisch)	Wettbewerber
Produkt-Benchmarking	33 (48%)	5	7	31
Strategie-Benchmarking	5 (7%)	3	2	4
Zwischensumme	38	8	9	35
Prozeß-Benchmarking (Projektablauf)	15 (22%)	5	9	7
Organisations-Benchmarking (Projektaufbau)	16 (23%)	6	7	7
Zwischensumme	31	11	16	14
Summe für alle Projekte	69 (100%)	19	25	49
Häufigkeit des Partnereinsatzes in %		27%	36%	71%

Stichprobenumfang: N_d = 70 befragte Unternehmen, es wurden 69 Projekte analysiert, bei den Referenzquellen waren Mehrfachnennungen möglich weitere, nicht konkurrenzbezogene Referenzquellen hinzugezogen. Demgegenüber ist beim Prozeß- und Organisations-Benchmarking die Orientierung an generischen Quellen genauso häufig vertreten wie die Wettbewerbsorientierung. Insgesamt kann festgestellt werden: Das partnerschaftliche und das generische Benchmarking haben sich im F&E-Bereich der analysierten Unternehmen bisher noch nicht umfassend durchgesetzt.

Die befragten Unternehmen wurden gebeten, die Anzahl der durchschnittlich beteiligten externen Benchmarking-Partner anzugeben. Diese Frage ist nur sehr selten beantwortet worden. Deshalb muß auf eine Auswertung verzichtet werden. Unternehmen, die diese Frage beantworteten, gaben eine Spannweite von einem bis zu zehn Benchmarking-Partnern an.

Bild 4-2 zeigt, wie lange sich die befragten Unternehmen bereits mit Benchmarking beschäftigen. Die Frage wurde nur den Unternehmen gestellt, die an Benchmarking-Konferenzen teilnahmen. Auffallend ist, daß sich die befragten Unternehmen in F&E im Durchschnitt noch nicht so lange wie in anderen Unternehmensbereichen mit Benchmarking beschäftigen. Den VDI-Konferenzteilnehmern wurde diese Frage nicht gestellt. Durch eine modifizierte Frage konnte festgestellt werden, daß sich *19%* der Unternehmen von VDI-Konferenzteilnehmern bereits mit Benchmarking in der Forschung und *50%* dieser Gruppe mit Benchmarking in der Produktentwicklung beschäftigt hatten.

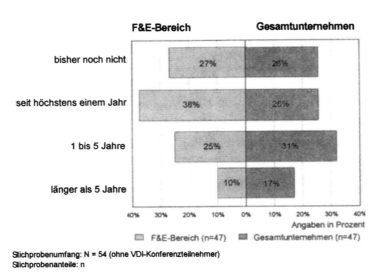

Bild 4-2: Zeitraum, in welchem sich die befragten Unternehmen mit Benchmarking beschäftigt haben

Bild 4-3 zeigt, daß zwei Drittel der Unternehmen ein F&E-Benchmarking-Projekt planten, ein solches durchführen oder mindestens eines abgeschlossen haben. Das Bild vermittelt den Eindruck, es würden in F&E relativ mehr Projekte durchgeführt als in anderen Funktionsbereichen der Unternehmen. Die Stichprobe ist aber

4 Empirische Studien zum F&E-Benchmarking 197

nicht repräsentativ für die Gesamtunternehmen, da überwiegend Mitarbeiter aus F&E-Bereichen befragt wurden.

Nach einer Studie von Kienbaum (o.V., Benchmarking 1996, S. K1) führen mehr als *50%* der umsatzstärksten Unternehmen in Deutschland Benchmarking durch. Die vorliegenden Ergebnisse der Kienbaumstudie ermöglichen jedoch keine speziellen Aussagen über das F&E-Benchmarking.

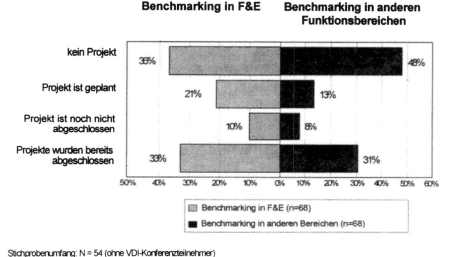

Bild 4-3: Anteile der Unternehmen, die Benchmarking-Projekte abgeschlossen haben, durchführen oder planen

In einer offenen Frage wurde ermittelt, warum Unternehmen bisher kein Benchmarking durchführen. Als Gründe wurden angegeben:

- geringe Kenntnisse, fehlende Systematik (15 Nennungen $\hat{=}$ 21 % von $N_d = 70$)
- andere Prioritäten, andere Methoden (7 Nennungen $\hat{=}$ 10 % von $N_d = 70$)
- Zeitmangel (5 Nennungen $\hat{=}$ 7 % von $N_d = 70$)
- unbekannter Nutzen, fehlende Überzeugung
- Umsetzungsproblem in kleinem Unternehmen
- das Finden geeigneter Benchmarking-Partner
- Gefahr des Know-how Verlustes
- das Warten auf den Einsatz im Konzern

Bemerkenswert ist, daß mangelndes Methodenwissen *21%* der befragten Unternehmen davon abhält, Benchmarking zu betreiben. Bei der Grundgesamtheit aller Unternehmen ist zu erwarten, daß der Anteil von Firmen, denen Methodenwissen fehlt, erheblich höher ist, da die befragten Unternehmen sich bereits überdurchschnittlich für das Benchmarking interessieren (Konzentrationsstichprobe).

Bild 4-4 vermittelt einen Überblick über allgemeine Standpunkte der befragten Unternehmen zum Einsatz des Benchmarking. Hervorzuheben ist, daß die überwiegende Mehrheit der Befragten dem Benchmarking eine hohe, bleibende Bedeutung - vor allem in Kombination mit anderen Management-Methoden - beimißt. Auch in kleinen und mittelständischen Unternehmen wird die Anwendung des Benchmarking für möglich gehalten.

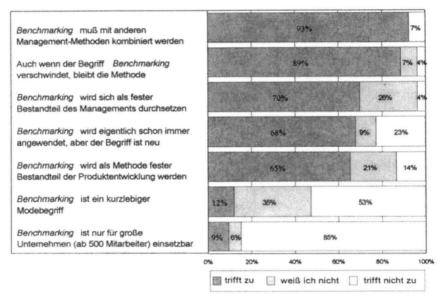

Stichprobenumfang: N = 54 (ohne VDI-Konferenzteilnehmer)

Bild 4-4: Allgemeine Standpunkte zum Benchmarking

4 Empirische Studien zum F&E-Benchmarking

4.2.2 Anwendung des Benchmarking und anderer Managementmethoden in F&E

Bild 4-5 zeigt die Bedeutung der in F&E verwendeten Management- und Organisationsmethoden nach der Häufigkeit ihrer Anwendung. Über die Kombination von Benchmarking mit diesen Methoden informiert Bild 4-6. Am häufigsten wird Benchmarking mit "Wettbewerbsanalysen" (*39%*), "Analysen von Konkurrenzprodukten" (*39%*), "Nachfrageanalysen" (*31%*) und mit "Technologieanalysen" (*fast 25%*) kombiniert.

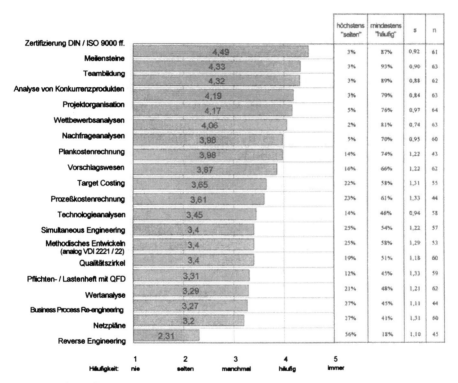

Bild 4-5: Anwendung von Management- und Organisationsmethoden in F&E

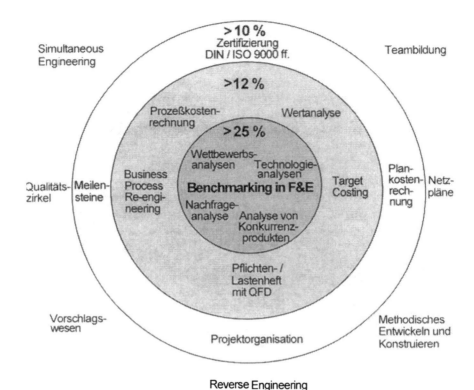

Bild 4-6: Anwendung von Management- und Organisationsmethoden in Kombination mit F&E-Benchmarking (Anteile der Unternehmen, die Benchmarking mit den aufgeführten Managementmethoden kombinieren)

Bild 4-7 zeigt die Nutzenbewertung und die Anwendung der Benchmarking-Arten in F&E und im Gesamtunternehmen:

Im F&E-Bereich wird dem Produkt-Benchmarking von *54%* der Unternehmen ein Nutzen beigemessen, und beim Prozeß-Benchmarking wird von *51%* der Firmen ein Nutzen erwartet. Auch das Strategie-Benchmarking beurteilen *43%* der Befragten positiv. Allerdings stehen dem Strategie-Benchmarking etwa *20%* der Firmen sehr skeptisch gegenüber. Etwa *50%* der Unternehmen wenden Produkt-Benchmarking in der Entwicklung an. Demgegenüber wird Produkt-Benchmarking nur von *10%* der Unternehmen in der schlechter strukturierbaren Forschung eingesetzt (von den befragten $N = 70$ Personen gaben *43%* an, sie hätten Aufgaben in der Forschung). Etwa *34%* der Unternehmen wenden F&E-Prozeß-Benchmarking in der Entwicklung an. Sowohl beim Produkt- als auch beim F&E-Prozeß-Benchmarking geben mehr als *40%* der Unternehmen eine Projektabhängigkeit des Nutzens an.

4 Empirische Studien zum F&E-Benchmarking

Im Gesamtunternehmen wird Prozeß-Benchmarking von *69%* der befragten Unternehmen als nutzbringend eingestuft, und die Hälfte der Unternehmen behauptet, es bereits anzuwenden. Auch das Produkt-Benchmarking hat für *60%* der Befragten eine große Bedeutung. Insgesamt wird der Nutzen des Benchmarking im Gesamtunternehmen etwas günstiger eingeschätzt als dessen Nutzen im F&E-Bereich. Das kann neben anderen Einflüssen auch daraus resultieren, daß Benchmarking im F&E-Bereich noch nicht so lange angewendet wird wie im Gesamtunternehmen. Insofern fehlt es möglicherweise an Benchmarking-Know-how.

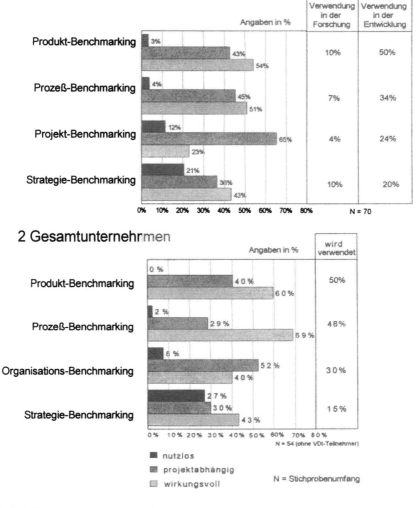

Bild 4-7: Nutzenbewertung und Anwendung der Benchmarking-Arten entsprechend der Benchmarking-Objekte in F&E und im Gesamtunternehmen

4.2.3 Anwendung des Prozeß-Benchmarking

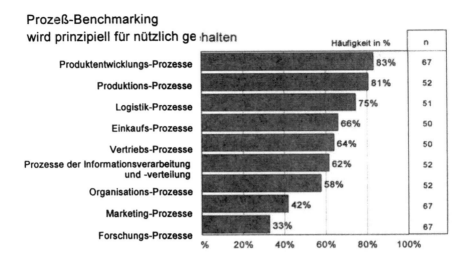

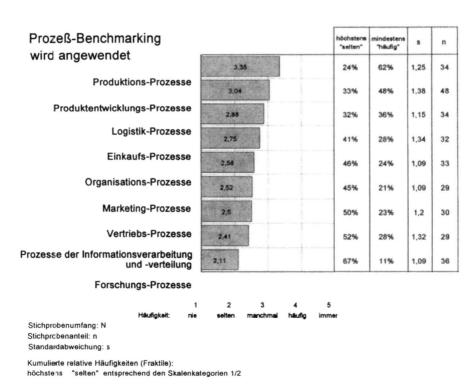

Stichprobenumfang: N
Stichprcbenanteil: n
Standardabweichung: s

Kumulierte relative Häufigkeiten (Fraktile):
höchstens "selten" entsprechend den Skalenkategorien 1/2
mindestens "häufig" entsprechend den Skalenkategorien 4/5

Bild 4-8: Nutzenbewertung und Anwendung des Prozeß-Benchmarking in unterschiedlichen Funktionsbereichen des Unternehmens

4 Empirische Studien zum F&E-Benchmarking

Bild 4-8 zeigt die Nutzenbewertung und Anwendung des Prozeß-Benchmarking im Gesamtunternehmen. Zu beachten ist, daß die Einschätzung aus der Sicht von Mitarbeitern erfolgte, die ihren Aufgabenschwerpunkt überwiegend in der Forschung oder in der Entwicklung haben. Prinzipiell halten etwa *83%* der befragten Unternehmen Benchmarking-Analysen bei Produktentwicklungsprozessen für nützlich. Aber das Prozeß-Benchmarking wird in der Entwicklung im Durchschnitt nur "manchmal" angewendet. Nur *33%* der Unternehmen halten Prozeß-Benchmarking in der Forschung für hilfreich. Benchmarking wird in diesem Bereich nur sehr "selten" angewandt. Die größte Bedeutung hat das Benchmarking im übrigen bei Produktions- und Logistikprozessen, wo es ebenfalls "manchmal" eingesetzt wird. Dem Produktionsprozeß-Benchmarking attestieren *81%* und dem Logistik-Benchmarking *75%* der befragten Unternehmen, daß es nutzbringend sei.

Tabelle 4-4: Probleme bei der Suche und Auswahl von Benchmarking-Partnern

Art des Problems	relative Häufigkeiten n / N_d
Mangel an Geheimhaltung, Vertrauen und Offenheit	34 %
Finden geeigneter Partner, die gleichzeitig zum Benchmarking bereit sind (Partneridentifizierung)	16 %
Vergleichbarkeit und Abgrenzung von Prozessen; Übertragbarkeit von Ergebnissen	13 %
Aufwand der Partnersuche	10 %
mangelnde Benchmarking-Kompetenz	4 %

Stichprobenumfang: N = 70 befragte Unternehmen, Mehrfachnennungen möglich

Tabelle 4-4 stellt die Probleme dar, die bei der Partnersuche für das F&E-Prozeßbenchmarking am häufigsten auftreten.

Es entspricht der allgemeinen Erwartung, daß das Geheimhaltungsproblem beim F&E-Prozeß-Benchmarking im Vordergrund steht. So beeinflussen die speziellen Geheimhaltungsprobleme beim Produkt-Benchmarking möglicherweise auch die Einschätzungen für das Prozeß-Benchmarking. Die Geheimhaltungsprobleme beim Produkt-Benchmarking sind nicht separat erfaßt worden. Bemerkenswert ist, daß *4%* der befragten Unternehmen mangelnde Benchmarking-Kompetenz einräumen. Bei einer repräsentativen Stichprobe dürfte dieser Anteil weit höher sein.

Tabelle 4-5 zeigt allgemeine Implementierungsprobleme des F&E-Prozeß-Benchmarking. Das Messen und Bewerten von Prozessen, die Aufwand-Nutzen-Relation, die Qualifikation der Mitarbeiter (Benchmarking-Know-how) und die Akzeptanz des Benchmarking durch die Mitarbeiter werden von jeweils rund 15% der Befragten als Barrieren für die Implementierung angegeben. Die mangelnde Akzeptanz gegenüber Ergebnissen von Benchmarking-Studien ist bemerkenswert.

Tabelle 4-5: Allgemeine Implementierungsprobleme des F&E-Prozeß-Benchmarking

Art des Problems	relative Häufigkeiten
Messen und Bewerten von Prozessen	16%
Aufwand-Nutzen-Relation	14%
Qualifikation der Mitarbeiter	14%
Akzeptanz durch die Mitarbeiter (Ergebnisse von Benchmarking-Studien und Benchmarking als Methode)	13%
Vergleichbarkeit von Prozessen	9%
dauerhaftes Etablieren der Methode	3%
Bestimmung von Zielvorgaben	3%

Stichprobenumfang: N = 70 befragte Unternehmen, Mehrfachnennungen möglich

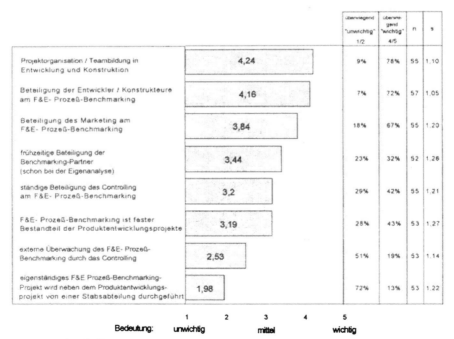

Bild 4-9: Bedeutung einiger Voraussetzungen für das F&E-Prozeß-Benchmarking

4 Empirische Studien zum F&E-Benchmarking

Bild 4-9 zeigt die Bedeutung einiger Voraussetzungen für das F&E-Prozeß-Benchmarking. Die Projektorganisation und die Teambildung sowie eine Beteiligung der Entwickler/Konstrukteure am Benchmarking werden überwiegend als wichtig angesehen. Daß diese beiden Merkmale von allen Befragten grundsätzlich als wichtig eingestuft wurden, ist ein bemerkenswertes Ergebnis. Eine Beteiligung des Marketings wird nicht immer als notwendige Bedingung betrachtet. Hervorzuheben ist ferner, daß einer ständigen Beteiligung des Controlling am F&E-Benchmarking nur mittlere Bedeutung beigemessen wird. Eine Integration des Benchmarking in dezentrale Produktentwicklungsprojekte wird gegenüber einer separaten Durchführung des Benchmarking in spezialisierten Stabsabteilungen bevorzugt.

4.2.4 Anwendung des Produkt-Benchmarking

Bild 4-10 klassifiziert Aussagen zur Bedeutung des Produkt-Benchmarking. Es überrascht nicht, daß fast alle befragten Personen der Meinung sind, daß Benchmarking Teillösungen für neue Produkte liefern kann. Demgegenüber kombinieren nach Bild 4-6 weniger als *10%* der Unternehmen Benchmarking mit dem methodischen Entwickeln. Das methodische Entwickeln setzt eine *systematische Suche und Integration* von Teillösungen voraus. Daraus darf allerdings nicht der Schluß gezogen werden, daß die befragten Unternehmen eine *zufällige Integration* von Teillösungen bevorzugen.

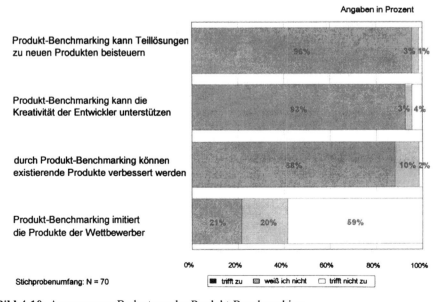

Bild 4-10: Aussagen zur Bedeutung des Produkt-Benchmarking

Hervorzuheben ist, daß etwa *93%* der Befragten der Meinung sind, daß Benchmarking die Kreativität der Entwickler unterstützen kann. Es wurde allerdings bei der Befragung nicht zwischen einer systematischen Förderung von Kreativität und einer Verstärkung von Intuitionen unterschieden.

Zur Produktverbesserung existierender Produkte kann Benchmarking nach der Meinung von *88 %* der Befragten beitragen. Die Behauptung, daß Produkt-Benchmarking die Produkte der Wettbewerber imitiert, wird von *59%* der Unternehmen verneint, aber *21%* halten diese pauschale Behauptung für zutreffend.

Bild 4-11 zeigt eine Einschätzung wichtiger Akzeptanz- und Realisierungsprobleme beim Produkt-Benchmarking. Generell wird den aufgeführten Akzeptanz- und Realisierungsproblemen nur eine mittlere Bedeutung beigemessen:

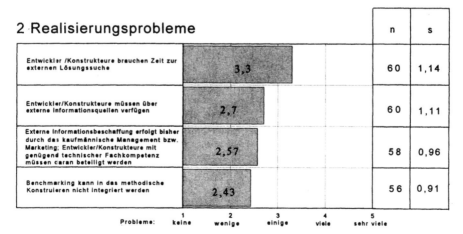

Stichprobenumfang: Nd = 70
Stichprobenanteil: n
Standardabweichung: s

Bild 4-11: Akzeptanz- und Realisierungsprobleme des Produkt-Benchmarking

4 Empirische Studien zum F&E-Benchmarking

Die meisten Akzeptanzprobleme werden für das Produkt-Benchmarking bei der Kooperationsbereitschaft von Benchmarking-Partnern angegeben. Kulturelle Unterschiede zwischen Entwicklern und Konstrukteuren räumen einige Personen ein. Akzeptanzproblemen wird bei der Übernahme fremder Lösungen und Teillösungen einige Bedeutung beigemessen. Die befragten Personen gaben an, daß die an Projekten beteiligten Kaufleute und Konstrukteure in gleichem Umfang "wenige bis einige Akzeptanzbarrieren" gegenüber dem Produkt-Benchmarking haben. Obwohl den Akzeptanzbarrieren auf der Basis der vorliegenden Untersuchung keine überragende Bedeutung beigemessen werden kann, sollten sie nicht unterbewertet werden. Die Befragungsergebnisse können verzerrt sein, da die Stichprobe nicht repräsentativ ist.

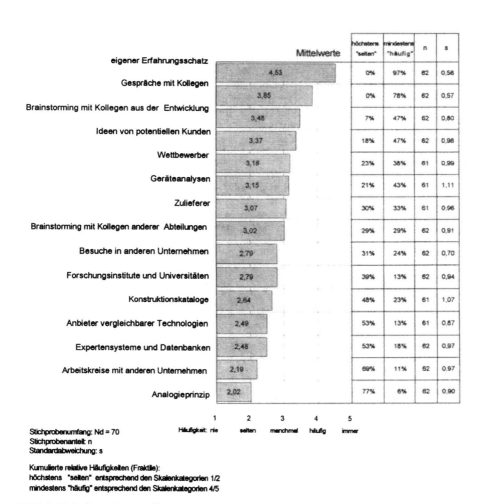

Bild 4-12: Informationsquellen von Entwicklern und Konstrukteuren bei der Lösungssuche

Realisierungsprobleme werden bei der Informationssuche (Lösungssuche) gesehen. Entwickler und Konstrukteure haben einige bis viele Probleme, genügend Zeit für die Suche nach externen Lösungen aufzubringen. Ein Mangel an Informationsquellen wird von den Entwicklern nicht als gravierendes Realisierungsproblem angesehen. Auch die Zusammenarbeit (Schnittstelle) zu den Kaufleuten ist scheinbar kein bedeutendes Hindernis bei der Informationsbeschaffung. Für eine Integration des Produkt-Benchmarking in das methodische Konstruieren werden nur wenig Probleme angegeben.

Bild 4-12 ist ein Überblick für die wichtigsten Informationsquellen, die Entwickler und Konstrukteure bei der Lösungssuche verwenden.
Es zeigt sich, daß das Informationsverhalten von Entwicklern und Konstrukteuren überwiegend auf dem eigenen Erfahrungsschatz und auf internem Referenzwissen beruht. Mit Kollegen im eigenen Unternehmen gibt es häufig einen Gedankenaustausch. Ein systematisches Brainstorming mit Kollegen aus der Entwicklung findet gelegentlich statt. Es ist bemerkenswert, daß Ideen von potentiellen Kunden, Wettbewerbsanalysen, Geräteanalysen und Zulieferinformationen nur manchmal und nicht grundsätzlich genutzt werden. Eine systematische Ideenfindung (Brainstorming) mit Kollegen aus anderen Abteilungen findet ebenfalls nur manchmal statt. Besuche in anderen Unternehmen und Kooperationen mit Forschungsinstituten sind selten. Anbieter vergleichbarer Technologien, mit denen man nicht im Wettbewerb steht, können eine wichtige Quelle für das Produkt-Benchmarking darstellen. Solche Informationen werden aber nur "selten bis manchmal" berücksichtigt. Konstruktionskataloge und Expertensysteme tragen ebenfalls nur "selten bis manchmal" zur Lösungsfindung bei. Arbeitskreise (Partnerschaften) mit anderen Unternehmen (entsprechend den Common Interest Groups beim Prozeß-Benchmarking) sind beim Produkt-Benchmarking nur selten zu finden. Das Analogieprinzip, das eine Voraussetzung für das generische Produkt-Benchmarking darstellt, wird selten verwendet, oder es ist den befragten Entwicklern und Konstrukteuren unbekannt. Aus diesen Ergebnissen wird sichtbar, daß noch vielfältige Informationsreserven für die Erhöhung der Effektivität und Effizienz der Entwicklungs- und Konstruktionstätigkeit bestehen. Zur systematischen Erschließung der Informationsquellen kann Benchmarking einen wesentlichen Beitrag leisten.

Bild 4-13 bestätigt die beschriebenen Ergebnisse. Im Rahmen einer Fallstudie für die Antriebsentwicklung von Elektrofahrzeugen wurde das Informationsverhalten von *32* Entwicklern und Konstrukteuren im Jahr 1995 ermittelt.

Bild 4-14 zeigt die Einflüsse auf die technische und kaufmännische Bewertung von neuen Produktideen. Sowohl im technischen Bereich als auch im kaufmännischen Bereich spielen die Kundenforderungen die größte Rolle. Bemerkenswert ist hingegen, daß bei der technischen Bewertung die Produkteigenschaften von Wettbewerbsprodukten *nicht grundsätzlich einen sehr großen Einfluß* auf die Entwicklung haben. Die Eigenschaften generischer Technologien (analoger Technologien), die nicht vom Wettbewerb stammen, haben nicht einmal mittleren Einfluß auf die Ideenbewertung. Maßstäbe und Kriterien von Benchmarking-Partnern beeinflussen die technische Bewertung nur in geringem Maße.

4 Empirische Studien zum F&E-Benchmarking

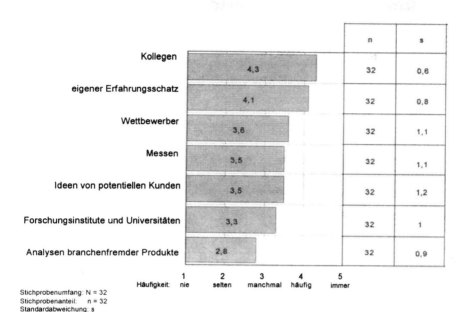

Bild 4-13: Informationsverhalten von Entwicklern und Konstrukteuren bei der Lösungsfindung für Elektroantriebe und Leistungselektronik (vgl. Henke 1996, S. 37)

Bei der kaufmännischen Bewertung spielt - im Gegensatz zur technischen Bewertung - die Wettbewerbsanalyse eine große Rolle. Bemerkenswert erscheint, daß dem F&E-Controlling (Target-Costing und Wertanalyse) bei der Bewertung nur ein mittlerer Einfluß beigemessen wird. Maßstäbe und Kriterien von Benchmarking-Partnern spielen ebenso wie bei der technischen Bewertung auch bei der kaufmännischen Bewertung fast keine Rolle.

Bild 4-15 zeigt die Einflüsse von Funktionsbereichen, Aufgabenbereichen und Leitungsfunktionen auf die Bewertung von Produktkonzepten und Produktlösungen.

Die Funktionsbereiche Entwicklung und Konstruktion haben einen "starken" Einfluß auf die Bewertung von Konzepten und Produkten. Das Marketing hat bei der Konzeptbewertung einen stärkeren Einfluß als bei der Lösungsbewertung. Insgesamt ist die Marktorientierung bei der Bewertung von Produktkonzepten und Produktlösungen geringer als man erwarten würde. Der Vertrieb ist operativ ausgerichtet und hat in der Regel einen engeren Kundenkontakt (Feedback) als das strategisch orientierte Marketing.

Bild 4-14: Einflüsse auf die technische und kaufmännische Bewertung von Produktideen

4 Empirische Studien zum F&E-Benchmarking

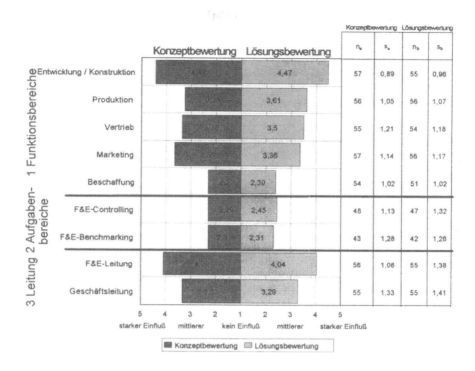

Stichprobenumfang: N = 70
Stichprobenanteile: na, nb
Standardabweichungen: sa, sb

Bild 4-15: Einflüsse auf die Bewertung von Produktkonzepten und Produktlösungen

F&E-Controlling und F&E-Benchmarking haben nach der vorliegenden Befragung nur einen geringen Einfluß auf die Produktbewertung. Besonders der geringe Einfluß des F&E-Controlling ist bemerkenswert und unterstreicht, daß in der Regel eine starke Trennung zwischen technischen und kaufmännischen Aufgaben herrscht. Die Notwendigkeit eines F&E-Controlling und die Möglichkeiten der Kostenbeeinflussung durch die Wahl bestimmter Konstruktionslösungen werden von vielen Unternehmen noch nicht ausreichend berücksichtigt. Die Möglichkeiten des F&E-Benchmarking sind in den meisten Unternehmen noch nicht bekannt, oder sie werden noch nicht ausgeschöpft.

Der Einfluß der F&E-Leitung auf die Konzept- und Lösungsbewertung wird als groß angesehen. Der Geschäftsleitung kommt ein mittlerer Einfluß zu. Das läßt darauf schließen, daß die Geschäftsleitungen der befragten Unternehmen nur begrenzten Einfluß auf die Entwicklungsprozesse (Innovationsprozesse) ausüben.

Bild 4-16 gibt einen Überblick über die Entscheidungsträger für die Auswahl der zu realisierenden Gesamtlösungen bzw. Teillösungen bei der Produktentwicklung.

Diese Untersuchung ist wichtig, da den verantwortlichen Personen die notwendigen Benchmarking-Informationen (Referenzinformationen) zur Verfügung stehen müssen. Die Unternehmensleitung entscheidet in rund *25%* der Fälle über die Gesamtproduktlösungen, über die Teilproblemlösungen nur in *5%* der Fälle. Hier besteht eventuell eine Korrelation mit der Unternehmensgröße, die bisher noch nicht weiter untersucht wurde. Die Projektteamleitung ist zuständig für *22%* der Fälle von Produktlösungen und für *15%* der Fälle von Komponentenlösungen. Eine ähnliche Entscheidungskompetenz hat auch die F&E-Leitung. Die Geschäftsbereichsleiter entscheiden über die Produktlösungen in *18%* der Fälle, während sie bei der Detailgestaltung von Komponenten nur *5%* Einfluß haben. Produktmanager entscheiden über Gesamtproduktlösungen nur in rund *8%* der Fälle. Auf Komponentenlösungen haben sie keinen Einfluß. Bemerkenswert ist, daß Entwickler und Konstrukteure in nur *6%* der Fälle einen Einfluß auf die Gesamtlösungen haben. Die Detailgestaltung (Detaillösungen) bestimmen die Entwickler und Konstrukteure jedoch in *53%* der Fälle. Das bedeutet, daß beim Produkt-Benchmarking den Entwicklern und Konstrukteuren die Benchmarking-Informationen zum Finden von Lösungsalternativen und zur Lösungsbewertung zur Verfügung stehen müssen. Durch die Detailgestaltung der Produkte werden auch die Abläufe des F&E-Prozesses, des Integrierten Produktlebenszyklus und der Ablauf von anderen Prozessen im Unternehmen bestimmt.

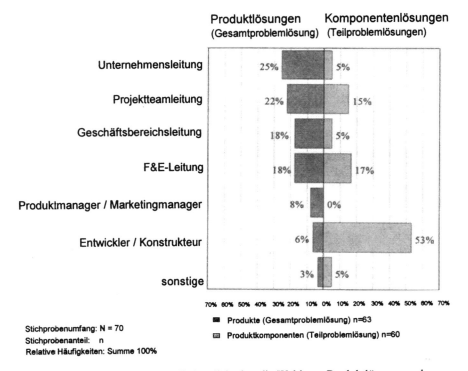

Bild 4-16: Entscheidungsträger, die letztlich über die Wahl von Produktlösungen oder Produktkomponenten entscheiden

4 Empirische Studien zum F&E-Benchmarking

4.3 Anwendung von F&E-Benchmarking in England und Japan im Vergleich mit den deutschsprachigen Ländern

4.3.1 Managementmethoden und Managementaufgaben in F&E im internationalen Vergleich

Bild 4-17 zeigt die Anwendung von Management- und Organisationsmethoden in F&E im internationalen Vergleich.

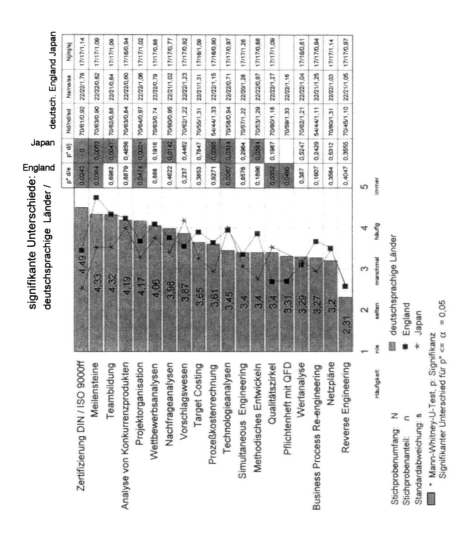

Bild 4-17: Anwendung von Management- und Organisationsmethoden in F&E im internationalen Vergleich

Es wurden Tests zwischen den Stichproben aus dem deutschsprachigen Raum und den beiden Stichproben aus England und Japan vorgenommen.

Signifikante Unterschiede zwischen dem deutschsprachigen Raum und England ergeben sich in folgender Hinsicht:
- In England werden Meilenstein- und Technologieanalysen "häufiger" verwendet als in Deutschland.
- In England wird die Zertifizierung nach DIN/ISO 9000 ff., die Projektorganisation, das Einberufen von Qualitätszirkeln und die Verwendung von Pflichtenheften mit QFD "seltener" durchgeführt als im deutschsprachigen Raum.

Zwischen dem deutschsprachigen Raum und Japan bestehen folgende Unterschiede:
- In Japan werden Technologieanalysen "häufiger" verwendet als in Deutschland.
- In Japan werden die Zertifizierung nach DIN/ISO 9000 ff., die Meilensteinanalyse, die Teambildung, die Projektorganisation, Nachfrageanalysen, die Prozeßkostenrechnung und das methodische Entwickeln "seltener" durchgeführt als im deutschsprachigen Raum.

Hervorzuheben ist, daß Technologieanalysen sowohl in England als auch in Japan "häufiger" zur Anwendung kommen als in Deutschland. Technologieanalysen sind ein wichtiger Bestandteil des generischen Produkt-Benchmarking. Außerdem ist besonders bemerkenswert, daß sowohl in Japan als auch in England eine Zertifizierung nach DIN/ISO 9000 ff. eine geringere Rolle spielt als in Deutschland. Viele der japanischen Unternehmen äußerten gegenüber dem Interviewer die Überzeugung, ihre Produkte erfüllten den Qualitätsstandard auch ohne Zertifizierung, und sie ließen sie nur zur Unterstützung ihres Exportmarketings zertifizieren.

Bild 4-18 zeigt die Kombination von Management- und Organisationsmethoden mit Benchmarking in F&E. Der jeweilige Stichprobenumfang n enthält nur Antworten von Unternehmen, welche eine Angabe zur Anwendungshäufigkeit der entsprechenden Management- und Organisationsmethode gemacht haben. Dadurch werden "missing values" (fehlende Angaben) ausgeschlossen.

1 Signifikante Unterschiede zwischen dem deutschsprachigen Raum und England:
In England werden das Business Process Re-engineering (45% der Unternehmen kombinieren F&E-Benchmarking mit Re-engineering), die Projektorganisation, die Meilensteinanalyse und die Teambildung in F&E signifikant häufiger mit Benchmarking kombiniert als in Deutschland.

2 Signifikante Unterschiede zwischen dem deutschsprachigen Raum und Japan:
In Japan werden Wettbewerbsanalysen, Nachfrageanalysen und die Prozeßkostenrechnung von weniger Unternehmen mit Benchmarking kombiniert als in Deutschland.

4 Empirische Studien zum F&E-Benchmarking

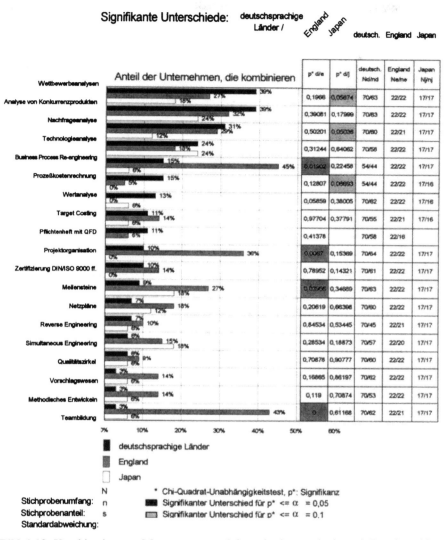

Bild 4-18: Kombination von Management- und Organisationsmethoden mit Benchmarking in F&E im internationalen Vergleich

Tabelle 4-6 zeigt die Ergebnisse einer Faktoranalyse. Die Managementmethoden und -aufgaben dienten dabei als Eingangsvariablen. Die 19 Eingangsvariablen lassen sich zu 7 Faktoren zusammenfassen, deren Eigenwerte jeweils größer als 1 sind. Die Faktoren lassen sich als projektorientierte Praktiken, Kostenanalysen, Markt- und Technologieanalysen, entwicklungs- und verbesserungsorientierte Praktiken, mitarbeiterorientierte Praktiken, Qualitätszertifikat sowie als Planungsdokumente interpretieren. Bemerkenswert ist, daß die Zertifizierung nach ISO 9000 ff. von den meisten Unternehmen isoliert betrachtet wird.

Da keine generellen Unterschiede zwischen den einzelnen Ländern festgestellt wurden, ist es erlaubt, eine Faktoranalyse für alle Daten aus den deutschsprachigen Ländern, England und Japan durchzuführen.

Tabelle 4-6: Faktorkombinationen der Managementmethoden und -aufgaben

Faktoren = f (Variablen)	Faktorladung	Eigenwert	kumulierter Varianzanteil
1 projektorientierte Praktiken			
Teambildung	0,86	5,17	27%
Projektorganisation	0,68		
Meilensteine	0,66		
Simultaneous Engineering	0,54		
2 Kostenanalysen			
Target Costing	0,79	1,72	36%
Prozeßkostenrechnung	0,69		
Wertanalyse	0,64		
3 Markt- und Technologieanalysen			
Technologieanalyse	0,73	1,64	45%
Konkurrenzprodukte	0,64		
Nachfrageanalyse	0,60		
Wettbewerbsanalyse	0,55		
4 entwicklungs- und verbesserungsprozeßorientierte Praktiken			
Re-engineering	0,79	1,39	52%
Reverse Engineering	0,73		
Methodisches Entwickeln	0,42		
5 mitarbeiterorientierte Praktiken			
Vorschlagswesen	0,77	1,13	58%
Qualitätszirkel	0,66		
6 Qualitätszertifikat			
Zertifizierung nach ISO 9000 ff.	0,89	1,05	64%
7 Planungsdokumente (Zieldefinition und Zeitplanung)			
Pflichten- / Lastenheft (mit QFD)	0,77	1,01	69%
Netzpläne	0,47		
N = 109 mit Nd = 70 (deutschsprachiger Raum), Ne = 22 (England) und Nj = 17 (Japan) N = Stichprobenumfang			

4 Empirische Studien zum F&E-Benchmarking 217

4.3.2 Benchmarking-Objekte in F&E und in anderen Funktionsbereichen im internationalen Vergleich

Bild 4-19 zeigt die Nutzenbewertung der Benchmarking-Arten (Objekte) und deren Anwendungshäufigkeit in F&E bezogen auf die analysierten Länder.

Produkt-Benchmarking:
In der Produktentwicklung wird Produkt-Benchmarking sowohl im deutschsprachigen Raum (*50%*) als auch in England (*77%*) am häufigsten angewendet. In Japan hat Produkt-Benchmarking eine Anwendungshäufigkeit von *33%*. In der Forschung wird Produkt-Benchmarking in allen Ländern selten eingesetzt. In England (*23%*) und in Japan (*27%*) wurde in der Forschung insgesamt eine etwas höhere Anwendungsquote beobachtet als im deutschsprachigen Raum (*10%*). Das Produkt-Benchmarking wird in allen Ländern überwiegend als "wirkungsvoll" eingestuft. Von *46%* der japanischen Unternehmen wird der Nutzen des Produkt-Benchmarking als "projektabhängig" eingestuft.

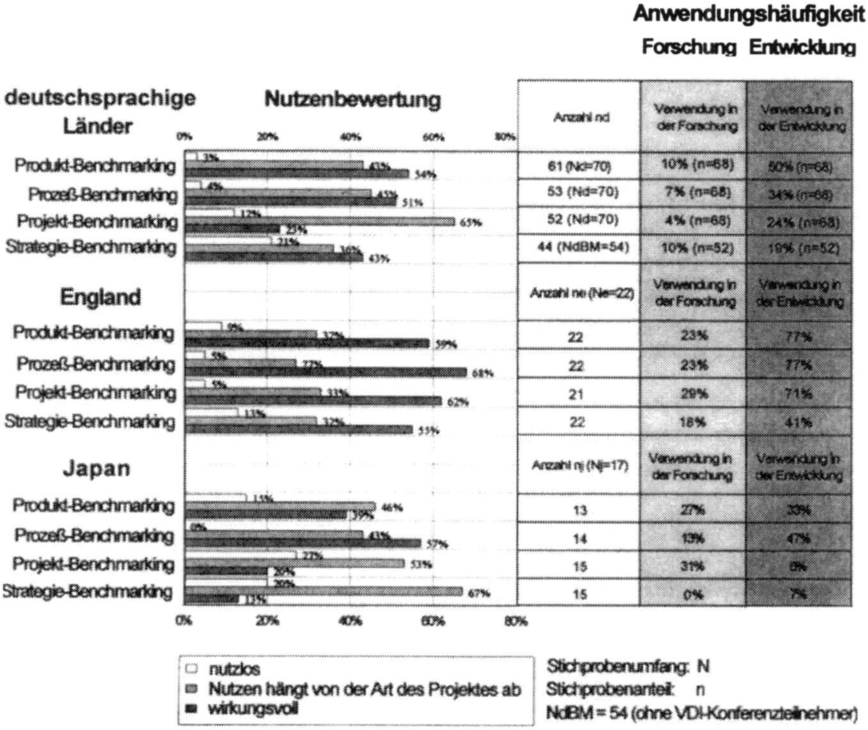

deutschsprachige Länder	Nutzenbewertung	Anzahl nd	Verwendung in der Forschung	Verwendung in der Entwicklung
Produkt-Benchmarking	13% / 43% / 54%	61 (Nd=70)	10% (n=68)	50% (n=68)
Prozeß-Benchmarking	4% / 45% / 51%	53 (Nd=70)	7% (n=68)	34% (n=68)
Projekt-Benchmarking	12% / 23% / 65%	52 (Nd=70)	4% (n=68)	24% (n=68)
Strategie-Benchmarking	21% / 36% / 43%	44 (NdBM=54)	10% (n=52)	19% (n=52)

England		Anzahl ne (Ne=22)	Verwendung in der Forschung	Verwendung in der Entwicklung
Produkt-Benchmarking	5% / 37% / 59%	22	23%	77%
Prozeß-Benchmarking	5% / 27% / 68%	22	23%	77%
Projekt-Benchmarking	5% / 33% / 62%	21	29%	71%
Strategie-Benchmarking	13% / 32% / 55%	22	18%	41%

Japan		Anzahl nj (Nj=17)	Verwendung in der Forschung	Verwendung in der Entwicklung
Produkt-Benchmarking	15% / 39% / 46%	13	27%	33%
Prozeß-Benchmarking	0% / 43% / 57%	14	13%	47%
Projekt-Benchmarking	27% / 53%	15	31%	8%
Strategie-Benchmarking	30% / 13% / 67%	15	0%	7%

Legende:
- □ nutzlos
- ▨ Nutzen hängt von der Art des Projektes ab
- ■ wirkungsvoll

Stichprobenumfang: N
Stichprobenanteil: n
NdBM = 54 (ohne VDI-Konferenzteilnehmer)

Bild 4-19: Nutzenbewertung und Anwendung der Benchmarking-Arten entsprechend der Benchmarking-Objekte in F&E im internationalen Vergleich

- Prozeß-Benchmarking (Ablauforganisation):
  Prozeß-Benchmarking hat in der Entwicklung sowohl in England (*77%*) als auch in Japan (*47%*) eine deutlich höhere Anwendungshäufigkeit als im deutschsprachigen Raum (*34%*). In der Forschung wird Prozeß-Benchmarking in allen Ländern nur relativ selten eingesetzt (*10 bis 27%*). Insgesamt stufen in allen untersuchten Ländern mehr als *50%* der Unternehmen das Prozeß-Benchmarking als "wirkungsvoll" ein.
- Projekt-Benchmarking (Aufbauorganisation):
  Das Projekt-Benchmarking wird in der Produktentwicklung von *71%* der englischen Unternehmen eingesetzt. Im deutschsprachigen Raum (*24%*) und in Japan (*6%*) kommt das Projekt-Benchmarking kaum zum Einsatz. In der Forschung wird Projekt-Benchmarking in allen Ländern viel seltener verwendet als in der Entwicklung.
- Strategie-Benchmarking:
  Strategie-Benchmarking setzen in der Produktentwicklung *41%* der englischen Unternehmen ein. Im deutschsprachigen Raum (*19%*) und in Japan (*7%*) hat das Strategie-Benchmarking keine große Bedeutung. In der Forschung setzen *18%* der englischen Unternehmen und *10%* der deutschsprachigen Unternehmen Strategie-Benchmarking ein. Insgesamt halten *55%* der englischen Unternehmen und *43%* der deutschsprachigen Unternehmen das Strategie-Benchmarking für "wirkungsvoll". In Japan bezeichnen nur *13%* der Unternehmen das Strategie-Benchmarking als "wirkungsvoll".

Es ist besonders hervorzuheben, daß *77%* der englischen Unternehmen und *51%* der deutschsprachigen Unternehmen sowohl das Produkt- als auch das Prozeß-Benchmarking in der Produktentwicklung für "wirkungsvoll" halten. In Japan wird von *39%* der Unternehmen das Produkt-Benchmarking und von *57%* das Prozeß-Benchmarking als "wirkungsvoll" eingestuft.

Bild 4-20 zeigt die Nutzenbewertung der Benchmarking-Arten (Objekte) und deren Anwendungshäufigkeit im Gesamtunternehmen (alle Funktionsbereiche).

- Produkt-Benchmarking:
  Im Gesamtunternehmen wird Produkt-Benchmarking von *50%* der deutschsprachigen, von *76%* der englischen und von *38%* der japanischen Unternehmen eingesetzt. Im deutschsprachigen Raum halten *60%*, in England *52%* und in Japan *67%* der befragten Unternehmen das Produkt-Benchmarking für "wirkungsvoll".
- Prozeß-Benchmarking (Ablauforganisation):
  Im Gesamtunternehmen wird Prozeß-Benchmarking von *48%* der deutschsprachigen, von *82%* der englischen und von *38%* der japanischen Unternehmen eingesetzt. Im deutschsprachigen Raum nennen *69%*, in England *82%* und in Japan *30%* der befragten Unternehmen das Prozeß-Benchmarking "wirkungsvoll".
- Organisations-Benchmarking (Aufbauorganisation):
  Im Gesamtunternehmen wird Organisations-Benchmarking von *30%* der deutschsprachigen, von *59%* der englischen und von *25%* der japanischen

4 Empirische Studien zum F&E-Benchmarking

Unternehmen angewendet. Im deutschsprachigen Raum halten *40%*, in England *41%* und in Japan *13%* der befragten Unternehmen das Organisations-Benchmarking für "wirkungsvoll".

Strategie-Benchmarking:
Im Gesamtunternehmen wird Strategie-Benchmarking von *15%* der deutschsprachigen, von *14%* der englischen und von *12%* der japanischen Unternehmen angewendet. Im deutschsprachigen Raum bezeichnen *43%*, in England *33%* und in Japan *24%* der befragten Unternehmen das Strategie-Benchmarking als "wirkungsvoll".

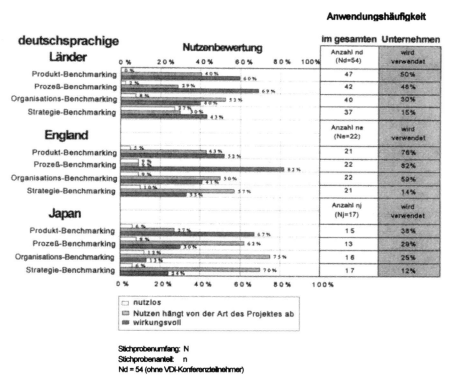

Bild 4-20: Nutzenbewertung und Anwendung der Benchmarking-Arten entsprechend der Benchmarking-Objekte im Gesamtunternehmen (im internationalen Vergleich)

Es ist hervorzuheben, daß japanische Unternehmen dem Produkt-Benchmarking insgesamt eine höhere Priorität einräumen als im F&E-Bereich. Englische Unternehmen messen dem Prozeß-Benchmarking im Gesamtunternehmen und im F&E-Bereich jeweils eine etwas höhere Bedeutung bei als dem Produkt-Benchmarking. Unternehmen im deutschsprachigen Raum geben dem Produkt-Benchmarking im Gesamtunternehmen und in F&E eine leichte Präferenz gegenüber dem Prozeß-Benchmarking.

4.3.3 F&E-Prozeß-Benchmarking im internationalen Vergleich

Bild 4-21 zeigt die Bedeutung einiger Voraussetzungen für das F&E-Prozeß-Benchmarking im internationalen Vergleich.

Signifikante Unterschiede zwischen dem deutschsprachigen Raum und England zeigen sich darin, daß eine Beteiligung des Marketing und eine ständige Beteiligung des Controlling am F&E-Prozeß-Benchmarking in England für "weniger wichtig" gehalten wird als im deutschsprachigen Raum.

Signifikante Unterschiede zwischen dem deutschsprachigen Raum und Japan ergeben sich wie folgt:

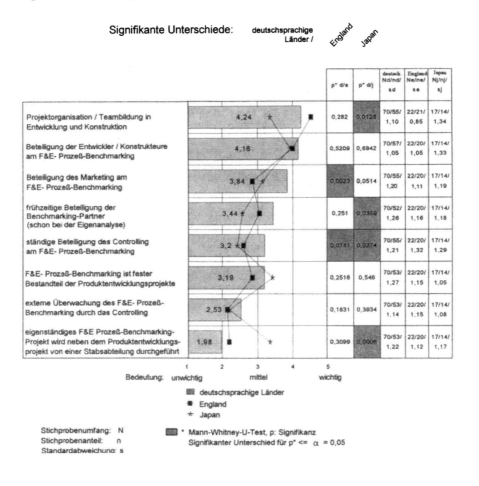

Bild 4-21: Bedeutung einiger Voraussetzungen für das F&E-Prozeß-Benchmarking im internationalen Vergleich

4 Empirische Studien zum F&E-Benchmarking 221

- Die Durchführung eines separaten F&E-Prozeß-Benchmarking mit Hilfe einer Stabsabteilung wird in Japan für "wichtiger" gehalten als im deutschsprachigen Raum. Gleichzeitig sind die befragten japanischen Unternehmen allerdings der Meinung, daß das F&E-Prozeß-Benchmarking ein fester Bestandteil der Produktentwicklungsprojekte sein sollte. Ob darin ein Widerspruch liegt, müßte durch eine tiefergehende Befragung überprüft werden.
- Die Projektorganisation und Teambildung in F&E, die frühzeitige Beteiligung von Benchmarking-Partnern am F&E-Prozeß-Benchmarking und die ständige Beteiligung des Controlling am F&E-Prozeß-Benchmarking wird von den japanischen Unternehmen für "weniger wichtig" gehalten als von den Unternehmen im deutschsprachigen Raum.

4.3.4 Produkt-Benchmarking im internationalen Vergleich

Bild 4-22 zeigt Bewertungen von Aussagen zum Produkt-Benchmarking im internationalen Vergleich:

1 Im deutschsprachigen Raum und in England sind mindestens *95%* der Unternehmen davon überzeugt, daß Produkt-Benchmarking "Teillösungen" zu neuen Produkten beisteuern kann. In Japan sind *82%* der befragten Unternehmen derselben Meinung.
2 Mindestens *90%* der Unternehmen im deutschsprachigen Raum und in England glauben, daß Produkt-Benchmarking die "Kreativität der Entwickler und

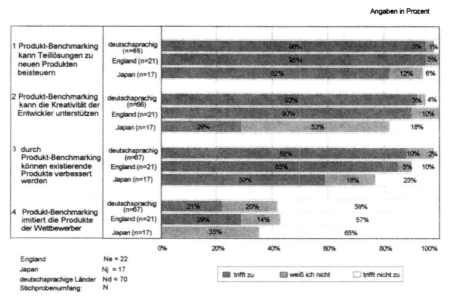

Bild 4-22: Bewertungen von Aussagen zum Produkt-Benchmarking (im internationalen Vergleich)

Konstrukteure unterstützen" kann. In Japan sind nur *29%* der Unternehmen der Meinung, daß Produkt-Benchmarking die Kreativität fördert. Weitere *53%* der japanischen Unternehmen haben sich keine Meinung gebildet. *18%* der japanischen Unternehmen behaupten, Benchmarking wirke sich "nicht förderlich auf die Kreativität der Entwickler und Konstrukteure" aus.

3   Im deutschsprachigen Raum und in England sind mehr als *85%* der Unternehmen der Meinung, daß existierende Produkte durch Benchmarking "verbessert" werden können. In Japan sind *59%* der Unternehmen derselben Meinung. *23%* der japanischen Unternehmen glauben, Benchmarking trüge "nicht zur Verbesserung" von Produkten bei.

4   *21%* der deutschsprachigen Unternehmen und *29%* der englischen Unternehmen glauben, daß Produkt-Benchmarking die "Produkte der Wettbewerber imitiert". Die befragten japanischen Unternehmen stimmen dieser Aussage nicht zu. *59%* der deutschsprachigen, *57%* der englischen und *65%* der japanischen Unternehmen halten diese Aussage für "nicht zutreffend".

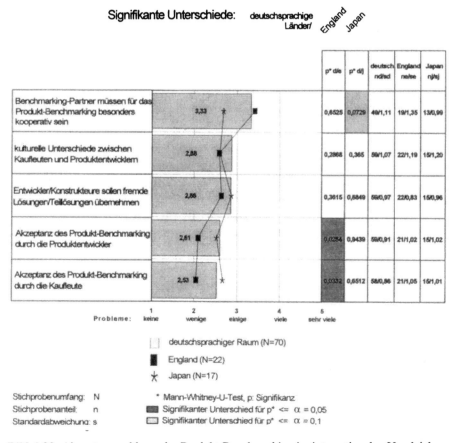

Bild 4-23: Akzeptanzprobleme des Produkt-Benchmarking im internationalen Vergleich

4 Empirische Studien zum F&E-Benchmarking 223

Bild 4-23 zeigt ausgewählte Akzeptanzprobleme des Produkt-Benchmarking im internationalen Vergleich. Signifikante Unterschiede zwischen dem deutschsprachigen Raum und England zeigen sich wie folgt:
Bei der "Akzeptanz des Produkt-Benchmarking durch die Produktentwickler und durch die Kaufleute" gaben englische Unternehmen geringere Probleme als deutschsprachige Unternehmen an. Japanische Unternehmen gaben hinsichtlich der notwendigen Kooperationsbereitschaft von Benchmarking-Partnern weniger Probleme an als deutschsprachige Unternehmen.

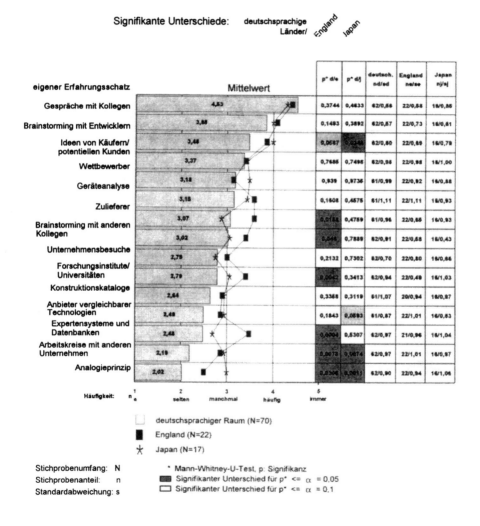

Bild 4-24: Informationsverhalten von Entwicklern und Konstrukteuren im internationalen Vergleich

Bild 4-24 zeigt das Informationsverhalten von Entwicklern und Konstrukteuren im internationalen Vergleich.

In England beschaffen Unternehmen Informationen signifikant "häufiger" durch Zulieferer, durch Brainstorming mit Kollegen außerhalb der Entwicklung, bei Forschungsinstituten oder Universitäten, mit Hilfe von Expertensystemen oder Datenbanken, durch Arbeitskreise mit anderen Unternehmen und durch die Anwendung des Analogieprinzips als in Deutschland. Außerdem wird in England "häufiger" Brainstorming mit Kollegen aus der Entwicklung durchgeführt.

Signifikante Unterschiede zwischen dem deutschsprachigen Raum und Japan bestehen darin, daß japanische Unternehmen Informationen "häufiger" durch Zulieferer, durch Brainstorming mit Kollegen außerhalb der Entwicklung, durch Arbeitskreise mit anderen Unternehmen und durch die Anwendung des Analogieprinzips beschaffen. Außerdem werden in Japan "häufiger" vergleichbare (generische) Technologien analysiert.

Es kann festgestellt werden, daß in allen untersuchten Ländern der "eigene Erfahrungsschatz" der Entwickler als deren "wichtigste Informationsquelle" angegeben wird. Gespräche mit Kollegen im Unternehmen und Brainstorming mit Kollegen innerhalb der Produktentwicklung sind darüber hinaus die dominierenden Informationsquellen. Das gilt gleichermaßen für alle drei Untersuchungsgebiete. Diesbezüglich lassen sich keine kulturellen Unterschiede zwischen den untersuchten Ländern feststellen. Externe Informationsquellen werden in England und in Japan aber etwas "häufiger" verwendet als im deutschsprachigen Raum.

Bild 4-25 zeigt die Entscheidungsträger, die letztlich darüber entscheiden, welche Produktlösung (Gesamtproblemlösung) und welche Produktkomponenten (Teilproblemlösungen) gewählt werden.

1 Produkte (Gesamtproblemlösungen):
In den meisten Fällen entscheidet die Unternehmensleitung, die Geschäftsbereichsleitung oder die F&E-Leitung darüber, welche Produktlösungen gewählt werden. In England und Japan haben Produkt- und Marketingmanager größere Entscheidungskompetenz als im deutschsprachigen Raum.

2 Produktkomponenten (Teilproblemlösungen):
Im deutschsprachigen Raum entscheiden in *53%*, in Japan in *40%*, in England in *20%* der Fälle Konstrukteure darüber, welche Teilkomponenten gewählt werden. In England hat die Projektteamleitung die Kompetenz bei der Komponentenwahl in *30%* der Fälle. Die F&E-Leitung ist direkt verantwortlich für *35%* der Entscheidungen bei der Komponentenwahl. In Japan hat die Projektteamleitung in *20%* der Fälle die Kompetenz bei der Komponentenwahl und die Produkt- oder Marketingmanager fällen etwa *30%* der Entscheidungen bei der Komponentenwahl.

Insgesamt wird über "Gesamtproblemlösungen" in allen untersuchten Ländern auf den höheren Hierarchieebenen entschieden. "Teilproblemlösungen" bestimmen die Entwickler und Konstrukteure oder ein Entwicklungsteam. In England werden

4 Empirische Studien zum F&E-Benchmarking 225

Entscheidungen über Teilproblemlösungen häufiger auf höheren Hierarchieebenen getroffen als im deutschsprachigen Raum und in Japan.

Wenn das Produkt-Benchmarking die Suche nach Detaillösungen unterstützen soll, dann müssen Benchmarking-Informationen vor allem auf der Ebene der Entwickler/Konstrukteure und bei der Projektteamleitung zur Verfügung stehen.

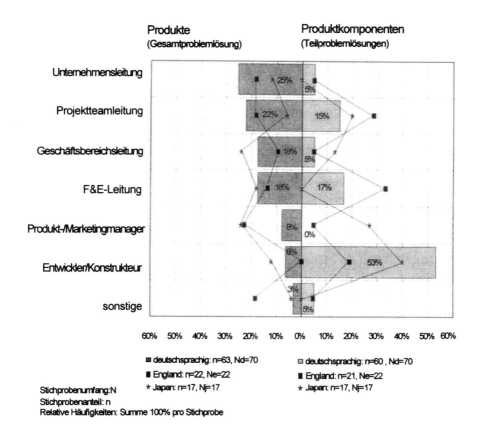

Bild 4-25: Entscheidungsträger, die letztlich über die Wahl von Produktlösungen oder Produktkomponenten entscheiden (im internationalen Vergleich)

5 Fallstudien zur Anwendung des Benchmarking in Forschung und Entwicklung

5.1 Produkt-Benchmarking für ein "Design-for-Service-Konzept" bei der Volkswagen AG

5.1.1 Ausgangssituation und Aufgabenstellung

Das beschriebene Benchmarking-Projekt wurde von der Volkswagen AG (Abteilung Lean Manufacturing und Benchmarking in Wolfsburg) und von der Professur für Innovationsmanagement der TU Dresden durchgeführt (Otto 1996). Die Wettbewerbssituation im Automobilbau hat sich sehr verschärft. Darauf haben auch die Serviceleistungen während der Nutzungsdauer eines Kraftfahrzeuges einen Einfluß. In der Bundesrepublik Deutschland betrug im Jahr 1987 die monatliche Kostenbelastung eines Vier-Personenhaushaltes durch Kraftfahrzeugreparaturen und Ersatzteile durchschnittlich *51,- DM*. Bis zum Jahr 1993 stieg diese Belastung bereits auf *63,-* DM an (o. V.: Tatsachen 1994). Das entspricht einer Mehrbelastung von fast *25%*. Automobilzeitschriften und Automobilclubs veröffentlichen die Instandsetzungs- und Wartungskosten für unterschiedliche Hersteller und Modelle. Die servicegerechte Konstruktion ermöglicht es, Wettbewerbsvorteile zu sichern und auszubauen. Neben den ausfallabhängigen Kosten für Reparaturen (vgl. mit den Ausfallarten in Bild 5-2) entstehen den Fahrzeughaltern serviceabhängige Aufwendungen für die Kfz-Versicherungen. Die Prämien für die Teilkasko- oder Vollkaskoversicherungen hängen von der Schadensklasse ab, in die ein Fahrzeug eingestuft wird. Die Klassifizierung der Fahrzeuge erfolgt mittels eines Reparatur-Crash-Tests, bevor ein neues Modell auf den Markt kommt. Die Höhe der Unterhaltskosten von Fahrzeugen, welche die Wartungs- und Versicherungskosten enthalten, sind deshalb ein wichtiges Verkaufsargument. Nach einer Studie der DAT Deutsche Automobil Treuhand (DAT 1992, S. 37) von 1991 ist die Wartungsfreundlichkeit von Fahrzeugen neben dem Kraftstoffverbrauch das zweitwichtigste Verkaufsargument. Der Anschaffungspreis von Fahrzeugen ist das wichtigste Kaufkriterium. Zusätzlich wirken sich servicegerechte Lösungen positiv auf den Werterhalt eines Fahrzeugs aus. Die Nutzungsdauer (Systemlebenszyklus) von Kraftfahrzeugen übertrifft im Durchschnitt den Modellebenszyklus um bis zu 15 Jahre. Das Modellimage hat eine Langzeitwirkung.

Aus der geschilderten Grundsituation ergibt sich die Aufgabenstellung, ein "Design for Service Konzept" zu entwickeln. Design for Service bezieht sich auf den Integrierten Produktlebenszyklus (vgl. Bild 5-1) und umfaßt alle Serviceanforderungen, die bei der instandhaltungsgerechten Konstruktion berücksichtigt werden müssen. Benchmarking hat in diesem Fall die Aufgabe, Konstruktionslösungen für Automobilkomponenten zu ermitteln, die einen möglichst geringen Serviceaufwand verursachen. Als Referenzquelle steht eine Datenbank der Firma AUDATEX zur Verfügung. Die Datenbank wurde bereits vor *25* Jahren in Verbindung mit der Schweizer Rückversicherungs AG aufgebaut. Der Datenbestand bietet im Bereich der Personenkraftwagen Referenzdaten für über *425* Fahrzeugmodelle von *35* Herstellern. Am häufigsten wird dieses Softwaresystem bei der Schätzung von Unfallschäden eingesetzt. In der Bundesrepublik werden etwa *90* Prozent aller Schadensfälle über dieses Softwaresystem abgerechnet. Die Fahrzeughersteller stellen AUDATEX die Ersatzteilpreise und die Zeitwerte für die Fahrzeugreparatur zur Verfügung. Die Kfz-Hersteller haben ein Interesse daran, daß die Fahrzeuge in niedrige Schadensklassen eingestuft werden, damit die Versicherungskosten kein Kaufhindernis darstellen. Die Daten von AUDATEX sind aber in jedem Fall eine zuverlässige Referenz für die Arbeitswerte (Arbeitszeiten) von Reparaturdienstleistungen. Das Softwaresystem von AUDATEX kann von gewerblichen Nutzern (Bsp.: Sachverständige, Werkstätten) erworben werden. Die Daten werden monatlich auf einer CD-ROM aktualisiert. Auf zusätzlichen Explosionsdarstellungen läßt sich die Position einzelner Ersatzteile ermitteln. AUDATEX ist für Benchmarking-Studien geeignet, aber die Anwendung ist aufwendig, da dieses Softwareprodukt primär für Schadensgutachten und Kostenvoranschläge konzipiert worden ist.

Der Datenbank AUDATEX sind sowohl die Ersatzteilpreise als auch der Arbeitsaufwand (Arbeitszeit *t*) zu entnehmen, die beim Austausch von Fahrzeugteilen entstehen. Dabei wird die gesamte Teile- und Arbeitskette berücksichtigt. So kann es erforderlich sein, daß beim Austausch eines Fensterhebers die gesamte Türverkleidung entfernt werden muß und daß bei diesem Vorgang zusätzliche Anbauteile zu ersetzen sind. In diesem Fall berücksichtigt AUDATEX die entsprechenden zusätzlichen Arbeitswerte (AW) und die notwendigen Verbund- und Nebenarbeiten. Alle notwendigen Rüst- und Vorbereitungszeiten sind in den jeweiligen Arbeitswerten für einen Reparaturvorgang enthalten, bedürfen aber einer detaillierten Analyse der *Serviceprozeßkette*.

Vorrangiges Ziel der *servicegerechten Konstruktion* ist eine Reduzierung des Arbeitsaufwandes durch eine instandhaltungsgerechte Gestaltung von Fahrzeugteilen. Wenn sich durch eine servicegerechte Gestaltung der Konstruktionsaufwand von Neufahrzeugen nicht erhöht, dann wirkt sich das positiv auf die Kostenbelastung der Endkunden aus.

Bild 5-1 zeigt den Ablauf des vom Serviceprozeß abhängigen Produkt-Benchmarking. Als Benchmarking-Objekt dient der VW Polo. Das Nachfolgemodell befindet sich in der Entwicklung. Das Vorgängermodell wird weiterhin als Gebrauchtwagen gehandelt. Für das Benchmarking wurde jeweils eine Teilkomponente ausgesucht. Als Beispiele seien die Kupplungsscheibe und ein Kotflügel genannt:

1 Im ersten Schritt wird analysiert, wie lange eine bestimmte Reparatur der eigenen Konstruktionslösung bei dem derzeitigen Polomodell dauert. Aus der AUDATEX-Datenbank können dann die entsprechenden Ersatzteilpreise und die Arbeitskosten für Referenzfahrzeuge ermittelt werden.

5 Fallstudien zur Anwendung des Benchmarking 229

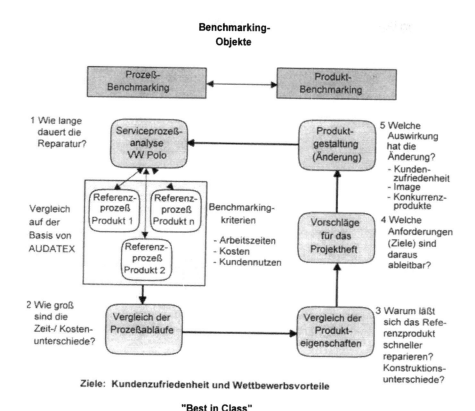

Bild 5-1: Vom Serviceprozeß abhängiges Produkt-Benchmarking

2 Die Serviceprozeßabläufe werden auf der Basis des Zeitbedarfs (Kosten) bewertet. Es können die Arbeitswerte AW (Reparaturzeiten) von AUDATEX verwendet werden, auf deren Basis sich ein monetäres Vergleichsäquivalent für den Reparaturvorgang errechnen läßt. Für Instandsetzungsarbeiten wurden *100,- DM* und für Lackierarbeiten *120,- DM* pro Stunde angesetzt. Die Lakkierkosten wurden auf der Basis der AZT-Berechnungsgrundlage (Allianz-Zentrum-Technik) ermittelt.

3 Wenn man die kostengünstigen Serviceprozesse für Referenzfahrzeuge ermittelt hat, beginnt das eigentliche Produkt-Benchmarking. Anhand der Wettbewerbsprodukte (Geräteanalyse) oder mit Hilfe von Zeichnungen (Explosionsdarstellungen, Zeichnungen in Reparaturleitfäden) werden die alternativen Konstruktionslösungen analysiert.

4 Aus der Analyse der Konstruktionsunterschiede können gegebenenfalls Ziele (Anforderungen) für das eigene Pflichtenheft (Projektheft) abgeleitet oder präzisiert werden. Dabei sollten die Ziele so gewählt werden, daß die Eigenschaften der analysierten Lösungen übertroffen werden.

5 Die Ergebnisse der Analyse von Konstruktionsunterschieden stellen die Informationsbasis für zukünftige Konstruktionslösungen dar. Erst während der Produktgestaltung (Konstruktion) kann man die besten Referenzlösungen als Lösungsalternativen in Betracht ziehen. Besser als ein Kopieren der Bestlösung ist es aber, wenn man die Bestlösung weiterentwickelt oder sie mit einem eigenen Lösungsprinzip übertrifft. In jedem Fall muß man die Auswirkungen der Lösung auf das Fahrzeug und auf die Prozesse des Unternehmens prüfen. So muß zum Beispiel eine servicegerechte Konstruktion auch montagegerecht sein, was nicht selbstverständlich ist.

5.1.2 Auswahl von Referenzfahrzeugen und von repräsentativen Fahrzeugteilen

Die vorliegende Fallstudie ist eine Pilotstudie, die sich nur mit wenigen Ersatzteilen des Polo beschäftigt. Als Referenzprodukte wurden ausschließlich Automobile und als Referenzprozesse ausschließlich Serviceprozesse von Kfz-Werkstätten verwendet. Es bietet sich allerdings theoretisch auch an, Konstruktionslösungen und Instandhaltungsprozesse für Haushaltsgeräte oder Unterhaltungselektronik zu untersuchen. In diesem Fall würde man generisches Benchmarking betreiben.

Tabelle 5-1: Referenzfahrzeuge für das Design for Service (Fallstudie)

	Kleinwagenklasse	untere Mittelklasse	Mittelklasse
Benchmarking-Objekt	VW Polo		
Referenzfahrzeuge	VW Polo Vorgänger	VW Golf III	Audi A4
	Opel Corsa B	Toyota Corolla	Nissan Primera
	Nissan Micra	Mazda 323	
	Fiat Punto		
	Peugeot 106		
	Seat Ibiza		
	Ford Fiesta		
	Renault Twingo		
	Skoda Felicia		

5 Fallstudien zur Anwendung des Benchmarking 231

Die meisten Fahrzeuge wählte man aus der Kleinwagenklasse. Es handelt sich somit um Konkurrenzprodukte zum derzeitigen Polomodell und zum geplanten Polo. Aber auch aus der unteren Mittelklasse und aus der Mittelklasse wurden Produkte in den Vergleich einbezogen. Das ist ganz im Sinne eines möglichst breit angelegten, externen Benchmarking, da man Referenzlösungen auch außerhalb der direkten Konkurrenzprodukte oder außerhalb des eigenen Marktsektors suchen sollte. Wenn pro Fahrzeug mehr als ein Ersatzteil verglichen werden soll, kann für jedes Ersatzteil ein unterschiedliches Fahrzeug "Best in Class" sein. Aus diesem Grunde ist eine generelle Vorauswahl von Referenzobjekten nicht sinnvoll, obwohl auf eine geeignete Mischung repräsentativer Fahrzeuge geachtet wurde. Der Begriff des "Best in Class" orientiert sich an der jeweilig kostengünstigsten Lösung pro analysierter Fahrzeugkomponente (zum Beispiel ein Kotflügel), denn "Best in Class" ist nicht auf die Größenklassen der Fahrzeuge beschränkt.

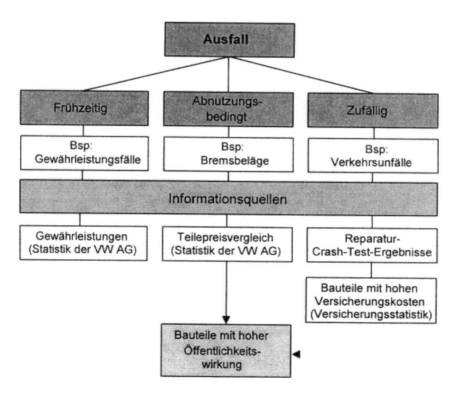

Bild 5-2: Ursachen und Informationsquellen für den Ausfall von Kraftfahrzeugteilen

Bild 5-2 vermittelt einen Überblick über die Ursachen für den Ausfall (Reparaturfälle) von Kraftfahrzeugteilen. Es wird zwischen frühzeitigem Ausfall (Gewährleistungsfälle), abnutzungsbedingten Ausfällen von Teilen und den zufälligen Ausfällen (Verkehrsunfälle) unterschieden. Im Zentrum der vorliegenden Benchmarking-Studie stehen Fahrzeugteile mit hoher Öffentlichkeitswirkung. Als Quelle für diese Gruppe von Bauteilen dienten der ADAC *Reparatur- und Inspektionserhebungsbogen* sowie Reparaturkostenvergleiche von Fachzeitschriften.

Bild 5-3 zeigt, welche Kraftfahrzeugteile für die Studie ausgewählt wurden und aus welchen Gruppen sie stammen. Bei einer umfassenderen Studie wird man weitere Teile analysieren müssen. Die interne Statistik der VW AG diente zur Eigenanalyse von Gewährleistungsfällen. Teile mit hoher Öffentlichkeitswirkung wurden den Analysen der Fachzeitschriften für Automobile entnommen. Bauteile mit hohen Versicherungskosten entstammen der Versicherungsstatistik. In die Statistik der Versicherungen werden alle Schadensfälle über *1.000,- DM* aufgenommen.

Bild 5-3: Ausgewählte Bauteile der Benchmarking-Studie

5.1.3 Ergebnisse der Studie am Beispiel eines Kotflügels

Bild 5-4 liefert die Summe der Reparaturkosten für den Austausch eines Kotflügels. Kotflügel werden bei Unfällen häufig beschädigt, sie gehören zu den Bauteilen, welche die Versicherungskosten erheblich beeinflussen. Das eigene Referenzobjekt ist der auf dem Markt befindliche Polo. Zwischen den Ersatzteilkosten und den Arbeitskosten lassen sich keine Korrelationen verzeichnen.

5 Fallstudien zur Anwendung des Benchmarking

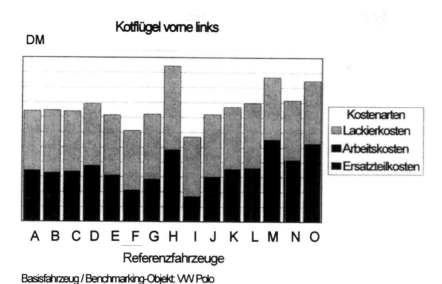

Bild 5-4: Summe der Servicekosten (Reparaturkosten) für einen Kotflügel

Niedrige Arbeitskosten verursachen keinen höheren Ersatzteilaufwand (Ersatzteilpreise nach Bild 5-4). Deshalb liefert ein Vergleich der Arbeitskosten (nach Bild 5-6) anhand der in AUDATEX gespeicherten Arbeitswerte ausreichend genaue Kennzahlen zur Bewertung der Serviceprozesse. Die Lackierkosten enthalten den gesamten Lackieraufwand einschließlich des entsprechenden Arbeitsaufwandes.

An den Vergleich der Kennzahlen sollte sich eine detaillierte Analyse der Konstruktionsprinzipien anschließen. Spätestens für diesen Schritt ist technisches Spezialwissen erforderlich. Zum Beispiel werden beim Ford Fiesta aufwendige Schweißverbindungen verwendet. Diese lassen sich im Servicefall nur mit sehr

Tabelle 5-2: Benchmarks für den Reparaturkostenvergleich

Benchmarks für den Reparaturkostenvergleich				
Reparaturkosten:	Ungünstigster Wert		100%	Fahrzeug 1
	Best in Class	Benchmark	55%	Fahrzeug 2
Ersatzteilkosten:	Ungünstigster Wert		100%	Fahrzeug 3
	Best in Class	Benchmark	33%	Fahrzeug 4
Arbeitskosten:	Ungünstigster Wert		100%	Fahrzeug 5
	Best in Class	Benchmark	20%	Fahrzeug 6

234   5 Fallstudien zur Anwendung des Benchmarking

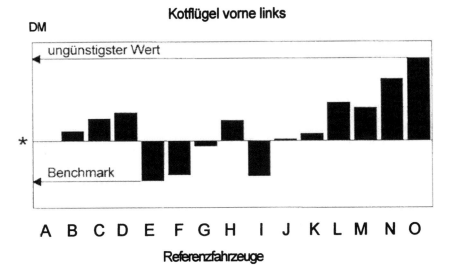

* willkürlicher Bezugspunkt

Bild 5-5: Differenzen der Ersatzteilkosten

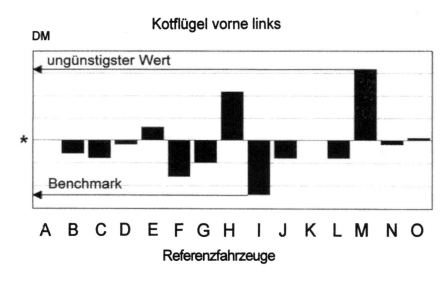

* willkürlicher Bezugspunkt

Bild 5-6: Differenzen der Arbeitskosten

hohem Aufwand lösen und wieder herstellen. Der Renault Twingo hat schnell lösbare Schraubverbindungen. Der Twingo liefert niedrige Werte für die Arbeitskosten (Tabelle 5-2). Es sollte überprüft werden, ob aus dem Konstruktionsprinzip des Twingo Verbesserungen abgeleitet werden können. Beim Renault Twingo müssen lediglich der Stoßfänger, der Außenspiegel und die seitliche Blinkleuchte aus- und wieder eingebaut werden, um den Kotflügel austauschen zu können. In jedem Fall muß geprüft werden, ob durch eine zeitliche Verkürzung des Serviceprozesses andere konstruktive Nachteile am Fahrzeug in Kauf genommen werden müssen. Sicherheitsmängel wären in diesem Fall nicht akzeptabel. Auffällig ist, daß die Reparaturkosten der teureren Fahrzeuge der Mittelklasse und der gehobenen Mittelklasse nicht generell höher sind. Es ist deshalb stets ratsam, auch Lösungen von Produkten zu analysieren, die nicht im direkten Wettbewerb stehen. Ein kennzahlenorientiertes Benchmarking (Arbeitswerte, Prozeßdauer, Kosten) bildet die Basis für das "Design for Service". Einen Informationsgewinn können die Entwickler aber nur aus der darauf aufbauenden Analyse der Bauteile und deren Konstruktionsprinzipien erzielen.

Die Implementierung der Ergebnisse kann nur in der Konstruktionsabteilung erfolgen. Deshalb sollte das Benchmarking im Sinne des "Design for Service" einen festen Platz im Konstruktionsprozeß erhalten.

5.2 Produkt-Benchmarking für die Antriebstechnik von Elektrofahrzeugen

5.2.1 Ausgangssituation und Aufgabenstellung

Das beschriebene Benchmarking-Projekt wurde von einem Hersteller für elektrische Fahrzeugantriebe in Zusammenarbeit mit der Professur für Innovationsmanagement der TU Dresden durchgeführt (Henke 1996).

Der Automobilzulieferer beschäftigt sich bereits seit mehreren Jahren intensiv mit der Entwicklung eines Antriebs für Elektrofahrzeuge. Der Markt für Elektrofahrzeuge ist national und international derzeit völlig unbedeutend. In Deutschland waren im Jahr *1995* etwa *4500* Elektrostraßenfahrzeuge zugelassen. Weder die Motorzulieferer noch die Automobilhersteller wissen, ob sich Elektrofahrzeuge gegenüber Verbrennungsmotoren oder Wasserstoffantrieben behaupten werden. Wegen der sich verschärfenden Abgasbestimmungen in den USA sind allerdings viele Automobilhersteller dazu gezwungen, ihren Flottenverbrauch (Verbrauchsdurchschnitt des Modellangebots) zu senken. Außerdem müssen in den USA vom Jahr *1998* an mindestens *2%* und vom Jahr *2003* an mindestens *10%* der verkauften Neuwagen emissionsfrei sein. Deshalb hoffen Automobilhersteller und Zulieferer, daß sich ein größerer Markt für Elektrofahrzeuge oder für hybridgetriebene Fahrzeuge (Ottomotor plus Elektroantrieb) entwickeln wird. Für Kleinwagen (Personenfahrzeuge) ist eine Elektromotorleistung von *20 - 30 kW* ausreichend. Auf diesen Marktsektor beschränkt sich die vorliegende Untersuchung. Die Leistung ist nicht direkt vergleichbar mit Verbrennungsmotoren, da Elektroantriebe einen höheren Wirkungsgrad haben.

Das betrachtete Unternehmen hat bereits einen Antrieb entwickelt, der fast Serienreife erlangt hat. Obwohl man weiterhin von dem gewählten Motorprinzip überzeugt ist, wollte man mit einer Benchmarking-Studie abschätzen, welchen Leistungsstand man gegenüber dem Wettbewerb und gegenüber industrieller Antriebstechnik (generische Anwendung) erreicht hat. Die Benchmarking-Studie hätte möglicherweise einen noch größeren Nutzen gehabt, wenn sie schon vor Beginn der Konzeptentwicklung und Konstruktion, also etwa zwei Jahre früher, stattgefunden hätte. Damals hätten die Informationen bei der Wahl eines geeigneten Motorprinzips genutzt werden können und man hätte möglicherweise weit mehr Detailwissen von industrieller Antriebstechnik (generische Anwendungen) übernehmen können. Zu diesem Zeitpunkt gab es noch kaum Unternehmen, die eine spezielle Antriebsentwicklung für Elektrofahrzeuge vornahmen. Die vorliegende Benchmarking-Studie ist dennoch ein wichtiger Leistungsvergleich im Hinblick auf den Stand der eigenen Entwicklung. Außerdem hat die Studie umfangreiches qualitatives Detailwissen geliefert, das hier nicht wiedergegeben werden kann. Die gewonnenen Erkenntnisse sind sehr wertvoll für die weitere Projektdurchführung und für die Weiterentwicklung des Antriebs. Das betrachtete Unternehmen hatte bisher keine systematische Konkurrenzanalyse durchgeführt. Benchmarking-Studien waren dem Unternehmen zu Projektbeginn noch unbekannt.

5 Fallstudien zur Anwendung des Benchmarking 237

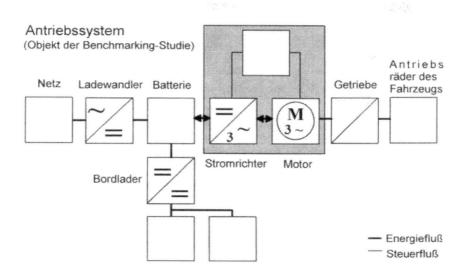

Bild 5-7: Greyboxdarstellung eines Antriebssystems für Elektrofahrzeuge

Bild 5-7 zeigt die Teilkomponenten eines Elektromotors als Greyboxdarstellung. Die vorliegende Benchmarking-Studie beschränkt sich auf die Teilkomponenten Motor und Elektronik (Leistungs- und Regelungselektronik). In diesen Ausführungen wird nur auf ausgewählte Ergebnisse zum Motorprinzip eingegangen.

Industrielle Antriebstechnik wird bei Werkzeugmaschinen eingesetzt. Allerdings legt man bei industrieller Antriebstechnik wenig Wert auf den Energieverbrauch und die Zuverlässigkeit von Elektroantrieben. Deshalb sind industrielle Antriebe für Elektrofahrzeuge oft überdimensioniert (Gewicht), da sie eine hohe Lebensdauer (maximale Betriebsstundenzahl) haben müssen. Werkzeugmaschinen werden im Mehrschichtbetrieb eingesetzt, während man Elektrofahrzeuge nur wenige Stunden am Tag nutzt. Im Straßenverkehr dagegen spielt die Zuverlässigkeit (MTBF) der Motoren eine größere Rolle als bei Werkzeugmaschinen.

Bei Elektrofahrzeugen steht immer das Problem der begrenzten Batteriekapazität im Mittelpunkt. Die vorliegende Studie beschäftigt sich nicht primär mit der Konstruktion der Batterie. Der Energieverbrauch und das Gewicht des Elektromotors spielen beim Fahrzeugbau aber gerade wegen der noch ungelösten Probleme der Energiespeicherung eine zentrale Rolle. Das Motorgewicht erhöht das Gesamtgewicht des Fahrzeugs und wirkt sich somit ebenfalls auf dessen Energieverbrauch aus. Außerdem ist der Platzbedarf des Motors ein wichtiges Bewertungskriterium für den Motoreinsatz in einem Kleinwagen. In Elektrofahrzeugen soll der Motor in Zukunft im Fahrzeugboden eingebaut werden. Auch bei der Leistungselektronik spielen das Gewicht und der Platzbedarf (Integrationsdichte von elektronischen Bauteilen) eine wesentliche Rolle.

Bild 5-8 zeigt die unterschiedlichen Motorprinzipien für elektrische Maschinen. Bei Fahrzeugen sind die am häufigsten verwendeten Motorprinzipien die Asynchronmaschine und die permanent erregte Synchronmaschine. Sehr wichtig ist der Preis der Elektroantriebe, der den Preis von Ottomotoren (*ca. 3.500,- DM*) nicht übertreffen darf. Deshalb soll ein Zielpreis des Motors einschließlich Leistungselektronik (Stromrichter) von unter *3.000,- DM* angestrebt werden. Die befragten Referenzhersteller gaben für ihre Motorprojekte Zielpreise von *2.000,- DM* bis *5.000,- DM* an. Allerdings hängen die genannten Zielpreise stark von den gewählten Motorprinzipien ab. Die Angaben für Zielpreise von permanent erregten Synchronmaschinen sind durchschnittlich etwa *1.000,- DM* höher als die von Asynchronmaschinen. Das erklärt sich größtenteils durch die hohen Herstellkosten der Magneten für die Synchronmaschine. Die Asynchronmaschine ist fremderregt und benötigt keine Magneten.

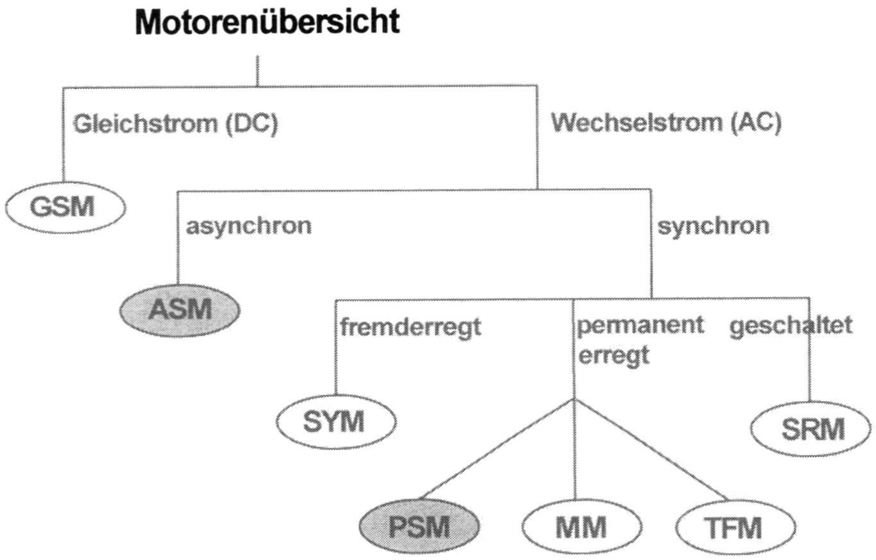

Motorenübersicht

- Gleichstrom (DC)
  - GSM
- Wechselstrom (AC)
  - asynchron
    - ASM
  - synchron
    - fremderregt
      - SYM
    - permanent erregt
      - PSM
      - MM
      - TFM
    - geschaltet
      - SRM

GSM - Gleichstrommaschine
ASM - Asynchronmaschine
SYM - Synchronmaschine
PSM - Permanent erregte Synchronmaschine
MM - Magnetmotor, permanent erregt (polyphasig)
TFM - Transversalflußmaschine
SRM - geschaltete Reluktanzmaschine

Bild 5-8: Motorprinzipien für Elektrofahrzeuge

5.2.2 Ablauf der Studie und Datenerhebung

Die Benchmarking-Daten sind durch eine persönliche Befragung erhoben worden. Die Unternehmen wurden ausschließlich von einem technisch geschulten Interviewer befragt. Dadurch konnte man die Verzerrungen bei der Datenerhebung möglichst gering halten. Es wurden Unternehmen in Deutschland, Österreich und Frankreich befragt. Darunter befinden sich fast alle bedeutenden europäischen Hersteller für elektrische Fahrzeugantriebe. Die Stichprobe entspricht deshalb nahezu der Grundgesamtheit. Es handelte sich um eine partnerschaftliche Datenerhebung, da allen beteiligten Unternehmen die Daten in anonymer Form zugesandt wurden. Die Daten des Auftraggebers gingen den Referenzunternehmen ebenfalls zu. Der Auftraggeber der Studie wollte selbst nicht in Erscheinung treten. Den Teilnehmern der Studie ist bekannt, welche Unternehmen sich daran beteiligt haben.

Die Befragungen wurden von der TU Dresden durchgeführt. Der Fragebogen ist speziell auf den Informationsbedarf des Auftraggebers der Studie zugeschnitten worden. Über alle Daten, die sich nicht statistisch auswerten lassen, verfügt der Auftraggeber exklusiv. Diese Vorzüge rechtfertigen die Kosten der Studie. Die Befragung kann als Erfolg gewertet werden. Eine persönliche Befragung ist bei dieser Art von Benchmarking-Studie der einzige Weg, der eine Vertrauensbasis zu den Referenzunternehmen ermöglicht. Alle Referenzunternehmen machten umfassende Angaben zu ihren Elektroantrieben, die sich noch überwiegend in der Entwicklung befinden. Da bisher nur wenige Antriebe auf dem Markt erhältlich sind, ist eine Geräteanalyse von Konkurrenzprodukten in der Regel nicht möglich. Die gewählte Form des Wettbewerbs-Benchmarking war deshalb die einzige Alternative, um auf legalem Weg an Informationen zu kommen.

Tabelle 5-3: Befragte Hersteller von Antriebstechnik

	Referenzunternehmen	
Gruppe	Hersteller (Referenzquellen)	Anzahl
1	**Hersteller von kompletten Antriebssystemen oder speziellen Komponenten für Elektrofahrzeuge** Davon sind: 14 Hersteller und Entwickler von kompletten Antriebssystemen 3 Hersteller von Motoreinheiten 1 Hersteller von Leistungselektronik	18
2	**Elektrofahrzeughersteller** (eigene Antriebsentwicklung)	7
3	**Hersteller industrieller Antriebstechnik** (generische Referenzen)	9
	Summe	34

Tabelle 5-4: Beispiele für Benchmarking-Kriterien (Parameter), deren Merkmalsausprägungen bei der Befragung erhoben wurden

Ausgesuchte Benchmarking-Kriterien für Elektroantriebe	
technische Fragen	kaufmännische Fragen
Motor:	
Baugröße (Volumen in cm³)	Zielverkaufspreis (*DM*)
Gesamtgewicht (*kg*)	Aus welchen Quellen gewinnen die Konstrukteure der Referenzunternehmen Informationen (Auswertung siehe Bild 4-14)
Nennleistung (*kW*)	
max. Drehzahl (*min^{-1}*)	
Nenndrehzahl (*min^{-1}*)	
max. Drehmoment (*Nm*) - kurzzeitiges Überlastmoment	
Nenndrehmoment (*Nm*)	
Wirkungsgrad (%) bei Nenndrehzahl / -drehmoment	
Polzahl	
Trägheitsmoment (*kgm²*)	
Remanenzinduktivität von Permanentmagneten B_r (*T*)	
Gewicht von Magneten (*kg*)	
Temperaturentwicklung (*K*)	
Getriebeart	
Prinzip der Motorkühlung	
Prinzip der Feldschwächung	
Art der Abschirmung / Filter	
Leistungselektronik:	
Baugröße (Volumen in cm³)	Zielverkaufspreis (*DM*)
Möglichkeiten der Platzersparnis	
Gesamtgewicht (*kg*)	
Art der Leistungshalbleiter	
Bereich der Zwischenkreisspannung (*V*)	
max. Motorstrom I_{eff} max (*A*)	
Spannungszwischenkreis / Stromzwischenkreis	
Resonanzwandler	
Kondensatoren (Typ)	
Taktfrequenz (*Hz*)	
Motorstromfrequenz (*Hz*)	
Wirkleistung (*W*)	
Verlustleistung (*W*) / Prinzip der Kühlung	
Regelungs- und Steuerverfahren	

Die Hersteller von industrieller Antriebstechnik (generische Referenzunternehmen) hatten kaum Bedenken, die gewünschten Informationen zu erteilen. Diese Gruppe von Unternehmen war prinzipiell an einem Leistungsvergleich ihrer Produkte interessiert. Die Zielgruppe der Studie wurde über das Internet und über die Datenbank von Hoppenstedt ausgewählt. Außerdem nutzte man die bisherigen Konkurrenzinformationen des Auftraggebers. Tabelle 5-3 zeigt die Referenzgruppen der befragten Hersteller. Die Auskunftsbereitschaft der Unternehmen übertraf die Erwartungen. Nur wenige Befragungsergebnisse waren nicht plausibel und wurden von der weiteren Analyse ausgeschlossen.

Tabelle 5-4 zeigt einen Teil der abgefragten Parameter. Die Befragung wurde mit einem weitgehend standardisierten Fragebogen durchgeführt. Man ermittelte eine Fülle technischer Details zum Motor und zur Leistungselektronik. Auch zur Batterie wurden zwei Fragen gestellt. Die kaufmännischen Fragen beschränkten sich auf die Zielpreise der Komponenten oder des Gesamtsystems.

Zusätzlich wurden Daten zur Größe der Referenzunternehmen und zur Person des jeweiligen Gesprächspartners erhoben. Mit den gewonnenen Daten lassen sich umfangreiche Benchmarking-Vergleiche anstellen. Das wird im folgenden Abschnitt am Beispiel von zwei Vergleichsparametern (Benchmarking-Kriterien) gezeigt.

5.2.3 Ergebnisse der Studie am Beispiel von Leistungsgewicht und Leistungsvolumen

Sowohl das Leistungsgewicht als auch das Leistungsvolumen müssen in Verbindung mit den anderen Leistungsparametern der Maschinen analysiert werden. Es bestehen Korrelationen zwischen den Parametern. Die Maschinen wurden in einem Leistungsspektrum von *20 bis 30 kW* untersucht. Allerdings ist der Zusammenhang zwischen Leistung und Gewicht beziehungsweise Leistung und Volumen in diesem Bereich nahezu linear. Auf der Basis von Literaturangaben wurden Linearitätsabweichungen von maximal *10%* ermittelt. Das beeinflußt die Rangfolge der Referenzmaschinen nicht, so daß ein linearer Zusammenhang angenommen werden darf.

Tabelle 5-5 ist ein Überblick über die Bereiche, in denen das Leistungsvolumen V_p (Volumen/kW Leistung) und das Leistungsgewicht m_p (Masse/kW Leistung) variieren kann. Es sind die wichtigsten Motorprinzipien für Elektrofahrzeuge aufgeführt. Als Vergleich fügte man die Motorprinzipien hinzu, die bei der industriellen Anwendung zum Einsatz kommen (generischer Referenzbereich). So sind die Leistungsgewichte bei den Fahrzeugmotoren deutlich günstiger als bei industrieller Anwendung.

Bild 5-9 zeigt den Benchmarking-Vergleich des Leistungsgewichtes von Motorkonzepten ausgewählter Hersteller. Die Hersteller *1 bis 8* entwickeln Asynchronmaschinen ASM, die Hersteller *9 bis 11* permanent erregte Synchronmaschinen SYM, der Hersteller *12* einen Magnetmotor MM und der Hersteller *13* eine geschaltete Reluktanzmaschine. Bild 5-10 zeigt den Benchmarking-Vergleich des

Leistungsvolumens von Motorkonzepten derselben Unternehmen. Hersteller *Nr. 12* liefert in beiden Fällen das Benchmark. Allerdings muß mit einem geringen Leistungsgewicht nicht zwangsläufig ein geringes Leistungsvolumen verbunden sein. Der Magnetmotor ist hinsichtlich der Benchmarking-Kriterien Leistungsgewicht und Leistungsvolumen am günstigsten. Es handelt sich um eine polyphasige Maschine, bei der die Stator- und die Rotorpolzahl unterschiedlich sind. Die günstigste Ausführung einer Asynchronmaschine (ASM) mit *25 kW* Leistung wiegt etwa *30 kg*. Der zweitbeste Asynchronmotor wiegt dagegen schon *45 kg*. Ein Magnetmotor (MM) mit derselben Leistung wiegt nur etwa *17,5 kg* (Benchmark). Es wurde allerdings nur ein Magnetmotor analysiert. Nicht allein das niedrige Eigengewicht der Motoren wirkt sich positiv auf das Gesamtgewicht des Fahrzeugs aus. Leichtere Elektromotoren benötigen weniger aufwendige Motoraufhängungen. Das spart zusätzliches Gewicht ein und reduziert den konstruktiven Aufwand für das Chassis.

Tabelle 5-5: Bereiche von Leistungsgewicht und Leistungsvolumen

Motorprinzip	Leistungsvolumen V_p in l/kW	Leistungsgewicht m_p in kg/kW
Fahrzeugantriebe		
GSM - Gleichstrommaschine (wird nicht eingesetzt)	2,5	10
ASM - Asynchronmaschine	0,53...5	1,85...10
PSM - Permanent erregte Synchronmaschine	0,38...2,5	1,1...2,5
MM - Magnetmotor (permanent erregt)	0,24	0,71
SRM - geschaltete Reluktanzmaschine	0,57	1,67
Industrieller Einsatz (generische Referenzen)		
ASM - Asynchronmaschine	0,83...2	2...10
PSM - Permanent erregte Synchronmaschine	1,1...1,4	2,5...3
* alle Werte sind auf einen Leistungbereich von 20 bis 30 kW bezogen		

5 Fallstudien zur Anwendung des Benchmarking

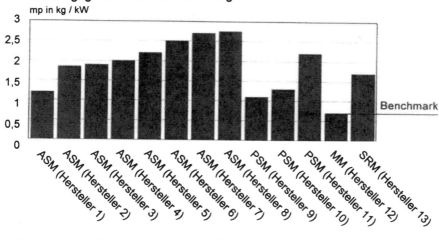

ASM - Asynchronmaschine
PSM - permanent erregte Synchronmaschine
MM - Magnetmotor (permanent erregt)
SRM - geschaltete Reluktanzmaschine

Bild 5-9: Benchmarking-Vergleich des Leistungsgewichtes von Motorkonzepten ausgewählter Hersteller

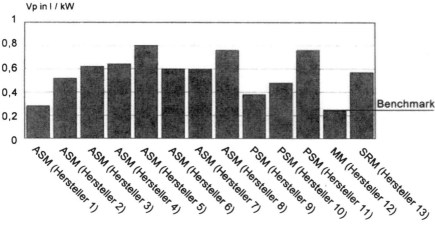

ASM - Asynchronmaschine
PSM - permanent erregte Synchronmaschine
MM - Magnetmotor (permanent erregt)
SRM - geschaltete Reluktanzmaschine

Bild 5-10: Benchmarking-Vergleich des Leistungsvolumens von Motorkonzepten ausgewählter Hersteller

Die technischen Kennzahlen und die Zielpreise sind Richtwerte, aus denen eigene Ziele abgeleitet werden können. So kann man seine eigenen Ziele im Projektheft modifizieren. Konstruktive Details ließen sich durch die Befragung nicht ermitteln. Man kennt zwar die Leistungsdaten (Merkmalsausprägungen der Kriterien) der Referenzobjekte, aber die verbindende Struktur der Konstruktionslösungen ist weitgehend unbekannt. Die Leistungsschwankungen innerhalb der Referenzklassen (Motorprinzipien) sind bemerkenswert. Die Toleranzbereiche lassen sich jedoch durch konstruktive Unterschiede erklären, so daß man den Befragungsergebnissen vertrauen kann. In der Praxis ist es fast unmöglich, alle konstruktiven Unterschiede auf legalem Weg zu ermitteln, bevor man die Produkte auf dem Markt erwerben kann. Der illegale Erwerb von Wissen verbietet sich allerdings von selbst (vgl. Anhang A1: Code of Conduct des Benchmarking).

Von *19* Motorenherstellern wurde die Asynchronmaschine, von *9* Herstellern die permanent erregte Synchronmaschine und von *2* Herstellern die geschaltete Reluktanzmaschine als "Technologie der Zukunft" bewertet. Die geschaltete Reluktanzmaschine beruht auf einem Prinzip, das dem Linearmotorkonzept ähnlich ist. Die Reluktanzmaschine war dem Auftraggeber der Studie bisher unbekannt. An diesem Beispiel wird deutlich, daß man durch systematisches Benchmarking neue Konstruktionsprinzipien kennenlernen kann. Auf einer 5teiligen Ordinalskala prognostizierten die befragten Unternehmen für die Asynchronmaschine ein mittleres Entwicklungspotential von $m = 2,8$ ($s = 0,6$) und für die permanent erregten Synchronmaschinen ein mittleres Entwicklungspotential von $m = 3,5$ ($s = 1,0$). Mehrdimensionale Bewertungen wurden durchgeführt, aber sie führten nicht zu einer eindeutigen Differenzierung zwischen den permanent erregten Synchronmaschinen und der Asynchronmaschine (Henke 1996, S. 53 ff.).

Die Synchronmaschinen haben ein deutlich geringeres Gewicht und einen günstigeren Wirkungsgrad, sie verursachen aber noch mindestens *1.000,- DM* höhere Herstellkosten und sind störanfälliger. Das Magnetmaterial für Synchronmaschinen müßte preiswerter hergestellt werden, was bei größeren Stückzahlen möglich erscheint. Es kann zu einem gravierenden Störfall kommen, wenn die Permanentmagnete einer Synchronmaschine durch einen Kurzschluß im Statorkreis entmagnetisiert werden. Konstruktive Lösungen müssen entwickelt werden, die diesen Störfall ausschließen. Die Asynchronmaschinen haben einen schlechteren Wirkungsgrad und ein höheres Gewicht als permanent erregte Synchronmaschinen. Bei Motorleistungen oberhalb von *30 kW* (nicht Gegenstand der Studie) haben Asynchronmaschinen weitere Kosten- und Leistungsvorteile gegenüber permanent erregten Synchronmaschinen. Eine differenzierte Kostenanalyse und ein Kosten-Benchmarking für die unterschiedlichen Motorvarianten und deren Teilkomponenten muß noch durchgeführt werden. Dasselbe gilt für die Leistungselektronik. Kaufleute und Techniker sollten dabei eng zusammenarbeiten.

6 Anhang

A 1 - Benchmarking-Organisationen

Benchmarking Organisationen, die Mitgliedsunternehmen beim Selektieren von Benchmarking-Referenzen unterstützen

Land	Organisation	Anschrift	Tel. / Fax.:
1 Australien	Austalien Centre for Best Practice	7 Parkes Street Parmatta New South Wales	
	Austalian Quality Council	69 Christie Street PO Box 298 St. Leonards New South Wales 2065	
	Logistics Benchmarking Service	Wool House, 6th Floor 369 Royal Parade Parkville Victoria 3052	
2 Belgien	European Foundation for Quality Management	Avenue des Pleiades 19 B-1200 Brussels	
3 Dänemark	The Danish Benchmarking Projekt - Confederation of Danish Industries	Blvd. 18 Copenhagen H. C. Andersens	Tel. 00 45 33 77 33 77 Fax. 00 45 33 77 33 00
4 Deutschland	Informationszentrum* Benchmarking (IZB) - etwa 13 Unternehmen - befindet sich im Aufbau	Fraunhofer Institut für Produktions- und Konstruktionstechnik Pascalstr. 8-9 10587 Berlin K. Mertins, L. Malchin, U. Steinhauser	Tel. 030 31 42 41 27 Fax. 030 39 32 503
	Deutsches Benchmarking Clearinghouse - etwa 12 Unternehmen, die Logistik-Benchmarking betreiben	Lehrstuhl für Logistik Universität Nürnberg-Erlangen Theodorstr. 1 90489 Nürnberg P. Klaus, O. Riethmüller	
	Benchmarking Roundtable (BIBA) - etwa 8 Unternehmen (Kooperation mit IZB)	Bremen Institute of Industrial Science Hochschulring 20 28359 Bremen S. Crom	Fax. 00 49 421 28 55 10

Land	Organisation	Anschrift	Tel. / Fax.:
5 England/ United Kingdom	Benchmarking Centre Ltd.* subsidiary of Oak Business Developers PLC. - etwa 60 Mitgliedsunternehmen	Truscon House 11, Station Road Gerrards Cross, Bucks SL9 8ES, UK United Kingdom B. Hollier, B. Codling, S. Codling	Tel. 00 44 1753 89 00 70 Fax. 00 44 1753 89 30 70
	Best Practice Club™ IFS International Ltd. - etwa 500 Mitglieder	Wolseley Business Park Kempston Bedford MK42 7PW R. L. Chase	Tel. 00 44 1234 85 36 05 Fax. 00 44 1235 85 44 99
	Best Practices Division	Department of Trade and Industry 151 Buckingham Palace Road London SW1W 9SS	Tel. 00 44 171 215 5000
	The Benchmarking Network Royal Mail - etwa 60 Mitglieder	Royal Mail House 22 Finsbury Square London EC2A 1NL J. Birch	Tel. 00 44 171 614 7195
	The Benchmarking Club Humberside TEC - etwa 25 lokale Mitglieder	The Maltings Silvester Square Silvester Street Hull HU1 3HL J. Smith	Tel. 00 44 1482 226491
	The Benchmarking Club Newcastle Business School University of Northumbria	Northumberland Road Newcastle-upon-Tyne NE1 8ST	
	The Benchmarking Council Cranfield School of Management Cranfield University	Cranfield Bedford MK43 OAL M. Zairi	
6 Finnland	Finnish Benchmarking Association	Tekniikantie 17 A 02 150 Espoo M. Lankinen	Tel. 00358 437 52 92
7 Italien	Business International*	Via Isonzo 42/C 00198 Roma A. Bastoni	Tel. 00 39 68 41 86 08 Fax. 00 39 68 53 01 04 6
8 Japan	Benchmarking Promoting Conference Center for Socio-Economic Development - etwa 30 Mitglieder	gefördert von NEC, Fuji Xerox Co. Japan Research Institute Ltd. und Asahi Auditing Co. unter Beteiligung des APQC (USA) und des MITI (Ministry of Trade and Industry), Tokyo	

6 Anhang 247

Land	Organisation	Anschrift	Tel. / Fax.:
9 Korea	Korean Benchmarking Centre*	Suite 1104 Seochoword Building SeochoDong-1355-3 Seocho-Ku Seoul 137-070, South Korea Taebock Lee	Tel. 00 82 25 67 72 20 Fax. 00 82 25 53 77 34 oder 29 93 68 56
10 Norwegen	Norwegian Institute of Technology - working group for CAD-Production Management	Faculty of Mechanical Engineering University of Trondheim N-7034 Trondheim Prof. A. Rolstadás	Fax. 00 47 73 59 71 17
11 Schweden	The Swedish Institute for Quality*	Fabriksgatan 10 Gothenburg S-41250 Schweden F. Forlin	Tel. 00 46 31 35 17 00 Fax. 00 46 31 77 30 645
12 USA	American Productivity & Quality Centre (APQC) International Benchmarking Clearinghouse - über 350 Unternehmen	123 North Post Oak Lane Third Floor Houston, Texas 77024-7797, USA A. Powell	Tel. 00 1 713 685 34 49 Fax. 00 1 713 681 53 21
	Benchmarking Competency Center American Society for Quality Control	611 East Wisconsin Ave. Milwaukee, WI 53201-3005	
	Council for Continuous Improvement	181 Metro Drive Suite 500 San Jose, CA 95110	
	The Benchmarking Exchange	7960-B Soquel Drive Suite 356 Aptos, CA 95003	
	The Quality Network*	Park Central, Suite F 110 Linden Oaks Drive Rochester NY 146625-2832, USA R. Camp	Tel. 00 1 71 62 48 57 12 Fax. 00 1 71 62 48 29 40
	The Benchmarking Network Service Management Roundtable	1050 Commonwealth Ave. Boston, MA 02215	
	The Strategic Planning Institutes* (SPI) Council on Benchmarking	1030 Massachussetts Avenue Cambridge, MA 02133, USA J. A. Staker	Tel. 00 6 174 919 200 Fax. 00 9 089 539 010

* Organisation ist Mitglied im Global Benchmarking Network GBN (Chairman: R. Camp)

- Verhaltensrichtlinien für das Benchmarking vom APQC

The Benchmarking Code of Conduct

1. Principle of Legality. Avoid discussions or actions that might lead to or imply an interest in restraint of trade: market or customer allocation schemes, price fixing, dealing arrangements, bid rigging, bribery, or misappropriation. Do not discuss costs with competitors if costs are an element of pricing.
2. Principle of exchange. Be willing to provide the same level of information that you request in any benchmarking exchange.
3. Principles of confidentiality. Treat benchmarking interchange as something confidential to the individuals and organizations involved. Information obtained must not be communicated outside the partnering organizations without prior consent of participating benchmarking partners. An organization's participation in a study should not be communicated externally without their permission.
4. Principles of use. Use information obtained through benchmarking partnering only for the purposes of improvement of operations within the partnering companies themselves. External use of communication of a benchmarking partner's name with their data or observed practices requires permission of that partner. Do not, as a consultant or client, extend one company's benchmarking studyfindings to another without the first company's permission.
5. Principle of first party contact. Initiate contacts, whenever possible, through a benchmarking contact designated by the partner company. Obtain mutual agreement with the contact on any hand-off of communication or responsibility to other parties.
6. Principle of third party contact. Obtain an individual's permission before providing their name in response to a contact request.
7. Principle of preparation. Demonstrate commitment to efficiency and effectiveness of the benchmarking process with adequate preparation to each process step, particularly at initial partnering contact.

A 2 Befragte Unternehmen

Unternehmen in Deutschland, Österreich, Liechtenstein und der Schweiz

Unternehmen	Branche
Accumulatorenwerke Hoppecke, Brilon	allg. Elektrotechnik
Accumulatorenwerke Sonnenschein GmbH, Büdingen	allg. Elektrotechnik
Adam Opel AG, Rüsselsheim	Fahrzeugbau
Alcatel SEL, Arnstadt	Bahnsicherung und -steuerung
Allweiler AG, Radolfzell	allg. Maschinenbau
A. Stihl, Waiblingen	allg. Maschinenbau
AT&T Global Information Solutions, Augsburg	Computer
BASF AG, Ludwigshafen	Chemische Industrie
Bayer AG, Krefeld	Chemische Industrie
BMW Motoren GmbH, Steyer (A)	Fahrzeugbau
Buna GmbH, Merseburg	Chemische Industrie
Diehl GmbH & Co., Röthenbach	allg. Maschinenbau/Wehrtechnik
Doka Industrie Ges., Amstellen	Gebäude
E. Merck, Darmstadt	Pharmazeutische Industrie
E. Pollmann Uhren u. Apparatebau OHG, Karlstein (A)	Fahrzeugbau
E. Rheinthaler Konstruktionsbüro, Dorfprozelten	Maschinen- u. Anlagenbau
Esselte Meto International, Heppenheim	Feinmechanik u. Optik
E-T-A, Altdorf	allg. Elektrotechnik
Fichtel & Sachs AG, Schweinfurt	Fahrzeugbau
Ford Werke AG, Köln	Fahrzeugbau
Fritz Gehauf AG, Nähmaschinen, Steckborn	allg. Maschinenbau
G. Kromschröder AG, Osnabrück	allg. Maschinenbau
Grammer AG, Amberg	Fahrzeugbau
Grammer AG, Kümmersbruck	Fahrzeugbau
Hamilton Bonaduz AG, Bonaduz (CH)	Automation
Hans Grohe GmbH & Co. KG, Schiltach	Sanitär
Heidemannwerke GmbH & Co. KG, Einbeck	Fahrzeugbau
Hella KG Hueck & Co., Lippstadt	Fahrzeugbau /allg. Elektrotechnik
Hilti AG, Schaan (FL)	allg. Maschinenbau
Hoechst AG, Frankfurt am Main	Chemische Industrie
Hoechst Schering Agrevo GmbH, Frankfurt/M.	Chemische Industrie
Honeywell - Centra - Bürkle, Schönaich	Haus- u. Gebäudeautomation
Hüls AG, Marl	Chemische Industrie

Unternehmen	Branche
Intermilch AG, Ostermundingen	Lebensmittelindustrie
Kömmerling Chemische Fabrik, Pirmasens	Chemische Industrie
KSB AG, Homburg / Saar	allg. Maschinenbau/Antriebstechnik
Lausitzer Braunkohle, Senftenberg	Bergbau
Legrand, Soest	allg. Elektrotechnik
Meistermarkenwerke GmbH, Bremen	Nahrungsmittel
Multitest Elektronische Systeme GmbH, Rosenheim	Automatisierungstechnik
PFA, Weiden	Schienenfahrzeugbau
P.I.V. Antrieb W. Reimers GmbH & Co., Bad Homburg	allg. Maschinenbau
PKL, Neuss	Anlagenbau/Verpackungssysteme
P. Wagner GmbH & Co. KG, Roßdorf	allg. Maschinenbau
Reifenhäuser GmbH & Co., Toisdorf	allg. Maschinenbau
Reinz-Dichtungs GmbH, Neu-Ulm	Fahrzeugbau-Zulieferer
Robert Bosch GmbH, Leinfelden-Echterdingen	allg. Elektrotechnik
R. Wolf GmbH, Knittlingen	Feinmechanik/Optik
Sauer Stichsysteme, Arbon (CH)	Textilmaschinenbau
Säurefabrik Schweizerhalle, Schweizerhalle (CH)	Chemische Industrie
Siemens AG, Amberg	allg. Elektrotechnik
Siemens AG, Bensheim	allg. Elektrotechnik
Siemens AG, Berlin	allg. Elektrotechnik
Siemens AG, Erlangen	Elektrotechnik/Elektronik
Siemens AG KWU, Erlangen	allg. Elektrotechnik
Siemens AG, Traunreut	Leuchtenindustrie
SMS Schlocmann Siemag, Hilchenbach	Anlagenbau
STEAG AG, Essen	Energieversorgung
Thyssen Stahl AG, Duisburg	Eisen- u. Nichteisenmetallerzeugung
Tridonic Bauelemente GmbH, Dornbirn (A)	Elektronik
United Parts, Dassel	Automobil-Zulieferer
Vacuumschmelze GmbH, Hanau	allg. Elektrotechnik
Varta Batterie GmbH, Ellwangen	allg. Elektrotechnik
VA Technologie AG, Linz (A)	Maschinen- und Anlagenbau
VEBA Oel AG, Gelsenkirchen	Chemische Industrie
VOEST-ALPINE GmbH, Linz (A)	Metallurgie, Anlagenbau
Volkswagen AG, Wolfsburg	Fahrzeugbau
Zellweger Luga AG, Uster (CH)	Elektronik
ZF Zahnrad Fabrik AG, Friedrichshafen	Fahrzeugbau

England

Unternehmen	Branche
AEA Technology, Harwell	Auftragsforschung
Bespak PLC, King's Lynn	Pharmazeutische Industrie
BHR Bristish Hydromechanics Research Group Ltd., Cranfield	Auftragsforschung & Produktentwicklung
British Steel PLC (Swinden Technology Centre), Rotherham	Eisen- u. Nichteisenmetallerzeugung
Britvic, Chelmsford	Getränke
CEL Instruments Ltd., Hitchin	Feinmechanik u. Optik
Hewlett-Packard, Bristol	Computer
ICL, Bracknell	Computer
Mercury Communications Ltd., Bracknell	Telekommunikation
Midlands Electricity PLC, Halesowen	Elektrotechnik
MK Electric Ltd., Basildon	Elektrotechnik
Mobil Oil Company Ltd., Stanford-el-Hope	Chemische Industrie
National Power PLC, Swindon	Stromerzeugung
NETC (Nissan European Technology Centre Ltd.), Cranfield	Fahrzeugbau
Philips Telecom - Private Mobile Radio, Cambridge	Elektronik
Rexam PLC, London	Druck- und Verpackungsindustrie
Rolls Royce Motor Cars Ltd., Crewe	Fahrzeugbau
Rover Group Ltd., Lighthorne, Warwick	Fahrzeugbau
Solvay Interox (R&D Widnes Laboratory), Widnes	Chemische Industrie
Toshiba Cambridge Research Centre Ltd., Cambridge	Elektronik
Wyerth-Ayerst Research, Gosport	Pharmazeutische Industrie

Japan

Unternehmen	Branche
Fuji Xerox, Tokio	Kopiergeräte, Drucker
Fujisawa, Osaka	Chemische Industrie/ Pharmazeutika
Hitachi, Tokio	Computer, Kommunikation, Anlagenbau
Honda Motors Ltd., Pkw, Tokio	Motorräder
Kogin Corp., Tokio	Chemische Industrie
NEC Personal C&C Computer, Yokohama	Telekommunikation
NEC Semiconductors, Kawasaki	Halbleiter
Nissan Auto Mfg. Corp.	Fahrzeugbau
NTT, Tokio	Telekommunikation
O-M Ltd, Osaka	Verpackungsmaschinen
Oji Yuka Goseishi Corp. Ltd., Tokio	Papierherstellung
Oki Electric Industries Co. Ltd., Tokio	Elektronik, Halbleiter
Sanyo Electric Co., Osaka	Computer, Elektronik
Sumitomo Metals Ltd., Osaka	Stahl
Teijin Corp., Tokio	Chemische Industrie
Wacoal Ltd., Kyoto	Textilindustrie
Yodogawa Steel Mfg., Osaka	Stahlindustrie

7 Abkürzungsverzeichnis

A	Ampere (Einheit)
A_j	Alternativen (Lösungs- oder Prinzipalternativen)
AC	Alternating Current (Wechselstrom)
ADAC	Allgemeiner Deutscher Automobil Club
APQC	American Productivity and Quality Center (USA)
ASM	Asynchronmaschine
AW	Arbeitswerte
AZT-Lack	Berechnung von Lackierungspreisen nach einem Verfahren von AZT (Allianz-Zentrum Technik)
B	Gesamtreferenz (für ein Objekt)
B_r	Remanenzinduktivität (Parameter)
b	Ausprägungsreferenz (Referenzausprägung pro Kriterium)
B_{nBest}	Benchmarks der Gesamtreferenz (für ein Objekt)
b_{nbest}	Benchmarks der Referenzausprägungen pro Kriterium
BCG	Boston Consulting Group
BGB	Bürgerliches Gesetzbuch
BIBA	Bremen Institute of Industrial Science (Deutschland)
BM	Benchmarking
BMFT	Bundesministerium für Forschung und Technologie
$b\text{-}zukünftig_{nbest}$	zukünftige Benchmarks der Referenzausprägungen pro Kriterium
C	Kapazität (Parameter)
CAD	Computer Aided Design
CPM	Critical Path Method
d	Dämpfungsfaktor / mechanisch (Parameter)
DAT	Deutsche Automobil Treuhand
DFG	Deutsche Forschungsgemeinschaft
DGL	Differentialgleichung
DIN	Deutsches Institut für Normung
DNA	Desoxyribonukleinsäure
E^*, E	Einflußmatrix (der Korrelationen)
EDV	Elektronische Datenverarbeitung
e_{ij}	quantitative oder qualitative Ausprägung der Korrelation zweier Kriterien
EPROM	Erasable Programmable Memory
ERM	Entity Relationship Model
ESM	Expert System for Management
ESPDM	Expertsystem for Product Design Management
FEM	Finite Element Method
FMEA	Fehlermöglichkeit u. Einflußanalyse

g	Gewichtungsfaktor
GSM	Gleichstrommaschine
GuV	Gewinn und Verlust
H_m	Hauptprozesse
Hz	Hertz (Einheit)
I	elektrischer Strom
IBC	International Benchmarking Clearinghouse (USA)
IEEE	Institute for Electrical and Electronic Engineers (England)
IEM	Integrated Enterprise Modeling
I_{eff}	elektrischer Strom (Parameter / Effektivwert)
IIR	Institute for International Research
ISO	International Organization for Standardization
IZB	Informationszentrum Benchmarking (Deutschland)
K	Kelvin (Einheit)
K_n	Kriterien (in der Regel zur Differenzierung zwischen Alternativen)
k	Federsteifigkeit (Parameter)
k_n	Merkmalsausprägungen von Kriterien
KG_i	Kundengruppen
KVP	kontinuierlicher Verbesserungsprozeß
L	Induktivität (Parameter)
lmi	leistungsmengeninduziert
lmn	leistungsmengenneutral
M	Motor
M	Drehmoment (Parameter)
m	arithmetischer Mittelwert der Stichprobe (statistischer Parameter)
m	Masse (Parameter)
MAUT	multiattribute utility theory
MDS	Multidimensionale Skalierung
MITI	Ministry of Trade and Industry (Japan)
MM	permanent erregter Magnetmotor (polyphasig)
Mop/M s	Month of production / Month in service
MPM	Metra Potential Method
MTBF	Meantime Between Failure
MTTR	Meantime to Repair
N	Stichprobenumfang
N_d	Stichprobenumfang in den deutschsprachigen Ländern
N_e	Stichprobenumfang in England
N_j	Stichprobenumfang in Japan
n	Stichprobenanteil
o.V.	ohne Verfasser
OOA	Object Oriented Analysis

7 Abkürzungsverzeichnis

OR	Operations Research
P	Druck (Parameter)
p	Laplace Operator
p*	Signifikanzniveau (statistischer Parameter)
PAP	Programmablaufpläne
PCB	Printed Circuit Board
PERT	Program Evaluation and Review Technique
PIMS	Profit Impact of Market Strategy
PLC.	Public Limited Company
PPO	Product Process Organisation Model
PSM	permanent erregte Synchronmaschine
Q	Flußrate / strömungstechnisch (Parameter)
QFD	Quality Function Deployment
R	elektrischer Widerstand (Parameter)
R&D	Research and Development
RL	Reichmann und Lachnit
ROI	Return on Investment
ROS	Return on Sales
S (t)	Laplace Funktion
s	Standardabweichung der Stichprobe (statistischer Parameter)
S/N	Signal to Noise Ratio
SA	Structured Analysis
SADT	Structured Analysis and Design Technique
SERM	Structured Entity Relationship Model
SOM	Semantisches Objektmodell
SPI	Strategic Planning Institute (USA)
SRM	geschaltete Reluktanzmaschine
SYM	Synchronmaschine
T	Produktlebensdauer
T	Tesla (Einheit)
t_v	Zeitpunkt, von dem an ein Produkt nicht mehr verbessert wird
t_d oder t_w	Zeitpunkt des Marktaustritts
t_m	Zeitpunkt des Markteintritts (Markteinführung)
TFM	Transversalflußmaschine
TILMAG	Transformation idealer Lösungselemente durch Matrizen der Assoziation und Gemeinsamkeitenbildung
TQM	Total Quality Management
TTL	Transistor-Transistor-Logik
U	U-Teststatistik (statistischer Parameter)
U	elektrische Spannung
U.K.	United Kingdom

v	Geschwindigkeit (Parameter)
V	Volt (Einheit)
v_m	Leistungsgewicht (Parameter) in kg/kW
v_p	Leistungsvolumen (Parameter) in l/kW
v_m	Merkmalsausprägungen von Vergleichskriterien (Abweichungen beim Soll-Ist-Vergleich)
v	Benchmarking-Zyklen
VDI xxxx	VDI-Richtlinie (als Quelle / Verein Deutscher Ingenieure)
WFMS	Work-Flow-Management-Systems
WOIS	widerspruchsorientierte Innovationsstrategie
Z_n	Ziele (Anforderungen an ein Produkt, einen Prozeß oder ein Projekt im Projektheft; die Ziele Z_n entsprechen den Kriterien K_n. In der Regel sind die Ziele Z_m eine Teilmenge m der Menge n aller Kriterien K_n)
z	Zielausprägung (quantitative oder qualitative Zielbeschreibung im Projektheft)
z_n	Zielausprägungen (von quantitativen oder qualitativen Kriterien und deren Toleranzbereichen)
Ze	elektrische Impedanz (Parameter)
Zm	mechanische Impedanz (Parameter)
ZVEI	Zentralverband der Elektrotechnischen Industrie
*	Der *Sternoperator kennzeichnet eine Verknüpfungsoperation, durch die deskriptive oder quantitative Größen entstehen können. Außerdem kennzeichnet der Operator Merkmalsausprägungen, die aus einer solchen Operation hervorgegangen sind. Solche deskriptiven Größen können Merkmalsausprägungen (Korrelationen) von zwei quantitativen, zwei qualitativen oder von einer qualitativen Größe mit einer quantitativen Größe sein.
=	Gleichstrom
~	Wechselstrom
α	Signifikanzniveau / α-Fehler (statistischer Parameter; hier ist $\alpha = 0,05$ oder $0,1$)
μ	chemisches Potential
$\hbar$	Moleflußrate (Parameter)
σ	Normalspannung (Parameter)
τ	Schubspannung (Parameter)
θ	Temperaturflußrate (Parameter)
ω	Winkelgeschwindigkeit (Parameter)
ω	Frequenz (Parameter)
χ^2	Chi-Quadrat-Teststatistik (statistischer Parameter)

8 Bildverzeichnis

Bild 1-1: Bestlösungen als Ausgangspunkt des Benchmarking 13
Bild 1-2: Evolutionäre und revolutionäre Verbesserungen in Verbindung mit Benchmarking 17
Bild 1-3: Basiselemente des Benchmarking 21
Bild 1-4: Zusammenhang zwischen Vergleichsmaßstab, Verbesserungspotential und Aufwand für das Benchmarking 26
Bild 1-5: Bewertungsverfahren 27
Bild 1-6: Benchmarking-Prozeß als Ablaufmodell 29
Bild 1-7: "Schraubendarstellung" des Benchmarking-Prozesses, der sich durch kontinuierliches Lernen an neue Ziele anpaßt 29
Bild 1-8: Bestlösungen als Ausgangspunkt neuer Problemlösungen ... 37
Bild 1-9: Polarkoordinatendarstellung von mehrdimensionalen Benchmarking-Ergebnissen am Beispiel eines Erzeugnisses der Klimatechnik 38

Bild 2-1: Anwendung des Benchmarking im Innovationsmanagement 46
Bild 2-2: Anwendungsmöglichkeiten für das Benchmarking in Abhängigkeit von der Strukturierbarkeit und vom Grad der Zielbestimmung von F&E-Prozessen 49
Bild 2-3: Erwartete Entwicklung der Bestleistung als Orientierung für eigene Leistungsziele 52
Bild 2-4: Anwendung des Benchmarking in den Stufen des Produktentwicklungsprozesses 54
Bild 2-5: Planungsebenen des Benchmarking in Forschung und Entwicklung 55
Bild 2-6: Maßstab des Produkt-Benchmarking 59
Bild 2-7: Prozeßketten, Prozeßgruppen und Teilprozesse (Verrichtungen, Aktivitäten) als Basis des Prozeß-Benchmarking 60
Bild 2-8: Prozesse und Unternehmensfunktionen 62
Bild 2-9: Maßstab des Prozeß-Benchmarking 63
Bild 2-10: Leistungsbilanz von Teilprozessen in F&E 64
Bild 2-11: Die Prozeßabhängigkeit des Integrierten Produktlebenszyklus 68
Bild 2-12: Beziehungen zwischen Hauptprozessen und projektinternen Prozessen 71
Bild 2-13: Gesamtablauf der Produktentwicklung mit Integriertem Benchmarking 74
Bild 2-14: Integriertes Benchmarking und Simultaneous Engineering zur integrierten Optimierung der Benchmarking-Objekte und zur Verkürzung der Entwicklungszeiten 78

Bild 2-15: Integriertes Benchmarking und Concurrent Engineering in
Kooperation mit externen Dienstleistern und Zulieferern 80
Bild 2-16: Informationsbedarf und Informationsbedarfsdeckung 83
Bild 2-17: Informationsbedarf des Integrierten Benchmarking 85
Bild 2-18: Abgrenzung des Geschäftsfeldes (Mikrosegment) anhand
der Nachfrage potentieller Kunden und der Leistungsfähigkeit des Unternehmens 94
Bild 2-19: Makro- und Mikrosegmentierung von Märkten für ein
zielorientiertes Benchmarking 97
Bild 2-20: Simulation von Produkten und Prozessen im Systemlebenszyklus 100
Bild 2-21: Simulation von Produkteigenschaften im Lösungsfindungsprozeß 102
Bild 2-22: Verfahren für die Simulation von Produkten und
Teillösungen 103
Bild 2-23: Benchmarking-Vergleich von Prozessen am Beispiel von
Programmablaufplänen (PAP) 107

Bild 3-1: Lösungsraum und Suchräume von Benchmarking-Studien . 110
Bild 3-2: Klassifizierung ausgesuchter Kreativitätstechniken 111
Bild 3-3: Kreativität und Benchmarking-Referenzlösungen 113
Bild 3-4: Kreativität und Referenzwissen als Basis kognitiver Prozesse 115
Bild 3-5: Physikalische Grundfunktionen zur Analyse funktionaler
Analogien bei Produkten oder bei Prozessen 118
Bild 3-6: Der Serienschwingkreis als technisches Beispiel für
mathematisch-physikalische Analogien 123
Bild 3-7: Die Abstraktionsebene und die Realisationsebene
für die Systementwicklung mit Benchmarking 129
Bild 3-8: Anwendung des Morphologieprinzips bei der Konzeptund Lösungsgenerierung für Produkte oder Prozesse 130
Bild 3-9: Entwicklung und Rekombination von Teillösungen
bei der Produkt- oder Prozeßentwicklung 132
Bild 3-10: Integriertes Benchmarking für Produkte und Prozesse 134
Bild 3-11: Projektspezifikation (Projektheft) für die integrierte
Planung von Produkt und Entwicklungsprozeß 138
Bild 3-12: Prozeß des methodischen Entwickelns von Produkten
mit Benchmarking 145
Bild 3-13: Konstruktionsprozeß für die Ablaufsteuerung
eines Mobilfunktelefons 146
Bild 3-14: Bewertungsebenen des Benchmarking bei Produkt- und
Prozeßinnovationen 148
Bild 3-15: Grundmodell für den Ablauf von Bewertungsprozessen
mit Benchmarking 150
Bild 3-16: Rekursiver Prozeß der Zieldefinition, der Wahl von Benchmarking-Kriterien und der Bewertung von Lösungen 152

8 Bild- und Tabellenverzeichnis 259

Bild 3-17: Polarkoordinaten zur Darstellung eines mehrdimensionalen Niveauvergleichs am Beispiel des Gehäuses für ein Mobilfunktelefon 153
Bild 3-18: Das "House of Projects" zur Gesamtbewertung von Projekten beim Integrierten Benchmarking 158
Bild 3-19: Funktionsebenen des Controlling beim Integrierten Benchmarking in der Produktentwicklung 161
Bild 3-20: Projektcontrolling für das Integrierte Benchmarking als kontinuierlicher kybernetischer Prozeß 163
Bild 3-21: Referenzwerte und daraus abgeleitete Richtwerte 164
Bild 3-22: Controlling von Projektkosten und Zeitaufwand mit Benchmarking-Referenzen 166
Bild 3-23: Zielbereiche und Instrumente des Kostenmanagements 167
Bild 3-24: Benchmarking zur Unterstützung des Kosten-, Zeit- und Kapazitätscontrolling 168
Bild 3-25: Proportionales und konstantes Kostenvolumen von Kostenstellen (Horváth/Mayer 1989, S. 214 f.) bei der Prozeßkostenrechnung und der flexiblen Plankostenrechnung auf Vollkostenbasis 171
Bild 3-26: Beispiel einer Kostenstellenmatrix für die Prozeßkostenrechnung 173
Bild 3-27: Prozeßorientierte Produktkalkulation mit Benchmarking-Referenzen 174
Bild 3-28: Target Costing zur Verteilung der Selbstkosten auf der Basis von Benchmarking-Referenzen 176
Bild 3-29: Koordination von Unternehmenscontrolling und Entwicklungsprojektcontrolling 179
Bild 3-30: Beziehungen der Objekte beim Integrierten Benchmarking 181
Bild 3-31: Doppelhelix des Integrierten Benchmarking von Entwicklungszielen und F&E-Prozeßzielen 183
Bild 3-32: Korrelationsmatrix der Produkt- und Prozeßkriterien 185

Bild 4-1: Größenklassen der befragten Unternehmen (deutschsprachiger Raum) 194
Bild 4-2: Zeitraum, in welchem sich die befragten Unternehmen mit Benchmarking beschäftigt haben 196
Bild 4-3: Anteile der Unternehmen, die Benchmarking-Projekte abgeschlossen haben, durchführen oder planen 197
Bild 4-4: Allgemeine Standpunkte zum Benchmarking 198
Bild 4-5: Anwendung von Management- und Organisationsmethoden in F&E 199
Bild 4-6: Anwendung von Management- und Organisationsmethoden in Kombination mit F&E-Benchmarking (Anteile der Unternehmen, die Benchmarking mit den aufgeführten Managementmethoden kombinieren) 200

Bild 4-7: Nutzenbewertung und Anwendung der Benchmarking-Arten entsprechend der Benchmarking-Objekte in F&E und im Gesamtunternehmen 201
Bild 4-8: Nutzenbewertung und Anwendung des Prozeß-Benchmarking in unterschiedlichen Funktionsbereichen des Unternehmens 202
Bild 4-9: Bedeutung einiger Voraussetzungen für das F&E-Prozeß-Benchmarking 204
Bild 4-10: Aussagen zur Bedeutung des Produkt-Benchmarking 205
Bild 4-11: Akzeptanz- und Realisierungsprobleme des Produkt-Benchmarking 206
Bild 4-12: Informationsquellen von Entwicklern und Konstrukteuren bei der Lösungssuche 207
Bild 4-13: Informationsverhalten von Entwicklern und Konstrukteuren bei der Lösungsfindung für Elektroantriebe und Leistungselektronik 209
Bild 4-14: Einflüsse auf die technische und kaufmännische Bewertung von Produktideen 210
Bild 4-15: Einflüsse auf die Bewertung von Produktkonzepten und Produktlösungen 211
Bild 4-16: Entscheidungsträger, die letztlich über die Wahl von Produktlösungen oder Produktkomponenten entscheiden 212
Bild 4-17: Anwendung von Management- und Organisationsmethoden in F&E im internationalen Vergleich 213
Bild 4-18: Kombination von Management- und Organisationsmethoden mit Benchmarking in F&E im internationalen Vergleich 215
Bild 4-19: Nutzenbewertung und Anwendung der Benchmarking-Arten entsprechend der Benchmarking-Objekte in F&E im internationalen Vergleich 217
Bild 4-20: Nutzenbewertung und Anwendung der Benchmarking-Arten entsprechend der Benchmarking-Objekte im Gesamtunternehmen (im internationalen Vergleich) 219
Bild 4-21: Bedeutung einiger Voraussetzungen für das F&E-Prozeß-Benchmarking im internationalen Vergleich 220
Bild 4-22: Bewertungen von Aussagen zum Produkt-Benchmarking (im internationalen Vergleich) 221
Bild 4-23: Akzeptanzprobleme des Produkt-Benchmarking im internationalen Vergleich 222
Bild 4-24: Informationsverhalten von Entwicklern und Konstrukteuren im internationalen Vergleich 223
Bild 4-25: Entscheidungsträger, die letztlich über die Wahl von Produktlösungen oder Produktkomponenten entscheiden (im internationalen Vergleich) 225

8 Bild- und Tabellenverzeichnis

Bild 5-1: Vom Serviceprozeß abhängiges Produkt-Benchmarking 229
Bild 5-2: Ursachen und Informationsquellen für den Ausfall von Kraftfahrzeugteilen 231
Bild 5-3: Ausgewählte Bauteile der Benchmarking-Studie 232
Bild 5-4: Summe der Servicekosten (Reparaturkosten) für einen Kotflügel 233
Bild 5-5: Differenzen der Ersatzteilkosten 234
Bild 5-6: Differenzen der Arbeitskosten 234
Bild 5-7: Greyboxdarstellung eines Antriebssystems für Elektrofahrzeuge 237
Bild 5-8: Motorprinzipien für Elektrofahrzeuge 238
Bild 5-9: Benchmarking-Vergleich des Leistungsgewichtes von Motorkonzepten ausgewählter Hersteller 243
Bild 5-10: Benchmarking-Vergleich des Leistungsvolumens von Motorkonzepten ausgewählter Hersteller 243

Tabellenverzeichnis

Tabelle 1-1:	Funktionen des Benchmarking	14
Tabelle 1-2:	Fehldeutungen des Benchmarking in der Praxis	15
Tabelle 1-3:	Vergleich zwischen traditionellem Betriebsvergleich und Prozeß-Benchmarking	16
Tabelle 1-4:	Entwicklungsgenerationen des Benchmarking	20
Tabelle 1-5:	Arten des Benchmarking nach dessen Gegenstand	22
Tabelle 1-6:	Unterschiede funktionsorientierter und prozeßorientierter Sichtweise für das Benchmarking	23
Tabelle 1-7:	Referenzklassen des Benchmarking	25
Tabelle 1-8:	Informationsquellen für Benchmarking	31
Tabelle 1-9:	Überblick über Dienste, die Benchmarking-Organisationen ihren Mitgliedsunternehmen anbieten	34
Tabelle 2-1:	Typische Benchmarking-Kriterien für Innovationen	47
Tabelle 2-2:	Einteilung von Entwicklungsproblemen	50
Tabelle 2-3:	Beispiel für eine Input- (Ertrag, Kundennutzen) versus Output-Bewertung (Aufwand, Kosten oder Zeit) von Prozessen	65
Tabelle 2-4:	Benchmarking-Informations-Matrix	87
Tabelle 2-5:	Beispiele für Informationsquellen des Integrierten Benchmarking	88
Tabelle 2-6:	Methoden zur Gewinnung und Verarbeitung von Benchmarking-Kriterien	90
Tabelle 2-7:	Eigenschaften von Modellkonzepten für Prozesse	105
Tabelle 2-8:	Grundmodelle und Planungsmethoden zur Strukturierung von Prozessen	106
Tabelle 3-1:	Analogien zwischen Treiber- und Flußvariablen bei technischen Systemen und bei Managementsystemen	119
Tabelle 3-2:	Analogiearten und Beispiele für Objektmerkmale	121
Tabelle 3-3:	Entscheidungsfälle bei der Auswahl und Verbesserung von Lösungen	124
Tabelle 3-4:	Zentrales Problem des generischen Benchmarking bei der Suche nach analogen Bestlösungen	125
Tabelle 3-5:	Bewertungstabelle für Lösungsprinzipien, Lösungen und Prozeßlösungen mit Benchmarking	154
Tabelle 3-6:	Beziehungs- und Korrelationsmatrix zwischen Produktziel und Entwicklungsprozeß	182
Tabelle 4-1:	Zusammensetzung der Stichprobe	190
Tabelle 4-2:	Branchenzugehörigkeit der befragten Unternehmen (deutschsprachiger Raum)	193

8 Bild- und Tabellenverzeichnis

Tabelle 4-3:	Benchmarking-Projekte in F&E und verwendete Referenzquellen	195
Tabelle 4-4:	Probleme bei der Suche und Auswahl von Benchmarking-Partnern	203
Tabelle 4-5:	Allgemeine Implementierungsprobleme des F&E-Prozeß-Benchmarking	204
Tabelle 4-6:	Faktorkombinationen der Managementmethoden und -aufgaben	216
Tabelle 5-1:	Referenzfahrzeuge für das Design for Service (Fallstudie)	230
Tabelle 5-2:	Benchmarks für den Reparaturkostenvergleich	233
Tabelle 5-3:	Befragte Hersteller von Antriebstechnik	239
Tabelle 5-4:	Beispiele für Benchmarking-Kriterien (Parameter), deren Merkmalsausprägungen bei der Befragung erhoben wurden	240
Tabelle 5-5:	Bereiche von Leistungsgewicht und Leistungsvolumen	242

9 Quellenverzeichnis

Abell, D. F: Defining the Business, The Starting Point of Strategic Planning. Englewood Cliffs, New York, 1980

Akao, Yoji: QFD - Quality Function Deployment. Hrsg.: Günter Liesegang. Landsberg/Lech: Verlag Moderne Industrie, 1992

Allee, Verna: A transformation in learning. In: The Benchmark (May 1995), S. 17-21

Altenburger, Otto A.: Prozeßkostenrechnung - wie die Theorie die Praxis befruchten muß. In: Die Betriebswirtschaft, 54. Jg., Heft 5 (1994), S. 697-701

Andersen, B.: Benchmarking in Norwegian industry and relationship benchmarking. In: Benchmarking - Theory and Practice. Hrsg.: Asbjorn Rolstadas. London: Chapman & Hall, 1995, S. 105-109

Anderson, J. D. A.: The role of knowledge-based engineering systems in concurrent engineering. In: Concurrent Engineering, Concepts, implementation and practice. Hrsg.: Syan, Chanan S.; Menon, Unny. London: Chapman & Hall, 1994, S. 185-201

Ashton, Chris: Lifelong learning. In: The Benchmark (May 1995), S. 29-30

Baaken, Thomas: Technologiestudien als innovatives Marketing-Instrument im Investitionsgütermarketing. In: Marktforschung & Management, 4/1991, S. 164-169

Backhaus, Klaus: Investitionsgütermarketing. 3., überarb. Aufl. München: Vahlen, 1992

Backhaus, Klaus; Erichson, Bernd; Plinke, Wulff: Multivariate Analysemethoden, eine anwendungsorientierte Einführung. 6., überarb. Aufl. Berlin: Springer, 1990

Bailetti, Antonio J.; Litva, Paul F.: Integrating Customer Requirements into Product Design. In: The Journal of Produkt Innovation Management, Vol. 12, Nr. 1 (January 1995), S. 3-15

Baker, A. G.: A Role for Knowledge Engineering in R&D. In: R&D Management, Vol. 15, Nr. 2 (April 1985), S. 105-107

Balasubramanian, B.; Katzenbach, A.: Simulation im Automobilbau - von der Idee bis zum Kundenfahrzeug. In: Simulation in der Praxis - Neue Produkte effizienter entwickeln. Tagung Fulda 11./12. Okt. 1995, VDI Berichte 1215. Düsseldorf: VDI Verlag, 1995, S. 1-17

Balm, Gerald: Benchmarking, a practitioner's guide for becoming and staying best of the best. 2. Aufl. Schaumburg, Illinois: OPMA Press Quality and Productivity Association, 1992

Balzert, Helmut: Die Entwicklung von Software-Systemen: Prinzipien, Methoden, Sprachen, Werkzeuge. Unveränd. Nachdr. Mannheim: BI-Wiss.-Verl., 1992 (Reihe Informatik, Bd. 34)

Bamberg, Günter; Coenenberg, Adolf Gerhard: Betriebswirtschaftliche Entscheidungslehre. 8. Aufl., München: Vahlen 1994

Bar, Jacob: A systematic technique for new product idea generation: the external brain. In: IEEE Engineering Management Review, Vol. 17, Nr. 4 (December 1989), S. 39-47

Bart, Christopher K.: Controlling new product R&D projects. In: R&D Management, Vol. 23, Nr. 3 (July 1993), S. 187-197

Bauer, Peter: Benchmarking, Chancen und Risiken für die Logistik. In: Benchmarking, Spitzenleistungen durch Lernen von den Besten. Hrsg.: Jürgen Meyer, Stuttgart: Schäffer-Poeschel, 1996

Bauert, Frank: Methodische Produktmodellierung für den rechnerunterstützten Entwurf. In: Konstruktionstechnik, Schriftenreihe. Hrsg.: W. Beitz, Institut für Maschinenkonstruktion, Technische Universität, Berlin, 1991

Bausch, Thomas: Stichprobenverfahren in der Marktforschung. München: Vahlen, 1990

Bausch, Thomas; Opitz, Otto: PC-gestützte Datenanalyse mit Fallstudien aus der Marktforschung. München: Vahlen, 1993

Bean, Thomas J.; Gros, Jaques G.: R&D Benchmarking at AT&T. In: Research Technology Management, Vol. 35, Heft 4, 1992, S. 32-37

Beard, Charles; Easingwood, Chris: Sources of Competitive Advantage in the Marketing of Technology-intensive Products and Processes. In: European Journal of Marketing, Vol. 26, Nr. 12 (1992), S. 5-18

Beitz, W.: Kreativität des Konstrukteurs. In: Konstruktion 37. Jg. (1985), S. 381-386

Beitz, W.: Innovative Produktpolitik - Strategien zur Planung und Entwicklung marktfähiger Produkte. In: Konstruktion, 40. Jg. (1988), S. 227-232

Beitz, W.; Birkhofer, H.; Pahl, G.: Konstruktionsmethodik in der Praxis, Konstruktionsmethodik. In: Konstruktion 44 (1992), S. 391-397

Bendell, Tony; Boulter, Louise; Kelly, John: Benchmarking for Competitive Advantage. London: Pitman Publishing, 1993

Bendell, Tony; Kelly, John; Merry, Ted: Quality: Measuring and Monitoring. London: Century Business, 1993

Bernskötter, Hans: Benchmarking. In: Marketing Journal, Heft 2 (1995), S.120-121

Bichler, Klaus; Gerster, Wolfgang; Reuter, Rupert: Logistik-Controlling mit Benchmarking, Praxisbeispiele aus Industrie und Handel. Wiesbaden: Gabler, 1994

Bichler, Klaus; Reuter, Rupert: Benchmarking - die richtigen Zahlen beschaffen. In: Carl Hanser Verlag, München, AV 30 (1993) 6, S. 218-219

Biesada, Alexandra: Strategic benchmarking, tired of getting blindsided? Study how the competition plans for tomorrow. In: Financial World, Vol. 161 (September 29,1992), S. 30-38

Birkhofer, A.: Gruppenarbeit in der Konstruktionspraxis - Ergebnisse und Erkenntnisse aus empirischen Untersuchungen. In: VDI Berichte Nr. 1169. Düsseldorf: VDI Verlag, 1995, S.97-115

Birkhofer, H.; Costa, C.: Auf dem Weg zur ganzheitlichen Simulation. In: Simulation in der Praxis - Neue Produkte effizienter entwickeln. Tagung Fulda 11./12. Okt. 1995, VDI Berichte 1215. Düsseldorf: VDI Verlag, 1995, S. 303-312

Birkhofer, H.; Reinemuth, J.: Lean Design mit Zuliefererkomponenten. In: VDI Berichte Nr. 1120 (1994), S. 203-222

Bleymüller, Josef; Gehlert, Günther; Gülicher, Herbert: Statistik für Wirtschaftswissenschaftler. 4., verb. Aufl. München: Vahlen, 1985

Bochtler, Wolfgang; Laufenberg, Ludger: Simultaneous Engineering, von der Strategie zur Realisierung. Hrsg.: Walter Eversheim. Berlin: Springer, 1995

Bogan, Christopher E.; English, Michael J.: Benchmarking, A Wakeup Call For Board Members (and CEOs Too). In: Planning Review, Vol. 21 (July/August 1993), S. 28-33

Bogan, Christopher E.; English, Michael J.: Benchmarking for best practices, winning through innovative adaption. New York: McGraw-Hill, 1994

Bohn, Roger E.: Measuring und Managing Technological Knowledge. In: Sloan Management Review, Vol. 36, Nr. 1 (Fall 1994), S. 61-73

Boulter, Louise; Bendell, Tony: Conducting fair play. In: The Benchmark (Februar 1996), S. 21-22

Boxwell, Robert J.: Benchmarking for competitive advantage. o. O.: McGraw-Hill, 1994

Bredemeier, Willi; Vattes, Hans-Jürgen: Probleme des Technologietransfers in der Bundesrepublik Deutschland. In: Die Betriebswirtschaft, 42. Jg., Heft 3 (1982), S. 355-370

Brenner, Walter; Österle, Hubert: Wie Sie Informationssysteme optimal gestalten. In: Harvard Business manager, 1/1994, S. 46-52

Brockhoff, Klaus: Schnittstellen-Management, Abstimmungsprobleme zwischen Marketing und Forschung und Entwicklung. Stuttgart: Poeschel, 1989 (Management von Forschung, Entwicklung und Innovation Bd. 1)

Brors, Peter: Benchmarking, Neugierig gemacht. In: Wirtschaftswoche Nr. 46 (10.11.1994), S. 112-115

Brown, Thomas L.: Capitalizing on Comparisons, can benchmarking actually slow you down? In: Industrie Week, Vol. 242 (March 15, 1993), S. 46

Bruce, Margaret; Leverick, Fiona; Littler, Dale: Success factors for collaborative product development: a study of suppliers of information and communication technology. In: R&D Management, Vol. 25, Nr. 1 (January 1995), S. 33-44

Bühner, Rolf: Kapitalmarktbeurteilung von Technologiestrategie. In: Zeitschrift für Betriebswirtschaft, 58. Jg., Heft 12 (1988), S. 1323-1339

Bullivant, John R. N.: Benchmarking for Continuous Improvement in the Public Sector. Harlow: Longman, 1994

Burckhardt, Werner: Unternehmen Wandeln; Wettbewerbsfähiges Neugestalten, Entschlacken durch Benchmarking. In: DZ Carl Hanser Verlag, München, DZ 40 (1995) 5, S. 517-522

Bureau, George E.: International benchmarks help to ensure service quality. In: Marketing News, Vol. 25 (February 4, 1991), S. 18 und 22

Bürgel, Hans Dietmar: Projektcontrolling; Planung, Steuerung und Kontrolle von Projekten. In: Controlling, Heft 1 (Januar 1989), S. 4-9

Burgoyne, John: Towards the Learning Company, Concepts and Practice. Maidenhead, Berkshire: McGraw-Hill Book Company Europe, 1994

Camp, Robert C.: Benchmarking. München: Hanser, 1994

Camp, Robert C.: Business Process Benchmarking, finding and implementing best practices. Milwaukee, Wisconsin: ASQC Quality Press, 1994

Camp, Robert C.: Past, present and future. In: The Benchmark (August 1995), S. 13-15

Carter, John: Benchmarking new product development, How do you compare with global competition? In: IEEE International Engineering Management Conference (Einzelbericht von der Konferenz vom 21.-24. Oktober 1990 in Santa Clara, Ca, USA), 1990, S. 188-190

Casement, Richard: Invention, imitation and Especially) innovation in Japan. In: IEEE Engineering Management Review, Vol. 13, Nr. 2 (June 1985), S. 42-50

Cecil, Robert; Ferraro, Richard: IEs Fill Facilitator Role In Benchmarking Operations To Improve Performance. In: Industrial Engineering (April 1992), S. 30-33

Cervellini, Udo: Marktorientiertes Gemeinkostenmanagement mit Hilfe der Prozeßkostenrechnung. In: Controlling, 6. Jg., Heft 2 (März/April 1994), S. 64-72

Chang, Richard Y.; Kelly, P. Keith: Improving Through Benchmarking, A Practical Guide To Achieving Peak Process Performance. Irvine: Richard Chang, 1994

Chase, Rory L.: An international overview. In: The Benchmark (August 1995), S. 31-33

Chau, Patrick Y. K.: Better Decision Making Through Expert Systems for Management. In: SAM Advanced Management Journal, Vol: 56, Nr. 4 (Autumn 1991), S. 13-18

Childe, S. J.; Smart, P. A.: The use of process modelling in benchmarking. In: Benchmarking - Theory and Practice. Hrsg.: Asbjorn Rolstadas. London: Chapman & Hall, 1995, S. 190-200

Choffray, Jean-Marie; Lilian, Gary L.: DESIGNOR: A Decision Support Procedure for Industrial Product Design. In: Journal of Business Research, Vol. 10 (1982), S. 185-198

Clayton, Tony; Luchs, Bob: Strategic Benchmarking at ICI Fibres. In: Long Range Planning, Vol: 27, Nr. 3 (1994), S. 54-63

Codling, Sylvia: Best Practice Benchmarking, Management. Brookfield, Vermont: Gower, 1995

Coenenberg, Adolf G.; Baum, Heinz-Georg: Strategisches Controlling, Grundfragen der strategischen Planung und Kontrolle. Hrsg.: Herrmann Simon. Unveränd. Aufl. Stuttgart: Schäffer-Poeschel, 1992

Coenenberg, Adolf G.; Fischer, Thomas M.: Prozeßkostenrechnung - Strategische Neuorientierung in der Kostenrechnung. In: Die Betriebswirtschaft 51 (Januar 1991), S. 21-38

Coenenberg, Adolf G.; Günther, Thomas: Der Stand des strategischen Controlling in der Bundesrepublik Deutschland, Ergebnisse einer empirischen Untersuchung. In: Die Betriebswirschaft, 50. Jg., Heft 4 (1990), S. 459-470

Colmen, Kenneth S.: Benchmarking the delivery of technical support, An international study benchmarks technical support in 17 companies in energy, chemicals and computers / telecommunications. In: Research Technology Management, Vol. 36, Heft 5 (September-October 1993), S. 37

Cooper, Robert G.: Stage-Gate Systems: A New Tool for Managing New Products. In: IEEE Engineering Management Review, Vol. 19, Nr. 3 (Fall 1991), S. 5-12

Cooper, Robert G.; Kleinschmidt, Elko J.: Success Factors in Product Innovation. In: Industrial Marketing Management 16 (1987), S. 215-223

Cooper, Robin: Activity-Based Costing - Was ist ein Activity-Based Cost-System? In: Kostenrechnungssystem, krp (April 1990), S. 210-220

Cramer; Weißmantel, Heinz: Praktische Entwicklungsmethodik I, Begründung der Notwendigkeit methodischen Entwickelns. Vorlesungsbegleiter: Institut für Elektromechanische Konstruktionen Technische Hochschule Darmstadt, 1990

Crom, S: International benchmarking: identifying best practices within a global enterprise. In: Benchmarking - Theory and Practice. Hrsg.: Asbjorn Rolstadas. London: Chapman & Hall, 1995, S. 93-105

Daschmann, Hans-Achim: Erfolgsfaktoren mittelständischer Unternehmen, ein Beitrag zur Erfolgsfaktorenforschung. Stuttgart: Schäffer-Poeschel, 1994

DAT: Gebrauchtwagenreport: Der Markt für gebrauchte Pkw 1991/1992. Hrsg.: Deutsche Automobil Treuhand, Stuttgart, 1992

Davenport, Thomas H.: Process innovation, reengineering work through information technology. USA: Ernst & Young, 1993

Davis, Tim R. V.; Patrick, Michael S.: Benchmarking at the SunHealth Alliance. In: Planning Review, Vol. 21 (January-February 1993), S. 28-31 und 56

Day Jr., Charles R.: Benchmarkings first law, Know thyself. In: Industry Week, Vol. 241 (February 17, 1992), S. 70

Dean, James W.; Susman, Gerald I.: Organizing for Manufacturable Design, Four ways to get design and manufacturing together. In: Havard Business Review (January/February 1989), S. 28-36

Deming, W. Edwards: Out of the crisis. Cambridge, Mass.: Massachusets Institute of Technology, January 1993

DeSarbo, Wayne; Jedidi, Kamel; Cool, Karel: Simultaneous Multidimensional Unfolding and Cluster Analysis: An Investigation of Strategic Groups. In: Marketing Letters, Vol. 2, Nr. 2 (April 1990), S. 129-146

Deschamps, Jean-Philippe; Nayak, P. Ranganath: Product juggernauts, how companies mobilize to generate a stream of market winners. USA: Havard Business Press, 1995

Dhavale, Dileep G.: (Indirect Costs Take On Greater Importance), Require New Accounting Methods With CIM. In: Industrial Engineering, Vol. 20 (July 1988), S. 41-43

Domschke, Wolfgang; Drexl, Andreas: Einführung in Operations-Research. 2., verb. und erw. Aufl. Berlin: Springer, 1991

Dörner, Dietrich: Gedächtnis und Konstruieren. In: Psychologische und pädagogische Fragen beim methodischen Konstruieren, Ergebnisse des Ladenburger Diskurses von Mai 1992 bis Oktober 1993. Hrsg.: Gerhard Pahl, Köln: Verlag TÜV Rheinland, 1994, S. 150-160

Drebing, Uwe: Zur Metrik der Merkmalsbeschreibung für Produktdarstellende Modelle beim Konstruieren. Dissertation: Institut für Konstruktionslehre, Maschinen- und Feinwerkelemente; Fakultät für Maschinenbau und Elektrotechnik: Technische Universität, Braunschweig, März 1991

Dreger, Wolfgang: Finden und Bewerten neuer Produktideen, Ein Beispiel aus der Innovationsberatung. In: io Management Zeitschrift 52 (1983) Nr. 1, S. 8-11

Dror, Israel; Bnaya, David: Knowledge centres: A technology & engineering hybrid. In: R&D Management, Vol. 14, Nr. 2 (April 1984), S. 81-91

Dylla, Norbert: Denk- und Handlungsabläufe beim Konstruieren. Dissertation: Technische Universität München, 1990. In: Konstruktionstechnik München. Hrsg.: Klaus Ehrlenspiel, Bd. 5, München: Hanser, 1991

Ealey, Lance A.: Quality by design, Taguchi methods and US industry. 2nd ed. Burr Ridge, Il.: Irwin Co-Published with the American Supplier Institute, 1994

Ebert, Günter; Pleschak, Franz; Sabisch, Helmut: Aktuelle Aufgaben des Forschungs- und Entwicklungscontrolling in Industrieunternehmen. In: Innovationsmanagement und Wettbewerbsfähigkeit. Erfahrungen aus den alten und neuen Bundesländern. Wiesbaden: Gabler, 1992

Eder, W. E.: Methode QFD - Bindeglied zwischen Produktplanung und Konstruktion. In: Konstruktion, 47. Jg., Heft 1+2 (Januar/Februar 1995), S. 1-9

Edwards, Scott: A process of identification. In: The Benchmark (August 1995), S. 37-40

Ehrlenspiel, Klaus: Auf dem Weg zur integrierten Produktentwicklung. In: Rechnerunterstützte Produktentwicklung. Tagung Bad Soden 1./2. März 1990, VDI Gesellschaft Entwicklung Konstruktion Vertrieb, VDI Berichte Nr. 812. Düsseldorf: VDI Verlag, 1990, S. 165-180

Ehrlenspiel, Klaus: Integrierte Produktentwicklung: Methoden für Prozessorganisation, Produkterstellung und Konstruktion. München: Hanser, 1995

Ehrlenspiel, Klaus; Pahl, Gerhard: Kostengünstig Konstruieren: Kostenwissen, Kosteneinflüsse; Kostensenkung. Berlin: Springer, 1985 (Konstruktionsbücher, Bd. 35)

Ehrlenspiel, Klaus.; Rutz, A.: Konstruieren als gedanklicher Prozeß. In: Konstruktion, 39. Jg. (1987), S. 409-414

Ehrlenspiel, Klaus; Schaal, S.: In CAD integrierte Kostenkalkulationen. In: Konstruktion, 44. Jg. (1992), S. 407-414

Eichinger, P. H.: Servicegerechte Konstruktion; Konstruktionsmethodik, Kosten, Instandhaltung. In: Konstruktion, 46 (1994), S. 292-294

Eilhauer, Hans-Dieter: F & E-Controlling, Grundlagen - Methoden - Umsetzung. Wiesbaden: Gabler, 1993

Erdmann, Georg: Elemente einer evolutorischen Innovationstheorie. Tübingen: JBC Mohr (Paul Siebeck) 1993

Eschenbach, Rolf; Künesch, Hermann: Strategische Konzepte, Management-Ansätze von Ansoff bis Ulrich. 2., überarb. und erw. Aufl. Stuttgart: Schäffer-Poeschel, 1994

Eversheim, Walter: Prozessorientierte Unternehmensorganisation, Konzepte und Methoden zur Gestaltung "schlanker" Organisationen. Hrsg.: Walter Eversheim. Berlin: Springer, 1995

Eversheim, Walter: Simultaneous Engineering - eine organisatorische Chance. In: Neue Wege des Projektmanagements. Tagung Frankfurt 18./19. April 1989, VDI Berichte Nr. 758. Düsseldorf: VDI Verlag, 1989, S. 1-25

Falster, P.: Modelling for benchmarking. In: Benchmarking - Theory and Practice. Hrsg.: Asbjorn Rolstadas. London: Chapman & Hall, 1995, S. 382-391

Ferstl, O. K.; Sinz, E. J.: Glossar zum Begriffssystem des Semantischen Objektmodells (SOM). Otto-Friedrich-Universität. Bamberg, 1992

Feurer, Rainer; Chaharbaghi, Kazem: Research strategy formulation and implementation in dynamic environments. In: Benchmarking for Quality Management & Technology, An International Journal, Vol. 2, Nr. 4 (1995), S. 15-26

Feurer, Rainer; Chaharbaghi, Kazem: Strategy formulation: a learning methodology. In: Benchmarking for Quality Management & Technology, An International Journal, Vol. 2, Nr. 1 (1995), S. 36-55

Finkelstein, L.; Finkelstein, A. C. W.: Review of design methodology. In: The Proceedings, Vol: 130, Pt. A, Nr. 4 (June 1983), S. 213-223

Finkelstein, L.; Finkelstein, A. C. W.: The Life Cycle Of Engineering Products - An Analysis of Concepts. Manuskript: Measurement and Instrumentation Centre and Engineering Design Centre, City University, London, o. J.

Fischer, Joachim: Controlling im F&E-Bereich, Einige Thesen zum Forschungs- & Entwicklungscontrolling. In: Controlling, Heft 6 (November/ Dezember 1990), S. 306-311

Fitz-Enz, Jac: Benchmarking Best Practices. In: Canadien Business Review (Winter 1992), S. 28-31

Fitz-Enz, Jac.: Benchmarking staff performance, how staff departments can enhance their value to the customer. San Francisco: Jossey-Bass, 1993

Fitz-Enz, Jac: Value-added benchmarking, A tool for getting precisely what you want. In: Employment Relations Today, Vol. 19 (Autumn 1992), S. 259-264

Fletcher, Keith: An Analysis of Choice Criteria Using Conjoint Analysis. In: European Journal of Marketing, Vol. 22, Nr. 9 (1988), S. 25-33

Föllinger, Otto; Dörrscheidt, Frank; Klittich, Manfred: Regelungstechnik, Einführung in die Methoden und ihre Anwendung. 8., überarb. Aufl. Heidelberg: Hüthig, 1994

Franke, H. J.; Mohnmeyer G.: Expertensysteme im Rahmen des methodischen Konstruierens. In: VDI-Bericht 775. Düsseldorf: VDI Verlag, 1989, S. 47-63

Franz, Klaus-Peter: Die Prozeßkostenrechnung als modernes Instrument zur Kostenbeeinflussung und Kostenkontrolle. In: Kongress Kostenkontrolle 90. Hrsg: Wolfgang Männel. Lauf an der Pegnitz: Verlag der Gesellschaft für angewandte Betriebswirtschaft (GAB), 1990, S. 75-96

Fricke, G.: Erfolgreiches individuelles Vorgehen beim Konstruieren - Ergebnisse einer empirischen Untersuchung. In: Konstruktion, 46. Jg. (1994), S. 181-189

Fricke, Gerd: Konstruieren als flexibler Problemlöseprozeß - Empirische Untersuchung über erfolgreiche Strategien und methodische Vorgehensweisen beim Konstruieren. In: Konstruktionstechnik/Maschinenelemente. VDI Fortschrittberichte Reihe 1, Nr. 227, Düsseldorf: VDI Verlag, 1993, 226 Seiten

Fricke, G.; Pahl, G.: Zusammenhang zwischen personenbedingtem Vorgehen und Lösungsgüte. In: Proceedings of ICED 91. International Conference on Engineering Design (ICED) Zürich 27./28. August 1991, Zürich, 1991, S. 27-29

Fritz, Martina: Die Implementierung von Benchmarking in Forschung und Entwicklung in Großbritannien - ein Vergleich mit dem Implementierungsstand im deutschsprachigen Raum. Diplomarbeit: Fakultät Wirtschaftswissenschaften, Professur für Innovationsmanagement, Technische Universität Dresden. Dresden, Juli 1996

Fröhling, Oliver: Mehr Controlling in Forschung und Entwicklung nötig. In: io Management Zeitschrift 59 (1990) Nr. 11, S. 67-71

Fuld, Leonard M.: The new competitor intelligence; the complete resource for finding, analyzing and using information about your competitors. USA: John Wiley & Sons, 1995

Furey, Timothy R.: Benchmarking, The key to developing competitive advantage in mature markets. In: Planning Review (September/October 1987), S. 30-32

Fußbahn, Karl-Heinz: Praxisbericht: Ansätze und Chancen des Benchmarking im Vertrieb. In: Nutzen Sie Benchmarking als Instrument zur Leistungssteigerung in Ihrem Marketing und Vertrieb! Benchmarking in Marketing und Vertrieb. Konferenz Düsseldorf 20./21. Juni 1995, Institut for International Research, Frankfurt, 1995

Gable, Miron; Fairhurst, Ann; Dickinson, Roger: The Use of Benchmarking to Enhance Marketing Decision Making. In: Journal of Consumer Marketing, Vol. 10, Nr. 1, (1993), S. 52-60

Gaiser, Bernd: Schnittstellencontrolling bei der Produktentwicklung, Entwicklungszeitverkürzung durch Bewältigung von Schnittstellenproblemen. München: Vahlen, 1993

Gaiser, Bernd; Servatius, Hans G.: Mehr Transparenz für die Forschung und Entwicklung, Fahrplan für ein F&E-Controllingsystem. In: Controlling, Heft 3 (Mai 1990), S. 128-133

Gentner, Andreas: Entwurf eines Kennzahlensystems zur Effektivitäts- und Effizienzsteigerung von Entwicklungsprojekten, dargestellt am Beispiel der Entwicklungs- und Anlaufphasen in der Automobilindustrie. München: Vahlen, 1994

Gerhard, Edmund: Das Ähnlichkeitsprinzip als Konstruktionsmethode in der Elektromechanik. Dissertation: Fakultät für Elektrotechnik, Technische Hochschule Darmstadt, Februar 1971

Gerhard, Edmund: Kostenbewußtes Entwickeln und Konstruieren, Grundlagen und Methoden zur Kostenbestimmung und Kostenabschätzung während eines entwicklungs- und herstellkostenorientierten Vorgehens. Renningen-Malmsheim: expert-Verl., 1994 (Kontakt & Studium, Bd. 380: Konstruktion)

Gerpott, Torsten J.: Intelligentes Benchmarking als Mittel zur Neuausrichtung an Wettbewerb und Markt. In: Gewinnen im Wettbewerb, Erfolgreiche Unternehmensführung in Zeiten der Liberalisierung, Hrsg.: Booz; Allen; Hamilton. Stuttgart: Schäffer-Poeschel, 1994, S. 51-78

Geschka, Horst: Creativity techniques in Product planning and development: A view from West Germany. In: R&D Management, Vol. 13, Nr. 3 (July 1983), S. 169-183

Geschka, Horst: Kreativitätstechniken zur Gewinnung von Innovationsideen. Manuskript: Gastvorlesung an der Technischen Universität Dresden am 6. Dezember 1995

Geschka, Horst: Visual Confrontation - Developing Ideas from Pictures. In: Creativity and Innovation, The Power of Synergy. Proceedings of the Fourth European Conference on Creativity and Innovation, Darmstadt, 25-28 August 1993, organised by Geschka & Partner. Hrsg.: Geschka, Horst; Moger, Susan; Rickards, Tudor. Darmstadt: Geschka & Partner, 1994, S. 151-157

Geschka, Horst: Wettbewerbsfaktor Zeit, Beschleunigung von Innovationsprozessen. Landsberg, Lech: Verl. Moderne Industrie, 1993

Geschka, Horst; Eggert-Kipfstuhl: Innovationsbedarfserfassung. In: Thexis, Fachbuch für Marketing, 2 / 1994, S. 116-127

Geyer, Erich: Wechselbeziehung zwischen Marketing und Technik. In: absatzwirtschaft, Zeitschrift für Marketing (Juni 1985), S. 88-92

Gienke, H.; Kämpf, R.: Design Integrating Manufacturing - Konkurrenzfähige Produkte durch Teamarbeit. In: Konstruktion, 46. Jg. (1994), S. 89-91

Gierl, Heribert: Konsumententypologie oder A-priori-Segmentierung als Instrumente der Zielgruppenauswahl. In: Zeitschrift für betriebswirtschaftliche Forschung, 41. Jg., 9 / 1989, S. 766-789

Göldenbot, Klaus: Benchmarking im Vertrieb bei Würth: ein aktiver und kontinuierlicher Prozeß. In: Tagung Frankfurt 22. November 1994, Institut for International Research, Frankfurt, 1994

Goldsmith, Ronald; Flynn, Leisa Reinicke: Identifying Innovators in Consumer Product Markets. In: European Journal of Marketing, Vol. 26, Nr. 12 (1992), S. 42-55

Gordon, William J. J.: Synectics, The Development of Creative Capacity. London: Collier-Macmillan, 1969

Götze, Uwe: Szenario-Technik in der strategischen Unternehmensplanung. 2., aktualisierte Aufl. Wiesbaden: DUV, Dt. Univ.-Verl., 1993

Graf, Hans; Bürgi, Karl: Produktentwicklung: Nutzen Sie Ihre Daten-Ressourcen. In: io Management Zeitschrift 54 (1985) Nr. 3, S. 160-164

Gräßer, A.: Die Analyse technischer Systeme, ein effizientes Hilfsmittel für die Produktentwicklung. In: Feinwerktechnik & Messtechnik 89 (1981), S. 118-120

Grinyer, M.: Benchmarking, How it can help your business. In: Unternehmenspotentiale bestimmen. Tagung Benchmarking Berlin 19./20. Oktober 1994, CIM-Technologietransfer Zentrum, Berlin, 1994

Guilmette Harris; Reinhart, Carlene: Competitive Benchmarking, A New Concept for Training. In: Training and Development Journal, Vol. 38 (February 1984), S. 70-71

Günther, Thomas: Erfolg durch strategisches Controlling?: Eine empirische Studie zum Stand des strategischen Controlling in deutschen Unternehmen und dessen Beitrag zu Unternehmenserfolg und -risiko. München: Vahlen, 1991

Günther, Thomas: Ergebnisanalyse auf Basis einer flexiblen Plankostenrechnung. In: Das Wirtschaftsstudium (Oktober 1994), S. 828-840

Günther, Thomas: Möglichkeiten und Grenzen des Benchmarking im Controlling. In: Benchmarking - Weg zu unternehmerischen Spitzenleistungen. Konferenz Dresden 18./19. Oktober 1996, Technische Universität Dresden, Tagungsband, Dresden, 1996, S. 1-13 (Workshop Benchmarking und Controlling)

Günther, Thomas: Investitions- und Finanzplanung, simultane. In: Enzyklopädie der Betriebswirtschaftslehre, Bd. 6. Handwörterbuch des Bank- und Finanzwesens. Hrsg.: Wolfgang Gerke. 2., überarb. und erw. Aufl., Stuttgart: Schäffer-Poeschel, 1994, S. 957-967

Günther, Thomas: Zur Notwendigkeit des Wertsteigerungs-Managements, Entwicklung und State of the Art der Shareholder-Value-Idee. In: Wertsteigerungs-Management, Das Shareholder Value-Konzept, Methoden und erfolgreiche Beispiele. Hrsg.: Klaus Höfner; Andreas Pohl. Frankfurt/Main: Campus Verlag, 1994, S. 13-58

Hagen, F. von; Baaken, Th.: Marktforschung für technische Innovation. In: planung und analyse, 7 /1987, S. 285-287

Hales, Crispin: Managing engineering design. Harlow, Essex: Longman Group, 1993

Haller, Wolfgang F.; Tockner, Rudolf: Bewertungssystematik für Make-or-Buy-Entscheidungen in der Forschung. In: io Management Zeitschrift 63 (1994) Nr. 10, S. 69-73

Hamel, Gary; Prahalad, C. K.: Competing for the future. Boston, Massachusetts: Havard Business, 1994

Hammann, Peter; Erichson, Bernd: Marktforschung. 2., neubearb. und erw. Aufl. Stuttgart: Fischer, 1990 (UTB für Wissenschaft: Uni-Taschenbücher Bd. 805)

Hammer, Michael; Champy, James: Business reengeneering, die Radikalkur für das Unternehmen. 3. Aufl. Frankfurt a. Main: Campus, 1994

Hammer, Michael; Champy, James: Reengineering the Corporation, A Manifesto for Business Revolution. 3. Aufl. London: Nicholas Brealey Publishing, 1995

Hanssmann, F.; Honold, G.; Liebl, F.: Ein kausales strategisches Entscheidungsmodell auf Grundlage von PIMS. In: Strategische Planung, Bd. 3 (1987), S. 197-216

Harkleroad, David H.: Competitive Intelligence, A New Benchmarking Tool. In: Management Review (October 1992), S. 26-29

Harrington, H. James: Business process improvement, the breakthrough strategy for total quality, productivity and competitiveness. Baskerville: McGraw-Hill, 1991

Hartung, Joachim; Elpelt, Bärbel; Klösener, Karl-Heinz: Statistik, Lehr- und Handbuch der angewandten Statistik. 5., durchges. Aufl. München: Oldenbourg, 1986

Hauser, John R.; Clausing, Don: The House of Quality. In: Harvard Business Review, Vol. 66 (May/June 1988), S. 63-73

9 Quellenverzeichnis

Heinen, Edmund: Einführung in die Betriebswirtschaftslehre. 9., verb. Aufl. Wiesbaden: Gabler, 1985

Heinrich, W.: Kreatives Problemlösen in der Konstruktion. In: Konstruktion, 44. Jg. (1992), S. 57-63

Helfrich, Christian: Controlling für Forschung und Entwicklung. In: io Management Zeitschrift 60, Nr. 12 (1991), S. 37-39

Henke, Jens: Produktbenchmarking als Werkzeug zur Analyse des technischen Standes und der zukünftigen Technologieentwicklung von Antrieben für Elektrofahrzeuge. Diplomarbeit: Fakultät Elektrotechnik, Elektrotechnisches Institut, Technische Universität Dresden, Dresden, Januar 1996

Henry, Jim: LH designers drew a bead on the very best. In: Automotive News (August 24, 1992), S. 20 LH

Henschke, F.: Greifen mikromechanischer Strukturen mit adhäsiven Hilfsstoffen. In: Feinwerktechnik & Messtechnik 102 (1994) 9, S. 411-415

Herter, Ronald N.: Benchmarking, Nur die Besten als Maßstab. In: DSWR (Datenverarbeitung, Steuer, Wirtschaft, Recht), Heft: 1/2, 1994, S. 1013

Hess, T.; Brecht, C.: State of the Art des Business Process Redesign: Darstellung und Vergleich bestehender Methoden, 2. Aufl.: Wiesbaden: Gabler, 1996

Hieronymus, Steffen; Tintelnot, Claus; Wichert-Nick, Dorothea v.: Technologiebewertung für Unternehmen. In: Dresdner Beiträge zur Betriebswirtschaftslehre, Technische Universität Dresden, Heft 4 (Oktober 1996), S. 26-31

Hill, B.: Bionik - notwendiges Element im Konstruktionsprozeß. In: Konstruktion, 45. Jg. (1993), S. 283-287

Hill, Hermann: Innovation durch Lernen. In: Gablers Magazin, 11-12/1994, S. 40-43

Hiltrop, Jean M.; Despres, Charles: Benchmarking the Performance of Human Resource Management. In: Long Range Planning, Vol. 27, Nr. 6 (1994), S. 43-57

Hippel, Eric van: The sources of innovation. New York: Oxford University Press, 1988

Holbrook, Morris B.; Havlena, William J.: Assessing the Real-to-Artificial Generalizability of Multiattribute Attitude Models in Tests of New Product Design. In: Journal of Marketing Research, Vol. 25 (February 1988), S. 25-35

Hönisch, G.: Förderung der Kreativität in der universitären Konstruktionsausbildung. In: Konstruktion, 45. Jg. (1993), S. 295-300

Horváth, Peter: Controlling. 5., überarb. Aufl. München: Vahlen, 1994 (Vahlens Handbücher der Wirtschafts- und Sozialwissenschaften)

Horváth, Peter; Herter, Ronald N.: Benchmarking, Vergleich mit den Besten der Besten. In: Controlling, Heft 1 (Januar/Februar 1992), S. 4-11

Horváth, Peter; Herter, Ronald N.: Benchmarking, Vergleich mit den Besten der Besten. In: Controlling, Heft 1 (Januar/Februar 1992), S. 4-11

Horváth, Peter; Mayer, Reinhold: Prozeßkostenrechnung, Der neue Weg zu mehr Kostentransparenz und wirkungsvolleren Unternehmensstrategien. In: Controlling, Heft 4 (Juli 1989), S. 214-219

Horváth, Peter; Mayer, Reinhold: Prozeßkostenrechnung - Wer im Glashaus sitzt ... In: Die Betriebswirtschaft, 54. Jg., Heft 5 (1994), S. 701-704

Horváth, Peter; Seidenschwarz, Werner: Zielkostenmanagement. In: Controlling, Heft 3 (Mai/Juni 1992), S. 142-150

Howard, Robert: The learning imperative, managing people for continuous innovation. Boston: Havard business press, 1993

Hubka, Vladimir; Eder, Ernst: Einführung in die Konstruktionswissenschaft: Übersicht, Modell, Ableitungen. Berlin: Springer, 1992

Irrgang, Bernhard: Lehrbuch der evolutionären Erkenntnistheorie: Evolution, Selbstorganisation, Kognition. München: Ernst Reinhardt Verlag, 1993 (UTB 1765)

Janssen, Jürgen; Laatz, Wilfried: Statistische Datenanalyse mit SPSS für Windows, Eine anwendungsorientierte Einführung in das Basissystem. Berlin: Springer, 1994

Jaspersen, Thomas: Produkt-Controlling, betriebswirtschaftliche und technische Verfahren zur Produktentwicklung. 2., unveränd. Aufl. München: Oldenbourg, 1995

Jennings, Kenneth; Westfall, Frederick: Benchmarking for Strategic Action. In: The Journal of Business Strategy, Vol. 13, Heft 3 (1992), S. 22-25

Jochem, Roland; Schwermer, Martin: Integrated Enterprise Modelling - Basis for Business, Process Reengineering and Optimization. Manuskript: IPK-Planungstechnik, FHG, Fraunhofer Institut, Berlin, o. J.

Johnson, Thomas: (Activity-Based Information), A Blueprint for World-Class Management Accounting. In: Management Accounting, Vol. 69, Nr. 12 (June 1988), S. 23-30

Kainz, Rolf: Zeitplanung auch im Entwicklungs- und Konstruktionsbereich. In: io Management Zeitschrift 52 (1983) Nr. 6, S. 242-245

Kamiske, Gerd F.; Hummel, Thomas G. C.; Malorny, Christian: Quality Function Deployment - oder das systematische Überbringen der Kundenwünsche. In: Marketing, Zeitschrift für Forschung und Praxis, Heft 3, III. Quartal 1994, S. 181-191

Kaplan, Robert S.; Norton, David P.: In Search of Excellence - der Maßstab muß neu definiert werde. In: Harvard manager, 4 / 1992, S. 37-46

Karlöf, B.; Östblom C.: Das Benchmarking-Konzept, Wegweiser zur Spitzenleistung in Qualität und Produktivität. München: Vahlen, 1994

Kasul, Ruth A.; Motwani, Jaideep G.: Performance measurements in world-class operations, A strategic model. In: Benchmarking for Quality Management & Technology, An International Journal, Vol. 2, Nr. 2 (1995), 20-36

Keeney, Ralph L.; Lilien, Gary L.: New Industrial Product Design and Evaluation Using Multiattribute Value Analysis. In: The Journal of Product Innovation Management, Vol. 4, Nr. 3 (September 1987), S. 185-198

Kellinghusen, Georg; Wübbenhorst, Klaus L.: Strategisches Controlling: Überwindung der Lücke zwischen operativem und strategischem Management. In: Die Betriebswirtschaft, 49 Jg., Heft 6 (1989), S. 709-716

Kempf, S.; Siebert, G.: Klassifizierendes Benchmarking - ein neuer Ansatz. Tagung Benchmarking Berlin 19./20. Oktober 1994, CIM-Technologietransfer Zentrum. Berlin, 1994

Kerz, P.: Konstruktionselemente und -prinzipien in Natur und Technik. In: Konstruktion, 39. Jg. (1987), S. 474-479

Kilger, Wolfgang; Vikas, Kurt: Flexible Plankostenrechnung und Deckungsbeitragsrechnung. 10., vollst. überarb. und erw. Aufl. Wiesbaden: Gabler, 1993

Klaus, Peter: Benchmarking, Untersuchung von Lagerhausprozessen in der Distribution. Studie des Lehrstuhles für Betriebswirtschaftslehre, inbes. Logistik, der Universität Erlangen-Nürnberg. In: WISO, 1994

Klein, B.: Ausschöpfung des Kostenpotentials in F & E; Kosten, Qualität, Management. In: Konstruktion, 46. Jg. (1994), S. 323-328

Klein, Hans-Werner; Schmidt, Petra: Methode oder Mode? Neuronale Netze - Anwendungen in der Marktwirtschaft. In: planung und analyse, 1/1995, S. 42-46

Kleinfeld, Klaus: Benchmarking als Startpunkt einer vollumfänglichen Restrukturierung. In: Benchmarking, Spitzenleistungen durch Lernen von den Besten. Hrsg.: Jürgen Meyer, Stuttgart: Schäffer-Poeschel, 1996

Kleinschmidt, E. J.; Cooper, R. G.: The Impact of Product Innovativeness on Performance. In: Journal Innovation Management (August 1991), S. 240-251

Koch, Ingo: Prozeßkostenrechnung. In: Grundbegriffe des Controlling. Hrsg.: Hans-Ulrich Küpper, Jürgen Weber. Stuttgart: Schäffer-Poeschel, 1995. S. 277-278 (Sammlung Poeschel, Bd. 142)

Koller, R.: Kann der Konstruktionsprozeß in Algorithmen gefaßt und dem Rechner übertragen werden? In: VDI Berichte Nr. 219. Düsseldorf: VDI Verlag, 1974, S. 25-33

Koller, Rudolf; Kastrup, Norbert: Konstruktionslehre für den Maschinenbau, Grundlagen zur Neu- und Weiterentwicklung technischer Produkte. 3., völlig neubearb. Aufl. Berlin: Springer, 1994

Kollmar, Axel; Niemeier, Dirk: Der Weg zum richtigen Benchmarking-Partner, Unter den Besten wählen. In: Gablers Magazin (Mai 1994), S. 31-35

Kölpin, Heide: Die Implementierung von Benchmarking in Forschung und Entwicklung im deutschsprachigen Raum. Diplomarbeit: Fakultät Wirtschaftswissenschaften, Professur für Innovationsmanagement, Technische Universität Dresden. Dresden, Februar 1996

Körschges, A.: Implementierung von Benchmarking im Unternehmen. In: Mertins, K.; Siebert, G.; Kempf, St. (Hrsg.): Benchmarking - Praxis in deutschen Unternehmen. Berlin: Springer, 1995, S. 19-27

Kotler, John P.: Erfolgsfaktor Führung: Führungskräfte gewinnen, halten und motivieren - Strategien aus der Havard Business School. Frankfurt am Main: Campus, 1989

Krackhardt, David; Hanson, Jeffrey R.: Informelle Netze - die heimlichen Kraftquellen. In: Harvard Business manager, 1 / 1994, S. 16-24

Krallmann, Hermann: Systemanalyse im Unternehmen. Geschäftsprozeßoptimierung, Partizipative Vorgehensmodelle, Objektorientierte Analyse. München: Oldenbourg Verlag, 1994

Kramer, Friedhelm: Strategic technology management as basis for successful product innovation. In: Konstruktion, 39. Jg. (1987), S. 259-266

Kramer, Friedhelm; Kramer, Markus: Modulare Unternehmensführung. Kundenzufriedenheit und Unternehmenserfolg, Bd. 1. Berlin: Springer, 1995

Kramer, Karl-Heinz: Benchmarking-Konzepte zur Verbesserung innerbetrieblicher Dienstleistungen. Diplomarbeit: Hochschule St. Gallen für Wirtschafts-, Rechts- und Sozialwissenschaften, St. Gallen (07.04.1995)

Krause, Werner; Müller, Johannes; Sommerfeld, Erdmute: Umstruktuierung von Wissen beim Konstrukteur. In: Psychologische und pädagogische Fragen beim methodischen Konstruieren, Ergebnisse des Ladenburger Diskurses von Mai 1992 bis Oktober 1993. Hrsg.: Gerhard Pahl. Köln: Verlag TÜV Rheinland, 1994, S. 89-104

Krekeler, Georg: Von den Besten lernen, um Bester zu werden, Benchmarking bei Volkswagen. In: Aus Unternehmen, Wirtschaft und Umwelt (Mai 1995), S. 4

Kreuz, Werner: Die Vision der Zukunft - Das Ziel heißt Weltspitze. In: Mit Benchmarking zur Weltspitze aufsteigen. Hrsg.: Werner Kreuz, Landsberg/Lech: Verlag Moderne Industrie, 1995, S. 11-33

Kreuz, Werner; Meyer-Piening: Controlling von Gemeinkosten. In: Der Betriebswirt 2/1986, S. 28-30

Krottmaier, Johannes: Leitfaden Simultaneous Engineering. Berlin: Springer, 1995

Krug, W.; Schebasta, M.: Simulation in der integrierten Produkt- und Prozeßmodellierung. In: Simulation in der Praxis - Neue Produkte effizienter entwikkeln. Tagung Fulda 11./12. Okt. 1995, VDI Berichte 1215. Düsseldorf: VDI Verlag, 1995, S. 91-108

Kuhn, Alfred: Unternehmensführung. 2., völlig neubearb. Aufl. München: Vahlen, 1990 (Wiso-Kurzlehrbücher - Reihe Betriebswirtschaft)

Kuhn, Thomas S.: Die Entstehung des Neuen. Studien zur Struktur der Wissenschaftsgeschichte. Frankfurt am Main: Suhrkamp, 1992

Küpfmüller, Karl; Bosse, Georg: Einführung in die theoretische Elektrotechnik. 11., verb. Aufl. Berlin: Springer, 1984

Küpper, Hans-Ulrich: Controlling: Konzeption, Aufgaben und Instrumente. Stuttgart: Schäffer-Poeschel, 1995

Küpper, Hans-Ulrich: In: Grundbegriffe des Controlling. Hrsg.: Hans-Ulrich Küpper, Jürgen Weber. Stuttgart: Schäffer-Poeschel, 1995. S. 201 (Sammlung Poeschel, Bd. 142)

Küpper, Hans-Ulrich; Weber, Jürgen; Zünd, Andre: Zum Verständnis und Selbstverständnis des Controlling. In: Zeitschrift für Betriebswirtschaft, 60. Jg., Heft 3 (1990), S. 281-293

Kurbel, Karl: Entwicklung und Einsatz von Expertensystemen, Eine anwendungsorientierte Einführung in wissensbasierte Systeme. 2., verb. Aufl. Berlin: Springer, 1992

Kwoka Jr., John E.: Market Segmentation by Price-Quality Schedules: Some Evidence from Automobiles. In: Journal of Business, Vol. 65, Nr. 4 (1992), S. 615-628

Laakso, T.; Karjalainen, J.: Performance measurement - an important tool in change process. In: Benchmarking - Theory and Practice. Hrsg.: Asbjorn Rolstadas. London: Chapman & Hall, 1995, S. 328-341

Langner, Heike: Benchmarking ist mehr als der bekannte Vergleich mit der Konkurrenz, Es geht um das professionelle "Abkupfern" von den Besten anderer Branchen. In: Marketing Journal 1/1994, S. 36-40

Langowitz, Nan S.; Rao, Ashok: Effective benchmarking: learning from the host's viewpoint. In: Benchmarking for Quality Management & Technology, An International Journal, Vol. 2, Nr. 2 (1995), S. 55-63

Laschet, A.: Einsatz der Simulation im Rahmen antriebstechnischer Optimierung. In: Simulation in der Praxis - Neue Produkte effizienter entwickeln. Tagung Fulda 11./12. Okt. 1995, VDI Berichte 1215. Düsseldorf: VDI Verlag, 1995, S. 19-34

Laßmann, Gert: Stand und Weiterentwicklung des Internen Rechnungswesens. In: Zeitschrift für Betriebswirschaftliche Forschung (November 1995), S. 1044-1063

Lawton, Leigh; Parasuraman, A.: The Impact of the Marketing Concept on New Product Planning. In: Journal of marketing, Vol. 44, Nr. 1 (Winter 1980), S. 19-25

Lehner, Franz; Auer-Rizzi, Werner; Bauer, Robert: Organisationslehre für Wirtschaftsinformatiker. München: Hanser, 1991 (Hanser Studienbücher)

Leibfried, Kathleen H. J.; McNair, Carol Jean: Benchmarking: Von der Konkurrenz lernen, die Konkurrenz überholen. Freiburg i. Br.: Haufe, 1993

Lewis, Collin: Monitoring R&D project costs against pre-specified targets. In: R&D Management, Vol. 23, Nr. 1 (January 1993), S. 43-51

Ley, W.: Simultaneous Engineering in der variantenreichen kundenauftragsspezifischen Anlagenproduktion. In: Neue Wege des Projektmanagements. Tagung Frankfurt 18./19. April 1989, VDI Berichte 758. Düsseldorf: VDI Verlag, 1989, S. 43-64

Liebert, Michael: Technologie-Benchmarking mittels Patenten, Konzepte - Methoden - Anwendungen. Diplomarbeit: Hochschule St. Gallen für Wirschafts-, Rechts- und Sozialwissenschaften, St. Gallen (10.04.1995)

Linde, Hansjürgen; Hill, Bernd: Erfolgreich erfinden, widerspruchsorientierte Innovationsstrategie für Entwickler und Konstrukteure. Darmstadt: Hoppenstedt, 1993

Linde, H.; Mohr, K.-H.; Neumann, U.: Widerspruchsorientierte Innovationsstrategie (WOIS) - ein Beitrag zur methodischen Produktentwicklung. In: Konstruktion, 46. Jg. (1994), S. 77-83

Lohmann, Mathias: Aus einer Vision wurde Realität: Prozeßanalyse setzt deutliche Akzente für die Preisfindung im Teile- und Zubehörbereich. In: Durch Bestleistung aufschließen zur Spitze! F&E-Benchmark. Fachkonferenz mit integriertem Workshop München 6./7./8. Dezember 1994, Institut for International Research. Frankfurt, 1994

Lowka, Dieter: Über Entscheidungen im Konstruktionsprozeß. Dissertation: Fachbereich Nachrichtentechnik der Technischen Hochschule Darmstadt, Juni 1976

Lubatkin, Michael; Pits, Michael: PIMS: Fact or Folklore? In: The Journal of Business Strategy, Vol. 3, Nr. 3 (Winter 1983), S. 38-43

Lucertini, M.; Nicolo, F.; Telmon, D.: How to improve company performances from outside. In: Benchmarking - Theory and Practice. Hrsg.: Asbjorn Rolstadas. London: Chapman & Hall, 1995, S. 179-190

Lullies, Veronika; Bollinger, Heinrich; Weltz, Friedrich: Wissenslogistik, über den betrieblichen Umgang mit Wissen bei Entwicklungsvorhaben. Frankfurt a. Main: Campus, 1993

Lunt, S. T.: The relationship between scientists and other decision-makers. In: R&D Management, Vol. 14, Nr. 3 (July 1984), S. 153- 166

MacGonagle, John J.; Vella, Carolyn M.: Outsmarting, wie man der Konkurrenz ganz legal in die Karten schaut. Stuttgart: Schäffer-Poeschel, 1994

Main, Jeremy: How to steal the best ideas around. In: Fortune (October 19, 1992), S. 86-89

Malainer, Gerhard: Internes Benchmarking in einer multizentrischen F&E-Organisation eines forschungsintensiven Pharmaunternehmens. In: Durch Bestleistung aufschließen zur Spitze! F&E-Benchmarking. 2. Fachkonferenz mit integriertem Workshop Frankfurt 9./10./11. Mai 1995, Institut for International Research, Frankfurt, 1995

Malainer, Gerhard; Wohinz, Josef F.: Wertanalyse steigert die Effizienz im Forschungsbereich. In: io Management Zeitschrift 53 (1984) Nr. 4, S. 183-186

Maneva, N.; Daneva, M.; Petrova, V.: Benchmarking in software development. In: Benchmarking - Theory and Practice. Hrsg.: Asbjorn Rolstadas. London: Chapman & Hall, 1995, S. 166-177

Manschwetus, Uwe: Benchmarking im regionalen Kontext. Manuskript: IMW, Institut für industrielle Markt- und Werbeforschung, Fachinformationen, Hamburg (Juni 1995)

Markin, Alex: How to Implement Competitive-Cost Benchmarking. In: The Journal of Business Strategy, Vol. 13, Heft 3 (1992), S. 14-21

Maturi, Richard J.: Benchmarking, The search for quality. In: The Financial Manager, (March/April 1990), S. 26-31

McCabe, Donald L.; Narayanan, V. K.: The Life Cycle of the PIMS and BCG Models. In: Industrial Marketing Management, Vol. 20 (1991), S. 347-352

McGinnis, Michael A.: The Key to Strategic Planning: Integrating Analysis and Intuition. In: Sloan Management Review, Vol. 26, Nr. 1 (Fall 1984), S. 45-52

Meffert, Heribert: Marketing, Grundlagen der Absatzpolitik, mit Fallstudien; Einführung und Relaunch des VW-Golf. 7., überarb. und erw. Aufl., Nachdruck Wiesbaden: Gabler, 1993

Meffert, Heribert: Marketingforschung und Käuferverhalten. 2., vollst. überarb. und erw. Aufl. Wiesbaden: Gabler, 1992

Meinig, Wolfgang: Bedarfsorientierte Segmentierung von Produktivgütermärkten, Differenzierte Marktbearbeitung auf der Grundlage technisch-ökonomischer Ansprüche der Bedarfsträger. In: Marktforschung, 4 / 1985, S. 137-145

Meißner, Dirk: Die Implementierung des Benchmarking in Forschung und Entwicklung in Japan - ein Vergleich mit dem Implementierungsstand im deutschsprachigen Raum. Diplomarbeit: Fakultät Wirtschaftswissenschaften, Professur für Innovationsmanagement, Technische Universität Dresden. Dresden, Juni 1996

Mertens, Peter: Vergleich zwischen Methoden der künstlichen Intelligenz und alternativen Entscheidungsunterstützungstechniken. In: Die Unternehmung, 48. Jg., Nr.1 (Februar 1994), S. 3-16

Mertins, K.; Jochem, R.; Jäkel, F.-W.: Reengineering und Optimierung von Geschäftsprozessen. In: ZwF 89, Carl Hanser Verlag, München (Oktober 1994), S. 479-481

Mertins, K.; Kempf, S., Siebert, G.: Benchmarking techniques. In: Benchmarking - Theory and Practice. Hrsg.: Asbjorn Rolstadas. London: Chapman & Hall, 1995. S. 221-223

Meyer, Jürgen: Benchmarking, Ein Prozeß zur unternehmerischen Spitzenleistung. In: Benchmarking, Spitzenleistungen durch Lernen von den Besten. Hrsg.: Jürgen Meyer, Stuttgart: Schäffer-Poeschel, 1996

Meyer, Richard: Preserving the "WA", To benchmark Japanese benchmarking is a good idea - to a point. In: FW (September 1991), S. 52, 54

Michel, Kay: Zur Integration von Marketing- und Technologieplanung. In: absatzwirschaft, Zeitschrift für Marketing (Januar 1989), S. 86-90

Mockler, Robert J.; Dologite D. G.: Developing Knowledge-based-Systems for Strategic Corporate Planning. In: Long Range Planning, Vol. 21 (February 1988), S. 97-102

Möhrle, Martin G.: Technologische Dynamik durch unternehmerische Risikosteuerung. In: technologie & management, 3/1989, S. 49-50

Monkhouse, Elaine: The role of competitive benchmarking in small- to mediumsized enterprises. In: Benchmarking for Quality Management & Technology, An International Journal, Vol. 2, Nr. 4 (1995), S. 41-51

More, Roger A.: Risk Factors in Accepted and Rejected New Indusrial Products. In: Industrial Marketing Management, Vol. 11 (1982), S. 9-15

Mortimer, Charles E.: Chemie, Das Basiswissen der Chemie in Schwerpunkten. 4., neubearb. Aufl. Stuttgart: Georg Thieme, 1983

Morton, Clive: Becoming World Class. Houndmills: Macmillan Press, 1994

Müller, H. W.: Quality Engineering - ein Überblick über neuere Verfahren. In: Qualität als Managementaufgabe, Total Quality Management. Hrsg.: Klaus J. Zink. 2., überarb. Aufl. Landsberg/Lech: Verlag Moderne Industrie, 1992, S. 257-298

Müller, Heinrich: Prozeßkonforme Grenzplankostenrechnung : Stand, Nutzanwendungen, Tendenzen. Wiesbaden: Gabler, 1993

Müller, Johannes: Arbeitsmethoden der Technikwissenschaften: Systematik, Heuristik, Kreativität. Berlin: Springer, 1990

Müller, J.; Praß, P.; Beitz, W.: Modelle beim Konstruieren. In: Konstruktion, 44. Jg. (1992), S. 319-324

Müller, Stefan; Kesselmann, Peter: Bench-Marking für die Marktforschung, Aufteilung des Marktforschungsbudgets. In: absatzwirtschaft (August 1994), o. S.

Murphy, Patrick E.; Enis, Ben M.: Classifying Products Strategically. In: Journal of Marketing, Vol. 50, Nr. 3 (July 1986), S. 24-42

Nagel, Rolf: Lead-User-Innovation, Entwicklungskooperationen am Beispiel der Industrie elektronischer Leiterplatten. Wiesbaden: DUV, Dt. Univ.-Verl., 1993 (DUV: Wirtschaftswissenschaft)

Niemann, Karsten: Benchmarking als Ausgangsbasis für die Kostenoptimierung im Vertrieb. In: Tagung Frankfurt 22. November 1994, Institut for International Research, Frankfurt, 1994

Nieschlag, Robert; Dichtl, Erwin; Hörschgen, Hans: Marketing. 16., durchges. Aufl. Berlin: Duncker & Humblot, 1991

Nolan, Richard L.; Croson, David C.: Creative destruction, a six-stage process for transforming the organization. Boston, Massachusets: Havard Business School Press, 1995

Nonaka, Ikujiro: The Knowledge-Creating Company. In: The learning imperative: managing people for continuous innovation. Boston: Harvard business press, 1993, S. 41-57

O' Sullivan, Denis: Benchmarking in der Logistik. In: Konferenz-Einzelbericht: Logistik-Lösungen für die Praxis, Deutscher Logistik-Kongress Bundesvereinigung Logistik (BLV), Berlin, 20.-22. Oktober 1993, Band 10, 2 (1993), S. 974-980

o. V.: Benchmarking Abroad. In Across the Board, Vol. 29 (April 1992), S. 29

o. V.: Benchmarking for competitive advantage. In: Management Review, Vol. 79 (September 1990), S. 7-8

o. V.: Benchmarking hilft Kosten sparen. In: Handelsblatt (2./3. Februar 1996), S. K1

o. V.: Benchmarking shows how company measures up to customer satisfaction. In: Marketing News, Vol. 23 (May 8, 1989), S. 23

o. V.: Best in the World, What can we learn from companies with high productivity? In: English-language summary of the study presented to the Swedish Productivity Delegation by the Royal Swedish Academy of Engineerung Sciences (IVA) in the fall of 1991, Stockholm 1992, S. 1-40

o. V.: How Do You Measure Up? Benchmarking techniques can help you rate your operation against the best in the business. In: Traffic Management, Vol. 32 (April 1993), S. 60-63

o. V.: (Konstrukteure gestalten und verantworten Kosten) Tagung "Konstrukteure gestalten und verantworten Kosten". 2./ 3. Dezember 93 in Offenburg. In: Konstruktion, 45. Jg. (1993), S. 301

o. V.: Management-Analogien. Management und Segeln: Das Nutzen vielfältiger Kräfte. In: Technologie und Management, 2/89, S. 47

o. V.: Purchasing benchmarks. In: The Benchmark (November 1995), S. 9

o. V.: Tatsachen und Zahlen aus der Kraftverkehrswirtschaft. Hrsg.: Verband der Automobilindustrie e. V. (VDA). 58. Folge, 1994

o. V.: The Benchmarking management guide, American Produktivity & Quality Center. Portland: Productivity Press, 1993

o. V.: Wertanalyse, Idee - Methode - System. Hrsg.: Zentrum Wertanalyse der VDI-Gesellschaft Systementwicklung und Projektgestaltung. 5., überarb. Aufl. Düsseldorf: VDI-Verlag, 1995

Obata; Yoshida: Simultaneous Engineering a systematic approach to production Engineering and its applications. In: Neue Wege des Projektmanagements. Tagung Frankfurt 18./19. April 1989, VDI Berichte 758. Düsseldorf: VDI Verlag, 1989, S. 221- 231

Ohinata, Y.: Benchmarking the Japanese experience. In: Long Range Planning, Nr. 4 (1994), S. 48-53

Opitz, Otto: Numerische Taxonomie. Stuttgart: Fischer, 1980 (Uni-Taschenbücher, Nr. 918)

Osborn, Alex F.: Applied Imagination, Principles and procedures of creative problem-solving. 3., überarb. Aufl. New York: Charles Scribner's Sons, 1963

Österle, Hubert: Business Engineering Prozeß- und Systementwicklung. Berlin: Springer, 1995 (Entwurfstechniken, Bd. 1)

Otto, Antje: Benchmarking für die Optimierung des Design for Service. Diplomarbeit: Fakultät Wirtschaftswissenschaften, Professur für Innovationsmanagement, Technische Universität Dresden, Dresden, Februar 1996

Pahl, Gerhard: Bedarf von wissensverarbeitenden Systemen in der Konstruktion. In: Werkstatt und Betrieb 123 (April 1990), S. 275-277

Pahl, Gerhard: Psychologische und pädagogische Fragen beim methodischen Konstruieren, Ergebnisse des Ladenburger Diskurses von Mai 1992 bis Oktober 1993. Hrsg.: Gerhard Pahl. Köln: TÜV Rheinland, 1994

Pahl, Gerhard; Beitz, Wolfgang: Konstruktionslehre, Methoden und Anwendung. 3., neubearb. und erw. Aufl. Berlin: Springer, 1993

Pahl, Gerhard; Fricke, Gerd: Vorgehenspläne beim methodischen Konstruieren und die Vermeidung von Anwendungsfehlern. In: Ja, mach nur einen Plan; Pannen und Fehlschläge - Ursachen, Beispiele, Lösungen. Hrsg.: S. Strohschneider; R. v. d. Weth. Bern: Huber, 1993, S. 178-195

Palmer, Richard S.; Shapiro, Vadim: Chain Models of Physical Behavior for Engineering Analysis and Design. In: Research in Engineering Design, Vol. 5, Nr. 3/4 (1993), S. 161-184

Paul, Michael; Reckenfelderbäumer, Martin: Dilemma! Ein Fall für Prozeßkostenbasiertes Target Costing. In: absatzwirtschaft, Zeitschrift für Marketing, Sondernummer (Oktober 1994) S. 146-152

Pavlacka, Carsten: Eignung des Betriebsvergleichs und des Benchmarking für strategische Entscheidungssituationen. Diplomarbeit: Lehrstuhl für Allgemeine Betriebswirtschaftslehre und Controlling, Betriebswirschaftliches Institut, Abteilung V, Universität Stuttgart, o. J.

Perridon, Louis; Steiner, Manfred: Finanzwirtschaft der Unternehmen. 7., überarb. Aufl. München: Vahlen, 1993 (Vahlens Handbücher der Wirtschafts- und Sozialwissenschaften)

Persson, I.: Benchmarking the investment process of new technology. In: Benchmarking - Theory and Practice. Hrsg.: Asbjorn Rolstadas. London: Chapman & Hall, 1995, S. 63-68

Peters, Glen: Benchmarking Costumer Service. London: Pitman Publishing, 1994

Pettersen, P.-G.: Benchmarking for implementing a new product strategy. In: Benchmarking - Theory and Practice. Hrsg.: Asbjorn Rolstadas. London: Chapman & Hall, 1995, S. 120-126

Pfeifer, Andreas: Datenanalyse mit SPSS-PC+ 4.0. Base System, Statistics, Advanced Statistics, Data Entry II, Graphics Interface und Tables. München: Oldenbourg, 1991

Pfeiffer, Werner; Schneider, Walter: Technologie-Portfolio, Strategien für den Mittelstand. In: Management Wissen, 5 /1985, S. 59-65

Pfohl, Hans-Christian; Wübbenhorst, Klaus L.: Lebenszykluskosten; Ursprung, Begriff und Gestaltungsvariablen. In: Journal für Betriebswirtschaft, 33. Jg.; Heft 3 (1983), S. 124-155

Pielok, Thomas: Was kosten die Leistungen ihrer Geschäftsprozesse? In: Der Betriebswirt (Januar 1994), S. 14-19

Pieske, Reinhard: Benchmarking: das Lernen von anderen und seine Begrenzungen. In: io Management Zeitung 63, (1994) Nr. 6, S. 19-23

Pieske, Reinhard: Benchmarking als Tool zur Optimierung von Vertriebsprozessen. In: Tagung Frankfurt 22. November 1994, Institut for International Research, Frankfurt, 1994

Pieske, Reinhard: Benchmarking in der Praxis, erfolgreiches Lernen von führenden Unternehmen. Landsberg, Lech: Verl. Moderne Industrie, 1995

Plank, Richard E.: A Critical Review of Industrial Market Segmentation. In: Industrial Marketing Management, Vol. 14 (1985), S. 79-91

Pleschak, Franz; Sabisch, Helmut: Innovationsmanagement. Stuttgart: Schäffer-Poeschel, 1996

Pohl, Udo: Benchmarking: Ausgangspunkt für die Formulierung langfristiger Technologieziele der Unternehmensbereiche und die Ausrichtung der zentralen Forschung und Entwicklung. In: Durch Bestleistung aufschließen zur Spitze! F&E-Benchmarking. 2. Fachkonferenz mit integriertem Workshop Frankfurt 9./10./11. Mai 1995, Institut for International Research, Frankfurt, 1995

Polster, Regina: Absatzanalyse bei der Produktinnovation; Bedeutung, Erhebung und wissensbasierte Verarbeitung. Wiesbaden: Deutscher Universitätsverlag, 1994

Popp, W.; Kruse, K.-O.; Schalch, O.: Innovations Management System, Eine Beschreibung. Manuskript: Institut für internationales Innovationsmanagement, Bern, o. J.

Premauer, T.: Simultaneous Engineering - eine Chance zur Effizienzsteigerung der Produktionsplanung im Automobilbau. In: Neue Wege des Projektmanagements. Tagung Frankfurt 18./19. April 1989, VDI Berichte 758. Düsseldorf: VDI Verlag, 1989

Prescott, J. E.; Smith, D. C.: A Project Based Approach to Competitive Analysis. In: IEEE Engineering Management Review, Vol. 16, Nr. 2 (Juni 1988), S. 25-38

Press, Gil: Benchmarking: Is your research department best? In: Marketing News, Vol. 25 (02.09.1991), S. 24

Pryor, Lawrence S.: Benchmarking: A Self-Improvement Strategy. In: The Journal of Business Strategy, Vol.10 (November/Dezember 1989), S. 28-32

Pulat, B. Mustafa: Benchmarking is more than organized Tourism. In: Industrial Engineering (March 1994), S. 22-23

Punj, Girish; Stewart, David W.: Cluster Analysis in Marketing Research: Review and Suggestions for Application. In: Journal of Marketing Research, Vol. 20 (May 1983), S. 134-148

Radermacher, F. J.: Expertensysteme und Wissensbasierung. Stand der Technik in der Informatik. In: VDI-Bericht 775. Düsseldorf: VDI Verlag, 1989, S. 25-45

Ransley, Derek L.: Training Managers to Benchmarking. In: Planning Review, Vol. 21 (January/February 1993), S. 32-36

Reckenfelderbäumer, Martin: Entwicklungsstand und Perspektiven der Prozeßkostenrechnung. Wiesbaden: Gabler, 1994

Reddy, N. Mohan; Lambert, David R.; Cort, Stanton G.: Technical Specifications, Product Standards and Industrial Buyer Behavior. In: Journal of Business Research, Vol. 17, Nr. 4 (December 1988), S. 349-361

Reger, Guido; Cuhls, Kerstin; Nick, Dorothea: Best Management Practices and Tools for R&D Activities, Final Report to the Commission of the European Union. Karlsruhe: Fraunhofer Institute, June 1994

Reichmann, Thomas: Entwicklungen im Bereich kennzahlengestützter Controlling-Konzeptionen. In: Die Betriebswirtschaft, 48. Jg., Heft 1 (1988), S. 79-95

Reinemuth, J.; Birkhofer, H.: Hypermediale Produktkataloge - Flexibles Bereitstellen und Verarbeiten von Zulieferinformationen; Lean Development, Informationstechnik, Konstruktionsmethodik. In: Konstruktion 46 (1994), S. 395-404

Richert, Uwe: Benchmarking, Ein Werkzeug des Total Quality Management, Teil 1 - Begriff, Ziele und Methoden. In: DZ, Carl Hanser Verlag, München, 40 (März 1995), S. 283-286

Ringlstetter, Max J.; Knyphausen, Dodo zu: Ansatzpunkte zur Beschreibung und Veränderung von Wettbewerbsstrukturen. In: Zeitschrift für Planung, 2/1992, S. 125-144

Rinza, Peter; Schmitz, Heiner: Nutzwert-Kosten-Analyse, eine Entscheidungshilfe. 2. Aufl. Düsseldorf: VDI-Verl.,1992

Roberts, Edward B.: (Understanding Venture Capital Decision Making) High Stakes for High-Tech Entrepreneurs: Understanding Venture Capital Decision Making. In: Sloan Management Review, Vol. 32, Nr. 2 (Winter 1991), S. 9-20

Rodenacker, W. G.: Abstrahieren - Abstraktionen. In: Konstruktion, 39.Jg. (1987), S. 255-258

Rohrbach, Bernd: Probleme lösen durch systematische Ideenfindung, Bewährte Methoden für schöpferisches Denken. Manuskript: Nürnberger Akademie für Absatzwirtschaft, Frankfurt/Main, 1971

Rolstadas, Asbjorn: Performance Management, A business process benchmarking approach. London: Chapman & Hall, 1995

Ronkainen, Ilkka A.: Using Decision-Systems Analysis to Formalize Product Development Processes. In: Journal of Business Research, Vol. 13, Nr. 1 (February 1985), S. 97-106

Roth, Karlheinz: Konstruieren mit Konstruktionskatalogen. 2. Aufl. Berlin: Springer, 1994 (Konstruktionslehre Bd. 1)

Röthlin, Robert: Wir müssen das Know-how besser absichern! Der internationale "Ideen-Klau" wächst. In: io Management Zeitschrift 55 (1986) Nr. 5, S. 215-218

Rush, Howard; Hobday, Mike; Bessant, John: Strategies for best practice in research and technology institutes: an overview of a benchmarking exercise. In: R&D Management 25 (January 1995), S. 17-31

Russell, J. P.: Quality Management Benchmark Assessment. 2. Aufl. Milwaukee, Wisconsin: ASQC Quality Press, 1995

Sabisch, Helmut: Benchmarking als Managementmethode und deren Implementierung bei Marketing-Prozessen. In: Nutzen Sie Benchmarking als Instrument zur Leistungssteigerung in Ihrem Marketing und Vertrieb! Benchmarking in Marketing und Vertrieb. Konferenz Düsseldorf 20./21. Juni 1995, Institut for International Research, Frankfurt, 1995

Sabisch, Helmut: Produkte und Produktgestaltung. In: Handwörterbuch der Produktionswirtschaft. Hrsg.: Werner Kern; Hans-Horst Schröder; Jürgen Weber. Stuttgart: Schäffer-Poeschel Verlag, 1996, S. 1439-1451

Sabisch, Helmut: Produktinnovationen. Stuttgart: Carl Ernst Poeschel, 1991

Sabisch, Helmut: Ständige Verbesserung von Marketingprozessen durch Benchmarking. In: Lean Management und Lean Marketing. Hrsg.: C. Belz; M. Schögel; M. Kramer, St. Gallen: Thexis 1994, S. 58-69

Sabisch, Helmut: Strategisches F&E-Controlling. In: Handbuch. Revision, Controlling, Consulting. Hrsg.: Haberland; Preißler; Meyer. Landsberg am Lech, Verlag Moderne Industrie, 37. Nachlieferung 10/1992, Kap. 9.5, S. 3 - 51

Sachs, Lothar: Angewandte Statistik, Anwendung statistischer Methoden. 6.Aufl. Berlin: Springer, 1984

Sahal, D.: The determinants of best-practice technology. In: R&D Management (11.01.1981), S. 25-31

Sakakibara, Kiyonori: R&D cooperation among competitors: A case study of the VLSI Semiconductor Research Project in Japan. In: Journal of Engineering and Technology Management, Vol. 10, Nr. 4 (1993), S, 393-407

Sakurai, Michiharu; Keating, Patrick J.: Target Costing and Activity-Based Costing. In: Controlling, 6. Jg., Heft 2 (März/April 1994), S. 84-91

Sänger, Erhard: Benchmarking zur kontinuierlichen Verbesserung mit Sprungfunktion einer (Über-)Lebensstrategie einer "MDQ" Market Driven Quality Company. In: Benchmarking, Spitzenleistungen durch Lernen von den Besten. Hrsg.: Jürgen Meyer. Stuttgart: Schäffer-Poeschel, 1996

Scheer, August-Wilhelm: Wirtschaftsinformatik, Informationssysteme im Industriebetrieb. 3., neubearb. Aufl. Berlin: Springer, 1990

Scheer, August-Wilhelm: Wirtschaftsinformatik, Referenzmodelle für industrielle Geschäftsprozese. 5. Aufl. Berlin: Springer, 1994

Scheffler, Steve; Powers, Vicki J.: Ethics in benchmarking. In: Transportation & Distribution, Vol. 34 (June 1993), S. 34

Schewe, Gerhard: Reverse-Engineering: Erfolgsfaktoren einer Technologiestrategie. In: Marktforschung und Management (1993), S. 53-58

Schiebeler, Reinhard: Kostengünstig Konstruieren mit einer rechnergestützten Konstruktionsberatung. Dissertation: Fakultät für Maschinenwesen, Technische Universität München, Oktober 1993. In: Konstruktionstechnik München. Hrsg.: Klaus Ehrlenspiel. Bd. 15, München: Hanser, 1994

Schlicksupp, Helmut: Kreative Ideenfindung in der Unternehmung, Methoden und Modelle. Berlin: Walter de Gruyter, 1977

Schmenner, Roger W.: The Merit of Making Things Fast. In: Sloan Management Review, Vol. 30, Nr. 1 (Fall 1988), S. 11-17

Schmidt, Jeffrey A.: The Link Between Benchmarking and Shareholder Value. In: The Journal of Business Strategy, Vol. 13, Heft 3 (1992), S. 7-13

Schmidt, R. F.: Concurrent Design - Verkürzung von Entwicklungszeiten durch paralleles Konstruieren. In: Konstruktion, 45.Jg. (1993), S. 145-151

Schmidt, Ralf-Bodo; Chmielewicz, Klaus: Erich Kosiol, Quellen, Grundzüge und Bedeutung seiner Lehre. Stuttgart: C. E. Poeschel Verlag, 1967

Schmidt-Bischoffshausen, Horst: Mit strategischem Benchmarking den Markterfolg sichern. In: Benchmarking, Spitzenleistungen durch Lernen von den Besten. Hrsg.: Jürgen Meyer, Stuttgart: Schäffer-Poeschel, 1996

Schneeberg, Thomas: Benchmarking im Vergleich zur traditionellen Konkurrenz-Analyse-Theorie und Fallbeispiel. Diplomarbeit: Fachgebiet Betriebswirtschaftslehre - Marketing, Fachbereich 14 (Wirtschaft und Management), Technische Universität Berlin (18.10.1994)

Schneeweiß, Christoph: Einführung in die Produktionswirtschaft. 4. Aufl. Berlin: Springer, 1993

Schnieder, Antonio: Prozeßorientiertes Controlling und Rechnungswesen, Ausgestaltungsmöglichkeiten CIM-orientierter Rechnungswesensysteme. In: Controlling, Heft 1 (Januar 1990), S. 12-17

Schöler, Horst R.: Quality Function Deployment als Benchmarkinginstrument. In: Benchmarking, Spitzenleistungen durch Lernen von den Besten. Hrsg.: Jürgen Meyer. Stuttgart: Schäffer-Poeschel, 1996

Schrader, Stephan; Riggs, William M.; Smith, Robert P.: Choice over uncertainty and ambiguity in technical problem solving. In: Journal of Engineering and Technology Management, Vol. 10, Nr. 1&2 (1993), S. 73-99

Schröter, Thorsten: Benchmarking als Instrument der Wettbewerbsanalyse. Diplomarbeit: Fach Marketing, Wirtschaftswissenschaften, Westfälische Wilhelms-Universität Münster (22.09.1993)

Seabrook, Bill; Seabrook, Cordes: Determining The Best of The Best, Benchmarking in supply management and methods leads to savings throughout an operation. In: America's Textiles International, Bd. 23, Heft 5 (May 1994), S. 44-45

Seal, David: Accommodating best practice. In: The Benchmark (November 1995), S. 51-53

Seeger, Hartmut: Design technischer Produkte, Programme und Systeme: Anforderungen, Lösungen und Bewertungen. Berlin: Springer, 1992

Seidenschwarz, Werner: Target Costing, Ein japanischer Ansatz für das Kostenmanagement. In: Controlling, Heft 4 (Juli/August 1991), S. 198- 203

Seidenschwarz, Werner: Target Costing, marktorientiertes Zielkostenmanagement. München: Vahlen, 1993

Servatius, Hans-Gerd: Reengineering-Programme umsetzen, von erstarrten Strukturen zu fliessenden Prozessen. Stuttgart: Schäffer-Poeschel, 1994

Sharman, Paul: Benchmarking: Opportunity for Accountants. In: CMA - The Management Accounting Magazin, Vol. 66, Heft 6 (July/August 1992), S. 16-19

Sheer, Margaret R.: Barriers to scientific and technical knowledge acquisition in industrial R&D. In: R&D Management, Vol. 22, Nr. 2 (April 1992), S. 135-143

Sheridan, John H.: Where Benchmarkers go wrong, Companies have found numerous ways to botch up well-intentioned efforts. In: Industry Week, Vol. 242 (15.03.1993), S. 28-34

Shetty, Y. K.: Aiming High: Competitive Benchmarking for Superior Performance. In: Long Range Planning, Vol. 26 (February 1993), S. 39-44

Siddharth, M. P.: Satisfaction measurement works when linked with competitive benchmarking. In: Marketing News, Vol. 26 (16.03.1992), S. 19

Silverman, B. G.: Towards an integrated cognitive model of the inventor/engineer. In: R&D Management, Vol. 15, Nr. 2 (April 1985), S. 151-158

Simon, Herrmann: Management strategischer Wettbewerbsvorteile. In: Zeitschrift für Betriebswirtschaft, 58. Jg., Heft 4 (1988), S. 461-480

Sinclair, David; Zairi, Mohamed: Benchmarking best-practice performance measurement within companies, Using total quality management. In: Benchmarking for Quality Management & Technology, An International Journal, Vol. 2, Nr. 3 (1995), S. 53-71

Sinclair, Steven A.; Stalling, Edward C.: How to Identify Differences Between Market Segments With Attribute Analysis. In: Industrial Marketing Management, Vol. 19 (1990), S. 31-40

Singleton-Green, Brian: Compare and compete. In: Accountancy, Vol. 110 (October 1992), S. 40-41

Skinner, Wickham: The Shareholder's Delight: companies that achieve competitive advantage from process innovation. In: International Journal of Technology Management, Vol. 7, Nr. 1/2/3 (1992), S. 41-48

Sohal, Amrik S.; Ritter, Mark: Manufacturing best practices: observations from study tours to Japan, South Korea, Singapore and Taiwan. In: Benchmarking for Quality Management & Technology, An International Journal, Vol. 2, Nr. 4 (1995), S. 4-14

Specht, Günter; Beckmann, Christoph: F&E-Management. Stuttgart: Schäffer-Poeschel, 1996

Specht, Günter; Michel, Kay: Integrierte Technologie- und Marktplanung mit Innovationsportfolios. In: Zeitschrift für Betriebswirschaft, 58. Jg., Heft 4 (1988), S. 502-520

Specht, Günter; Schmelzer, Hermann J.: Instrumente des Qualitätsmanagements in der Produktentwicklung. In: Zeitschrift für betriebswirtschaftliche Forschung, 44. Jg., 6 / 1992, S. 531-547

Spendolini, Michael J.: How to Build a Benchmarking Team: In: Journal of Business Strategy, Vol. 14 (March/April 1993), S. 53-57

Spendolini, Michael J.: The benchmarking book. New York: AMACOM, 1992

Stahl, Hans-Werner: Target-Costing, Zielkostenmanagement mit Hilfe eines Fixkosten-Simulationsmodells. In: controller magazin (February 1995), S. 113-115

Stalk Jr., Georg: Zeit - die entscheidende Waffe im Wettbewerb, Zu lange Entwicklungs- und Durchlaufzeiten bestraft der Markt immer unerbittlicher. In: Harvard manager (January 1989), S. 37-46

Staudt, Erich; Bock, Jürgen; Mühlemeyer, Peter: Information und Kommunikation als Erfolgsfaktoren für die betriebliche Forschung und Entwicklung. In: Die Betriebswirtschaft, 50. Jg., Heft 6 (1990), S. 759-773

Steger, Ulrich: Umwelt-Auditing, ein neues Instrument der Risikovorsorge. Hrsg.: Ulrich Steger. Frankfurt am Main: Frankfurter Allgemeine Zeitung, Verl.-Bereich Wirtschaftsbücher, 1991

Stiles, Philip; Taylor, Bernard: Benchmarking Corporate Governance, The Impact of the Cadbury Code. In: Long Range Planning, Vol. 26 (October 1993), S. 61-71

Stockbauer, Herta: F&E-Budgetierung aus der Sicht des Controlling. In: Controlling, Heft 3 (Mai/Juni 1991), S. 136-143

Strecker, Andreas: Prozeßkostenrechnung in Forschung und Entwicklung. München: Vahlen, 1992

Stockbauer, Herta: F&E-Budgetierung aus der Sicht des Controlling. In: Controlling, Heft 3 (Mai/Juni 1991), S. 136-143

Strecker, Andreas: Prozeßkostenrechnung in Forschung und Entwicklung. München: Vahlen, 1991

Striening, Hans-Dieter: Prozeßmanagement im indirekten Bereich, Neue Herausforderungen an die Controller. In: Controlling, Heft 6 (November 1989), S. 324-331

Strothmann, Karl-Heinz; Kliche, Mario: Marktsegmentierung für High-Tech-Anbieter. In: Marktforschung & Management, 3 / 1989, S. 82-88

Sullivan, L. P.: Quality Function Deployment, A system to assure that customer needs drive the product design production process. In: Quality Progress (June 1986), S. 39-50

Sutton, D. C.: Some people aspects of knowledge engineering. In: R&D Management, Vol. 15, Nr. 2 (April 1985), S. 125-134

Syan, Chanan S.: Introduction to Concurrent Engineering. In: Concurrent Engineering, Concepts, implementation and practice. Hrsg.: Chanan S. Syan; Unny Menon. London: Chapman & Hall, 1994, S. 3-25

Syan, Chanan S.; Chelsom, J. V.: Strategies for concurrent engineering and sources of further information. In: Concurrent Engineering, Concepts, implementation and practice. Hrsg.: Chanan S. Syan; Unny Menon. London: Chapman & Hall, 1994, S. 221-231

Taubitz, Gerhard: Innovation durch Anpassung der Konstruktionsmethodik. In: Innovation 1/1986, S. 69-73

Thoma, Wolfgang: Beurteilung von F&E-Projekten, Möglichkeiten und Grenzen quantitativer Verfahren. In: Controlling, Heft 3 (Mai 1989), S. 166-171

Tintelnot, Claus F. W.: Benchmarking in Forschung und Entwicklung. In: Benchmarking - Weg zu unternehmerischen Spitzenleistungen. Konferenz Dresden, 18./19. Oktober 1996, Technische Universität Dresden, Tagungsband, Dresden, 1996, S. 1-27 (Workshop Benchmarking für F&E-Prozesse)

Tintelnot, Claus F. W.: Hardware and software signal processing for phase modulated laser measurements. Master of Science Dissertation: Department of electrical, electronic and information engineering, City University. London, January 1992

Tintelnot, Claus F. W.: Integriertes Benchmarking für Produkte und Produktentwicklungsprozesse. Dissertation: Fakultät Wirtschaftswissenschaften, Technische Universität Dresden. Dresden, Juni 1996

Todd, Jim: World-class Manufacturing. Maidenhead, Berkshire: McGrave-Hill Book Company Europa, 1995

Turney, Peter B. B.; Anderson, Bruce: Accounting for Continuous Improvement. In: Sloan Management Review, Vol. 30, Nr. 2 (Winter 1989), S. 37-47

Tymon Jr., W. G.; Lovelace, R. F.: A Taxonomy of R&D Control Models and Variables Affecting Their Use. In: R&D Management, Vol. 16, Nr. 3 (July 1986), S. 233- 241

Ulrich, Peter; Fluri, Edgar: Management, Eine konzentrierte Einführung. 6., neubearb. und erg. Aufl. Bern: Haupt, 1992

Valentin, Olaf: Decision Support for Evaluation of Engineering Designs. Project Report: Design Theory and Methods Group - Measurement and Instrumentation Centre, City University, London, July 1992

Vaziri, H. Kevin: Questions to Answer Before Benchmarking. In: Planning Review (January/February 1993), S. 37

VDI: VDI-Richtlinien. In: VDI-Handbuch Konstruktion, siehe alle zitierten VDI-Richtlinien, Loseblattsammlung. Düsseldorf: VDI-Verlag, Loseblattsammlung o. D.

Venkatraman, Meera P.; Price, Linda L.: Differentiating Between Cognitive and Sensory Innovativeness; Concepts, Measurement and Implications. In: Journal of Business Research, Vol. 20, Nr. 4 (June 1990), S. 293-315

Volkema, Roger J.: Problem Formulation in Planning and Design. In: Management Science, Vol. 29, Nr. 6 (June 1983), 639-652

Vömel, Martin: Analogie als Konstruktionsmethode in der Elektromechanik. Dissertation: Fachbereich Nachrichtentechnik der Technischen Hochschule Darmstadt, November 1979

Walker, Mike: Cost-Effective Product Development. In: Long Range Planning, Vol. 26, Nr. 1 (February 1993), S. 64-66

Wanner, Timo: Benchmarking - Ein neuer Ansatz zur Wettbewerbsanalyse. Diplomarbeit: Wirtschafts- und Organisationswissenschaften, Universität der Bundeswehr München (30.06.1994)

Watson, Gregory H.: Business systems engineering, managing breakthrough chances for produktivity and profit. USA: John Wiley & Sons, 1994

Watson, Gregory H.: How Process Benchmarking Supports Corporate Strategy. In: Planning Review (January/February 1993), S. 12-15

Watson, Gregory H.: Strategic benchmarking, how to rate your company's performance against the world's best. USA: John Wiley & Sons, 1993

Watson, Gregory H.: The benchmarking workbook, adapting best practices for performance improvement. Hrsg.: Norman Bodek. Portland: Productivity Press, 1992

Webb, Alan: Managing innovative projects. London: Chapman & Hall, 1994

Weinrauch, J. Donald; Anderson, Richard: Conflicts Between Engineering and Marketing Units. In: Industrial Marketing Management, Vol. 11 (1982), S. 291-301

Weißmantel, H.; Biermann, H.; Müller-Ditsche, A.: Bedienerfreundlich durch das richtige Design, Regeln für das Design seniorengerechter Geräte. In: Feinwerktechnik & Messtechnik 102 (1994) 3, S. 110-112

Whittington, R.: Changing control strategies in industriel R&D. In: R&D Management, Vol. 21, Nr. 1 (January 1991), S. 43-53

Wiener, Norbert: Kybernetik, Regelung und Nachrichtenübertragung im Lebewesen und in der Maschine. 2., revidierte und erg. Aufl. Düsseldorf: Econ-Verlag, 1963

Witt, Frank-Jürgen: Aktivitätscontolling und unternehmensinternes Marketing. In: Aktivitätscontrolling und Prozesskostenmanagement. Hrsg.: Frank-Jürgen Witt. Stuttgart: Poeschel, 1991

Witte, K.-W.: Marktgerechte Produkte und kostengünstige Produktionen durch Simultaneous Engineering. In: Neue Wege des Projektmanagements. Tagung Frankfurt 18./19. April 1989, VDI Berichte 758. Düsseldorf: VDI Verlag, 1989, S. 93-121

Yoshino, Michael Y.; Rangan, U. Srinivasa: Strategic alliances, an entrepreneurial approach to globalization. Boston: Harvard business press, 1995

Youssef, Mohamed A.; Zairi, Mohamed: Benchmarking critical factors for TQM, Part II - empirical results from different regions in the world. In: Benchmarking for Quality Management & Technology, An International Journal, Vol. 2, Nr. 2 (1995), S. 3-19

Zairi, Mohamed: Competitive Benchmarking, An Executive Guide. Cheltenham: Stanley Thornes, o. D.

Zairi, Mohamed; Leonard, Paul: Practical Benchmarking, The Complete Guide. London: Chapman & Hall, 1994

Zairi, Mohamed; Youssef, Mohamed A.: Benchmarking critical factors for TQM, Part I: theory and foundations. In: Benchmarking for Quality Management & Technology, An International Journal, Vol. 2, Nr. 1 (1995), S. 5-20

Zangwill, Willard I.: Concurrent Engineering: Concepts and Implementation. In: IEEE Engineering Management Review, Vol. 20, Nr. 4 (Winter 1992), S. 40-52

Ziegler, Armin: Wer ist der Beste der besten europäischen Innovationsmanager? In: Trendletter, Megatrends aktuell. Hrsg.: Armin Ziegler. Bonn: Norman Rentrop, (Dezember 1995), S. 12

Zwicky, Fritz: Entdecken, Erfinden, Forschen im Morphologischen Weltbild. München: Droemer Knaur, 1966

10 Sachwortverzeichnis

Ablauf-
- analogie 117, 119
- organisation 68
- pläne 106

Abstraktion 75, 127 ff.

Abstraktionsebene 129

Abwandlung 111 f.

Ähnlichkeits-
- betrachtungen 122 f.
- gesetze 122 f.

Aktivität 60
- Aktivitäts-Benchmarking 60

Aktivitätsprinzip 128

Alternativen 75

Analogie 112, 116 ff.
- Ablaufanalogie 117, 119
- arithmetische 121
- arten 112
- Aufbauanalogie 117, 119
- beziehungen 112
- funktionale 118, 120
- maßstäbliche 122
- geometrische 121
- interdisziplinäre 122
- mathematisch-physikalische 120
- musikalische 121
- organisatorische 117, 119
- polarisierende 121
- philosophische 121
- prinzip 116
- religiöse 121
- sprachliche 121
- strategische 120
- strukturelle 117
- symbolische 121

Änderungsschleifen 142

Anforderungsliste 136

Angebotsanalyse 86 f.

Anlagenbau 80, 100

Arbeitsabläufe 43

Assoziation 111 f.

Aufbau-
- analogie 117, 119
- organisation 68, 136 ff.

Aufwand 65, 162

Ausprägungen 156

Basiselemente des Benchmarking 20

Bedarfsanalyse 86 f.

Befragung 92
- mündliche 92
- persönliche 92
- schriftliche 92

Benchlearning 18

Benchmark 90, 233 f., 243
- Gewinnungsmethoden 90
- Verarbeitungsmethoden 90

Benchmarking
- Arten 22
- Basiselemente 20
- branchenbezogen 25
- branchenübergreifend 25
- Center 80
- Clearinghouses 34, 80, 84, 245 ff.
- Code of Conduct 32, 248
- Definitionen 12
- Dynamik 51
- Effekte 18
- Erfolgsfaktoren 43 ff.
- Erfolgshorizont 55
- Ethik 32, 248
- externes 25
- funktionsorientiert 23, 25
- Gegenstand 21
- generisches 25, 125
- globales 20
- Grundfunktionen 12
- Grundphilosophie 43
- in F&E 45 ff.
- Informationsmatrix 87 f.
- internes 25
- kennzahlenorientiert 84
- kontinuierliches 41

- Kreativitätsförderung 19
- ...und Kreativität in F&E 52
- Kriterien 23, 47, 89, 148
- Objekte 22, 181
- operatives 54 f.
- Organisationen 34, 80, 84, 245 ff.
- Partnerschaft 30, 137, 159, 187
- Planung 33
- Planungsebenen 55
- Projekt 33
- Prozeß 28 ff.
- prozeßorientiert 23
- Referenzen 83, 108, 177
- spezifische Bedingungen 48
- Studie 72, 81, 93, 110
- Studie, Suchraum 110
- strategisches 20, 53 ff.
- taktisches 53 ff.
- Verhaltenskodex 32
- wettbewerbsorientiert 20, 84
- Wirkungen 18
- Ziele 16 f.

Benchmarking-Kriterien 162
- Effizienz 162
- Flexibilität 162
- Kosten 162
- Kundennutzen (Qualität) 162
- Zeit 162

Beschäftigungsabweichung 172

Best
- in Class 26
- leistungen 11 f.
- lösungen 12 f., 76, 124 ff., 165
- lösungen, organisatorische 86
- lösungen, technische 86
- of Best, 26
- werte 165

best-concept 94, 131

best-engineering 58, 85, 94, 127, 134, 163

best-practice 62, 85, 94, 127, 134, 163

best-strategy 94

Betriebsvergleich 15 f.

Bewertung 26, 34 ff., 144, 147 ff.
- Dynamik 51
- eindimensional 27

- Feinbewertung 114
- formale 114 f.
- Grobbewertung 114
- im Produktentwicklungsprozeß 147
- Kriterien 23, 35, 86
- mehrdimensional 27, 37, 150, 153
- mehrdimensional, bei
  unvollständiger Information 160
- Methode 13, 26
- Probleme 133
- qualitativ 27
- quantitativ 27
- Verfahren 27
- von Gesamtlösungen 153

Bewertungs-
- ebenen 147
- prozeß 147, 149
- tabelle 154

bottom-up 131

Brainstorming 112

Branchen-
- bezogenes Benchmarking 25
- übergreifendes Benchmarking 25

Budgetabweichung 166

Business Process Re-engineering 42

Clearinghouses 34, 80, 84, 245 ff.

Clusteranalyse 98

Code of Conduct 32, 248

Concurrent Engineering 77, 79 ff., 137

Conjoint-Analyse 98

Controlling 140, 161
- kybernetischer Prozeß 162
- Produktcontrolling 167
- Projektcontrolling 161 ff., 167
- Prozeßcontrolling 167
- Stellgrößen 162

Dekomposition 75, 126 ff.

Delphistudien 89

Demand Pull 157

Denkprozesse 109

Design for
- End of Life 68 ff.

- Management 68 f.
- Manufacturing 68 f.
- Sale 68 f.
- Service 68 ff., 228
- Use 68 f.

Dienstleister 56
- externe 79

Dienstleistungen 57, 70

Dienstleistungsprodukte 56

Distribution 96

Doppelhelix des Integrierten Benchmarking 183 ff.

Durchführung 161

Dynamik 39, 51

Effektivitätsfaktoren 99

Effizienz 24

Entwicklungs-
- büros 80
- projektcontrolling 179
- schleifen 72, 77, 142, 144, 172
- trend 165
- zeiten 78

Entwicklungsergebnisse
- Neuheitsgrad 51

Erfolgsfaktoren 42 ff.

Erkenntnis-
- prozesse 114
- theorie 114

Ertrag 65, 162

Evolutionäre Verbesserungen 17

Experten
- gespräche 93
- systeme 104, 108, 156

Externes Benchmarking 25

F&E-Benchmarking 45
- spezifische Bedingungen 48

F&E-Controlling 41, 169

Faktorenanalyse 98

Feinbewertung 114

FEM 64

Fertigungskosten 166
- tiefe 81

flow-shop 60

Flußvariable 119

FMEA 160

Forderungen 91, 135, 141

Formale Bewertung 114 f.

Forschung
- angewandte 49
- Grundlagenforschung 49

Forschungsinstitute 84

Fragebogen 92

Führungsgrößen 99

Funktion des Benchmarking
- Erkenntnisfunktion 14
- Implementierungsfunktion 14
- Maßstabsfunktion 14
- Meßfunktion 14
- Zielfunktion 14

Funktion 60
- Aktivität 60
- Verrichtung 60

Funktions-
- bereiche 62
- bezogenes Benchmarking 25
- muster 102

Fuzzy Logic 157

Gap 63
- analyse 63

Gatekeeper 82

Geheimnisschutz in F&E 52

Gemeinkosten 64
- nutzen 64, 163

Generic Benchmarking 25

Generische
- Konzepte 129
- Lösung 117
- Lösungsübertragung 117
- Prinziplösungen 76, 131, 144
- Produktlösungen 116
- Prozeßlösungen 116

Generisches Benchmarking 25, 125, 148

Geräteanalyse 56

Gesamt
- gestaltung 144
- lösung 76
- system 126

Geschäftsfeld 92
- strategisches 93 f.

Geschäftsprozeß 59

Globales Benchmarking 20

Grenzplankostenrechnung 169

Greyboxmodell 144, 237

Grobbewertung 114

Händler 79

Hardware 56 f.

Hauptprozesse 66, 67 f., 71

Hersteller 56

Hochschulen 80, 84

House of
- Projects 157 ff.
- Quality 142 f., 157 ff.

Ideenfindung 73, 85, 109

Identische Objekte 116
- Lösung 133

Imitation 87, 117

Implementierung 40, 134
- implementierte Lösung 126

Information
- externe 31
- interne 31
- öffentlich zugängliche 31
- primäre 30
- sekundäre 30

Informations-
- angebot 83
- barrieren 82, 91
- bedarf 82 ff.
- bedarf, objektiver 83
- bedarf, subjektiver 83
- beschaffung 28, 30, 74, 82

- beschaffung, anonym 84
- beschaffung, formlos 84
- beschaffung, kennzahlenorientiert 84
- matrix 87
- niveau 82, 151
- prozesse 67 ff.
- quellen 31, 82, 88
- suche 82
- verarbeitung 28, 30, 74

Informelle
- Netze 91
- Treffen 91

Innovation 45

Innovations-
- controlling 169
- kriterien 47
- management 45, 139
- prozeß 46 f., 134
- strategie 148
- zeiten

Integrierter Produktlebenszyklus 66 ff., 100, 167

Integriertes Benchmarking 66, 72 ff., 134, 144
- Doppelhelix 183
- Gesamtablauf 74
- Informationsquellen 88
- morphologische Systemstruktur 133 ff.
- Referenzen 144

Internes Benchmarking 25

Interview 92 f.
- persönlich 92
- telefonisch 92
- telefonische Vorbefragung 93

Investitionsgüter 56

ISO 9000 ff. 81

Ist-Analyse 149

Iterationsschleifen 144, 151

job-enrichment 60

Joint Venture 87

Kalkulatorischer Gewinn 176

10 Sachwortverzeichnis

Kapazitätscontrolling 168

Kennzahlen-
- orientiertes Benchmarking 84, 187
- systeme 89

Knowledge Engineering 109

Kognitive
- Fähigkeiten 126
- Prozesse 82, 114 ff.

Kohärenz 72

Kommunikation 96

Kommunikationsbarrieren 91

Komponente 71, 128

Konkurrenzanalyse 84

Kontrolle 161

Kooperation 87

Kooperationsnetze 128

Kopieren 117, 133

Korrelation 71, 155, 182

Korrelations-
- koeffizient 185
- matrix 182, 185

Kosten 23
- controlling 168
- Einzelkosten 176
- fixe 171
- Herstellkosten 174
- höhe 167
- Ist-Kosten 165
- leistungsmengeninduzierte 171
- leistungsmengenneutrale 171
- Plan-Kosten 165
- Referenzkosten
- Selbstkosten 174, 176
- Soll-Kosten 165
- stellenmatrix 174
- stellenrechnung 174
- Struktur 167, 173
- trägerrechnung 174
- treiber 172
- variable 171
- Verlauf 167

Kreativität 19, 52, 109, 126
- Quellen, Analogien 144

- Quellen, Erfahrung 144

Kreativitäts-
- team 115
- techniken 109 ff.

Kriterien 23, 47, 89, 148
- für Aufgaben 127
- differenzierende 151, 154
- für Produktziele 127, 155
- für Prozesse 128, 155
- qualitative 149 ff.
- quantitative 149 ff.
- wahl, rekursive 152

Kunden
- forderungen 135, 157
- wünsche 157

Kundennutzen 23, 65

Kybernetischer Prozeß 162

Lead
- Customer-Konzept 86
- User-Konzept 86

Lean Management 14, 43

Leistung
- Analyse 39
- Dynamik 39
- Eigenleistung 80
- Entwicklung (Prognose) 39
- Fremdleistung 80
- Messung 36
- Verbesserung 40

Leistungsprozesse des Unternehmens 59

Lern
- prozeß, ständiger 13, 18
- zyklus 184

Lerneffekt 84

Lernen 115, 122

Lifecycle-Costing 167, 173

Logistikprozesse 67 ff.

Lösungs-
- alternative 75, 109, 124, 153 ff.
- prinzip 75
- prinzip, dominantes 75
- prinzip, Struktur 124

- prinzip, technisches 87
- raum 110, 125, 129
- raum, Ausweitung 131
- raum, Einengung 131
- varianten 132
- vererbung 117
- wahl 124

Management
- funktionen 61
- methoden 42
- potential 91, 94
- prozesse 186

Market Pull 74

Marketingprozesse 67 ff.

Markt
- analyse 73, 86
- austritt 186
- befragung 92
- daten 92
- einführung 134, 140
- führer 56
- Marktforschungsinstitute 80
- marktorientiertes Zielsystem 91
- volumen 98

Marktsegmentierung 93 ff.
- Makrosegmentierung 93 ff.
- Mikrosegmentierung 93 ff.

Maßstabsanalogien 122

Meilensteine 73, 77

Merkmale 156
- nominale Skala 156
- ordinale Skala 156
- Rangskala 156

Merkmalsausprägungen 156

Messung 36

Methodische Produktentwicklung 126 ff.

Methodisches Entwickeln 126, 143
- VDI-Norm 2221 126
- VDI-Norm 2222 127

Methodisches
- Entwickeln 145
- Gestalten 135
- Konstruieren 143

Modelldatenbank 106

Modelle 66

Modellierung 100

Modulbauweise 96, 135

Morphologisches Prinzip 111, 126, 130

Nachfrageanalyse 86 f.

Netzmodelle 106

Neuronale Netze 108, 157

Normen 165

Nutzwertanalyse 154

Objekte des Benchmarking 22
- Referenzobjekte 35
- Vergleichbarkeit 35
- Vergleichsobjekte 35

Objektprinzip 128

Operatives Benchmarking 54 f.

Optimierungsproblem 133

Organisation
- Ablauf 68
- Aufbau 68

Organisations-Benchmarking 22

Organisatorische Analogie 117

over-engineering 58

Partnerschaftliches Benchmarking 30, 137, 159, 187

Personal 137

Pflichten 58
- heft 58, 86

PIMS
- Audit 178
- Datenbank 177
- Studie 177

Plan-Ist-Vergleich 162

Plankostenrechnung 42
- flexible 171

Planung 161
- der Verbesserung 40
- strategische 134

10 Sachwortverzeichnis

Plausibilitätsprüfung 84

Polarkoordinaten 38, 153

Preis 23
- Leistungsverhältnis 24

Prinzipebene 148

Prinziplösungen
- generisch 76

Problem
- analyse 32, 125
- erkenntnis 32
- löser 114
- lösungsprozeß 28
- struktur 124

Produkt
- controlling 167
- datenbank 108
- ideen 85, 87
- lebenszyklus 67
- modell 100 ff.
- programm 57
- simulation 100 ff.
- simulation, numerische 100
- spezifikation 72, 140 ff.
- strategie 72, 148
- vergleiche 56
- ziele 73, 91 f.

Produkt-Benchmarking 21 f., 56 ff., 72 ff., 236
- Maßstab 58 f.

Produktentwicklung
- methodische 49 f.
- Prozeß 50, 134
- Trial-and-Error-Prinzip 49

Produktentwicklungsprozeß
- mit Benchmarking 54

Produktions-
- anlagen 56
- mittel 77
- technik 77
- prozesse 67, 77, 134

Produktivität 24

Projekt
- ablauf 159
- alternativen 95
- aufbau 159
- controlling 161 ff., 167
- Folgeprojekt 78
- management 42, 181 ff.
- management in der Linie 139
- managementsoftware 101, 108
- modell 100
- organisation 181
- organisation, Einfluß 139
- organisation, Matrix 139
- organisation, reine 139
- potential 94
- spezifikation 67, 135 ff., 138, 157
- ziele 72

Projektheft 86, 138, 157
- arbeit 72 f.

Promotoren
- Fachpromotor 137
- Machtpromotor 137

Prototyp 76, 102, 141
- virtueller 100

Prozeß 59
- abgrenzung 61
- controlling 167
- datenbank 108
- funktionsübergreifend 61
- gruppe 60
- Hauptprozesse 67 f., 71, 76
- kette 60
- kognitiver 82, 114 ff.
- kosten 64
- kostenindizes 172
- kostenrechnung 65, 169
- leistungsbilanz 64
- mengen 172
- modell 66, 100, 104 ff.
- neugestaltung 63
- nutzen 64
- projektintern 67
- qualität 169
- Schlüsselprozesse 72
- simulation 100, 104 ff.
- spezifikation 142 ff.
- struktur 61
- transparenz 64
- Treiberprozesse 72

Prozeß-Benchmarking 22, 56, 59 ff.
- Maßstab 63

QFD 142 f., 159 f.

Qualität 23

Quelle 64

Rangskalen 156

Re-engineering 14

Realisierungsebene 129

Recyclingprozesse 67 ff.

Referenz
- beziehungen 71
- daten 174
- informationen 114
- kalkulation 156
- klasse 25
- komponenten 169
- leistungen 12
- lösung, globale 152
- lösungen 111
- modelle 107
- objekte 25
- prinzipien 124
- quellen 135
- unternehmen 159
- wert, lokaler 152
- wissen 110, 114 f.

Referenzen
- Informationsangebot 83

Referenzobjekte 35

Rekombination 127 ff., 131, 160

Rentabilität 63

Ressourcen 162
- aufwand 23
- potential 91, 94

Reverse Engineering 20

Revolutionäre
- Veränderungen 18
- Verbesserungen 17

Richtwerte 164 f., 169

Risiko 41, 139
- analyse 63
- kaufmännisches 140
- technisches 140

ROI 135, 178

Schlüsselprozesse 72

Schnittstellen 75, 138, 144, 159
- probleme 131

Schwachstellenanalyse 107

Selbstkosten 174, 176

Senke 64

Serviceprozesse 67 ff.

Shareholder 178

Signal to Noise Ratio 160

Simulation 100
- analoge 103
- generische 103
- integrierte 108
- Prüfstandssimulation 103 f.
- reale 103
- Rechnersimulation 103 f.

Simulations-
- objekt 100
- systeme 104

Simultaneous Engineering 42, 77 f.

Software 56 f.

Soll-Analyse 149

Soll-Ist-Vergleich 149, 162

Standardabläufe 126

Standards 165

Stellgrößen
- Kosten 162
- Zeit 162
- Kapazität 162

Strategie-Benchmarking 22, 66

Strategisches Benchmarking 20, 53 ff., 148

Struktur
- analogie 117
- analyse 117
- Grundstruktur 116
- Lösungsprinzipstruktur 124
- Problemstruktur 116, 124
- traditionelle 128

Strukturierung 75
- von Aufgaben 127

- von Produktzielen 127
Suchraum 110 f., 125
System
- analyse 75
- lebenszyklus 67
- lieferanten 81
Szenariotechnik 89
Taguchi-Methode 160
Taktisches Benchmarking 53 ff.
Target Costing 41, 169, 175 ff.
Team 109, 137
Technologie-
- analyse 86
- Benchmarking 87
- führer 56
- potential 91, 94
Technology Push 57, 74, 141, 157
Teil
- lösungen 76
- problem 126
- system 126 ff.
Teilprozesse 60
- Leistungsbilanz 64
Time to Market 24
top-down 131
Transaktionskosten 81
Transparenz 64
Treiberprozesse 72
Treibervariable 119
Trendexploration 166
Trial-and-Error-Prinzip 49
Umsatz 24
Umweltverträglichkeit 24
Unternehmens-
- beratungen 80, 84
- controlling 179
- funktionen 62
- philosophie 13
- prozesse 79
- ziele 73, 178

Variantenmanagement 96
Verbesserungen
- evolutionäre 17
- revolutionäre 17
Verbrauchsabweichung 163, 166
Vergleichsobjekte 35
Verrichtung 60
- Verrichtungs-Benchmarking 60
Verrichtungsprinzip 128
Vertraulichkeit
- von Dokumenten 137
- von Informationen in F&E 52
Vertriebsprozesse 67 ff.
Verwaltungsprozesse 67 ff.
Vision 72
Wettbewerbsanalyse 42, 86 f.
Wirtschaftlichkeit 24
Wissen 115
- Faktenwissen 116
- Methodenwissen 116
Wissens-
- akquisition 82
- logistik 82
- systeme 104
Wünsche 91, 135, 141
Zeit
- abweichung 164
- aufwand 65
- controlling 168
- plan 73, 106
Zertifizierung 81
Ziel 58
- bestimmung 39
- definition, rekursive 152
- kosten 175
- kostenrechnung 169
- kriterien 153
- system 91
- vorgaben 40
Zulieferer 79 f.
Zulieferkomponenten 81

H. Drüke

Kompetenz im Zeitwettbewerb

Politik und Strategien
bei der Entwicklung neuer Produkte

1997. X, 248 S. 23 Abb. Geb. **DM 148,-**; öS 1080,40; sFr 130,50
ISBN 3-540-62458-9

Organisatorische Veränderungen wie die Einführung von Projektteams genügen nicht, um den Herausforderungen des Zeitwettbewerbs zu begegnen. Denn was nützen Teams, wenn sie nicht kooperieren, sondern sich durch die Betonung von Sonderinteressen aufreiben? Tiefgreifende Veränderungen sind erforderlich, um die Statusunterschiede zwischen den Beschäftigtengruppen zu verringern, die Verhaltensweisen und damit die Unternehmenskultur zu ändern. Es geht um wirkliche Kooperation und Kommunikation zwischen allen Beteiligten. Der Autor analysiert diese Elemente von Politik im Produktentwicklungsprozeß, die verantwortlich für die Leistungsunterschiede im Zeitwettbewerb sind. Er entwirft eine Skizze des notwendigen Veränderungsprozesses in den Unternehmen und in der staatlichen Politik.

Preisänderungen vorbehalten • d&p.BA 61963/SF

Springer-Verlag, Postfach 31 13 40, D-10643 Berlin, Fax 0 30 / 827 87 - 3 01 / 4 48 e-mail: orders@springer.de

Printed in Poland
by Amazon Fulfillment
Poland Sp. z o.o., Wrocław